U0180891

住房和城乡建设部"十四五"规划教材

"十二五"普通高等教育本科国家级规划教材

高等学校土木工程专业指导委员会规划推荐教材

（经典精品系列教材）

钢结构（下册）
——房屋建筑钢结构设计

（第五版）

西安建筑科技大学　编

陈绍蕃　郝际平　主编

中国建筑工业出版社

图书在版编目(CIP)数据

钢结构. 下册,房屋建筑钢结构设计 / 西安建筑科技大学编;陈绍蕃,郝际平主编. — 5 版. — 北京:中国建筑工业出版社,2023.8 (2025.3 重印)

住房和城乡建设部"十四五"规划教材 "十二五"普通高等教育本科国家级规划教材 高等学校土木工程专业指导委员会规划推荐教材. 经典精品系列教材

ISBN 978-7-112-28799-4

Ⅰ. ①钢… Ⅱ. ①西… ②陈… ③郝… Ⅲ. ①房屋建筑学－钢结构－结构设计－高等学校－教材 Ⅳ. ①TU391

中国国家版本馆 CIP 数据核字 (2023) 第 100865 号

责任编辑:王 跃 吉万旺
责任校对:姜小莲
校对整理:李辰馨

住房和城乡建设部"十四五"规划教材
"十二五"普通高等教育本科国家级规划教材
高等学校土木工程专业指导委员会规划推荐教材
(经典精品系列教材)

钢结构(下册)
——房屋建筑钢结构设计
(第五版)
西安建筑科技大学 编
陈绍蕃 郝际平 主编

*

中国建筑工业出版社出版、发行(北京海淀三里河路 9 号)
各地新华书店、建筑书店经销
北京红光制版公司制版
北京圣夫亚美印刷有限公司印刷

*

开本:787 毫米×1092 毫米 1/16 印张:21½ 插页:1 字数:464 千字
2023 年 9 月第五版 2025 年 3 月第三次印刷
定价:52.00 元(赠教师课件)
ISBN 978-7-112-28799-4
(41163)

版权所有 翻印必究
如有内容及印装质量问题,请联系本社读者服务中心退换
电话:(010) 58337283 QQ:2885381756
(地址:北京海淀三里河路 9 号中国建筑工业出版社 604 室 邮政编码:100037)

本书第五版根据《钢结构设计标准》GB 50017—2017、《工程结构通用规范》GB 55001—2021、《建筑与市政工程抗震通用规范》GB 55002—2021、《钢结构通用规范》GB 55006—2021 等有关规范、规程，对上一版教材进行了更新和充实，以适应当前钢结构的发展和高等学校本科土木工程专业培养创新型人才的需要。

　　本书是高等学校土木工程专业的专业课教材，是上册《钢结构基础》的后续部分，讲述常用房屋钢结构的设计方法。具体内容包括轻型门式刚架结构、中型和重型厂房结构(含一般钢屋架)、大跨屋盖结构、多层及高层房屋结构、装配式钢结构建筑和轻型住宅钢结构，并结合讲述钢结构设计的一般要求、设计与施工的密切关系及钢结构设计。

　　本书除用作教材外，也可供工程设计人员在工作中参考。

　　为更好地支持教学，我社向选用本教材的任课教师提供课件，有需要者可与出版社联系，索取方式如下：建工书院 https: //edu. cabplink. com, 邮箱 jckj@cabp. com. cn, 电话 （010） 58337285。

　　党和国家高度重视教材建设。2016 年，中办国办印发了《关于加强和改进新形势下大中小学教材建设的意见》，提出要健全国家教材制度。2019 年 12 月，教育部牵头制定了《普通高等学校教材管理办法》和《职业院校教材管理办法》，旨在全面加强党的领导，切实提高教材建设的科学化水平，打造精品教材。住房和城乡建设部历来重视土建类学科专业教材建设，从"九五"开始组织部级规划教材立项工作，经过近 30 年的不断建设，规划教材提升了住房和城乡建设行业教材质量和认可度，出版了一系列精品教材，有效促进了行业部门引导专业教育，推动了行业高质量发展。

　　为进一步加强高等教育、职业教育住房和城乡建设领域学科专业教材建设工作，提高住房和城乡建设行业人才培养质量，2020 年 12 月，住房和城乡建设部办公厅印发《关于申报高等教育职业教育住房和城乡建设领域学科专业"十四五"规划教材的通知》（建办人函〔2020〕656 号），开展了住房和城乡建设部"十四五"规划教材选题的申报工作。经过专家评审和部人事司审核，512 项选题列入住房和城乡建设领域学科专业"十四五"规划教材（简称规划教材）。2021 年 9 月，住房和城乡建设部印发了《高等教育职业教育住房和城乡建设领域学科专业"十四五"规划教材选题的通知》（建人函〔2021〕36 号）。为做好"十四五"规划教材的编写、审核、出版等工作，《通知》要求：（1）规划教材的编著者应依据《住房和城乡建设领域学科专业"十四五"规划教材申请书》（简称《申请书》）中的立项目标、申报依据、工作安排及进度，按时编写出高质量的教材；（2）规划教材编著者所在单位应履行《申请书》中的学校保证计划实施的主要条件，支持编著者按计划完成书稿编写工作；（3）高等学校土建类专业课程教材与教学资源专家委员会、全国住房和城乡建设职业教育教学指导委员会、住房和城乡建设部中等职业教育专业指导委员会应做好规划教材的指导、协调和审稿等工作，保证编写质量；（4）规划教材出版单位应积极配合，做好编辑、出版、发行等工作；（5）规划教材封面和书脊应标注"住房和城乡建设部'十四五'规划教材"字样和统一标识；（6）规划教材应在"十四五"期间完成出版，逾期不能完成的，不再作为《住房和城乡建设领域学科专业"十四五"规划教材》。

　　住房和城乡建设领域学科专业"十四五"规划教材的特点：一是重点以修订教育部、住房和城乡建设部"十二五""十三五"规划教材为主；二是严格按照专业标准规范要求编写，体现新发展理念；三是系列教材具有明显特点，满足不同层次和类型的学校专业教学要求；四是配备了数字资源，适应现代化教学的要求。规划教材的出版凝聚了作者、主审及编辑的心血，得到了有关院校、出版单位的大力支持，教材建设管理过程有严格保障。 希望广大院校及各专业师生在选用、使用过程中，对规划教材的编写、出版质量进行反馈，以促进规划教材建设质量不断提高。

住房和城乡建设部"十四五"规划教材办公室

2021 年 11 月

修订说明

为规范我国土木工程专业教学，指导各学校土木工程专业人才培养，高等学校土木工程学科专业指导委员会组织我国土木工程专业教育领域的优秀专家编写了《高等学校土木工程专业指导委员会规划推荐教材》。本系列教材自 2002 年起陆续出版，共 40 余册，十余年来多次修订，在土木工程专业教学中起到了积极的指导作用。

本系列教材从宽口径、大土木的概念出发，根据教育部有关高等教育土木工程专业课程设置的教学要求编写，经过多年的建设和发展，逐步形成了自己的特色。本系列教材曾被教育部评为面向 21 世纪课程教材，其中大多数曾被评为普通高等教育 "十一五" 国家级规划教材和普通高等教育土建学科专业 "十五" "十一五" "十二五" "十三五" 规划教材，并有 11 种入选教育部普通高等教育精品教材。2012 年，本系列教材全部入选第一批 "十二五" 普通高等教育本科国家级规划教材。

2011 年，高等学校土木工程学科专业指导委员会根据国家教育行政主管部门的要求以及我国土木工程专业教学现状，编制了《高等学校土木工程本科指导性专业规范》。在此基础上，高等学校土木工程学科专业指导委员会及时规划出版了高等学校土木工程本科指导性专业规范配套教材。为区分两套教材，特在原系列教材丛书名《高等学校土木工程专业指导委员会规划推荐教材》后加上经典精品系列教材。2021 年，本套教材整体被评为《住房和城乡建设部 "十四五" 规划教材》，请各位主编及有关单位根据《高等教育 职业教育住房和城乡建设领域学科专业 "十四五" 规划教材选题的通知》要求，高度重视土建类学科专业教材建设工作，做好规划教材的编写、出版和使用，为提高土建类高等教育教学质量和人才培养质量做出贡献。

高等学校土木工程学科专业指导委员会

中国建筑工业出版社

这本《钢结构》下册修订原则和上册一致。

下册新增内容较上册多，具体修订情况如下：装配式钢结构在设计、加工和安装方面都有别于传统钢结构，发展装配式钢结构建筑既是绿色发展理念的要求，也是建筑发展的必然趋势。结合国内外装配式钢结构建筑方面的研究进展，新增了第5章装配式钢结构建筑。另外，经过多年使用或使用条件发生变化，出现了钢结构不能满足现有规范要求的情况，为此新增了第7章钢结构检测、鉴定及加固设计。

其他章节修订内容如下：

第1章刚架变截面柱平面内计算长度的查表法已不常用，故删去。刚架梁柱设计的编排和公式做了相应调整，有助于读者理解和掌握刚架梁柱的设计方法。

第2章更名为中、重型厂房结构，保证章名全书统一。

第3章网架支座节点增加了铸钢成品支座，索材料增加了高钒索。

第4章删除了关于蜂窝梁计算的内容，使章节重点更加突出。完善了钢板剪力墙结构的内容，使读者易于理解和掌握钢板剪力墙的工作机理。

原第5章轻型住宅钢结构调整为第6章。增加了一些轻型住宅钢结构的新形式。

原第6章钢结构设计与施工调整为第8章。增加了8.5钢结构设计、施工与BIM技术。BIM技术已经在建筑设计施工中普及，钢结构建筑主体在工厂完成制作，更需要BIM等信息化技术。为此本书增加了钢结构设计、施工中应用BIM技术过程的简要介绍。

本版修订工作分工如下：第1章苏明周，第2章于金光、郝际平，第3章郑江，第4章钟炜辉、郝际平，第5章郝际平、杨俊芬，第6章田黎敏，第7章薛强、杨应华，第8章薛强、郑江，附录于金光。全书最后由郝际平定稿。真诚地希望读者提出意见和建议，以便我们今后改进。

郝际平

2023年8月

第四版前言

　　鉴于本书引用的一些技术标准和规范的更新，秉持如下原则对本书进行了修订。

　　1. 完整保持原书章节结构和体例不变。

　　2. 坚持开放性思维的思想，尽量避免定势思维影响。

　　3. 及时更新原书中技术规范和规程的引用。

　　限于水平，不当抑或错误之处在所难免，望读者不吝赐教。

编　者

2018 年 8 月

  这本《房屋建筑钢结构设计》是上册《钢结构基础》的后续部分。它包括以下四部分内容。

  1. 轻型门式刚架结构　这是近年来发展最快、应用最广的房屋建筑结构，也是新技术含量较高的结构，需要比较全面地论述它的组成和相关构件的设计。

  2. 重型厂房结构　这是钢结构应用的传统领域。虽然今后重型厂房的建设未必很多，但在这一章中论述的屋架和吊车梁的设计原则和方法具有普遍性。屋架可用于各类房屋，吊车梁也不限于重型厂房。

  3. 大跨屋盖结构　也是应用广泛的结构类型。由于学时限制，本书除简略介绍各类大跨屋盖结构的形式外，重点阐述平板网架的设计，包括网架结构的组成特点、空间杆系有限元法和节点设计。

  4. 多层及高层房屋结构　在多层住宅建筑中采用钢结构，已经提到日程上来，高层钢结构在我国方兴未艾。多层和高层房屋结构和单层者相比有很多不同特点，抗震设计即是一项重要内容。

  在已有钢结构基本知识的基础上，这本教材把读者引向应用阶段。学习本书除对钢结构的性能有进一步了解，并掌握几类典型建筑结构的设计方法外，还应从中领会结构设计的一般要求。学过之后能在遇到本书未涉及的结构时，知道根据结构承受的直接和间接作用及所处环境特点，正确考虑如何对待有关设计问题。为此，在第1章中提出结构整体性概念、材料集中使用原则和计算与构造一致性等重要的设计概念。

  作为结构设计教材，应该密切联系有关的设计规范、规程。本书引用的规范、规程，凡是在21世纪初修订的，都以修订后的新版本为依据，如《钢结构设计规范》GB 50017—2003，《建筑结构荷载规范》GB 50009—2001，《建筑抗震设计规范》GB 50011—2001和《门式刚架轻型房屋钢结构技术规程》CECS102：2002。然而，设计工作者不仅应该了解设计规范的有关规定，还需要对规定的依据有所通晓，才不致在应用规范时出现差错。为此，本书尽可能结合本科生的基础知识，用比较简明的方式介绍规范、规程规定的来龙去脉，如平板网架温度应力计算公式的简明推导。对涉及较深理论的问题，则尽量从原则上加以阐明，如带有摇摆柱的框架柱计算长度。

  本书第3章空间杆系有限元法一节和结构力学有些重复，第4章有关地震作用和结构抗震验算的内容和钢筋混凝土结构也有重复。授课教师可以根据具体情况对内容做出取舍。四章内容有较大的相互独立性，授课教师也可以改变讲授的顺序。

  本书大部分内容都是新编的。虽然在西安建筑科技大学用过一次后做了修改，难免还有不少不妥之处。希望读者发现后不吝指正。

目 录

绪　　论

建筑结构设计遵循下列普遍原则：

（1）满足建筑物的功能要求。为此结构工程师要和建筑师及设备工程师密切配合。在工业建筑中还要和工艺工程师配合。

（2）具有足够的可靠度，这是结构设计的主要任务。相关原则将在第 1 章末和书后的《跋》中阐述。

（3）技术先进。与时俱进是人类社会发展的一条规律，结构工程也不例外。

（4）成本较低，符合市场经济的要求。但结构只是建筑物的一部分，还需要有全面的经济观点。

另一方面，每栋房屋都是鲜明的个体，需要根据功能要求、地域、环境和材料供应条件等进行个别设计。要按照"具体问题具体分析"的精神，实事求是地做细致的工作，力求拿出符合实际条件的优等方案。生搬硬套，甚至照抄已有建筑物的设计图纸，不是设计而是抄计。设计者要有开放的心态，既继承前人的成熟经验，又不墨守成规。

设计创新既立足于结构理论上的先进性，又离不开技术上的可能性和经济上的合理性。见多识广，深谙材料和构件的性能，熟知制作安装的手段和工程成本的组成，是成功设计和创新的基础。

建筑结构设计还有一个如何对待设计规范的问题。规范的条文规定或是有充分的理论依据，或是前人成熟经验的总结，一般应该遵守。但是条件不断变化，规范条款很可能有滞后之处。推广新结构或遇到新情况，有可能需要突破规范的规定。推荐性规范的条文可以突破，通用规范的条文是任何情况下都必须遵守的。需要注意的是，创新精神必须和科学态度相结合，只是在有细致的理论分析和试验验证的情况下才能突破。

这本教材给出几种常用房屋钢结构的设计方法，希望同学们学完后既了解这些有典型性结构的设计特点，又领会钢结构设计的一般原则，以便今后遇到其他类型的钢结构时也能应付自如。

第 1 章

轻型门式刚架结构

1.1 概述

1.1.1 单层门式刚架结构的组成

如图 1-1 所示，单层门式刚架结构是指以轻型焊接 H 型钢（等截面或变截面）、热轧 H 型钢（等截面）或冷弯薄壁型钢等构成的实腹式门式刚架或格构式门式刚架作为主要承重骨架，用冷弯薄壁型钢（槽形、卷边槽形、Z 形等）做檩条、墙梁；以压型金属板（压型钢板、压型铝板）做屋面、墙面；采用岩棉、矿棉、玻璃棉等作为保温隔热材料并适当设置支撑的一种轻型房屋结构体系。

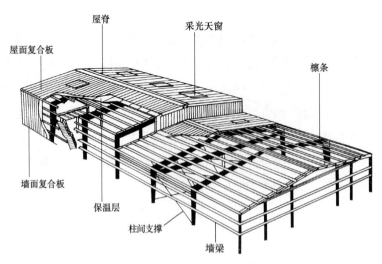

图 1-1 单层轻型钢结构房屋的组成

在目前的工程实践中，门式刚架的梁、柱构件多采用焊接变截面的 H 型截面，单跨刚架的梁-柱节点采用刚接，多跨者大多刚接和铰接并用。柱脚可与基础刚接或铰接。围护结构采用压型钢板的居多,玻璃棉则由于其具有自重轻、保温隔热性能好及安装方便等特点,用作保温隔热材料最为普遍。

1.1.2 单层门式刚架结构的特点

单层门式刚架结构和钢筋混凝土结构相比具有以下特点:

(1) 质量轻

围护结构由于采用压型金属板、玻璃棉及冷弯薄壁型钢等材料组成,屋面、墙面的质量都很轻,因而支承它们的门式刚架也很轻。根据国内的工程实例统计,单层门式刚架房屋承重结构的用钢量一般为 $10\sim30\mathrm{kg/m^2}$;在相同的跨度和荷载条件情况下自重约仅为钢筋混凝土结构的 $1/30\sim1/20$。

由于单层门式刚架结构的质量轻,地基的处理费用相对较低,基础也可以做得比较小。同时在相同地震烈度下门式刚架结构的地震反应小,一般情况下,地震作用参与的内力组合对刚架梁、柱杆件的设计不起控制作用。但是风荷载对门式刚架结构构件的受力影响较大,风荷载产生的吸力可能会使屋面金属压型板、檩条的受力反向,当风荷载较大或房屋较高时,风荷载可能是刚架设计的控制荷载。

(2) 工业化程度高,施工周期短

门式刚架结构的主要构件和配件均为工厂制作,质量易于保证,工地安装方便。除基础施工外,基本没有湿作业,现场施工人员的需要量也很少。构件之间的连接多采用高强度螺栓连接,是安装迅速的一个重要方面,但必须注意设计为刚性连接的节点,应具有足够的转动刚度。

(3) 综合经济效益高

门式刚架结构由于材料价格的原因其造价虽然比钢筋混凝土结构等其他结构形式略高,但由于采用了计算机辅助设计,设计周期短;构件采用先进自动化设备制造;原材料的种类较少,易于筹措,便于运输;所以门式刚架结构的工程周期短,资金回报快,投资效益高。

(4) 柱网布置比较灵活

传统的结构形式由于受屋面板、墙板尺寸的限制,柱距多为 6m,当采用 12m 柱距时,需设置托架及墙架柱。而门式刚架结构的围护体系采用金属压型板,所以柱网布置不受模数限制,柱距大小主要根据使用要求和用钢量最省的原则来确定。

门式刚架结构除上述特点外,还有一些特点需要了解:

门式刚架体系的整体性可以依靠檩条、墙梁和隅撑以及屋面板和墙板来保证,从而减少了屋盖支撑的数量,同时支撑多用张紧的圆钢做成,很轻便。

门式刚架的梁、柱多采用变截面杆以节省材料,是这类结构的一大特点。图 1-2 所示刚架,柱为楔形构件,梁则由多段楔形杆组成。梁、柱腹板在设计时利用屈曲后强度,可使腹

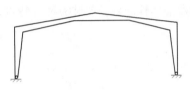

图 1-2　变截面门式刚架

板宽厚比放大（腹板厚度较薄）。当然，由于变截面门式刚架达到极限承载力时，可能会在多个截面处形成塑性铰而使刚架瞬间形成机动体系，因此塑性设计不再适用。使门式刚架结构轻型化的有力措施还有：在多跨框架中把中柱做成只承重力荷载的两端铰接柱，对平板式铰接柱脚考虑其实际存在的转动约束，利用屋面板的蒙皮效应和适当放宽柱顶侧移的限值等。设计中对轻型化带来的后果必须注意和正确处理。风力可使轻型屋面构件内力反向，就是一例。

组成构件的杆件较薄，对制作、涂装、运输、安装的要求高。在门式刚架结构中，焊接构件中板的厚度不宜小于 4.0mm，有可靠依据时，可取不小于 3.0mm；冷弯薄壁型钢构件中板的最小厚度为 1.5mm；压型钢板的最小厚度为 0.4mm。板件的宽厚比大，使得构件在外力撞击下容易发生局部变形。同时，锈蚀对构件截面削弱带来的后果更为严重。

构件的抗弯刚度、抗扭刚度比较小，结构的整体刚度也比较柔。因此，在运输和安装过程中要采取必要的措施，防止构件发生弯曲和扭转变形。同时，要重视支撑体系和隅撑的布置，重视屋面板、墙面板与构件的连接构造，使其能参与结构的整体工作（蒙皮效应）。

1.1.3　门式刚架结构的应用情况

门式刚架轻型房屋结构在我国的应用大约始于 20 世纪 80 年代初期。经过 20 年的发展，中国工程建设标准化协会编制的《门式刚架轻型房屋钢结构技术规程》CECS102 于 1998 年颁布施行，使其应用得到了迅速的发展，主要用于轻型的厂房、仓库、建材等交易市场、大型超市、体育馆、展览厅及活动房屋、加层建筑等。目前，国内大约每年有上千万平方米的轻钢建筑竣工。国外也有大量钢结构制造商进入中国，加上国内几百家的轻钢结构专业公司和制造厂，市场竞争也日趋激烈。随着轻钢建筑的设计、制造和施工技术日渐成熟，国家于 2015 年颁布了《门式刚架轻型房屋钢结构技术规范》GB 51022—2015（以下简称 GB 51022 规范）。

1.2　结构形式和结构布置

1.2.1　门式刚架的结构形式

门式刚架又称山形门式刚架。其结构形式分为单跨（图 1-3a、d）、双跨（图 1-3b、e、f）、多跨（图 1-3c、h）刚架以及带挑檐的（图 1-3d）和带毗屋的（1-3e）刚架等。多跨刚架

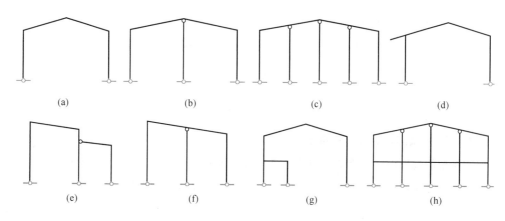

图 1-3　门式刚架的结构形式

（a）单跨刚架；（b）双跨刚架；（c）多跨刚架；（d）带挑檐刚架；（e）带毗屋刚架；

（f）单坡刚架；（g）纵向带夹层刚架；（h）端跨带夹层刚架

宜采用双坡（图 1-3c、h）或单坡屋盖（图 1-3f），尽量少采用由多个双坡屋盖组成的多跨刚架形式。当需要设置夹层时，夹层可沿纵向设置（图 1-3g）或在横向端跨设置（图 1-3h）。

多跨刚架常作成一个屋脊的大双坡屋面。这是因为金属压型板屋面为长坡面排水创造了条件。而多脊多坡刚架的内天沟容易产生渗漏及堆雪现象。不等高刚架这一问题更为严重（参看图 2-21a）。

单脊双坡多跨刚架，用于无桥式吊车房屋时，当刚架柱不是特别高且风荷载也不很大时，中柱宜采用两端铰接的摇摆柱（图 1-3b、c），中间摇摆柱和梁的连接构造简单，而且制作和安装都省工。这些柱不参与抵抗侧力，截面也比较小。但是在设有桥式吊车的房屋时，中柱宜为两端刚接，以增加刚架的侧向刚度。中柱用摇摆柱的方案体现"材料集中使用"的原则。边柱和梁形成刚架，承担全部抗侧力的任务（包括传递水平荷载和防止门架侧移失稳）。由于边柱的高度相对比较小（亦即长细比比较小），材料能够比较充分地发挥作用。

根据跨度、高度及荷载不同，门式刚架的梁、柱可采用变截面或等截面实腹焊接工字形截面或轧制 H 型截面。等截面梁的截面高度一般取跨度的 1/40～1/30，变截面者端高不宜小于跨度的 1/40～1/35，中段高度则不小于跨度的 1/60。设有桥式吊车时，柱宜采用等截面构件。截面高度不小于柱高度的 1/20。变截面柱在铰接柱脚处的截面高度不宜小于 200～250mm。变截面构件通常改变腹板的高度，作成楔形；必要时也可改变腹板厚度。结构构件在运输单元内一般不改变翼缘截面，当必要时可改变翼缘厚度。

门式刚架的柱脚多按铰接支承设计，通常为平板支座，设一对或两对地脚螺栓。当用于工业厂房且有桥式吊车时，宜将柱脚设计成刚接。

门式刚架轻型房屋屋面坡度宜取 1/20～1/8，在雨水较多的地区取其中的较大值。

门式刚架可由多个梁、柱单元构件组成，柱一般为单独单元构件，斜梁可根据运输条件划分为若干个单元。单元构件本身采用焊接，单元之间可通过端板用高强度螺栓连接。

门式刚架上可设置起重量不大于 3t 的悬挂起重机和起重量不大于 20t 的轻、中级工作制单梁或双梁桥式吊车。

1.2.2 结构布置

1.2.2.1 刚架的建筑尺寸和布置

门式刚架的跨度取横向刚架柱间的距离，跨度宜为 12~48m，宜以 3m 为模数，但也可不受模数限制。当边柱宽度不等时，其外侧应对齐。门式刚架的高度应取柱轴线与斜梁轴线交点至地坪的高度，宜取 4.5~9m，必要时可适当放大。门式刚架的高度应根据使用要求的室内净高确定，有吊车的厂房应根据轨顶标高和吊车净空的要求确定。柱的轴线可取柱下端（较小端）中心的竖向轴线，工业建筑边柱的定位轴线宜取柱外皮。斜梁的轴线可取通过变截面梁段最小端中心与斜梁上表面平行的轴线。

门式刚架的合理间距应综合考虑刚架跨度、荷载条件及使用要求等因素，一般宜取 6m、7.5m 或 9m。

挑檐长度可根据使用要求确定，宜为 0.5~1.2m，其上翼缘坡度取与刚架斜梁坡度相同。

门式刚架轻型房屋的构件和围护结构通常刚度不大，温度应力相对较小。因此其温度分区与传统结构形式相比可以适当放宽，但温度区段长度应符合下列规定：

纵向温度区段不宜大于 300m；

图 1-4　柱的插入距

横向温度区段不宜大于 150m；

当有计算依据时，温度区段长度可适当放大。

当房屋的平面尺寸超过上述规定时，需设置伸缩缝，伸缩缝可采用两种做法：（a）设置双柱；（b）在搭接檩条的螺栓处采用长圆孔，并使该处屋面板在构造上允许涨缩。

对有吊车的厂房，当设置双柱形式的纵向伸缩缝时，伸缩缝两侧刚架的横向定位轴线可加插入距（图 1-4）。在多跨刚架局部抽掉中柱或边柱处，可布置托架或托梁。

1.2.2.2 檩条和墙梁的布置

屋面檩条一般应等间距布置。但在屋脊处，应沿屋脊两侧各布置一道檩条，使得屋面板的外伸宽度不要太长（一般小于 200mm），在天沟附近应布置一道檩条，以便于天沟的固定。确定檩条间距时，应综合考虑天窗、通风屋脊、采光带、屋面材料、檩条规格等因素按计算确定。

侧墙墙梁的布置，应考虑设置门窗、挑檐、遮雨篷等构件和围护材料的要求。当采用压型钢板作围护面时，墙梁宜布置在刚架柱的外侧，其间距由墙板板型和规格确定，且不大于由计算确定的数值。

1.2.2.3　支撑和刚性系杆的布置

支撑和刚性系杆的布置应符合下列规定:

(1) 在每个温度区段或分期建设的区段中,应分别设置能独立构成空间稳定结构的支撑体系。

(2) 在设置柱间支撑的开间,应同时设置屋盖横向支撑,以构成几何不变体系,参看图 1-1。

(3) 端部支撑宜设在温度区段端部的第一或第二个开间。柱间支撑的间距应根据房屋纵向受力情况及安装条件确定,一般取 30～45m;有吊车时吊车中腿下部支撑宜设置在温度区段中部,当温度区段较长时,宜设置在三分点内,且支撑间距不应大于 50m。

(4) 当房屋高度较大时,柱间支撑应分层设置;当房屋宽度大于 60m 时,内柱列宜适当设置支撑。

(5) 当端部支撑设在端部第二个开间时,在第一个开间的相应位置应设置刚性系杆。

(6) 在刚架转折处(边柱柱顶、屋脊及多跨刚架的中柱柱顶)应沿房屋全长设置刚性系杆。

(7) 由支撑斜杆等组成的水平桁架,其直腹杆宜按刚性系杆考虑。

(8) 刚性系杆可由檩条兼任,此时檩条应满足压弯构件的承载力和刚度要求,当不满足时可在刚架斜梁间设置钢管、H 型钢或其他截面形式的杆件。

门式刚架轻型房屋钢结构的支撑宜用十字交叉圆钢支撑,圆钢与相连构件的夹角宜接近 45°,不超出 30°～60°。圆钢应采用特制的连接件与梁、柱腹板连接,校正定位后张紧固定。张紧手段最好用花篮螺栓。在设有起重量大于 15t 桥式吊车的跨间,柱间支撑应参照第 2 章 2.1.1.3 节的要求设置。

当房屋内设有不小于 5t 的吊车时,柱间支撑宜用型钢杆件。当房屋中不允许设置柱间支撑时,应设置纵向刚架。

支撑虽然不是主要承重构件,在房屋结构中却是不可或缺的,柱间支撑和屋盖支撑的作用和形式在第 2 章的 2.1.3 节还有详尽的论述。

1.3　刚架设计

1.3.1　荷载及荷载组合

设计门式刚架结构所涉及的荷载,包括永久荷载和可变荷载,除 GB 51022 规范有专门规定者外，一律按现行《建筑结构荷载规范》GB 50009（以下简称《荷载规范》）采用。

1.3.1.1 永久荷载

永久荷载包括结构构件的自重和悬挂在结构上的非结构构件的重力荷载，如屋面、檩条、支撑、吊顶、墙面构件和刚架自身等。

1.3.1.2 可变荷载

（1）屋面活荷载。当采用压型钢板轻型屋面时，屋面竖向均布活荷载的标准值（按水平投影面积计算）应取不小于 0.5kN/m^2。设计屋面板和檩条时应考虑施工和检修集中荷载（人和小工具的重力），其标准值为 1kN。

（2）屋面雪荷载和积灰荷载。屋面雪荷载和积灰荷载的标准值应按《荷载规范》的规定采用，设计屋面板、檩条时并应考虑在屋面天沟、阴角、天窗挡风板内和高低跨连接处等雪荷载堆积造成的屋面积雪分布系数，数值按 GB 51022 规范采用。

（3）吊车荷载。包括竖向荷载和纵向及横向水平荷载，按照《荷载规范》的规定采用。

（4）地震作用。按现行《建筑抗震设计规范》GB 50011 的规定计算。

（5）风荷载。按 GB 51022 规范的规定，垂直于建筑物表面的风荷载应按下式计算：

$$w_k = \beta \mu_w \mu_z w_0 \tag{1-1}$$

式中　w_k——风荷载标准值（kN/m^2）；

　　　w_0——基本风压，按照《荷载规范》的规定采用；

　　　μ_z——风压高度变化系数，按照《荷载规范》的规定采用，当高度小于 10m 时，应按 10m 高度处的数值采用；

　　　μ_w——风荷载系数，考虑内外风压最大值的组合，按 GB 51022 规范采用；

　　　β——系数，计算主刚架时取 $\beta=1.1$；计算檩条、墙梁、屋面板和墙面板及其连接时，取 $\beta=1.5$。

门式刚架轻型房屋钢结构属于对风荷载比较敏感的结构，按照《荷载规范》的规定，基本风压应适当提高，计算主刚架时 β 取 1.1 是对基本风压的提高；计算檩条、墙梁、屋面板和墙面板及其连接时，β 取 1.5 是考虑阵风作用的要求。μ_w 称为风荷载系数，以示与《荷载规范》风荷载体型系数 μ_s 的区别。GB 51022 规范对此规定十分细致，如对不同部位取值不同、房屋端部大于中部等，本书从略。

1.3.1.3 荷载组合效应

荷载效应的组合一般应遵从《荷载规范》的规定。针对门式刚架的特点，GB 51022 规范给出下列组合原则：

（1）屋面均布活荷载不与雪荷载同时考虑，应取两者中的较大值；

（2）积灰荷载应与雪荷载或屋面均布活荷载中的较大值同时考虑；

（3）施工或检修集中荷载不与屋面材料或檩条自重以外的其他荷载同时考虑；

（4）多台吊车的组合应符合《荷载规范》的规定；

（5）当需要考虑地震作用时，风荷载不与地震作用同时考虑。

在进行刚架内力分析时，荷载效应组合由式（1-2）给出。

$$S_d = \gamma_G S_{Gk} + \psi_Q \gamma_Q S_{Qk} + \psi_w \gamma_w S_{wk} \tag{1-2}$$

式中　　S_d —— 荷载组合的效应设计值；

γ_G —— 永久荷载分项系数；

γ_Q —— 可变荷载分项系数；

γ_w —— 风荷载分项系数；

S_{Gk} —— 永久荷载效应标准值；

S_{Qk} —— 可变荷载效应标准值；

S_{wk} —— 风荷载效应标准值；

ψ_Q、ψ_w —— 分别为可变荷载组合值系数和风荷载组合值系数，当永久荷载效应起控制作用时应分别取 0.7 和 0.0；当可变荷载效应起控制作用时应分别取 1.0 和 0.6 或 0.7 和 1.0。

荷载基本组合的分项系数应按下列规定采用：（1）永久荷载的分项系数：当其效应对结构承载力不利时应取 1.3；当其效应对结构承载力有利时，应取 1.0；（2）可变荷载的分项系数一般情况下应取 1.5；（3）风荷载分项系数应取 1.5。

由于门式刚架结构自重较轻，地震作用的荷载效应较小。当抗震设防烈度不超过 7 度而风荷载标准值大于 $0.35kN/m^2$ 时，地震作用的组合一般不起控制作用。烈度 8 度以上需要考虑地震作用时按 GB 51022 规范进行。

对轻型房屋钢结构，当由地震作用效应组合控制设计时，尚应针对轻型钢结构的特点采取相应的抗震构造措施。例如，构件之间的连接应尽量采用螺栓连接；斜梁下翼缘与刚架柱的连接处宜加腋以提高该处的承载力，该处附近翼缘受压区的宽厚比宜适当减小；柱脚的受剪、抗拔承载力宜适当提高，柱脚底板宜设计受剪键，并采取提高锚栓抗拔力的相应构造措施；支撑的连接应按支撑屈服承载力的 1.2 倍设计等。

1.3.2　刚架的内力和侧移计算

1.3.2.1　内力计算

对于变截面门式刚架，应采用弹性分析方法确定各种内力，只有当刚架的梁柱全部为等截面时才允许采用塑性分析方法，但后一种情况在实际工程中已很少采用。进行内力分析时，通常把刚架当作平面结构对待，一般不考虑蒙皮效应，只是把它当作安全储备。当有必要且有条件时，可考虑屋面板的应力蒙皮效应。蒙皮效应是将屋面板视为沿屋面全长伸展的深梁，可用来承受平面内的荷载。面板可视为承受平面内横向剪力的腹板，其边缘构件可视为翼缘，承受轴向拉力和压力。与此类似，矩形墙板也可按平面内受剪的支撑系统处理。考虑应力蒙皮效应可以提高刚架结构的整体刚度和承载力，但对压型钢板的连接有较高的要求。

变截面门式刚架的内力通常采用杆系单元的有限元法（直接刚度法）编制程序上机计算。计算时将变截面的梁、柱构件分为若干段，每段的几何特性当作常量，也可采用楔形单元。采用等截面单元时不少于 8 段，楔形变截面单元则不少于 4 段。地震作用的效应可采用底部剪力法分析确定。当需要手算校核时，可采用一般结构力学方法（如力法、位移法、弯矩分配法等）或利用静力计算的公式、图表进行。

根据不同荷载组合下的内力分析结果，找出控制截面的内力组合，控制截面的位置一般在柱底、柱顶、柱牛腿连接处及梁端、梁跨中等截面，控制截面的内力组合主要有：

（1）最大轴压力 N_{max} 和同时出现的 M 及 V 的较大值。

（2）最大弯矩 M_{max} 和同时出现的 V 及 N 的较大值。

这两种情况有可能是重合的。以上是针对截面双轴对称的构件而言的。如果是单轴对称截面，则需要区分正、负弯矩，参看第 2 章 2.2.3 节。

鉴于轻型门式刚架自重很轻，锚栓在强风作用下有可能受到拔起的力，还需要第 3 种组合，即：

（3）最小轴压力 N_{min} 和相应的 M 及 V，出现在永久荷载和风荷载共同作用下，当柱脚铰接时 $M=0$。

1.3.2.2 侧移计算

变截面门式刚架的柱顶侧移应采用弹性分析方法确定。计算时荷载取标准值，不考虑荷载分项系数。侧移计算可以和内力分析一样在计算机上进行。

单层门式刚架在风荷载标准值作用下的柱顶侧移限值参见本教材上册《钢结构基础》第 6 章的有关内容。它虽然不涉及安全承载，却是不可忽视的设计指标。对单层门式刚架的柱顶位移值，当采用轻型钢墙板且室内无吊车时，其上限值为 $h/60$；当采用砌体墙且室内无吊车时，其上限值为 $h/240$；当有桥式吊车且吊车有驾驶室时，其上限值为 $h/400$；当桥式吊车由地面操作时，其上限值为 $h/180$；其中 h 指刚架柱高度。

如果最后验算时刚架的侧移不满足要求，即需要采用下列措施之一进行调整：放大柱或（和）梁的截面尺寸（思考：放大梁截面何以能够减小柱顶侧移？其效果如何？）；改铰接柱脚为刚接柱脚；把多跨框架中的个别摇摆柱改为上端和梁刚接。

1.3.3 刚架柱和梁的设计

1.3.3.1 梁、柱板件的宽厚比限值和腹板屈曲后强度利用

（1）梁、柱板件的宽厚比限值（截面尺寸见图1-5）

工字形截面构件受压翼缘板的宽厚比限值：

$$\frac{b_1}{t} \leqslant 15\varepsilon_k \tag{1-3}$$

工字形截面梁、柱构件腹板的宽厚比限值：

$$\frac{h_w}{t_w} \leqslant 250 \tag{1-4}$$

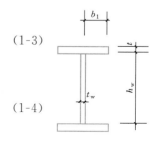

图1-5 截面尺寸

式中　b_1、t——受压翼缘的外伸宽度与厚度；

h_w、t_w——腹板的高度与厚度。

以上两个宽厚比限值的性质并不相同：翼缘板一般不利用屈曲后强度，式（1-3）是局部屈曲的限值；腹板常利用屈曲后强度，式（1-4）是为防止几何缺陷过大而设定的限值。

（2）腹板屈曲后强度利用

在进行刚架梁、柱构件的截面设计时，为了节省钢材，允许腹板发生局部屈曲，并利用其屈曲后强度。在上册第4章4.6.4节曾经分析过板件屈曲后继续承载的原理并给出现行《钢结构设计标准》GB 50017关于梁腹板利用屈曲后强度的计算公式。由于简支梁和刚架梁受力情况不同，GB 51022规范的计算公式不同于《钢结构设计标准》GB 50017—2017（以下简称GB 50017标准）。

工字形截面构件腹板的受剪板幅，考虑屈曲后强度，其受剪承载力设计值应按下列公式计算：

$$V_d = \chi_{tap}\varphi_{ps}h_{w1}t_w f_v \leqslant h_{w0}t_w f_v \tag{1-5}$$

$$\varphi_{ps} = \frac{1}{(0.51 + \lambda_s^{3.2})^{1/2.6}} \leqslant 1.0 \tag{1-6a}$$

$$\chi_{tap} = 1 - 0.35\alpha^{0.2}\gamma_\rho^{2/3} \tag{1-6b}$$

$$\gamma_\rho = \frac{h_{w1}}{h_{w0}} - 1 \tag{1-6c}$$

$$\alpha = \frac{a}{h_{w1}} \tag{1-6d}$$

式中　f_v——钢材的抗剪强度设计值；

h_{w1}、h_{w0}——腹板大端和小端高度（mm）；

χ_{tap}——腹板屈曲后抗剪强度的楔率折减系数；

γ_ρ——腹板区格的楔率；

α——腹板的长度与高度之比；

a——加劲肋间距；

λ_s——与腹板受剪有关的参数，按式（1-7）计算。

$$\lambda_s = \frac{h_{w1}/t_w}{37\sqrt{k_\tau} \cdot \varepsilon_k} \tag{1-7}$$

当 $a/h_{w1} < 1$ 时 $\qquad k_\tau = 4 + 5.34/(a/h_{w1})^2 \tag{1-8a}$

当 $a/h_{w1} \geqslant 1$ 时 $\qquad k_\tau = \eta_s[5.34 + 4/(a/h_{w1})^2] \tag{1-8b}$

$$\eta_s = 1 + \gamma_\rho^{0.25}\frac{0.25\sqrt{\gamma_\rho} + \alpha - 1}{\alpha^{2-0.25\sqrt{\gamma_\rho}}} \tag{1-8c}$$

式中 k_τ——受剪板件的屈曲系数。当不设横向加劲肋时，取 $k_\tau = 5.34\eta_s$。

（3）腹板的有效宽度

当工字形截面构件腹板的受弯及受压板幅利用屈曲后强度时，应按有效宽度计算截面特性。受压区有效宽度应按下式计算：

$$h_e = \rho h_c \tag{1-9}$$

式中 h_e——腹板受压区有效宽度；

h_c——腹板受压区宽度；

ρ——效宽度系数，$\rho > 1.0$ 时，取 1.0。

有效宽度系数 ρ 应按下列公式计算：

$$\rho = \frac{1}{(0.243 + \lambda_\rho^{1.25})^{0.9}} \tag{1-10}$$

$$\lambda_\rho = \frac{h_w/t_w}{28.1\sqrt{k_\sigma} \cdot \varepsilon_k} \tag{1-11}$$

$$k_\sigma = \frac{16}{\sqrt{(1+\beta)^2 + 0.112(1-\beta)^2} + (1+\beta)} \tag{1-12}$$

$$\beta = \sigma_2/\sigma_1 \tag{1-13}$$

式中 λ_ρ——与板件受压、受弯有关的参数，当 $\sigma_1 < f$ 时，计算 λ_ρ 可用 $\gamma_R\sigma_1$ 代替式（1-11）的 ε_k 中的 f_y，γ_R 为抗力分项系数，对 Q235 钢和 Q355 钢，γ_R 取 1.1；

h_w——腹板高度（mm），对楔形腹板取板幅平均高度；

k_σ——板件在正应力作用下的屈曲系数；

β——截面边缘正应力比值，以压为正，拉为负，$1 \geqslant \beta \geqslant -1$；

σ_1、σ_2——分别为板边最大和最小应力，且 $|\sigma_2| \leqslant |\sigma_1|$。

根据式（1-9）和式（1-10）算得的腹板有效宽度 h_e，沿腹板高度按下列规则分布（图1-6）：

当腹板全截面受压，即 $\beta > 0$ 时

$$h_{e1} = 2h_e/(5 - \beta) \tag{1-14}$$

$$h_{e2} = h_e - h_{e1} \tag{1-15}$$

当腹板部分截面受拉，即 $\beta < 0$ 时

$$h_{e1} = 0.4h_e \tag{1-16}$$

$$h_{e2} = 0.6h_e \tag{1-17}$$

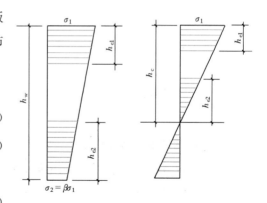

图 1-6 有效宽度的分布

试说明：式（1-16）和式（1-17）与上册式（4-175）同源。

1.3.3.2 刚架梁、柱构件考虑屈曲后强度的截面强度计算

（1）工字形截面受弯构件在剪力 V 和弯矩 M 共同作用下的强度应符合下列要求：

当 $V \leqslant 0.5V_d$ 时

$$M \leqslant M_e \tag{1-18a}$$

当 $0.5V_d < V \leqslant V_d$ 时

$$M \leqslant M_f + (M_e - M_f)\left[1 - \left(\frac{V}{0.5V_d} - 1\right)^2\right] \tag{1-18b}$$

当截面为双轴对称时

$$M_f = A_f(h_w + t)f \tag{1-19}$$

式中　M_f——两翼缘所承担的弯矩；

　　　M_e——构件有效截面所承担的弯矩，$M_e = W_e f$；

　　　W_e——构件有效截面最大受压纤维的截面模量；

　　　A_f——构件翼缘的截面面积；

　　　V_d——腹板受剪承载力设计值，按公式（1-5）计算。

（2）工字形截面压弯构件在剪力 V、弯矩 M 和轴力 N 共同作用下的强度应符合下列要求：

当 $V \leqslant 0.5V_d$ 时

$$N/A_e + M/W_e \leqslant f \tag{1-20}$$

当 $0.5V_d < V \leqslant V_d$ 时

$$M \leqslant M_f^N + (M_e^N - M_f^N)\left[1 - \left(\frac{V}{0.5V_d} - 1\right)^2\right] \tag{1-21}$$

$$M_e^N = M_e - NW_e/A_e \tag{1-22}$$

当截面为双轴对称时

$$M_f^N = A_f(h_w + t)(f - N/A) \tag{1-23}$$

式中 A_e——有效截面面积；

$\quad\quad M_f^N$——兼承压力时两翼缘所能承受的弯矩。

1.3.3.3 梁腹板加劲肋的配置

梁腹板应在中柱连接处、较大固定集中荷载作用处和翼缘转折处设置横向加劲肋。其他部位是否设置中间加劲肋，根据计算需要确定。但 GB 51022 规范规定，当利用腹板屈曲后抗剪强度时，横向加劲肋之间的板幅长度与其大端截面高度之比不应大于 3。

当梁腹板在剪应力作用下发生屈曲后，将以拉力带的方式承受继续增加的剪力，亦即起类似桁架斜腹杆的作用，而横向加劲肋则相当于受压的桁架竖杆（图 1-7）。因此，中间横向加劲肋除承受集中荷载和翼缘转折产生的压力外，还要承受拉力场产生的压力，该压力按下列公式计算：

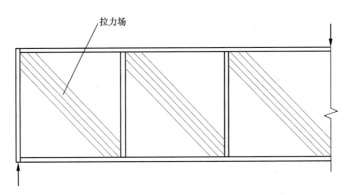

图 1-7 腹板屈曲后受力模型

$$N_s = V - 0.9\varphi_s h_w t_w f_v \tag{1-24}$$

$$\varphi_s = \frac{1}{\sqrt[3]{0.738 + \lambda_s^6}} \leqslant 1.0 \tag{1-25}$$

式中 N_s——拉力场产生的压力；

$\quad\quad V$——梁受剪承载力设计值；

$\quad\quad \varphi_s$——腹板剪切屈曲稳定系数；

$\quad\quad \lambda_s$——参数，按式（1-7）计算；

$\quad\quad h_w$——腹板高度。

加劲肋稳定性验算按 GB 50017 标准的规定进行，计算长度取腹板高度 h_w，截面取加劲肋全部和每侧各 $15t_w\varepsilon_k$ 宽度范围内的腹板面积，按两端铰接轴心受压构件进行计算。

1.3.3.4 变截面柱在刚架平面内的整体稳定计算

变截面柱在刚架平面内的整体稳定性应按下列公式计算:

$$\frac{N_1}{\eta_t \varphi_x A_{e1}} + \frac{\beta_{mx} M_1}{[1 - N_1/N_{cr}] W_{e1}} \leqslant f \qquad (1\text{-}26)$$

$$N_{cr} = \pi^2 E A_{e1} / \lambda_1^2 \qquad (1\text{-}27a)$$

当 $\bar{\lambda}_1 \geqslant 1.2$ 时:

$$\eta_t = 1 \qquad (1\text{-}27b)$$

当 $\bar{\lambda}_1 < 1.2$ 时:

$$\eta_t = \frac{A_0}{A_1} + \left(1 - \frac{A_0}{A_1}\right) \times \frac{\bar{\lambda}_1^2}{1.44} \qquad (1\text{-}27c)$$

$$\lambda_1 = \frac{\mu H}{i_{x1}} \qquad (1\text{-}27d)$$

$$\bar{\lambda}_1 = \frac{\lambda_1}{\pi} \sqrt{\frac{f_y}{E}} \qquad (1\text{-}27e)$$

式中　N_1 ——大头的轴向压力设计值;

$\quad\quad M_1$ ——大头的弯矩设计值;

$\quad\quad A_{e1}$ ——大头的有效截面面积;

$\quad\quad W_{e1}$ ——大头有效截面最大受压纤维的截面模量;

$\quad\quad \varphi_x$ ——杆件轴心受压稳定系数,根据楔形柱的计算长度系数由 GB 50017 标准查表确定,计算长细比时取大头截面的回转半径;

$\quad\quad \beta_{mx}$ ——等效弯矩系数,有侧移刚架柱的等效弯矩系数取 1.0;

$\quad\quad N_{cr}$ ——欧拉临界力,按式(1-27a)计算;

$\quad\lambda_1 、i_{x1}$ ——按大头截面计算的长细比和回转半径;

$\quad\quad \mu$ ——按大头截面计算的计算长度系数;

$\quad\quad H$ ——柱高;

$A_0 、A_1$ ——小头和大头截面的毛截面面积;

$\quad\quad f_y$ ——钢材的屈服强度值。

当柱的最大弯矩不出现在大头时,M_1 和 W_{e1} 分别取最大弯矩和该弯矩所在截面的有效截面模量。

式(1-26)是在《冷弯薄壁型钢结构技术规范》GB 50018—2002(以下简称 GB 50018 规范)中双轴对称截面压弯构件平面内整体稳定计算公式的基础上,考虑变截面压弯构件的受力特点,经过适当修正后得到的。它不同于 GB 50017 标准的特点是没有塑性发展系数 γ_x,弯矩项的放大系数也略有不同。此外由于刚架柱腹板允许发生局部屈曲并利用其屈曲后强度,故柱的截面几何特性应采用有效截面的几何特性。

对于变截面柱，变化截面高度的目的是为了适应弯矩的变化，合理的截面变化方式应使两端截面的最大应力纤维同时达到限值。但是实际上往往是大头截面用足，其应力大于小头截面，柱脚铰接的刚架柱就是一种典型的情况。因此，式（1-26）左端第二项的弯矩 M_1 和有效截面模量 W_{e1} 应以大头为准。

1.3.3.5 楔形柱在刚架平面内的计算长度

楔形柱在刚架平面内的计算长度应取为 $h_0 = \mu H$，计算长度系数 μ 按大头截面计算，可以采用一阶分析方法，也可采用二阶分析方法。

（1）一阶分析方法

当斜梁坡度不大于 1：5 时，梁中的轴力影响较小，可以忽略轴力对梁抗弯刚度的影响，GB 51022 规范规定，柱脚铰接的楔形柱有侧移弹性屈曲的临界荷载和计算长度系数按下列公式计算：

$$N_{cr} = \frac{\pi^2 EI_{c1}}{(\mu H)^2} \tag{1-28}$$

$$\mu = 2\kappa \left(\frac{I_{c1}}{I_{c0}} \right)^{0.145} \sqrt{1 + \frac{0.38}{k}} \tag{1-29}$$

$$k = \frac{K_z}{6 i_{c1}} \left(\frac{I_{c1}}{I_{c0}} \right)^{0.29} \tag{1-30a}$$

$$i_{c1} = \frac{EI_{c1}}{H} \tag{1-30b}$$

式中　μ——变截面柱换算成大端为准的等截面柱的计算长度系数；

I_{c0}、I_{c1}——分别为柱小端和大端截面的惯性矩；

　　K_z——梁对柱提供的转动约束；

　　κ——铰接柱脚嵌固系数，对平板式铰接柱脚，取

$$\kappa = 1 - 0.15(h_0/h_1)^{0.75} \tag{1-30c}$$

h_0、h_1——分别为柱小端和大端的截面高度；

　　H——柱高；

　　i_{c1}——柱大端截面的回转半径。

转动约束 K_z 按照梁截面变化的不同按下列公式计算：

当梁的两端都与柱刚接，半跨斜梁呈单一楔形时（图 1-8a）：

$$K_z = \frac{3EI_1}{s} \left(\frac{I_0}{I_1} \right)^{0.2} \tag{1-31}$$

式中　s——半跨斜梁长度；

I_1、I_0——分别为斜梁端截面惯性矩和屋脊截面惯性矩。

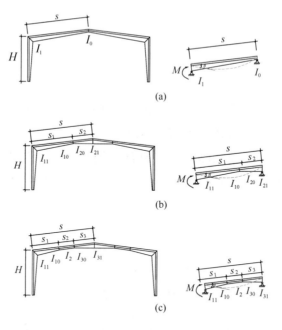

图 1-8 刚架梁的形式及相关参数示意图

(a) 半跨斜梁单一楔法；(b) 半跨斜梁两段楔形；(c) 半跨斜梁两段楔形和一等截面段

当半跨斜梁包含两段楔形时（图 1-8b）：

$$\frac{1}{K_z} = \frac{1}{K_{11}} - \frac{2s_2}{s}\frac{1}{K_{12}} + \left(\frac{s_2}{s}\right)^2\frac{1}{K_{21}} + \left(\frac{s_2}{s}\right)^2\frac{1}{K_{22}} \tag{1-32}$$

$$K_{11} = \frac{3EI_{11}}{s_1}\left(\frac{I_{10}}{I_{11}}\right)^{0.2}, \quad K_{12} = \frac{-6EI_{11}}{s_1}\left(\frac{I_{10}}{I_{11}}\right)^{0.44},$$

$$K_{21} = \frac{3EI_{11}}{s_1}\left(\frac{I_{10}}{I_{11}}\right)^{0.712}, \quad K_{22} = \frac{3EI_{21}}{s_2}\left(\frac{I_{20}}{I_{21}}\right)^{0.712} \tag{1-33}$$

式中　　　　　　　s——半跨斜梁长度；

s_1、s_2——分别为两段楔形段的长度；

I_{11}、I_{10}、I_{20}、I_{21}——分别为各梁段端部截面的截面惯性矩。

当半跨斜梁包含两段楔形且之间有一个等截面段时（图 1-8c）：

$$\frac{1}{K_z} = \frac{1}{K_{11}} - 2\left(1 - \frac{s_1}{s}\right)\frac{1}{K_{12}} + \left(1 - \frac{s_1}{s}\right)^2\left(\frac{1}{K_{21}} + \frac{1}{3i_2}\right)$$

$$+ \frac{2s_3\left(s_2 + s_3\right)}{s^2}\frac{1}{6i_2} + \left(\frac{s_3}{s}\right)^2\left(\frac{1}{3i_2} + \frac{1}{K_{22}}\right) \tag{1-34}$$

$$i_2 = \frac{EI_2}{s_2} \tag{1-35}$$

$$K_{11} = \frac{3EI_{11}}{s_1}\left(\frac{I_{10}}{I_{11}}\right)^{0.2}, \quad K_{12} = \frac{-6EI_{11}}{s_1}\left(\frac{I_{10}}{I_{11}}\right)^{0.44},$$

$$K_{21} = \frac{3EI_{11}}{s_1}\left(\frac{I_{10}}{I_{11}}\right)^{0.712}, \; K_{22} = \frac{3EI_{31}}{s_3}\left(\frac{I_{30}}{I_{31}}\right)^{0.712} \tag{1-36}$$

式中　　　　　　　s——半跨斜梁长度；

　　　　s_1、s_2、s_3——分别为三段梁段的长度；

I_{11}、I_{10}、I_{30}、I_{31}——分别为两个楔形梁段端部截面的截面惯性矩；

　　　　　　I_2——中间等截面梁段的截面惯性矩。

当刚架梁远端铰接或连接摇摆柱时，s 取全跨长（图 1-9）；当刚架梁近端铰接时，$K_z = 0$。

多跨刚架的中间柱为摇摆柱时（图 1-9），边柱的计算长度应乘以式（1-37）的放大系数 η，摇摆柱的计算长度系数取 1.0。

$$\eta = \sqrt{1 + \frac{\sum N_{li}/H_{li}}{1.1\sum N_{fi}/H_{fi}}} \tag{1-37}$$

式中　N_{li}、H_{li}——分别为第 i 个摇摆柱上作用的荷载和柱高；

　　　N_{fi}、H_{fi}——分别为第 i 个刚架柱上作用的荷载和柱高。

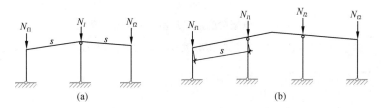

图 1-9　带有摇摆柱的刚架

对柱脚铰接的单层多跨房屋，当各跨屋面梁的标高无突变（无高低跨）时，可考虑各柱相互支援作用，采用修正的计算长度系数进行刚架平面内的稳定计算。修正的计算长度系数按下列公式计算。当计算值小于 1.0 时，应取 1.0。

$$\mu'_j = \kappa\frac{\pi}{H_{fj}}\sqrt{\frac{EI_{cj}}{N_{fj}\cdot K}\left(1.2\sum\frac{N_{fi}}{H_{fi}} - \sum\frac{N_{li}}{H_{li}}\right)} \tag{1-38}$$

$$\mu'_j = \kappa\frac{\pi}{H_{fj}}\sqrt{\frac{EI_{cj}}{1.2N_{fj}\sum N_{crfj}/H_{fj}}\left(1.2\sum\frac{N_{fi}}{H_{fi}} - \sum\frac{N_{li}}{H_{li}}\right)} \tag{1-39}$$

式中　N_{crfj}——第 j 个刚架柱的临界力，按式（1-28）计算；

　　　K——在檐口高度作用的水平力求得的刚架的抗侧刚度。

当斜梁坡度大于 1∶5 时，确定刚架柱的计算长度时应考虑梁轴力对其抗弯刚度的不利影响。此时应按刚架的整体弹性稳定分析通过点算来确定刚架柱的计算长度。

（2）二阶分析方法

当采用二阶分析时，柱脚铰接的单段楔形柱的计算长度系数为：

$$\mu_\gamma = \frac{1 + 0.035\gamma_\rho}{1 + 0.54\gamma_\rho}\sqrt{\frac{I_{c1}}{I_{c0}}} \tag{1-40}$$

1.3.3.6 变截面柱在刚架平面外的整体稳定计算

变截面柱的平面外稳定应分段按下列公式计算：

$$\frac{N_1}{\eta_{ty}\varphi_y A_{e1} f} + \left(\frac{M_1}{\varphi_b \gamma_x W_{e1} f}\right)^{1.3-0.3k_\sigma} \leqslant 1 \tag{1-41}$$

当 $\overline{\lambda}_{1y} \geqslant 1.3$ 时：

$$\eta_{ty} = 1 \tag{1-42a}$$

当 $\overline{\lambda}_{1y} < 1.3$ 时：

$$\eta_{ty} = \frac{A_0}{A_1} + \left(1-\frac{A_0}{A_1}\right) \times \frac{\overline{\lambda}_{1y}^2}{1.69} \tag{1-42b}$$

$$\overline{\lambda}_{1y} = \frac{\lambda_{1y}}{\pi}\sqrt{\frac{f_y}{E}} \tag{1-42c}$$

式中　φ_y——轴心受压构件弯矩作用平面外的稳定系数，以大头为准，按 GB 50017 标准的规定采用，计算长度取纵向柱间支撑点间的距离；若各段线刚度差别较大，确定计算长度时可考虑各段间的相互约束；

　　N_1——所计算构件段大头截面的轴向压力设计值；

　　M_1——所计算构件段大头截面的弯矩设计值；

　　k_σ——为楔形构件的小头截面与大头截面由弯矩产生的应力比值，按 $k_\sigma = \dfrac{M_0/W_{x0}}{M_1/W_{x1}}$ 计算；

　　$\overline{\lambda}_{1y}$——绕弱轴的通用长细比；

　　λ_{1y}——绕弱轴的长细比，按 $\lambda_{1y} = L/i_{y1}$ 计算，L 为侧向支承点之间的距离；

　　i_{y1}——大头截面绕弱轴的回转半径；

　　γ_x——截面塑性发展系数，可按 GB 50017 标准的规定采用；

　　φ_b——楔形梁段整体稳定系数，对双轴对称的工字形截面杆件承受线性变化弯矩时，按式（1-43）计算：

$$\varphi_b = \frac{1}{(1-\lambda_b^{2n}+\lambda_b^{2n})^{1/n}} \leqslant 1.0 \tag{1-43}$$

$$\lambda_b = \frac{0.55-0.25k_\sigma}{(1+\gamma)^{0.2}} \tag{1-44a}$$

$$n = \frac{1.51}{\lambda_b^{0.1}}\sqrt[3]{\frac{b_1}{h_1}} \tag{1-44b}$$

式中　W_{x1}——弯矩较大截面受压边缘的截面模量；

　　φ_b——刚架梁的整体稳定系数；

　　k_σ——楔形构件的小端截面压应力与大端截面压应力之比；

λ_b —— 通用长细比，按 $\lambda_b = \sqrt{\dfrac{\gamma_x W_{x1} f_y}{M_{cr}}}$ 计算；

γ —— 变截面梁段的楔率，按 $\gamma = (h_1 - h_0)/h_0$ 计算；

M_{cr} —— 刚架梁的弹性屈曲弯矩，按下式计算：

$$M_{cr} = C_1 \frac{\pi^2 E I_y}{L^2} \left[\beta_{x\eta} + \sqrt{\beta_{x\eta}^2 + \frac{I_{\omega\eta}}{I_y} \left(1 + \frac{G J_\eta L^2}{E \pi^2 I_{\omega\eta}} \right)} \right] \tag{1-45}$$

式中　　C_1 —— 等效弯矩系数，按式下式计算：

$$C_1 = 0.46 k_M^2 \left(\frac{I_{yB}}{I_{yT}} \right)^{0.346} - 1.32 k_M \left(\frac{I_{yB}}{I_{yT}} \right)^{0.132} + 1.86 \left(\frac{I_{yB}}{I_{yT}} \right)^{0.023} \leqslant 2.75 \tag{1-46a}$$

$\beta_{x\eta}$ —— 截面不对称系数，按式（1-46b）计算：

$$\beta_{x\eta} = 0.45 (1 + \gamma\eta) h_0 \frac{I_{yT} - I_{yB}}{I_y} \tag{1-46b}$$

$$\eta = 0.55 + 0.04 \sqrt[3]{\frac{I_{yT}}{I_{yB}}} \cdot \left(1 - \frac{W_{x1}}{W_{x0}} k_M \right) \tag{1-46c}$$

k_M —— 弯矩比，为较小弯矩除以较大弯矩；

I_y —— 变截面梁绕弱轴惯性矩；

$I_{\omega\eta}$ —— 变截面梁的等效翘曲惯性矩，按 $I_{\omega\eta} = I_{\omega 0} \cdot (1 + \gamma\eta)^2$ 计算；

$I_{\omega 0}$ —— 变截面梁的等效翘曲惯性矩，按 $I_{\omega 0} = I_{yT} h_{sT0}^2 + I_{yB} h_{sB0}^2$ 计算；

J_η —— 变截面梁等效圣维南扭转常数，按 $J_\eta = J_0 + \gamma\eta (h_0 - t_f) t_w^3 / 3$ 计算；

J_0 —— 小端截面自由扭转常数；

h_{sT0}、h_{sB0} —— 分别是小端截面上、下翼缘的中面到剪切中心距离；

h_0 —— 小端截面上、下翼缘中面距离；

t_w —— 腹板厚度；

b_1、h_1 —— 大端截面宽度和高度；

b_T、t_T、b_B、t_B —— 受压和受拉翼缘的宽度和厚度。

GB 51022 规范对原变截面楔形柱的平面外稳定计算公式进行了修订，由于框架柱中的两端弯矩往往引起双曲率弯曲，其等效弯矩系数一般小于 0.65，这对弯矩折减较多，在某些特定情况下会不安全。因此，新修订的相关公式中，弯矩项的指数在 1.0～1.6 之间变化，相关曲线外凸，这等效于考虑弯矩变号对其稳定性的有利作用，避免了在某些特殊情况下的不安全。

1.3.3.7 斜梁和隔撑的设计

（1）斜梁的设计

当斜梁上翼缘承受集中荷载处不设横向加劲肋时，除应按 GB 50017 标准的规定验算腹板上边缘正应力、剪应力和局部压应力共同作用时的折算应力外，尚应按公式（1-47）进行腹板压皱（屈皱）验算：

$$F \leqslant 15\alpha_{\mathrm{m}} t_{\mathrm{w}}^2 f \sqrt{\frac{t_{\mathrm{f}}}{t_{\mathrm{w}}}} \varepsilon_{\mathrm{k}} \tag{1-47}$$

$$\alpha_{\mathrm{m}} = 1.5 - M/(W_{\mathrm{e}} f) \tag{1-48}$$

式中　F——上翼缘所受的集中荷载；

t_{f}、t_{w}——分别为斜梁翼缘和腹板的厚度；

α_{m}——弯曲压应力影响系数，$\alpha_{\mathrm{m}} \leqslant 1.0$，在斜梁负弯矩区取 $\alpha_{\mathrm{m}} = 1.0$（忽略弯曲拉应力的影响）；

M——集中荷载作用处的弯矩；

W_{e}——有效截面最大受压纤维的截面模量。

当斜梁坡度不超过 1：5 时，因轴力很小可按压弯构件计算其强度和刚架平面外的稳定，而无需计算平面内稳定。

实腹式刚架斜梁的平面外计算长度，取侧向支承点的间距。当斜梁两翼缘侧向支承点之间的距离不等时，应取最大受压翼缘侧向支承点的距离。侧向支承点由檩条（或刚性系杆）配合支撑体系来提供，稳定系数 φ_{b} 可按式（1-43）计算，式中的 M_{cr} 按式（1-45）计算。

斜梁的负弯矩区由隔撑提供的侧向支承只是弹性支承，当隔撑满足以下要求时，斜梁负弯矩区的稳定计算可考虑隔撑的作用：

1）在斜梁两侧均设置隔撑（图 1-10）；

2）隔撑的上支承点位置不低于檩条形心线；

3）隔撑满足设计要求。

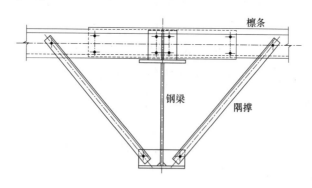

图 1-10　隔撑的连接

斜梁负弯矩区段的稳定性取 3 倍隔撑间距范围内的梁段计算，稳定系数 φ_{b} 按式（1-43）计算，式中的 M_{cr} 按式（1-49）计算：

$$M_{\mathrm{cr}} = \frac{GJ + 2e\sqrt{k_{\mathrm{b}}(EI_y e_1^2 + EI_\omega)}}{2(e_1 - \beta_{\mathrm{x}})} \tag{1-49}$$

$$k_b = \frac{1}{l_{kk}}\left[\frac{(1-2\beta)l_p}{2EA_p} + (a+h)\frac{(3-4\beta)}{6EI_p}\beta l_p^2\tan\alpha + \frac{l_k^2}{\beta l_p EA_k\cos\alpha}\right]^{-1} \tag{1-50a}$$

$$\beta_x = 0.45h\frac{I_1 - I_2}{I_y} \tag{1-50b}$$

式中 J、I_y、I_ω ——大端截面的自由扭转常数，绕弱轴惯性矩和翘曲惯性矩；

a ——檩条截面形心到梁上翼缘中心的距离；

h ——大端截面上、下翼缘中面间的距离；

α ——隔撑和檩条轴线的夹角；

β ——隔撑与檩条的连接点离开主梁的距离与檩条跨度的比值；

l_p ——檩条的跨度；

I_p ——檩条截面绕强轴的惯性矩；

A_p ——檩条的截面面积；

A_k ——隔撑杆的截面面积；

l_k ——隔撑杆的长度；

l_{kk} ——隔撑的间距；

e ——隔撑下支撑点到檩条形心线的垂直距离；

e_1 ——梁截面的剪切中心到檩条形心线的距离；

I_1 ——被隔撑支撑的翼缘绕弱轴的惯性矩；

I_2 ——与檩条连接的翼缘绕弱轴的惯性矩。

当山墙处刚架的隔撑单面布置时，应考虑隔撑作为檩条的实际支座承受的压力对斜梁下翼缘的水平作用，屋面斜梁的强度和稳定计算宜考虑其影响。

刚架斜梁也须挠度验算，GB 51022 规范规定，当门式刚架斜梁（全跨）仅支承压型钢板屋面和冷弯型钢檩条时，挠度的上限值取 $L/180$；尚有吊顶时，取 $L/240$；有悬挂起重机时，取 $L/400$；L 取全跨长度。

（2）隔撑的设计

隔撑应根据 GB 50017 标准的规定按轴心受压构件的支撑来设计。隔撑截面常选用单根单角钢，轴向压力按下式计算：

$$N = \frac{A_f f}{120\cos\theta} \tag{1-51}$$

式中 A_f ——斜梁被撑翼缘的截面积；

θ ——隔撑与檩条轴线的夹角。

需要注意的是，单面连接的单角钢压杆由于是偏心受力，在计算其稳定时，需要采用换算长细比。

1.3.4　节点设计

门式刚架结构中的节点有：梁与柱连接节点、梁和梁拼接节点及柱脚。当有桥式吊车时，刚架柱上还有牛腿。

（1）斜梁与柱的连接及斜梁拼接

门式刚架斜梁与柱的刚接连接，一般采用高强度螺栓-端板连接。具体构造有端板竖放（图1-11a）、端板斜放（图1-11b）和端板平放（图1-11c）三种形式。斜梁拼接时也可用高强度螺栓-端板连接，宜使端板与构件外边缘垂直（图1-11d）。斜梁拼接应按所受最大内力设计。当内力较小时，应按能承受不小于较小被连接截面承载力一半设计。

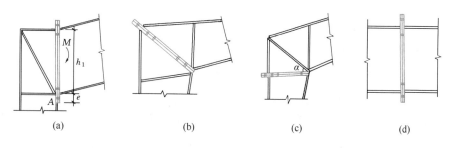

图 1-11　刚架斜梁与柱的连接及斜梁间的拼接

（a）端板竖放；（b）端板斜放；（c）端板平放；（d）斜梁拼接

图1-11所示节点也称为端板连接节点，都必须按照刚接节点进行设计，即在保证必要的强度的同时，提供足够的转动刚度。

为了满足强度需要，宜采用高强度螺栓，并应对螺栓施加预拉力。预拉力可以增强节点转动刚度。就抗剪而言，螺栓连接可以是摩擦型或承压型的。摩擦型连接按剪力大小决定端板与柱翼缘接触面的处理方法。当剪力较小时，摩擦面可不做专门处理。

端板螺栓应成对地对称布置。在受拉翼缘和受压翼缘的内外两侧各设一排，并宜使每个翼缘的四个螺栓的中心与翼缘的中心重合。为此，将端板伸出截面高度范围以外形成外伸式连接（图1-11a），以免螺栓群的力臂不够大。但若把端板斜放，因斜截面高度大，受压一侧端板可不外伸（图1-11b）。图1-11（a）的外伸式连接转动刚度是否满足刚性节点的要求需要通过计算加以检验。外伸式连接在节点负弯矩作用下，可假定转动中心位于下翼缘中心线上。如图1-11（a）所示上翼缘两侧对称设置4个螺栓时，每个螺栓承受下面公式表达的拉力，并依此确定螺栓直径：

$$N_t = \frac{M}{4h_1} \tag{1-52}$$

式中　h_1——梁上下翼缘中至中距离。

力偶 M/h_1 的压力由端板与柱翼缘间承压面传递，端板从下翼缘中心伸出的宽度应不小

于 $e=\dfrac{M}{h_1} \cdot \dfrac{1}{2bf}$，$b$ 为端板宽度。为了减小力偶作用下的局部变形，有必要在梁上下翼缘中线处设柱加劲肋。有加劲肋的节点，转动刚度比不设加劲肋者大。

当受拉翼缘两侧各设一排螺栓不能满足承载力要求时，可以在翼缘内侧增设螺栓，如图 1-12 (a)所示。按照绕下翼缘中心 A（图 1-11a）的转动保持在弹性范围内的原则，此第三排螺栓的拉力可以按 $N_t \dfrac{h_3}{h_1}$ 计算，h_3 为 A 点至第三排螺栓的距离，两个螺栓可承弯矩 $M=2N_t h_3^2/h_1$。

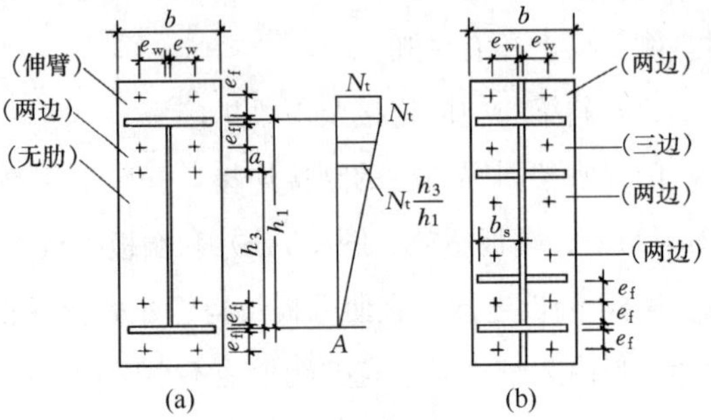

节点上剪力可以认为由上边二排抗拉

图 1-12 端板的支承条件

(a) 不设加劲肋；(b) 设加劲肋

螺栓以外的螺栓承受，第三排螺栓拉力未用足，可以和下面二排（或二排以上）螺栓共同抗剪。

螺栓排列应符合构造要求，图 1-12 的 e_w、e_f 应满足拧紧螺栓所用工具的净空要求，通常不小于 35mm，螺栓端距不应小于 2 倍螺栓孔径，两排螺栓之间的最小距离为 3 倍螺栓直径，最大距离不应超过 400mm。

端板的厚度 t 可根据支承条件（图 1-12）按下列公式计算，但不应小于 16mm 及 0.8 倍螺栓直径，和梁端板相连的柱翼缘部分应与端板等厚度。

（a）伸臂类区格

$$t \geqslant \sqrt{\dfrac{6e_f N_t^b}{bf}} \tag{1-53a}$$

（b）无加劲肋类区格

$$t \geqslant \sqrt{\dfrac{3e_w N_t^b}{(0.5a+e_w)f}} \tag{1-53b}$$

（c）两边支承类区格

当端板外伸时

$$t \geqslant \sqrt{\dfrac{6e_f e_w N_t^b}{[e_w b+2e_f(e_f+e_w)]f}} \tag{1-53c}$$

当端板平齐时

$$t \geqslant \sqrt{\dfrac{12e_f e_w N_t^b}{[e_w b+4e_f(e_f+e_w)]f}} \tag{1-53d}$$

（d）三边支承类区格

$$t \geqslant \sqrt{\dfrac{6e_f e_w N_t^b}{[e_w(b+2b_s)+4e_f^2]f}} \tag{1-53e}$$

式中和图中　N_t^b——一个高强度螺栓受拉承载力设计值；

e_w、e_f——分别为螺栓中心至腹板和翼缘板表面的距离；

b、b_s——分别为端板和加劲肋板的宽度；

a——螺栓的间距；

f——端板钢材的抗拉强度设计值。

在门式刚架斜梁与柱相交的节点域，应按下列公式验算剪应力：

$$\tau \leqslant f_v \tag{1-54}$$

$$\tau = \frac{M}{d_b d_c t_c} \tag{1-55}$$

式中　d_c、t_c——分别为节点域柱腹板的宽度和厚度；

d_b——斜梁端部高度或节点域高度；

M——节点承受的弯矩，对多跨刚架中间柱处，应取两侧斜梁端弯矩的代数和或柱端弯矩；

f_v——节点域柱腹板的抗剪强度设计值。

当不满足公式（1-54）的要求时，应加厚腹板或设置斜加劲肋。

刚架构件的翼缘与端板的连接应采用全熔透对接焊缝，腹板与端板的连接应采用角焊缝。在端板设置螺栓处，应按下列公式验算构件腹板的强度：

当 $N_{t2} \leqslant 0.4P$ 时

$$\frac{0.4P}{e_w t_w} \leqslant f \tag{1-56a}$$

当 $N_{t2} > 0.4P$ 时

$$\frac{N_{t2}}{e_w t_w} \leqslant f \tag{1-56b}$$

式中　N_{t2}——翼缘内第二排一个螺栓的轴向拉力设计值；

P——高强度螺栓的预拉力；

e_w——螺栓中心至腹板表面的距离；

t_w——腹板厚度；

f——腹板钢材的抗拉强度设计值。

当不满足公式（1-56）的要求时，可设置腹板加劲肋或局部加厚腹板。

梁柱连接节点需要计算的另一个项目是连接的转动刚度。如果连接的实际刚度远低于理想刚节点，必然造成刚架承载力偏低的不利情况。对于不设摇摆柱的刚架，连接的转动刚度 R 应满足下式：

$$R \geqslant 25EI_b / l_b \tag{1-57}$$

式中，I_b 和 l_b 分别为梁的截面惯性矩和跨度。对于有摇摆柱的刚架，上式的系数应增大到 40 或 50。

造成梁和柱相对转动的因素有二：一是节点域的剪切变形角；二是端板和柱翼缘弯曲变形及螺栓拉伸变形。节点域的剪切变形刚度由下式计算：

$$R_1 = Gh_1 h_{0c} t_p \tag{1-58}$$

式中　h_1——梁翼缘中心至中心距离；

h_{0c}——柱腹板宽度；

t_p——节点域腹板厚度。

当节点域设有斜加劲肋时（图 1-11c），刚度 R_1 为：

$$R_1 = Gh_1 h_{0c} t_p + Eh_{0b} A_{st} \cos^2 \alpha \sin \alpha \tag{1-59}$$

式中 A_{st}——两条加劲肋的总截面积；

h_{0b}——梁端腹板高度；

α——斜加劲肋倾角。

当有弯矩 M 作用在梁端时，梁上翼缘承受拉力 $F = M/h_1$。把端板在上面两排螺栓之间的部分近似地看做是跨度等于 $2e_f$ 的简支梁，则此梁在 F 力作用点的挠度是：

$$\Delta = \frac{F(2e_f)^3}{48EI_e} = \frac{Fe_f^3}{6EI_e} \tag{1-60}$$

式中，I_e 为端板横截面惯性矩，e_f 见图 1-12（a）。梁端截面转角为：

$$\theta_b = \frac{\Delta}{h_1} = \frac{Fe_f^3}{6EI_e h_1} = \frac{Me_f^3}{6EI_e h_1^2} \tag{1-61}$$

柱翼缘弯曲变形和预拉高强度螺栓的拉伸变形都很小，可以视为上式的 1/10。增加此部分后，转角为：

$$\theta_b' = \frac{1.1Me_f^3}{6EI_e h_1^2} \tag{1-62}$$

相应的转动刚度为：

$$R_2 = \frac{M}{\theta_b'} = \frac{6EI_e h_1^2}{1.1e_f^3} \tag{1-63}$$

节点的总转动刚度为：

$$R = \frac{1}{1/R_1 + 1/R_2} = \frac{R_1 R_2}{R_1 + R_2} \tag{1-64}$$

（2）柱脚

门式刚架的柱脚，一般采用平板式铰接柱脚（图 1-13a、b），当有桥式吊车或刚架侧向

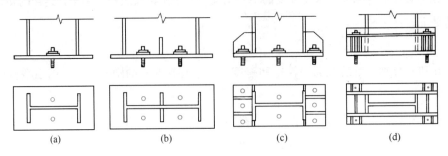

图 1-13　门式刚架柱脚形式

（a）两个锚栓铰接柱脚；（b）四个锚栓铰接柱脚；（c）带加劲肋刚接柱脚；（d）带靴梁刚接柱脚

刚度过弱时，则应采用刚接柱脚（图 1-13c、d）。

柱脚锚栓应采用 Q235 或 Q355 钢材制作。锚栓的锚固长度应符合现行《混凝土结构设计规范》GB 50010 的规定，锚栓端部按规定设置弯钩或锚板。

计算风荷载作用下柱脚锚栓的上拔力时，应计入柱间支撑的最大竖向分力，此时，不考虑活荷载（或雪荷载）、积灰荷载和附加荷载的影响，同时永久荷载的分项系数 1.0。锚栓直径不宜小于 24mm，且应采用双螺帽以防松动。

带靴梁的柱脚锚栓不宜用于承受柱脚底部的水平剪力。此水平剪力可由底板与混凝土基础之间的摩擦力（摩擦系数可取 0.4）或设置抗剪键承受。不带靴梁时可按 0.6 倍的锚栓受剪承载力取值，此时应将螺母、垫板与底板焊接。

（3）牛腿

当有桥式吊车时，需在刚架柱上设置牛腿，牛腿与柱焊接连接，其构造见图 1-14。牛腿根部所受剪力 V、弯矩 M 根据下式确定。

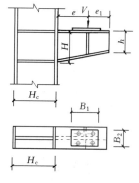

$$V = 1.3P_D + 1.5D_{max} \qquad (1-65)$$

$$M = Ve \qquad (1-66)$$

式中　P_D——吊车梁及轨道在牛腿上产生的反力；

　　　D_{max}——吊车最大轮压在牛腿上产生的最大反力。

牛腿截面一般采用焊接工字形截面，根部截面尺寸根据 V 和

图 1-14　牛腿构造

M 确定，做成变截面牛腿时，端部截面高度 h 不宜小于 $H/2$。在吊车梁下对应位置应设置支承加劲肋。吊车梁与牛腿的连接宜设置长圆孔。高强度螺栓的直径可根据需要选用，通常采用 M16～M24 螺栓。牛腿上翼缘及下翼缘与柱的连接焊缝均采用焊透的对接焊缝。牛腿腹板与柱的连接采用角焊缝，焊脚尺寸由剪力 V 确定。

（4）摇摆柱与斜梁的连接构造

摇摆柱与斜梁的连接比较简单，构造图见图 1-15。

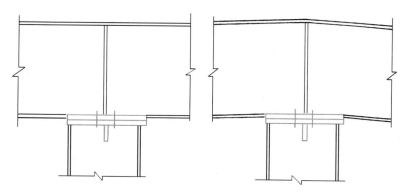

图 1-15　摇摆柱与斜梁的连接构造

【例题 1-1】 图 1-16 所示单跨门式刚架，柱为楔形柱，梁为等截面梁，刚架几何尺寸及柱在平面外的侧向支撑如图 1-16（a）和（b）所示，截面尺寸如图 1-16（c）和（d）所示，材料为 Q235B。已知楔形柱大头截面的内力：$M_1 = 198.3\text{kN} \cdot \text{m}$，$N_1 = 64.5\text{kN}$，$V_1 = 27.3\text{kN}$；柱小头截面内力：$N_0 = 85.8\text{kN}$，$V_0 = 31.6\text{kN}$。试验算该刚架柱的强度及整体稳定是否满足设计要求。

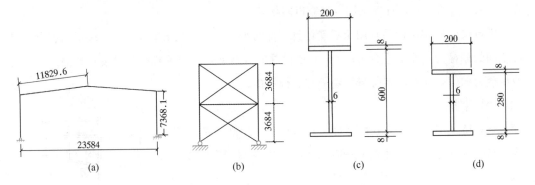

图 1-16　刚架几何尺寸、支撑布置及梁、柱截面尺寸
（a）刚架几何尺寸；（b）侧向支撑布置；（c）梁、柱大头截面尺寸；（d）柱小头截面尺寸

【解】（1）计算截面几何特性

刚架梁及楔形柱大头、小头截面的毛截面几何特性计算结果见表 1-1。

刚架梁、柱的毛截面几何特性　　　　　　　　　　　　表 1-1

构件名称	截面	A (mm²)	I_x (×10⁴mm⁴)	I_y (×10⁴mm⁴)	W_x (×10³mm³)	i_x (mm)	i_y (mm)
刚架梁	任一	6800	40375	1068	1311	243.7	39.6
刚架柱	大头	6800	40375	1068	1311	243.7	39.6
	小头	4880	7735	1067	522.6	125.9	46.8

（2）楔形柱腹板的有效宽度计算

大头截面：

腹板边缘的最大应力

$$\sigma_1 = \frac{198.3 \times 10^6 \times 300}{40375 \times 10^4} + \frac{64.5 \times 10^3}{6800} = 156.8\text{N/mm}^2$$

$$\sigma_2 = -\frac{198.3 \times 10^6 \times 300}{40375 \times 10^4} + \frac{64.5 \times 10^3}{6800} = -137.9\text{N/mm}^2$$

腹板边缘正应力比值

$$\beta = \frac{\sigma_2}{\sigma_1} = \frac{-137.9}{156.8} = -0.879$$

腹板在正应力作用下的凸曲系数

$$k_\sigma = \frac{16}{\sqrt{(1+\beta)^2 + 0.112(1-\beta)^2} + (1+\beta)}$$

$$= \frac{16}{\sqrt{(1-0.879)^2 + 0.112(1+0.879)^2} + (1-0.879)} = 21$$

与板件受弯、受压有关的系数

$$\lambda_\rho = \frac{h_w/t_w}{28.1\sqrt{k_\sigma}\sqrt{235/(\gamma_R\sigma_1)}}$$

$$= \frac{600/6}{28.1 \times \sqrt{21} \times \sqrt{235/(1.1 \times 156.8)}} = 0.67$$

$$\rho = \frac{1}{(0.243 + \lambda_\rho^{1.25})^{0.9}} = 1.17 > 1.0,\ 取\ \rho = 1.0$$

大头截面腹板全部有效。

小头截面:

腹板压应力 $\sigma_0 = \frac{85800}{4880} = 17.6\text{N/mm}^2$

$$\beta = 1,\ k_\sigma = \frac{16}{\sqrt{2^2 + 0} + 2} = 4.0$$

$$\lambda_\rho = \frac{280/6}{28.1 \times \sqrt{4} \times \sqrt{235/(1.1 \times 17.6)}} = 0.24,\ \rho = \frac{1}{(0.243 + \lambda_\rho^{1.25})^{0.9}} = 2.23 > 1.0\ 取$$

$\rho = 1.0$,故小头截面腹板全截面有效。

(3)楔形柱的计算长度

$$K_z = \frac{3EI_1}{s}\left(\frac{I_0}{I_1}\right)^{0.2} = 3 \times \frac{206000 \times 40375 \times 10^4}{11829.6} = 2.109 \times 10^{10}\text{N} \cdot \text{mm}$$

$$i_{c1} = \frac{EI_{c1}}{H} = \frac{206000 \times 40375 \times 10^4}{7368.1} = 1.129 \times 10^{10}\text{N} \cdot \text{mm}$$

$$k = \frac{K_z}{6i_{c1}}\left(\frac{I_{c1}}{I_{c0}}\right)^{0.29} = \frac{2.109 \times 10^{10}}{6 \times 1.129 \times 10^{10}}\left(\frac{40375 \times 10^4}{7735 \times 10^4}\right)^{0.29} = 0.503$$

$$\kappa = 1 - 0.15\left(\frac{h_0}{h_1}\right)^{0.75} = 1 - 0.15 \times \left(\frac{296}{616}\right)^{0.75} = 0.913$$

$$\mu_\gamma = 2\kappa\left(\frac{I_{c1}}{I_{c0}}\right)^{0.145}\sqrt{1 + \frac{0.38}{k}} = 2 \times 0.913 \times \left(\frac{40375}{7735}\right)^{0.145}\sqrt{1 + \frac{0.38}{0.503}} = 3.076$$

柱平面内计算长度为 $l_{0x} = \mu_\gamma H = 3.076 \times 7368.1 = 22664.0\text{mm}$。

柱平面外计算长度按图1-16(b)柱间支撑的布置情况取其几何高度的一半,即 $l_{0y} = 3684\text{mm}$。

(4)楔形柱的强度计算

腹板上不设加劲肋,$\alpha = a/h_{w1} = 7368.1/600 = 12.28$,$\gamma_\rho = \frac{h_{w1}}{h_{w0}} - 1 = \frac{600}{280} - 1 = 1.143$

$$\eta_s = 1 + \gamma_\rho^{0.25} \frac{0.25\sqrt{\gamma_\rho} + \alpha - 1}{\alpha^2 - 0.25\sqrt{\gamma_\rho}} = 1 + 1.143^{0.25} \times \frac{0.25\sqrt{1.143} + 12.28 - 1}{12.28^2 - 0.25\sqrt{1.143}} = 1.155$$

$$k_\tau = 5.34\eta_s = 6.166 \, , \chi_{tap} = 1 - 0.35\alpha^{0.2}\gamma_\rho^{2/3} = 1 - 0.35 \times 12.28^{0.2} \times 1.143^{2/3} = 0.368$$

$$\lambda_s = \frac{h_{w1}/t_w}{37\sqrt{k_\tau} \cdot \varepsilon_k} = \frac{600/6}{37\sqrt{6.166} \times 1} = 1.088,$$

$$\varphi_{ps} = \frac{1}{(0.51 + \lambda_s^{3.2})^{1/2.6}} = \frac{1}{(0.51 + 1.088^{3.2})^{1/2.6}} = 0.794 \leqslant 1.0$$

$$V_d = \chi_{tap}\varphi_{ps}h_{w1}t_w f_v$$

$$= 0.368 \times 0.794 \times 600 \times 6 \times 125/1000 = 131.6\text{kN}$$

$$\leqslant h_{w0}t_w f_v = 210\text{kN}$$

$$V_1 = 27.3\text{kN} < 0.5V_d$$

按式 (1-20) 验算柱大头截面的强度

$$\frac{N}{A_e} + \frac{M}{W_e} = \frac{64.5 \times 10^3}{6800} + \frac{198.3 \times 10^6}{1311 \times 10^3}$$

$$= 9.5 + 151.3 = 160.8\text{N/mm}^2 < f = 215\text{N/mm}^2$$

柱大头截面强度无问题,小头截面面积虽小,但弯矩为零,强度也无问题。

(5) 楔形柱平面内稳定计算

$$\lambda_1 = \frac{l_{0x}}{i_x} = \frac{22664.0}{243.7} = 93.0$$

查 GB 50017 标准附表得:$\varphi_x = 0.601$

$$N_{cr} = \frac{\pi^2 EA_{e1}}{\lambda_1^2} = \frac{\pi^2 \times 2.06 \times 10^5 \times 6800}{93.0^2} \times 10^{-3} = 1598.5\text{kN}$$

等效弯矩系数 $\beta_{mx} = 1.0$

$$\bar{\lambda}_1 = \frac{\lambda_1}{\pi}\sqrt{\frac{f_y}{E}} = \frac{93.0}{3.14}\sqrt{\frac{235}{2.06 \times 10^5}} = 1.0 < 1.2$$

$$\eta_t = \frac{A_0}{A_1} + \left(1 - \frac{A_0}{A_1}\right) \times \frac{\bar{\lambda}_1^2}{1.44} = \frac{4880}{6800} + \left(1 - \frac{4880}{6800}\right) \times \frac{1.0^2}{1.44}$$

$$= 0.914$$

$$\frac{N_1}{\eta_t \varphi_x A_{e1}} + \frac{\beta_{mx}M_1}{[1 - N_1/N_{cr}]W_{e1}}$$

$$= \frac{64.5 \times 10^3}{0.914 \times 0.601 \times 6800} + \frac{1.0 \times 198.3 \times 10^6}{[1 - 64.5/1598.5] \times 1311 \times 10^3}$$

$$= 17.3 + 157.6 = 174.9\text{N/mm}^2 < f = 215\text{N/mm}^2$$

(6) 楔形柱平面外稳定计算

需要对柱上、下段分别计算。假定分段处的内力为大头和小头截面的平均值,即 $M=$

$99.15 \mathrm{kN \cdot m}$，$N=75.15 \mathrm{kN}$，腹板高度也是大小头的平均值 $440 \mathrm{mm}$，可以算出分段处截面几何特性：$A=5840 \mathrm{mm^2}$，$I_y=1067 \times 10^4 \mathrm{mm^4}$，$i_y=42.7 \mathrm{mm}$ 和 $W_x=891 \times 10^3 \mathrm{mm^3}$。

　　GB 51022 规范对楔形柱的平面外稳定计算比较烦琐，下面分步骤计算上段柱的平面外稳定性，此段的小头在分段处：

　　1）计算上段柱的轴心受压稳定系数 φ_y

$$\lambda_{1y} = \frac{l_{1y}}{i_y} = \frac{3684}{42.7} = 86.3$$

查 GB 50017 标准得：$\varphi_y = 0.646$。

　　2）计算参数 η_{ty}

$$\bar{\lambda}_{1y} = \frac{\lambda_{1y}}{\pi}\sqrt{\frac{f_y}{E}} = \frac{86.3}{3.14} \times \sqrt{\frac{235}{2.06 \times 10^5}} = 0.928 < 1.3$$

$$\eta_{ty} = \frac{A_0}{A_1} + \left(1 - \frac{A_0}{A_1}\right) \times \frac{\bar{\lambda}_{1y}^2}{1.69}$$

$$= \frac{5840}{6800} + \left(1 - \frac{5840}{6800}\right) \times \frac{0.928^2}{1.69}$$

$$= 0.931$$

　　3）计算等效弯矩系数 C_1 和参数 k_σ

$$\gamma = (h_1 - h_0)/h_0 = (608 - 408)/448 = 0.446$$

$$k_M = \frac{M_0}{M_1} = \frac{99.15}{198.3} = 0.5$$

$$k_\sigma = k_M \frac{W_x}{W_{x0}} = 0.5 \times \frac{1311}{891} = 0.736$$

$$\lambda_{b0} = \frac{0.55 - 0.25 k_\sigma}{(1+\gamma)^{0.2}} = \frac{0.55 - 0.25 \times 0.736}{(1+0.446)^{0.2}} = 0.340$$

$$I_{yB} = I_{yT} = \frac{1}{12} \times 8 \times 200^3 = 5.33 \times 10^6 \mathrm{mm^4}$$

$$\eta_i = \frac{I_{yB}}{I_{yT}} = 1$$

$$C_1 = 0.46 k_M^2 \left(\frac{I_{yB}}{I_{yT}}\right)^{0.346} - 1.32 k_M \left(\frac{I_{yB}}{I_{yT}}\right)^{0.132} + 1.86 \left(\frac{I_{yB}}{I_{yT}}\right)^{0.023}$$

$$= 0.46 \times 0.5^2 \times 1^{0.346} - 1.32 \times 0.5 \times 1^{0.346} + 1.86 \times 1^{0.023}$$

$$= 1.315$$

　　4）计算上段柱（视为梁）的弹性屈曲弯矩 M_{cr}

双轴对称截面：$\beta_{x\eta} = 0$

$$\eta = 0.55 + 0.04 \sqrt[3]{\frac{I_{yT}}{I_{yB}}} \cdot \left(1 - \frac{W_{x1}}{W_{x0}} k_M\right)$$

$$= 0.55 + 0.04 \sqrt[3]{\frac{5.33}{5.33}} \times \left(1 - \frac{1311}{891} \times 0.5\right)$$

$$= 0.561$$

$$I_{\omega 0} = I_{yT} h_{sT0}^2 + I_{yB} h_{sB0}^2$$

$$= 5.33 \times 10^6 \times 224^2 + 5.33 \times 10^6 \times 224^2$$

$$= 5.35 \times 10^{11} \text{mm}^6$$

$$I_{\omega\eta} = I_{\omega 0} \cdot (1 + \gamma\eta)^2$$

$$= 5.35 \times 10^{11} \times (1 + 0.446 \times 0.561)^2$$

$$= 8.36 \times 10^{11} \text{mm}^6$$

$$J_0 = \frac{1}{3} \sum b_i t_i^3 = \frac{1}{3}(200 \times 8^3 \times 2 + 440 \times 6^3) = 99947 \text{mm}^4$$

$$J_\eta = J_0 + \gamma\eta(h_0 - t_f) t_w^3 / 3$$

$$= 99947 + \frac{1}{3} \times 0.446 \times 0.561 \times (448 - 8) \times 6^3$$

$$= 10784 \text{mm}^4$$

$$M_{cr} = C_1 \frac{\pi^2 E I_y}{L^2} \left[\beta_{x\eta} + \sqrt{\beta_{x\eta}^2 + \frac{I_{\omega\eta}}{I_y}\left(1 + \frac{GJ_\eta L^2}{E\pi^2 I_{\omega\eta}}\right)}\right]$$

$$= 1.315 \times \frac{3.14^2 \times 2.06 \times 10^5 \times 1067 \times 10^4}{3684^2}$$

$$\times \left[0 + \sqrt{0^2 + \frac{8.362 \times 10^{11}}{1067 \times 10^4} \times \left(1 + \frac{0.79 \times 10^5 \times 10784 \times 3684^2}{3.14^2 \times 2.06 \times 10^5 \times 8.362 \times 10^{11}}\right)}\right] \times 10^{-6}$$

$$= 761.91 \text{kN} \cdot \text{m}$$

5）计算上段柱（视为梁）的均匀弯曲受弯构件整体稳定系数 φ_b

$$\lambda_b = \sqrt{\frac{\gamma_x W_{x1} f_y}{M_{cr}}} = \sqrt{\frac{1.05 \times 1311 \times 10^3 \times 235}{761.91 \times 10^6}} = 0.652$$

$$n = \frac{1.51}{\lambda_b^{0.1}} \sqrt[3]{\frac{b_1}{h_1}} = \frac{1.51}{0.733^{0.1}} \times \sqrt[3]{\frac{200}{608}} = 1.085$$

$$\varphi_b = \frac{1}{(1 - \lambda_{b0}^{2n} + \lambda_b^{2n})^{1/n}} = \frac{1}{(1 - 0.34^{2 \times 1.085} + 0.652^{2 \times 1.085})^{\frac{1}{1.085}}} = 0.786$$

6）上段柱的平面外稳定验算

$$\frac{N_1}{\eta_{\text{ty}}\varphi_y A_{\text{e1}} f} + \left(\frac{M_1}{\varphi_{\text{b}}\gamma_{\text{x}} W_{\text{e1}} f}\right)^{1.3-0.3k_\sigma}$$

$$= \frac{64.5\times10^3}{0.931\times0.646\times6800\times215} + \left(\frac{198.3\times10^6}{0.786\times1.05\times1311\times10^3\times215}\right)^{1.3-0.3\times0.736}$$

$$= 0.073 + 0.842$$

$$= 0.915 < 1$$

下段柱也满足要求，这里从略。

讨论 强度计算属于截面承载力问题。对于底部铰接的柱，上端弯矩最大，这里只验算大头截面。计算时，抗剪承载力考虑了屈曲影响。如果剪力很大，V_1 接近 V_d，则还应考虑是否验算其他截面。

1.4 压型钢板设计

1.4.1 压型钢板的材料和截面形式

1.4.1.1 压型钢板的材料

压型钢板的原板按表面处理方法可分为镀锌钢板、彩色镀锌钢板和彩色镀铝锌钢板三种。其中镀锌钢板仅适用于组合楼板，彩色镀锌钢板和彩色镀铝锌钢板则多用于屋面和墙面上。彩色镀锌钢板是目前工程实践中采用最多的一种原板。彩色镀铝锌钢板则结合了锌的抗腐蚀性好和铝的延展性好的综合优点，抗锈蚀能力更强，但价格稍贵，目前在国内尚处于推广应用阶段。

压型钢板原板材料的选择可根据建筑功能、使用条件、使用年限和结构形式等因素考虑。屋面及墙面外板的基板厚度不应小于 0.45mm，屋面及墙面内板的基板厚度不应小于 0.35mm。原板的长度不限，应优先选用卷板。原板宽度应符合压型钢板的展开宽度。

采用彩色镀层压型钢板的屋面及墙面板的基板力学性能应符合现行《建筑用压型钢板》GB/T 12755 的要求，基板屈服强度不应小于 350N/mm²，对扣合式连接板基板屈服强度不应小于 500N/mm²。

1.4.1.2 压型钢板的截面形式

压型钢板的截面形式（板型）较多，国内生产的轧机已能生产几十种板型，但真正在工程中应用较多的板型也就十几种。图 1-17 给出了几种压型钢板的截面形式。

图 1-17 （a）、（b）是早期的压型钢板板型，截面形式较为简单，板和檩条、墙梁的固定采用钩头螺栓和自攻螺钉、拉铆钉。当作屋面板时，因板需开孔，所以防水问题难以解决，

目前已不在屋面上采用。图 1-17 （c）、（d） 是属于带加劲肋的板型，增加了压型钢板的截面刚度，用作墙板时加劲产生的竖向线条还可增加墙板的美感。图 1-17 （e）、（f） 是近年来用在屋面上的板型，其特点是板和板、板与檩条的连接通过支架咬合在一起，板上无需开孔，屋面上没有明钉，从而有效地解决了防水、渗漏问题。压型钢板板型的表示方法为 YX 波高-波距-有效覆盖宽度，如 YX35-125-750 即表示为波高为 35mm，波距为 125mm，板的有效覆盖宽度为 750mm 的板型。压型钢板的厚度需另外注明。

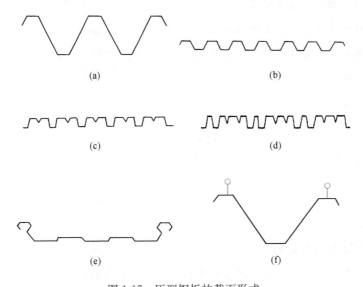

图 1-17 压型钢板的截面形式

（a）、（b） 传统板型；（c）、（d） 带加劲肋板型；（e）、（f） 咬合板型

压型钢板根据波高的不同，一般分为低波板 （波高小于 30mm）、中波板 （波高为 30～70mm） 和高波板 （波高大于 70mm）。波高越高，截面的抗弯刚度就越大，承受的荷载也就越大。

屋面板一般选用中波板和高波板，中波在实际采用的最多。墙板常采用低波板。因高波板、中波板的装饰效果较差，一般不在墙板中采用。

1.4.2 压型钢板的截面几何特性

压型钢板的截面特性可用单槽口的特性来表示。

压型钢板的厚度较薄且各板段厚度相等，因此可用其板厚的中线来计算截面特性。这种计算法称为 "线性元件算法"。单槽口截面的折线型中线示于图 1-18。以此算得的截面特性 A 和 I 乘以板厚 t，便是单槽口截面的各特性值。

用 $\sum b$ 代表单槽口中线总长，则 $\sum b = b_1 + b_2 + 2b_3$，这样，形心轴 x 与受压翼缘 b_1 中线之间的距离是

$$c = \frac{h(b_2 + b_3)}{\sum b} \tag{1-67}$$

在图 1-18 （b）中，板件 b_1 对于 x 轴的惯性矩为 b_1c^2，同理板件 b_2 对于 x 轴的惯性矩为 $b_2(h-c)^2$。腹板 b_3 是一个斜板段，对于和 x 轴平行的自身形心轴的惯性矩，根据力学原理不难得出为 $b_3h^2/12$。板件 b_3 对于 x 轴的惯性矩为 $b_3\left(a^2+\dfrac{h^2}{12}\right)$。以上都是线性值，尚未乘板厚。注意到单槽口截面中共有两个腹板 b_3，整理得到单槽口对于形心轴（x 轴）的惯性矩。

$$I_x = \frac{th^2}{\sum b}\left(b_1b_2+\frac{2}{3}b_3\sum b - b_3^2\right) \tag{1-68}$$

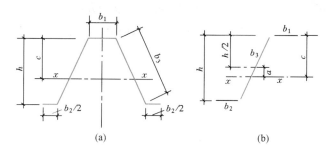

图 1-18　压型钢板的截面特性

（a）单槽口截面简图；（b）腹板

即单槽口对于上边（用 s 代表）及下边（用 x 代表）的截面模量为：

$$W_x^s = \frac{I_x}{c} = \frac{th\left(b_1b_2+\frac{2}{3}b_3\sum b - b_3^2\right)}{b_2+b_3} \tag{1-69}$$

$$W_x^x = \frac{I_x}{h-c} = \frac{th\left(b_1b_2+\frac{2}{3}b_3\sum b - b_3^2\right)}{b_1+b_3} \tag{1-70}$$

式中　t——板厚。

以上计算是按折线截面原则进行的，略去了各转折处圆弧过渡的影响。精确计算表明，其影响在 $0.5\%\sim4.5\%$，可以略去不计。当板件的受压部分非全部有效时，应该用有效宽度代替它的实际宽度。

1.4.3　压型钢板的荷载和荷载组合

这里主要介绍压型钢板用作屋面板时的情况。压型钢板用作墙板时，主要承受水平风荷载作用，荷载和荷载组合都比较简单。

1.4.3.1　压型钢板的荷载

（1）永久荷载

当屋面板为单层压型钢板构造时，永久荷载仅为压型钢板的自重；当为双层板构造时（中间设置玻璃棉保温层），作用在底板（下层压型钢板）上的永久荷载除其自重外，还需考虑保温材料和龙骨的重量。

(2) 可变荷载

在计算屋面压型钢板的可变荷载时，除需与刚架荷载计算类似，要考虑屋面均布活荷载、雪荷载和积灰荷载外（见本章 1.3.1 的内容），还需考虑施工检修集中荷载，一般取 1.0kN，当施工检修集中荷载大于 1.0kN 时，应按实际情况取用。当按单槽口截面受弯构件设计屋面板时，需要按下列方法将作用在一个波距上的集中荷载折算成板宽度方向上的线荷载（图 1-19）。

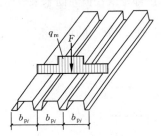

图 1-19 折算线荷载

$$q_{\mathrm{re}} = \eta \frac{F}{b_{\mathrm{pi}}} \tag{1-71}$$

式中　b_{pi}——压型钢板的波距；

　　　F——集中荷载；

　　　q_{re}——折算线荷载；

　　　η——折算系数，由试验确定。无试验依据时，可取 $\eta = 0.5$。

进行上述换算，主要是考虑到相邻槽口的共同工作作用提高了板承受集中荷载的能力。折算系数取 0.5，则相当于在单槽口的连续梁上，作用了一个 $0.5F$ 的集中荷载。

屋面板和墙板的风荷载体型系数不同于刚架计算，应按 GB 51022 规范取用。

1.4.3.2　压型钢板的荷载组合

计算压型钢板的内力时，主要考虑两种荷载组合：

(1) 1.3×永久荷载＋1.5×max〔屋面均布活荷载，雪荷载〕；

(2) 1.3×永久荷载＋1.5×施工检修集中荷载换算值；

当需考虑风吸力对屋面压型钢板的受力影响时，还应进行下式的荷载组合：

(3) 1.0×永久荷载＋1.5×风吸力荷载。

1.4.4　薄壁构件的板件有效宽度

压型钢板和用于檩条、墙梁的卷边槽钢和 Z 形钢都属于冷弯薄壁构件，这类构件允许板件受压屈曲并利用其屈曲后强度。因此，在其强度和稳定性计算公式中截面特性一般以有效截面为准。然而，也并非所有这类构件都利用屈曲后强度。对于翼缘宽厚比较大的压型钢板，如图 1-17 (c)、(d) 所示设置尺寸适当的中间纵向加劲肋，就可以保证翼缘受压时全部有效。所谓尺寸适当包括两方面要求，其一是加劲肋必须有足够的刚度，中间加劲肋的惯性矩符合下列公式要求：

$$I_{is} \geqslant 3.66 t^4 \sqrt{\left(\frac{b_s}{t}\right)^2 - \frac{27100}{f_y}} \tag{1-72}$$

$$I_{is} \geqslant 18t^4 \tag{1-73}$$

式中　I_{is}——中间加劲肋截面对平行于被加劲板之形心轴的惯性矩；

　　　　b_s——子板件的宽度；

　　　　t——板件的厚度。

对图 1-20 所示边缘加劲肋，其惯性矩 I_{es} 要求不小于中间加劲肋的一半，计算时在公式 (1-72) 中用 b 代替 b_s。

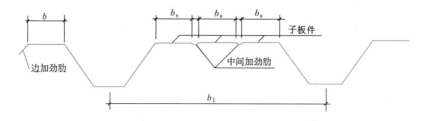

图 1-20　带中间加劲肋的压型钢板

尺寸适当的第二方面的要求是中间加劲肋的间距不能过大，即满足

$$\frac{b_s}{t} \leqslant 36\sqrt{205/\sigma_1} \tag{1-74}$$

式中　σ_1——受压翼缘的压应力（设计值）。

对于设置边加劲肋的受压翼缘来说，宽厚比应满足下式：

$$\frac{b}{t} \leqslant 18\sqrt{205/\sigma_1} \tag{1-75}$$

以上计算没有考虑相邻板件之间的约束作用，一般偏于安全。

1.4.5　压型钢板的强度和挠度计算

压型钢板的强度和挠度可取单槽口的有效截面，按受弯构件计算。内力分析时，把檩条视为压型钢板的支座，考虑不同荷载组合，按多跨连续梁进行。

（1）压型钢板腹板的剪应力计算

当 $\dfrac{h_s}{t} < 100\varepsilon_k$ 时　　　　　　　$\tau \leqslant \tau_{cr} = \dfrac{8550}{h_s/t} \cdot \dfrac{1}{\varepsilon_k}$ $\qquad\qquad$ (1-76a)

$$\tau \leqslant f_v \tag{1-76b}$$

当 $\dfrac{h_s}{t} \geqslant 100\varepsilon_k$ 时　　　　　　　$\tau \leqslant \tau_{cr} = \dfrac{855000}{(h_s/t)^2}$ $\qquad\qquad$ (1-76c)

式中　τ——腹板的平均剪应力；

　　　　τ_{cr}——腹板剪切屈曲临界应力；

　　　　h_s/t——腹板的高厚比；

h_s——腹板在其平面内的高度（图 1-18 中的 b_3）。

（2）压型钢板支座处腹板的局部受压承载力计算

$$R \leqslant R_w \tag{1-77}$$

$$R_w = \alpha t^2 \sqrt{fE}(1 - 0.1\sqrt{r/t})(0.5 + \sqrt{0.02l_c/t})\left[2.4 + \left(\frac{\theta}{90}\right)^2\right] \tag{1-78}$$

式中　R——支座反力；

　　　R_w——一块腹板的局部受压承载力设计值；

　　　α——系数，中间支座取 $\alpha = 0.12$，端部支座取 $\alpha = 0.06$；

　　　r——腹板与翼缘处内弯角半径，可取 $1.5t$（对应 $90°$）或 $2.5t$（对应 $45°$），其余角度按线性插值；

　　　t——腹板厚度；

　　　l_c——支座处的支承长度，$10\text{mm} < l_c < 200\text{mm}$，端部支座可取 $l_c = 10\text{mm}$；

　　　θ——腹板倾角（$45° \leqslant \theta \leqslant 90°$）。

（3）压型钢板同时承受弯矩 M 和支座反力 R 的截面，应满足下列要求：

$$M/M_u \leqslant 1.0 \tag{1-79}$$

$$R/R_w \leqslant 1.0 \tag{1-80}$$

$$M/M_u + R/R_w \leqslant 1.25 \tag{1-81}$$

式中　M_u——截面的受弯承载力设计值，$M_u = W_e f$。

（4）压型钢板同时承受弯矩和剪力的截面，应满足下列要求：

$$\left(\frac{M}{M_u}\right)^2 + \left(\frac{V}{V_u}\right)^2 \leqslant 1.0 \tag{1-82}$$

式中　V_u——腹板的受剪承载力设计值，$V_u = (ht\sin\theta)\tau_{cr}$。

（5）压型钢板的挠度限值

压型钢板的挠度与跨度之比，GB 51022 规范对屋面板和墙板分别规定为 1/150 和 1/100。

1.4.6　压型钢板的构造规定

（1）压型钢板腹板与翼缘水平面之间的夹角不宜小于 $45°$。

（2）压型钢板宜采用长尺寸板材，以减少板长度方向的搭接。

（3）压型钢板长度方向的搭接端必须与支承构件（如檩条、墙梁等）有可靠的连接，搭接部位应设置防水密封胶带，搭接长度不宜小于下列限值：

波高大于或等于 70mm 的高波屋面压型钢板　　350mm

波高小于 70mm 的中波屋面压型钢板

屋面坡度$\leq\dfrac{1}{10}$时　　　250mm

屋面坡度$>\dfrac{1}{10}$时　　　200mm

墙面低波压型钢板　　120mm

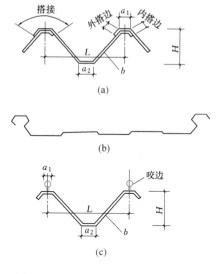

（4）屋面压型钢板侧向可采用搭接式、扣合式或咬合式等不同连接方式（图1-21）。当侧向采用搭接式连接时，一般搭接一波，特殊要求时可搭接两波。搭接处用连接件紧固，连接件应设置在波峰上。对于高波压型钢板，连接件间距一般为700～800mm；对于低波压型钢板，连接件间距一般为300～400mm。当侧向采用扣合式或咬合式连接时，应在檩条上设置与压型钢板波形相配套的专用固定支座，两片压型钢板的侧边应确保扣合或咬合连接可靠。

图1-21　压型钢板的侧向连接方式

（a）搭接式；（b）扣合式；（c）咬合式

（5）墙面压型钢板之间的侧向连接宜采用搭接连接，通常搭接一个波峰，板和板的连接可设在波峰，亦可设在波谷。

1.5　檩条设计

1.5.1　檩条的截面形式

檩条的截面形式可分为实腹式和格构式两种。当檩条跨度（柱距）不超过9m时，应优先选用实腹式檩条。

实腹式檩条的截面形式如图1-22所示。

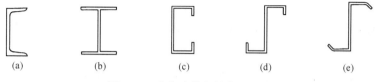

图1-22　实腹式檩条的截面形式

（a）槽形；（b）工字形；（c）C形；（d）直卷边Z形；（e）斜卷边Z形

图1-22（a）为普通热轧槽钢或轻型热轧槽钢截面，因板件较厚，用钢量较大，目前已不在工程中采用。图1-22（b）为高频焊接H型钢截面，具有抗弯性能好的特点，适用于檩条跨度较大的场合，但H型钢截面的檩条与刚架斜梁的连接构造比较复杂。图1-22（c）、 （d）、（e）是冷弯薄壁型钢截面，在工程中应用都很普遍。卷边槽钢（亦称 C 型钢）檩条适用于屋面坡度 $i \leqslant 1/3$ 的情况，直卷边和斜卷边 Z 型檩条适用于屋面坡度 $i > 1/3$ 的情况。斜卷边 Z 型钢存放时可叠层堆放，占地少。做成连续梁檩条时，构造上也很简单。这三类薄壁型钢的规格和截面特性见附表 1.1～1.3。连续檩条把搭接段放在弯矩较大的支座处，可比简支者省料。

格构式檩条的截面形式有下撑式（图 1-23a）、平面桁架式（图 1-23b）和空间桁架式（图 1-23c）等。

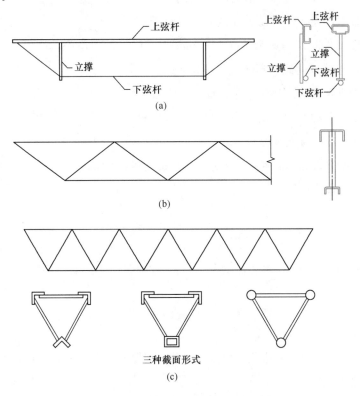

图 1-23　格构式檩条

（a）下撑式；（b）平面桁架式；（c）空间桁架式

当屋面荷载较大或檩条跨度大于 9m 时，宜选用格构式檩条。格构式檩条的构造和支座相对复杂，侧向刚度较低，但用钢量较少。

本节只介绍冷弯薄壁型钢实腹式檩条的设计，格构式檩条的设计可参见有关设计手册。

1.5.2　檩条的荷载和荷载组合

檩条所承受的荷载和压型钢板类似，只是增加了檩条和悬挂物的自重。荷载组合也和压型钢板一样，考虑 1.4.3.2 节所列三种组合，不过在风荷载很大的地区，第三种组合很重要。而檩条和墙梁的风荷载体型系数不同于刚架，应按 GB 51022 规范采用。

1.5.3 檩条的内力分析

设置在刚架斜梁上的檩条在垂直于地面的均布荷载作用下，沿截面两个主轴方向都有弯矩作用，属于双向受弯构件。在进行内力分析时，首先要把均布荷载 q 分解为沿截面形心主轴方向的荷载分量 q_x、q_y，如图 1-24 所示：

$$q_x = q\sin\alpha_0 \tag{1-83a}$$

$$q_y = q\cos\alpha_0 \tag{1-83b}$$

式中　α_0——竖向均布荷载设计值 q 和形心主轴 y 轴的夹角。

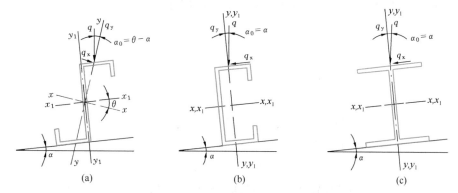

图 1-24　实腹式檩条截面的主轴和荷载

(a) Z形；(b) C形；(c) 工字形

由图可见，在屋面坡度不大的情况下，卷边 Z 型钢的 q_x 指向上方（屋脊），而卷边槽钢和 H 型钢的 q_x 总是指向下方（屋檐）。

对设有拉条的简支檩条（和墙梁），由 q_y、q_x 分别引起的 M_x 和 M_y 按表 1-2 计算。

檩条（墙梁）的内力计算（简支梁）　　　　　　表 1-2

拉条设置情况	由 q_x 产生的内力		由 q_y 产生的内力	
	M_{ymax}	V_{xmax}	M_{xmax}	V_{ymax}
无拉条	$\frac{1}{8}q_x l^2$	$0.5q_x l$	$\frac{1}{8}q_y l^2$	$0.5q_y l$
跨中有一道拉条	拉条处负弯矩 $\frac{1}{32}q_x l^2$ 拉条与支座间正弯矩 $\frac{1}{64}q_x l^2$	$0.625q_x l$	$\frac{1}{8}q_y l^2$	$0.5q_y l$
三分点处各有一道拉条	拉条处负弯矩 $\frac{1}{90}q_x l^2$ 跨中正弯矩 $\frac{1}{360}q_x l^2$	$0.367q_x l$	$\frac{1}{8}q_y l^2$	$0.5q_y l$

注：在计算 M_y 时，将拉条作为侧向支承点，按双跨或三跨连续梁计算。

对于多跨连续梁，在计算 M_x 时，不考虑活荷载的不利组合，跨中和支座弯矩都近似取 $\frac{1}{10}q_y l^2$。

当檩条兼充支撑桁架的横杆或刚性系杆时还应承受支撑力，参看 2.1.3.3 节。

1.5.4 檩条的截面选择

1.5.4.1 强度计算

当屋面能阻止檩条的失稳和扭转时，可按下列强度公式验算截面：

$$\frac{M_x}{W_{enx}} + \frac{M_y}{W_{eny}} \leqslant f \tag{1-84}$$

$$\frac{3V_{y,max}}{2h_0 t} \leqslant f_v \tag{1-85}$$

式中　M_x、M_y——对截面 x 轴和 y 轴的弯矩；

$V_{y,max}$——腹板平面内的剪力；

W_{enx}、W_{eny}——对两个形心主轴的有效净截面模量；

h_0——腹板的计算高度，取板件弯折处两圆弧起点之间的距离；

t——檩条厚度，当双檩条搭接时，取两檩条厚度之和并乘以折减系数 0.9。

由于轻钢结构的屋面坡度通常不大于 1/10，垂直于腹板平面的内力较小，且屋面板的蒙皮效应对于檩条有显著的侧向支撑效果，故可只依据腹板平面内计算其几何特性、荷载、内力等，GB 51022 规范规定：

$$\frac{M_{x1}}{W_{enx1}} \leqslant f \tag{1-86}$$

式中　M_{x1}——对截面 x_1 轴的弯矩；

W_{enx1}——对 x_1 轴的有效净截面模量。

对于屋面坡度大于 1/10 且屋面板蒙皮效应较小者，则不能忽略第二项。

1.5.4.2 整体稳定计算

当屋面不能阻止檩条的侧向失稳和扭转时（如采用扣合式屋面板时），应按稳定公式（1-87）验算：

$$\frac{M_x}{\varphi_{bx}W_{ex}} + \frac{M_y}{W_{ey}} \leqslant f \tag{1-87}$$

式中　W_{ex}、W_{ey}——对两个形心主轴的有效截面模量；

φ_{bx}——梁的整体稳定系数，按 GB 50018 规范的规定由下式计算：

$$\varphi_{bx} = \frac{4320Ah}{\lambda_y^2 W_x}\xi_1\left(\sqrt{\eta^2 + \zeta} + \eta\right)\left(\frac{235}{f_y}\right) \tag{1-88}$$

$$\eta = 2\xi_2 e_a / h \tag{1-89}$$

$$\zeta = \frac{4I_\omega}{h^2 I_y} + \frac{0.156 I_t}{I_y}\left(\frac{l_0}{h}\right)^2 \tag{1-90}$$

式中　λ_y——梁在弯矩作用平面外的长细比；

　　　　A——毛截面面积；

　　　　h——截面高度；

　　　　l_0——梁的侧向计算长度，$l_0 = \mu_b l$；

　　　　μ_b——梁的侧向计算长度系数，按表1-3采用；

　　　　l——梁的跨度；

　　ξ_1、ξ_2——系数，按表1-3采用；

　　　　e_a——横向荷载作用点到弯心的距离：对于偏心压杆或当横向荷载作用在弯心时 $e_a =$

　　　　　　　0，当荷载不作用在弯心且荷载方向指向弯心时 e_a 为负，而离开弯心时 e_a

　　　　　　　为正；

　　　　W_x——对 x 轴的受压边缘毛截面模量；

　　　　I_ω——毛截面扇形惯性矩；

　　　　I_y——对 y 轴的毛截面惯性矩；

　　　　I_t——扭转惯性矩。

如按上列公式算得 φ_{bx} 值大于 0.7，则应以 φ'_{bx} 值代替 φ_{bx}，φ'_{bx} 值应按下式计算：

$$\varphi'_{bx} = 1.091 - \frac{0.274}{\varphi_{bx}} \tag{1-91}$$

C 型钢檩条的荷载不通过截面弯心（剪心），从理论上说稳定计算应计及双力矩 B（见上册 3.2.3 节）的影响，但 GB 50018 规范认为非牢固连接的屋面板能起一定作用，从而略去 B 的影响。

简支檩条的 ξ_1、ξ_2 和 μ_b 系数　　　　　　　　　　　　表 1-3

系　　数	跨间无拉条	跨中一道拉条	三分点两道拉条
μ_b	1.0	0.5	0.33
ξ_1	1.13	1.35	1.37
ξ_2	0.46	0.14	0.06

在风吸力作用下，受压下翼缘的稳定性应按 GB 50018 规范的规定计算。当采取可靠措施能阻止檩条截面扭转时，可仅计算其强度。

在式（1-84）和式（1-87）中截面模量都用有效截面，其值应按 GB 50018 规范的规定计算。但是檩条是双向受弯构件，翼缘的正应力非均匀分布，确定其有效宽度的计算比较复杂，且该规范规定的部分加劲板件的稳定系数偏低。对于和屋面板牢固连接并承受重力荷载的卷边槽钢、Z 型钢檩条，据研究资料分析，翼缘全部有效的范围由下列公式给出，可供设计参考。

当 $h/b \leqslant 3.0$ 时 $\qquad \dfrac{b}{t} \leqslant 31\sqrt{205/f}$ （1-92a）

当 $3.0 < h/b \leqslant 3.3$ 时 $\qquad \dfrac{b}{t} \leqslant 28.5\sqrt{205/f}$ （1-92b）

式中 h、b、t——分别为截面高度、翼缘宽度和板件厚度。

GB 50018 规范所附卷边槽钢和卷边 Z 型钢规格，多数都在上述范围之内。需要注意的是这两种截面的卷边宽度应符合 GB 50018 规范的规定，见表1-4。

卷边的最小高厚比　　　　　　　　　　表 1-4

$\dfrac{b}{t}$	15	20	25	30	35	40	45	50	55	60
$\dfrac{a}{t}$	5.4	6.3	7.2	8.0	8.5	9.0	9.5	10.0	10.5	11.0

注：a——卷边的高度；

$\quad b$——带卷边板件的宽度；

$\quad t$——板厚。

如选用公式（1-92）范围外的截面，应按有效截面进行验算。

1.5.4.3 变形计算

实腹式檩条应验算垂直于屋面方向的挠度。

对卷边槽形截面的两端简支檩条，应按公式（1-93）进行验算。

$$\frac{5}{384}\frac{q_{ky}l^4}{EI_x} \leqslant [v]$$ （1-93）

式中 q_{ky}——沿 y 轴作用的分荷载标准值；

$\quad I_x$——对 x 轴的毛截面惯性矩。

对 Z 形截面的两端简支檩条，应按公式（1-94）进行验算。

$$\frac{5}{384}\frac{q_k\cos\alpha l^4}{EI_{x1}} \leqslant [v]$$ （1-94）

式中 α——屋面坡度；

$\quad I_{x1}$——Z 形截面对平行于屋面的形心轴的毛截面惯性矩。

容许挠度 $[v]$ 按表 1-5 取值。

檩条的容许挠度限值　　　　　　　　　　表 1-5

仅支承压型钢板屋面（承受活荷载或雪荷载）	$\dfrac{l}{150}$
有吊顶	$\dfrac{l}{240}$

1.5.5　构造要求

（1）当檩条跨度大于 4m 时，应在檩条间跨中位置设置拉条。当檩条跨度大于 6m 时，应在檩条跨度三分点处各设置一道拉条。拉条的作用是防止檩条侧向变形和扭转，并且提供 x 轴方向的中间支点。此中间支点的力需要传到刚度较大的构件。为此，需要在屋脊或檐口处设置斜拉条和刚性撑杆。当檩条用卷边槽钢时，横向力指向下方，斜拉条应如图 1-25（a）、（b）所示布置。当檩条为 Z 型钢而横向荷载向上时，斜拉条应布置于屋檐处（图 1-25c）。以上论述适用于没有风荷载和屋面风吸力小于重力荷载的情况。

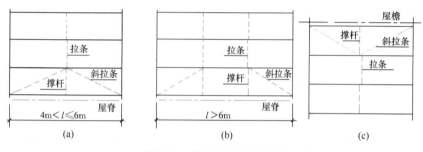

图 1-25　拉条和撑杆的布置

（a）斜拉条布置屋脊处（4m<l≤6m）；（b）斜拉条布置屋脊处（l>6m）；（c）斜拉条布置屋檐处

当风吸力超过屋面永久荷载时，横向力的指向和图 1-24 相反。此时 Z 型钢檩条的斜拉条需要设置在屋脊处，而卷边槽钢檩条则需设在屋檐处。因此，为了兼顾两种情况，在风荷载大的地区或是在屋檐和屋脊处都设置斜拉条，或是把横拉条和斜拉条都做成可以既承拉力又承压力的刚性杆。

拉条通常用圆钢做成，圆钢直径不宜小于 10mm。圆钢拉条可设在距檩条上翼缘 1/3 腹板高度范围内。当在风吸力作用下檩条下翼缘受压时，屋面宜用自攻螺钉直接与檩条连接，拉条宜设在下翼缘附近。为了兼顾无风和有风两种情况，可在上、下翼缘附近交替布置，或在两处都设置。当采用扣合式屋面板时，拉条的设置根据檩条的稳定计算确定。刚性撑杆可采用钢管、方钢或角钢做成，通常按压杆的刚度要求 $[\lambda]$≤200 来选择截面。

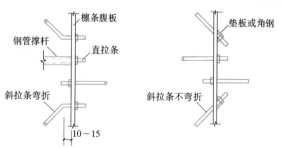

图 1-26　拉条与檩条的连接

拉条、撑杆与檩条的连接见图 1-26。斜拉条可弯折，也可不弯折。前一种方法要求弯折的直线长度不超过 15mm，后一种方法则需要通过斜垫板或角钢与檩条连接。

（2）实腹式檩条可通过檩托与刚架斜梁连接，檩托可用角钢和钢板做成，檩条与檩托的连接螺栓不应少于 2 个，并沿檩条高度方向布置，见图 1-27。设置檩托的目的是为了阻止檩条端部截面的扭转，以增强其整体稳定性。

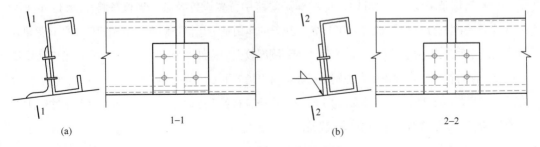

图 1-27　檩条与刚架的连接

（a）角钢檩托；（b）钢板檩托

（3）槽形和 Z 形檩条上翼缘的肢尖（或卷边）应朝向屋脊方向，以减少荷载偏心引起的扭矩。

（4）计算檩条时，不能把隅撑作为檩条的支承点。

【例题 1-2】一轻型门式刚架结构的屋面，檩条采用冷弯薄壁卷边槽钢，截面尺寸为 CN160×60×20×2.0，材料为 Q235。水平檩距 1.2m，檩条跨度 6m，屋面坡度 8%（$\alpha = 4.57°$），檩条跨中设置一道拉条（图 1-28），试验算该檩条的承载力和挠度是否满足设计要求。已知该檩条承受的荷载为：

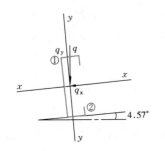

图 1-28　檩条截面

（1）1.3×永久荷载＋1.5×屋面活荷载

荷载标准值 $q_k = 0.683$kN/m

荷载设计值 $q_1 = 0.988$kN/m

$$q_x = q_1 \sin 4.57° = 0.079\text{kN/m}$$

$$q_y = q_1 \cos 4.57° = 0.985\text{kN/m}$$

（2）1.0×永久荷载＋1.5×风吸力荷载

荷载设计值　$q_x = 0.016$kN/m；$q_y = 0.731$kN/m

【解】（1）檩条的毛截面几何特性

经查附表 1-1，知 CN160×60×20×2.0 截面的毛截面几何特性为：$A = 6.07\text{cm}^2$，$I_x = 236.59\text{cm}^4$，$I_y = 29.99\text{cm}^4$，$i_x = 6.24\text{cm}$，$i_y = 2.22\text{cm}$，$W_x = 29.57\text{cm}^3$，$x_0 = 1.85\text{cm}$，$I_\omega = 1596.28\text{cm}^6$，$I_t = 0.0809\text{cm}^4$。

（2）弯矩计算

第一种组合：$M_x = \dfrac{1}{8} \times 0.985 \times 6^2 = 4.433$kN·m

$$M_y = \frac{1}{32} \times 0.079 \times 6^2 = 0.089\text{kN·m}$$

第二种组合：$M_x = \dfrac{1}{8} \times 0.731 \times 6^2 = 3.29 \text{kN} \cdot \text{m}$

$$M_y = \dfrac{1}{32} \times 0.016 \times 6^2 = 0.018 \text{kN} \cdot \text{m}$$

（3）有效截面计算

根据公式（1-92a）及表1-5：

$$\dfrac{h}{b} = \dfrac{160}{60} = 2.67 < 3.0, \quad \dfrac{b}{t} = \dfrac{60}{2} = 30 < 31\sqrt{\dfrac{205}{205}} = 31$$

且　$\dfrac{a}{t} = \dfrac{20}{2} = 10 > 8.0$　故檩条全截面有效。

（4）强度验算

根据公式（1-84），验算檩条在第一种荷载组合作用下①、②点的强度：

$$\sigma_1 = \dfrac{M_x}{W_{enx}} + \dfrac{M_y}{W_{eny,max}} = \dfrac{4.433 \times 10^6}{29.57 \times 10^3} + \dfrac{0.089 \times 10^6}{16.19 \times 10^3}$$

$$= 149.9 + 5.5 = 155.4 \text{N/mm}^2 < f = 205 \text{N/mm}^2$$

$$\sigma_2 = \dfrac{M_x}{W_{enx}} + \dfrac{M_y}{W_{eny,min}} = \dfrac{4.433 \times 10^6}{29.57 \times 10^3} + \dfrac{0.089 \times 10^6}{7.23 \times 10^3}$$

$$= 149.9 + 12.3 = 162.2 \text{N/mm}^2 < f = 205 \text{N/mm}^2$$

按式（1-86），则 $\sigma = \dfrac{M_x}{W_{enx}} = 149.9 < f = 205 \text{N/mm}^2$

（5）整体稳定验算

根据公式（1-87）验算在第一种荷载组合作用下（采用扣合式屋面板）檩条的整体稳定。

受弯构件的整体稳定系数按 GB 50018 规范计算：

由表1-4　$\xi_1 = 1.35, \xi_2 = 0.14, \mu_b = 0.50$

由式（1-89）　$\eta = 2\xi_2 e_a / h = 2 \times 0.14 \times (-8)/16 = -0.14$

由式（1-90）　$\zeta = \dfrac{4I_\omega}{h^2 I_y} + \dfrac{0.156 I_t}{I_y}\left(\dfrac{\mu_b l}{h}\right)^2$

$$= \dfrac{4 \times 1596.28}{16^2 \times 29.99} + \dfrac{0.156 \times 0.0809}{29.99}\left(\dfrac{0.5 \times 600}{16}\right)^2 = 0.9796$$

$$\lambda_y = \dfrac{300}{2.22} = 135.14$$

由式（1-88）　$\varphi_{bx} = \dfrac{4320 Ah}{\lambda_y^2 W_x} \xi_1 \left(\sqrt{\eta^2 + \zeta} + \eta\right)$

$$= \dfrac{4320 \times 6.07 \times 16}{135.14^2 \times 29.57} \times 1.35 \times \left(\sqrt{(-0.14)^2 + 0.9796} - 0.14\right)$$

$$= 0.902 > 0.7$$

$$\varphi'_{bx} = 1.091 - \frac{0.274}{\varphi_{bx}} = 1.091 - \frac{0.274}{0.902} = 0.787$$

$$\frac{M_x}{\varphi'_{bx} W_{ex}} + \frac{M_y}{W_{ey}} = \frac{4.433 \times 10^6}{0.87 \times 29.57 \times 10^3} + \frac{0.089 \times 10^6}{7.23 \times 10^3}$$

$$= 172.3 + 12.3 = 184.6 \text{N/mm}^2 < f = 205 \text{N/mm}^2$$

（6）挠度验算

由式(1-93)

$$v_y = \frac{5}{384} \frac{q_k \cos\alpha l^4}{EI_x}$$

$$= \frac{5}{384} \frac{0.683 \times \cos4.57° \times 6000^4}{2.06 \times 10^5 \times 236.59 \times 10^4}$$

$$= 23.6 \text{mm} < [v] = \frac{l}{150} = 40 \text{mm}$$

根据计算结果知，该檩条的强度、整体稳定和挠度均满足设计要求。

1.6 墙梁、支撑设计和本章小结

1.6.1 墙梁设计

1.6.1.1 墙梁的截面形式

墙梁一般采用冷弯卷边槽钢，有时也可采用卷边 Z 型钢，跨度大于 9m 时可用高频焊接 H 型钢。

墙梁在其自重、墙体材料和水平风荷载作用下，也是双向受弯构件。墙板常做成落地式并与基础相连，墙板的重力直接传至基础，故墙梁的最大刚度平面在水平方向。当采用卷边槽形截面墙梁时，为便于墙梁与刚架柱的连接而把槽口向上放置，单窗框下沿的墙梁则需槽口向下放置。

墙梁应尽量等间距设置，在墙面的上沿、下沿及窗框的上沿、下沿处应设置一道墙梁。为了减少竖向荷载产生的效应，减少墙梁的竖向挠度，可在墙梁上设置拉条，并在最上层墙梁处设斜拉条将拉力传至刚架柱，设置原则和檩条相同。

墙梁尚应验算在风荷载标准值作用下的水平挠度，当墙梁支承压型钢板墙板时，其挠度的上限值取 $L/100$；当墙梁支承砌体墙时，其挠度的上限值取 $L/180$ 且 $\leqslant 50$mm；L 系墙梁跨度。

墙梁可根据柱距的大小做成跨越一个柱距的简支梁或两个柱距的连续梁，前者运输方便，节点构造相对简单，后者受力合理，节省材料。

1.6.1.2　墙梁的计算

墙梁的荷载组合有两种：

1.3×竖向永久荷载＋1.5×水平风压力荷载

1.3×竖向永久荷载＋1.5×水平风吸力荷载

在墙梁截面上，由外荷载产生的绕 x_1 和 y_1 轴（图 1-29）的内力有：水平风荷载 q_{y1} 产生的弯矩 M_{x1}、剪力 V_{y1}；由竖向荷载 q_{x1} 产生的 M_{y1} 和剪力 V_{x1}（计算公式见表 1-2）。

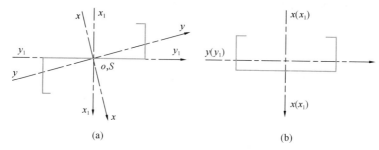

图 1-29　墙梁截面

（a）Z 形；（b）C 形

对单侧挂墙板的情况，GB 51022 规范规定应按下列公式计算其强度和稳定性：

（1）承受朝向面板的风压时，可仅按下列公式计算墙梁的强度，稳定无需计算：

$$\frac{M_{x1}}{W_{enx1}} + \frac{M_{y1}}{W_{eny1}} \leqslant f \tag{1-95}$$

$$\frac{3V_{y1,\max}}{2h_0 t} \leqslant f_v \tag{1-96}$$

$$\frac{3V_{x1,\max}}{4b_0 t} \leqslant f_v \tag{1-97}$$

式中　h_0、b_0——分别为墙梁在水平和竖向的计算高度，取板件弯折处两圆弧起点之间的距离。

当墙板端头自承重时，M_{y1} 和 $V_{x1,\max}$ 均取 0。

（2）仅外侧设有压型钢板的墙梁，还需计算在风吸力下稳定性，可按 GB 50018 规范的规定计算。

对双侧挂墙板的墙梁，应按式（1-95）～式（1-97）计算朝向面板的风压和风吸力作用下的强度，稳定性不需计算。当有一侧墙板端头自承重时，M_{y1} 和 $V_{x1,\max}$ 均取 0。

1.6.2　支撑构件的设计

门式刚架结构中的交叉支撑和柔性系杆可按拉杆设计（认为受压斜杆不受力，见图 2-20），非交叉支撑中的受压杆件及刚性系杆按压杆设计。

刚架斜梁上横向水平支撑的内力，根据纵向风荷载按支承于柱顶的水平桁架计算，还要计算支撑对斜梁起减少计算长度作用而承受的支撑力，参看 2.1.3.3 节。刚架柱间支撑的内力，应根据该柱列所受纵向风荷载（如有吊车，还应计入吊车纵向制动力）按支承于柱脚上的竖向悬臂桁架计算，并计入支撑因保障柱稳定而应承受的力。如图 1-1 所示的柱间支撑作用在柱顶的支撑力为：

$$\frac{\sum N}{300}\left(1.5+\frac{1}{n}\right) \tag{1-98}$$

式中　$\sum N$——所撑各柱的轴压力之和；

　　　n——所撑各柱的数目。

当同一柱列设有多道柱间支撑时，纵向力在支撑间可平均分配。

支撑杆件中，拉杆可采用圆钢制作，用特制的连接件与梁、柱腹板相连，并应以花篮螺丝张紧。压杆宜采用双角钢组成的 T 形截面或十字形截面，按压杆设计的刚性系杆也可采用圆管截面。

1.6.3　本章小结

本章内容包括轻型门式刚架结构的整体布置、各类构件的计算和节点连接的构造和计算，这些内容综合地反映钢结构设计的下列普遍原则：

（1）保证结构的整体性

门式刚架属于平面结构，它们在纵向构件、支撑和围护结构的联系下形成空间的稳定整体。结构只有组成空间稳定整体，才能承担各种荷载和其他外在效应。不同构件之间的相互依存，反映结构整体性的另一方面。屋面板为檩条提供约束，使它不致失稳。通过隔撑的联系，檩条又为框架梁的受压下翼缘提供约束。中柱做成摇摆柱后，它所承受的荷载对边柱稳定有影响，需要后者承担其侧向效应。总之，设计结构时要有整体概念。

（2）设计者必须明确各类外力从作用点到基础的传递路径和传递全过程中产生的效应，有关构件如何既分工又协同工作。它们的强度和稳定性如何满足，力的传递过程中导致何种变形，应如何考虑变形的效应和加以控制。

（3）设计必须体现计算和构造的一致性。设计为刚性连接的节点，实际构造应该符合刚性节点的要求，否则将产生不利的后果，梁柱刚接节点必须满足式（1-57）要求。对柱脚铰接连接的实际构造有一定的转动约束时，则可加以利用，式（1-29）的系数 κ 就是为此而引进的。

图 1-30 和图 1-31 给出 21m 跨门式刚架结构的构件布置示意图（墙梁及其拉条除外）和门架构件的明细图，以便读者对结构体系的概貌有所了解。

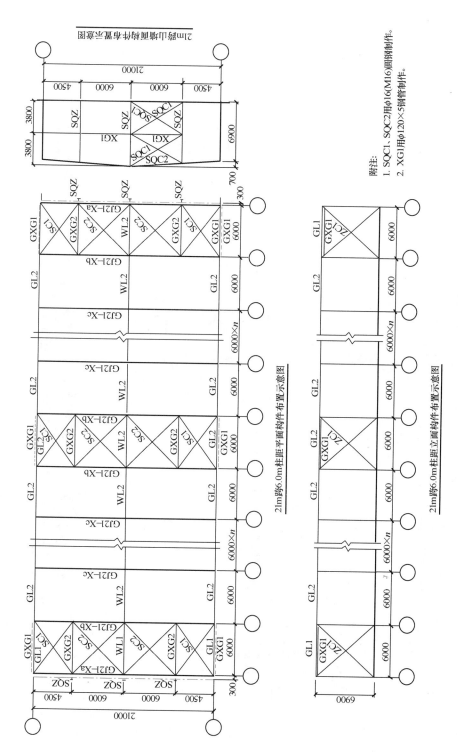

图 1-30 21m 跨门式刚架和支撑的布置示意图

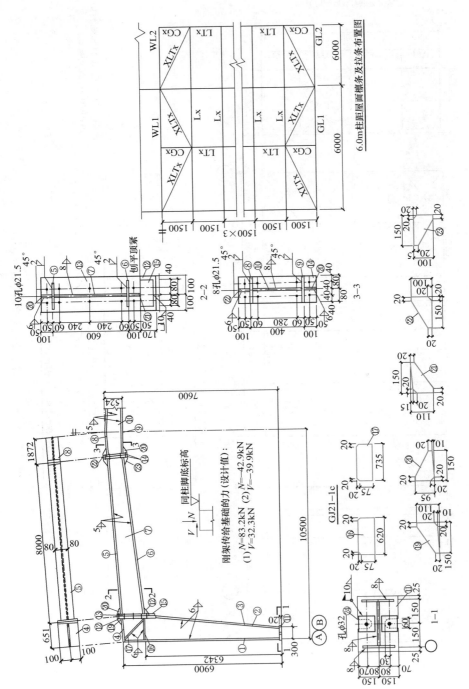

图 1-31 檩条及其拉条布置示意图和刚架构件明细图

思考题

1.1 为什么说门式刚架结构质量轻？质量轻有何利与弊？
1.2 如果门式刚架结构侧移刚度计算不足时，有哪些有效的改进方法？
1.3 为什么轻型钢结构门式刚架构件的稳定及强度计算要用有效截面？
1.4 门式刚架柱平面内、外计算长度如何取？
1.5 门式刚架变截面斜梁的设计计算内容有哪些？
1.6 门式刚架斜梁与柱的连接方法有哪些？其主要组成部件起何作用及如何确定尺寸？
1.7 设置檩条、拉条、檩托、隅撑各部件的目的是什么？
1.8 C形檩条与C形墙梁的放置方向各有何特点？其计算简图如何取？
1.9 屋面压型钢板的计算简图如何取？简述其验算内容。
1.10 试结合本章课程学习评价一实际结构的构造关系。

习题

1.1 檩条计算

某门式刚架结构采用檩条和压型钢板屋面体系，钢材为 Q235。屋面坡度1/8（$\alpha=7.13°$），檩条跨度6m，在跨中设置一道拉条；采用 Z 形檩条（图 1-32），间距 1.5m。已知：檩条上作用线荷载设计值 1.2kN/m；当屋面板能阻止檩条侧向失稳和扭转时，试计算两端简支檩条是否满足设计要求？

1.2 压型钢板计算

同上题结构，屋面材料选用 Q235A 钢，截面选用 YX130-300-600 型压型钢板（图 1-33），板厚 0.6mm；压型钢板支承长度为 100mm。已知：压型钢板上作用面荷载设计值 2.4kN/m²；试按全截面有效，验算压型钢板截面是否满足设计要求？

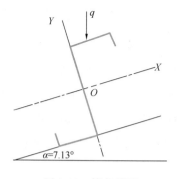

图 1-32 檩条截面

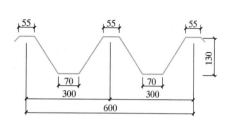

图 1-33 压型钢板截面

第 2 章

中、重型厂房结构

在冶金、造船、机械制造等行业，有许多重型厂房，它们的显著特点是跨度大、高度大、吊车吨位大。例如冶金工业的转炉车间，当配备 3 个容积 400m³ 的转炉时，其跨度可达 30m，多层部分的高度可达 80m，整个厂房占地面积达 30000m²，吊车的起重量可达 450t。在机械制造行业，有高度 60m，吊车起重量高达 1200t 的重型厂房。综合分析可靠性、耐久性和经济性表明，这种重型工业厂房最适宜采用全钢结构建造，这是我国房屋钢结构应用的传统领域。随着钢产量的增加，一些中型厂房也逐渐采用全钢结构或钢屋盖结构。本章内容除厂房结构的形式和组成外，着重论述钢屋架和吊车梁这两类构件，并附带论及其他用途的钢桁架。

2.1 结构形式和结构布置

2.1.1 一般说明

和轻型门式刚架结构的建筑物类似，中、重型厂房一般取单层刚（框）架结构作为承重主体，但也有一部分为多层刚架者。图 2-1 是典型单层单跨厂房构造简图，其屋顶既可采用钢屋架-大型屋面板结构体系，亦可采用钢屋架-檩条-轻型屋面板结构体系，或横梁-檩条-轻型屋面板结构体系。后一种做法和图 1-1 很接近。前两种体系是厂房结构的传统做法，后一种则是近年来新兴的做法。无论采用哪种体系都需要设置屋盖支撑和柱间支撑把平面框架连成整体。

吊车是厂房中常见的起重设备，按照吊车使用的繁重程度（亦即吊车的利用次数和荷载大小），现行国家标准《起重机设计规范》GB/T 3811 将其分为八个工作级别，称为 A1～A8。在相当多的文献中，习惯将吊车以轻、中、重和特重四个工作制等级来划分，它们之间的对应关系见表 2-1。设置 A6～A8 级吊车的厂房结构有以下特点：（1）荷载很重，且厂房高度较大，导致构件尺寸很大；（2）为了保证吊车平稳运行要求框架具有大的横向刚度；

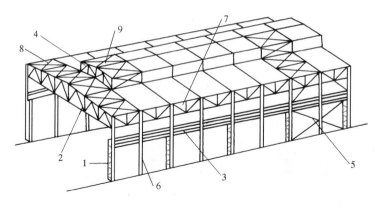

图 2-1　单层厂房构造简图

1—柱；2—屋架；3—吊车梁；4—天窗架；5—柱间支撑；6—墙架柱；

7—托架；8—屋架上弦横向水平支撑；9—天窗架横向水平支撑

（3）吊车运行频繁需要避免对疲劳敏感的构造；（4）吊车梁属于生产设备，需要注意经常维修。

吊车的工作制等级与工作级别的对应关系　　　　　　　　　　　表 2-1

工作制等级	轻级	中级	重级	特重级
工作级别	A1～A3	A4、A5	A6、A7	A8

2.1.1.1 柱网布置和计算单元

厂房的柱网布置要综合考虑工艺、结构和经济等诸多因素来确定，同时还应注意符合标准化模数的要求。柱网布置首先要满足生产工艺流程的要求，包括预期的扩建和工艺设备更新的需求。这些要求往往涉及设备基础、地下管沟等与柱基础的协调布置。柱网布置必须满足结构上的要求，在保证厂房具有必需的刚度和强度的同时，注意柱距和跨度的类别尽量少些，以利施工。柱距的大小，直接影响着布置在柱距间的构件（如檩条、吊车梁等）的截面大小。加大柱距一般可减少处理地基的费用和基础的造价，但将使布置在柱距间的构件的材料增加。因此，合理的柱网布置应使总的经济效应最佳。当采用钢筋混凝土大型屋面板时，以 6m 柱距最为合宜，但高而重的厂房，在跨度不小于 30m、高度不小于 14m、吊车额定起重量不小于 50t 时，则取柱距 12m 较为经济；如果采用轻型屋面板，柱距也以 12m 为宜；位于软弱地基上的重型厂房，应采用较大柱距，如上海宝山钢铁公司的厂房以 15m、18m 及 24m 为基本柱距。在一些工业部门，为了满足工艺要求，厂房亦可呈多跨形式（如图 2-2 所示）。

GB 50017 标准要求，在厂房的纵向或横向的尺度较大时，一般应按表 2-2 在平面布置中设置温度收缩缝，以避免结构中衍生过大的温度应力。采用金属压型钢板为围护结构时，可将表中容许的温度区段长度值放宽，参见本书 1.2.2.1 节。超出表中数值时，应考虑温度应力和温度变形影响。双柱温度收缩缝或单柱温度收缩缝原则上皆可采用，不过在地震区域

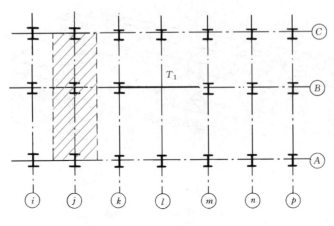

图 2-2　柱网布置

宜布置双柱收缩缝。

　　由于工艺要求或其他原因，有时需要将柱距局部加大。如图 2-2 中，在纵向轴线 B 与横向轴线 l 相交处不设柱子，因而导致轴线 k 和 m 之间的柱距增大，这种情形有时形象地称为拔柱。通常在拔柱处设置一构件来支承屋架，如图 2-2 中的构件 T1，上承屋架（或其他屋面结构），下传柱子，该构件为实腹式时称为托梁，桁架式时称为托架。托梁和托架一般作成简支受弯构件。托梁可采用焊接工字形截面，其截面高度可取其跨度的 1/10～1/8，翼缘宽度取截面高度的1/5～1/2.5，箱形托梁双腹板之间的距离可取其截面高度的1/4～1/2，且不宜小于 400mm。托架高度可取其跨度的 1/10～1/5，节间距可取 3m。托梁或托架与屋架的连接有叠接和平接两种，前者构造简单，便于施工，但必须注意避免屋架传来的荷载使托梁或托架受扭；后者较易有效地避免托梁或托架受扭，较常用。平接托架的高度需要和屋架端部高度协调。

温度区段长度值（m）　　　　　　　　　　　　　　表 2-2

结　构　情　况	纵向温度区段 （垂直于屋架或构架跨度方向）	横向温度区段 （屋架或构架跨度方向）	
		柱顶为刚接	柱顶为铰接
采暖房屋和非采暖地区的房屋	220	120	150
热车间和采暖地区的非采暖房屋	180	100	125
露天结构	120	—	
围护构件为金属压型钢板的房屋	250	150	

　　为了进行结构分析，必须明确横向框架所承担的荷载，通常以计算单元表示。图 2-2 中阴影部分所示，即为位于轴线 j 上的两跨框架的计算单元，它的宽度一般是相邻柱距的平均值。对于等柱距且无拔柱的平面布置，显然只需取一个计算单元。否则，应当划分数个计算单元。

在柱网布置和剖、立面设计中还涉及诸多几何参数的相互协调，尤其是吊车外轮廓与屋架下弦下表面之间的净距 a、吊车大轮的中心线与柱纵向定位轴线之间的距离 b、吊车外轮廓与柱体内表面之间的净距离 c 等，可参见图 2-3 取值。

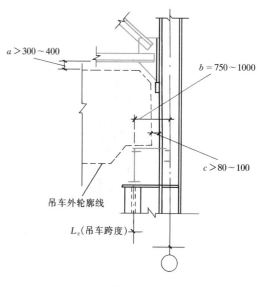

图 2-3　吊车外轮廓线与邻近构件的净距要求

2.1.1.2　横向框架及其截面选择

横向框架可呈各种形式（图 2-4）。中、重型厂房的柱脚通常做成刚接，这不仅可以削减柱段的弯矩绝对值（从而减小柱截面尺寸），而且增大横向框架的刚度。屋架与柱子的连接可以是铰接（如图 2-4c），亦可以是刚接（如图 2-4a、b），相应地，称横向框架为铰接框架或刚接框架。对一些刚度要求较高的厂房（如设有双层吊车，装备硬钩吊车等），尤其是单跨重型厂房，需要采用刚接框架。在多跨时，特别在吊车起重量不很大和采用轻型围护结构时，适宜采用铰接框架（如图 2-4c）。随着屋面材料的轻型化，实腹梁正逐渐取代屋架。实腹梁和实腹上柱一般用刚接，也可用半刚性连接。实腹梁的线刚度和端部连接刚度对框架的侧移刚度有直接影响，设有吊车的框架，横梁一般做成常截面梁。

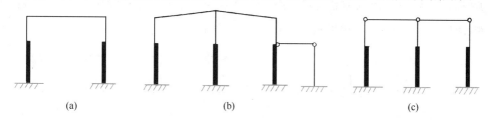

(a)　　　　　　　　　　(b)　　　　　　　　　　(c)

图 2-4　横向框架形式

（a）单跨刚接框架；（b）双跨带毗屋刚接框架；（c）双跨铰接框架

从耗钢量考虑，中、重型厂房中的承重柱很少采用等截面实腹式柱，一般采用阶梯形柱。其下段通常取缀条格构式，而上段既可采用实腹式（见图 2-5a），亦可采用格构式。但是，当格构式柱的加工制作费用比重增大时，需综合权衡经济指标来选择承重柱的结构形式，如边列柱下段做成实腹式。实腹式等截面柱的构造简单，加工制作费用低，常在厂房高度不超过 10m 且吊车额定起重量不超过 20t 时采用，这时吊车梁支承在柱牛腿上，情况如图 1-17所示。分离式承重柱的两肢分别支承屋盖结构和吊车梁，具有构造简单、分工明确而计算简便的优点。柱的吊车肢和屋盖肢通常用水平板做成柔性连接（见图 2-5b）。这种连接既可减小吊车肢在框架平面内的计算长度，又实现了两肢分别单独承担吊车荷载和屋盖

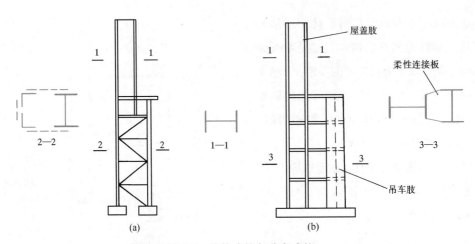

图 2-5　格构式柱与分离式柱

（a）具有分离式柱脚的格构式柱；（b）分离式柱

（包括围护结构）荷载的设计意图。对位置不高的大吨位吊车或车间分期扩建时，分离式柱更显其优点。

　　双肢格构式柱是重型厂房阶形下柱的常见形式，图 2-6 是其截面的常见类型。阶形柱的上柱截面通常取实腹式等截面焊接工字形或类型（a）。下柱截面类型要依吊车起重量的大小确定：类型（b）常见于吊车起重量较小的边列柱截面；吊车起重量不超过 50t 的中列柱可选取（c）类截面，否则需做成（d）类截面；显然，截面类型（e）适合于吊车起重量较大的边列柱；特大型厂房的下柱截面可做成（f）类截面。近年来以钢管为肢件的多肢格构式柱也有应用，还时常在钢管内填充混凝土形成组合结构。

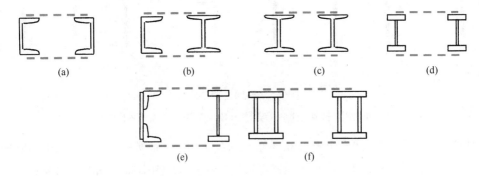

图 2-6　双肢格构式柱

（a）双槽钢肢件；（b）槽钢＋工字钢肢件；（c）双工字钢肢件；（d）双焊接工字钢肢件；

（e）双角钢-钢板组合槽形截面＋焊接工字钢肢件；（f）双焊接箱型截面肢件

　　厂房结构形式的选取不仅要考虑吊车的起重量，而且还要考虑吊车的工作级别及吊钩类型，对于装备 A6～A8 级吊车的车间除了要求结构具有大的横向刚度外，还应保证足够大的纵向刚度。因此，对于装备 A6～A8 级吊车的单跨厂房，应将屋架和柱子的连接以及柱子和基础的连接均作刚性构造处理。纵向刚度则依靠柱的支撑来保证。设计在侵蚀性环境中工作的厂房，除了要选择耐腐蚀性的钢材，还应寻求有利于防侵蚀的结构形式和构造措施。同理，在高热环境中工作的厂房，在设计中不仅要考虑对结构的隔热防护，也应采用有利于隔热的结构形式和构造措施。

可参照已有的同类型构件或设计参考资料，初步确定构件的截面尺寸。在无类似资料可参照时，可按表 2-3 初拟柱各段截面的高度。表中 Q 指吊车吨位，H 指全柱长度，H_1 指上阶柱长度。截面宽度与高度之比，上阶柱在 $0.35\sim0.6$ 之间，下阶则在 $0.25\sim0.5$ 之间。

柱各段截面的高度　　　　　　　　　　　　　　　　表 2-3

类别		柱高 H(m)	无吊车	$Q\leqslant30$t	50t$\leqslant Q\leqslant100$t	125t$\leqslant Q\leqslant250$t	$Q\geqslant300$t
等截面柱		$H\leqslant10$	$(1/20\sim1/15)H$	$(1/18\sim1/12)H$			
		$10<H\leqslant20$	$(1/25\sim1/18)H$	$(1/20\sim1/15)H$			
		$H>20$	$(1/30\sim1/20)H$				
阶形柱	上阶柱	$H_1\leqslant5$		$(1/10\sim1/7)H_1$	$(1/9\sim1/6)H_1$		
		$5<H_1\leqslant10$			$(1/10\sim1/8)H_1$	$(1/10\sim1/7)H_1$	$(1/9\sim1/6)H_1$
		$H_1>10$			$(1/12\sim1/9)H_1$	$(1/12\sim1/8)H_1$	$(1/10\sim1/7)H_1$
	下阶柱	$H\leqslant20$		$(1/15\sim1/12)H$	$(1/15\sim1/10)H$	$(1/12\sim1/9)H$	$(1/10\sim1/8)H$
		$20<H\leqslant30$		$(1/18\sim1/12)H$	$(1/15\sim1/10)H$	$(1/12\sim1/9)H$	
		$H>30$		$(1/20\sim1/15)H$	$(1/18\sim1/12)H$	$(1/15\sim1/10)H$	

阶形柱无论是实腹式还是格构式，均是以肩梁将其各阶段连在一起形成整体的。肩梁有单腹壁和双腹壁之分，前者如图 2-7 (a) 所示，后者如图 2-7 (b) 所示。双腹壁肩梁虽构造复杂，耗钢量较多，但刚度大，有利于保证上下两段的连续性（变形不出现转折），适宜用

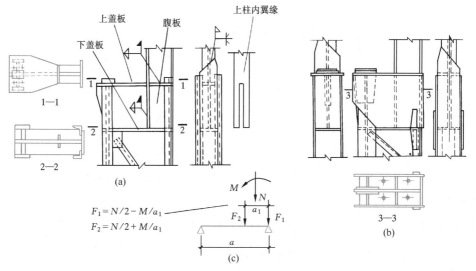

图 2-7　肩梁构造及计算简图

(a) 单腹壁肩梁；(b) 双腹壁肩梁；(c) 肩梁计算简图

于柱截面宽度较大（不小于 900mm）的情形。单腹壁肩梁由单腹板和上下翼缘组成，为了保证对上柱的嵌固作用以及上下柱段的整体工作，其惯性矩宜大于上柱的惯性矩，其线刚度与下柱单肢线刚度之比一般宜不小于 25，其高跨比可控制在 0.35～0.5 之间（下段柱截面高度大者，取较小值）。当然，肩梁的截面高度还要满足其与柱翼缘的连接焊缝长度的要求。需要强调的是，上段柱翼缘应当以开槽口的方式直插到肩梁的下翼缘并与其焊接。肩梁常近似地以简支梁为力学模型进行强度验算，通过内力分析得到上段柱根部的弯矩 M 和轴力 N 之后，其计算简图如图 2-7 (c) 所示，其中 a_1 和 a 可取为上、下段柱的截面高度。

2.1.1.3 柱间支撑

作用于厂房山墙上的风荷载、吊车的纵向水平荷载、纵向地震力等均要求厂房具有足够的纵向刚度。这在结构上是通过合理的柱间支撑和屋盖支撑（参见 2.1.3 节）的设置来实现的。每列柱都必须设置柱间支撑，多跨厂房的中列柱的柱间支撑宜与其边列柱的柱间支撑布置在同一柱间。通常将吊车梁上部的柱间支撑称为上层柱间支撑，吊车梁下部的柱间支撑称为下层柱间支撑（参见图 2-8）。下层柱间支撑一般宜布置在温度区段的中部，以减少纵向温度应力的影响。当温度区段长度大于 150m 或抗震设防烈度为 8 度Ⅲ、Ⅳ类场地和 9 度时，应当增设一道下层柱间支撑，且两道下层柱间支撑的距离不应超过 72m。上层柱间支撑除了要在下层柱间支撑布置的柱间设置外，还应当在每个温度区段的两端设置。每列柱顶均要布置刚性系杆（参见 2.1.3 节）。

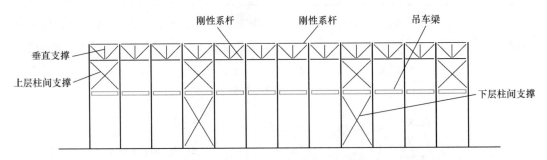

图 2-8　柱间支撑布置

常见的下层柱间支撑是单层十字形（见图 2-9）。支撑的倾角应控制在 35°～55°之间，如果单层十字形不能满足这种构造要求，可选用人字形、K 形、Y 形、双层十字形或单斜杆形。如果由于柱距过大（≥12m）或其他原因（例如工艺或建筑上的需要），不能设置上述形式的下层柱间支撑时，可以考虑采用门形、L 形柱间支撑，甚至不加任何斜撑而将吊车梁与下段柱的吊车肢刚性连接构成刚架。后一方式制造和安装都较复杂，一般不提倡使用。上层柱间支撑的常见形式见图 2-10，一般采用十字形、人字形或 K 形，柱距较大时可取 V 形或八字形。

柱间支撑的截面及连接均要由计算决定。从构造上讲，采用角钢时，柱间支撑的截面不

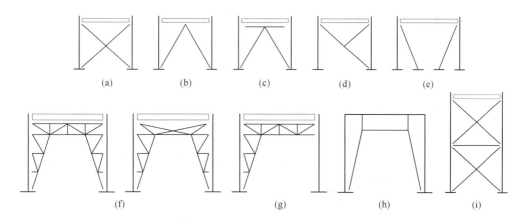

图 2-9　下层柱间支撑的形式

(a) 单层十字形；(b) 人字形；(c) K 形；(d) Y 形；(e) 单斜杆形；

(f) 门形；(g) L 形；(h) 刚架形；(i) 双层十字形

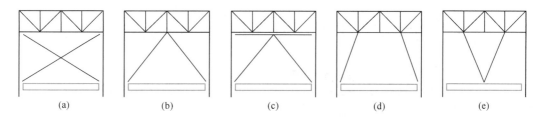

图 2-10　上层柱间支撑的形式

(a) 十字形；(b) 人字形；(c) K 形；(d) 八字形；(e) V 形

宜小于 L75×6；采用槽钢时，不宜小于 ⊏ 12。下层柱间支撑一般设置为双片，分别与吊车肢和屋盖肢相连，以便有效地减小柱在框架平面外的计算长度。双片支撑之间以缀条相连，缀条常采用单角钢，以控制其长细比不超过 200，且不小于 L50×5 为宜。上层柱间支撑一般设置为单片，但端部应和上柱的两个翼缘相连接。如果上柱设有人孔或截面高度过大（≥800mm），亦应采用双片。支撑的连接可采用焊缝或高强度螺栓。采用焊缝时，焊脚尺寸不应小于 6mm，焊缝长度不应小于 80mm，同时要在连接处设置安装螺栓，一般不小于 M16。对于人字形（如图 2-9b）、V 形（如图 2-10e）之类的支撑还要注意采取构造措施，使其与吊车梁（或制动结构，辅助桁架）的连接仅传递水平力，而不传递垂直力，以免支撑成为吊车梁的中间支点。

2.1.2　屋架外形及腹杆形式

2.1.2.1　桁架的应用

桁架是指由直杆在端部相互连接而组成的格子式结构。桁架中的杆件大部分情况下只受轴向拉力或压力。应力在截面上均匀分布，因而容易发挥材料的作用。桁架用料经济，结构的自重小，易于构成各种外形以适应不同的用途，譬如可以做成简支桁架、拱、框架、网架及塔架等，后二者属于空间体系。桁架是一种应用极其广泛的结构，除了经常用于屋盖结构外，还用于皮带运输机桥、输电塔架和桥梁等。

在工业与民用房屋建筑中，当跨度比较大时用梁作屋盖的承重结构是不经济的，这时都要用桁架，这种用于屋盖承重结构的梁式桁架叫屋架。此外，拱架、网架也都能用作屋盖的承重结构。本节主要结合钢屋架阐述桁架设计的各种问题，也简略介绍一些其他用途的桁架的特点。

2.1.2.2 桁架的外形及腹杆形式

桁架的外形直接受到它的用途的影响。就屋架来说，外形一般分为三角形（图 2-11a、b、c）、梯形（图 2-11d、e）及平行弦（图 2-11f、g）三种。桁架的腹杆形式常用的有人字式（图 2-11b、d、f）、芬克式（图 2-11a）、豪式（也叫单向斜杆式，见图 2-11c）、再分式（图 2-11e）及交叉式（图 2-11g）五种。其中前四种为单系腹杆，第五种即交叉腹杆为复系腹杆。

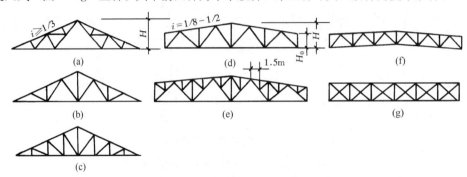

图 2-11　钢屋架的外形

（a）芬克式腹杆三角形屋架；（b）人字式腹杆三角形屋架；（c）豪式腹杆三角形屋架；（d）人字式腹杆梯形屋架；
（e）再分式腹杆梯形屋架；（f）人字式腹杆平行弦桁架；（g）交叉腹杆平行弦桁架

2.1.2.3 确定桁架形式的原则

桁架外形与腹杆形式，应该经过综合分析来确定。确定的原则应从下述几个方面考虑。

（1）满足使用要求　对屋架来说，上弦的坡度应适合防水材料的需要。此外，屋架在端部与柱是简支还是刚接，房屋内部净空有何要求，有无吊顶，有无悬挂吊车，有无天窗及天窗形式以及建筑造型的需要等，也都影响屋架外形的确定。

三角形屋架上弦坡度比较陡，适合于波形石棉瓦、瓦楞铁皮等屋面材料，坡度一般在 1/3～1/2。梯形屋架上弦较平坦，适合于采用压型钢板和大型钢筋混凝土屋面板（带油毡防水材料），坡度一般在 1/12～1/8。当采用长压型钢板顺坡铺设屋面时，最缓的可用到 1/20 甚至更小的坡度。三角形屋架端部高度小，需加隅撑（图 2-12）才能与柱形成刚接，否则只能与柱形成铰接。梯形屋架的端部可做成足够的高度，因之既可铰支于柱也可通过两个节点与柱相连而形成刚接框架。平行弦屋架可以做成不同大小的坡度，其端部可以铰接也可以刚接，并能用于单坡屋盖和双坡屋盖。近年来一些国家在厂房中多采用平行弦双坡屋架，我国宝山钢铁公司初轧厂的屋架形式如图 2-11 (f) 所示。这种屋架的杆件尺寸及节点形式划一，制作简便，制作时不必起拱。然而，人字形屋架在竖向荷载作用下对柱有推力作用。为了减少推力的不利影响，设计时可提出在屋面材料安装后，再将屋架支座焊接固定。如果支承节点在上弦，因上弦受力压缩，可以不考虑这一因素。

皮带运输机桥的桁架是斜置的（图 2-13c），通常跨度不特别大，一般采用平行弦桁架，带竖杆的人字式腹杆体系（图 2-13a），有时也用豪氏屋架中的单向斜杆体系（图 2-13b）。

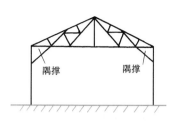

图 2-12 有隔撑的框架

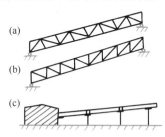

图 2-13 皮带运输机桥简支桁架

(a) 带竖杆人字式腹木桁架；(b) 豪氏腹杆桁架；

(c) 皮带运输机桥示意图

（2）受力合理 只有受力合理时才能充分发挥材料作用，从而达到节省材料的目的。对弦杆来说，所谓受力合理是要使各节间弦杆的内力相差不太大，这样，用一根通长的型钢来做弦杆时对内力小的节间就没有太大的浪费。一般讲，简支屋架外形与均布荷载下的抛物线形弯矩图接近时，各处弦杆内力才比较接近。但是，弦杆做成折线形时节点费料费工，所以桁架弦杆一般不做成多处转折的形式，而经常做成上述三种形式，它们的弦杆都只在屋脊处有转折。三者中以梯形屋架与抛物线形弯矩图最接近，它的各节间弦杆内力差别比较小，而在三角形屋架及平行弦屋架中各节间弦杆的差别要大些。为使桁架受力合理，对腹杆来说，应使长杆受拉短杆受压，且腹杆数量宜少，腹杆总长度也应较小。芬克式腹杆屋架中腹杆数量虽多，但短杆受压长杆受拉，受力合理且屋架可以拆成三部分，便于运输。人字式腹杆体系杆件数量少，腹杆总长度较小且下弦节点少，从而减少制造工作量。以上两种腹杆形式都比较可取。在梯形和平行弦屋架中，用单向斜杆式腹杆时使较长腹杆受拉，较短腹杆受压，从受力来说还是合理的，但它比人字式腹杆体系的杆数多、节点多。在三角形屋架中，单向斜杆式的腹杆不仅杆件数量多、节点多，且长杆受压、短杆受拉，受力是不合理的。单向斜杆式腹杆只用于房屋有吊顶，需要下弦节间长度较小的情况。再分式腹杆的优点是可以使受压上弦的节间尺寸缩小，常在有 1.5m×6m 大型屋面板时采用，以便屋架只受节点荷载作用，同时也使大尺寸屋架的斜腹杆与其他杆件有合适的夹角。再分式腹杆虽然增加了腹杆和节点的数量，但是既避免了上弦杆节间的附加弯矩也减少了上弦杆在屋架平面内的长细比，

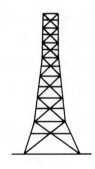

图 2-14　折线
形塔架

所以也是一种常采用的腹杆形式。有时只在跨中附近的节间内用再分式腹杆，其他节间为人字式腹杆并保证上弦各节间的尺寸一致（图 2-18b 及 d）。交叉式腹杆（图 2-11g）主要用于可能从不同方向受力的支撑体系。

塔架是主要承受水平荷载的悬臂空间桁架，塔架下部所受弯矩渐次增大，为使受力合理，通常做成上窄下宽的外形。塔架的弦杆（也叫塔柱）当塔高不很大时，一般采用直线形式；当塔高很大时则采用折线形式（图 2-14），形成多截棱锥形以适应弯矩图的变化。由于所受水平荷载可从不同方向作用，因此常用交叉腹杆体系。

（3）制造简单及运输与安装方便　制造简单，运输及安装方便可以节省劳动量并加快建设速度。从制造简单方面看，应该是杆件数量少，节点少，杆件尺寸划一及节点构造形式划一。就外形来说，平行弦桁架最容易符合上述要求。就腹杆形式来说，芬克式屋架便于运输，人字式腹杆与单向斜杆式相比，腹杆数目少节点也少，有利于制造。此外，桁架中杆与杆之间的夹角以 30°～60° 为宜，夹角过小时易使节点构造不合理。

（4）综合技术经济效果好　传统的分析方法多着眼于构件本身的省料与节省工时，这样还是不全面的。在确定桁架形式与主要尺寸时，除上述各点外还应该考虑到各种有关的因素，如跨度大小、荷载状况，材料供应条件等，尤其应该考虑建设速度的要求，以期获得较好的综合技术经济效果。

在上述原则基础上，根据具体条件，桁架形式可有很多变化。图 2-15（a）的方式可使三角形屋架支座节点的构造有所改善，因为一般三角形屋架端节间弦杆内力大而交角小，制造上有困难。图 2-15（a）的三角形屋架的下弦下沉后，不仅弦杆交角增大且屋架的重心降低，提高了空间稳定性。平行弦双坡屋架如果不是坡度很小，下弦中间部分取水平段为好（图 2-15b）。双坡平行弦屋架的水平变位较大，对支承结构产生推力。下弦中部取水平段后，所述缺陷有所改善，弦杆内力也较均匀。

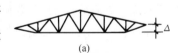

(a)

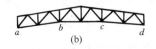

(b)

图 2-15　屋架形式的变化

（a）下弦下沉式三角形屋架；

（b）下弦中部采用水平段的

平行弦桁架

2.1.2.4　桁架主要尺寸的确定

桁架的主要尺寸指它的跨度 L 和高度 H（包括梯形屋架的端部高度 H_0）（图 2-11）。跨度 L，对屋架来说由使用和工艺方面的要求决定。屋架的高度则由经济条件、刚度条件（屋架的挠度限值为 $L/500$）、运输界限（铁路运输界限高度为 $3.85m$）及屋面坡度等因素来决定。

根据上述原则，各种屋架中部高度常在下述范围：三角形屋架 $H \approx (1/6 \sim 1/4) L$；梯形屋架 $H \approx (1/10 \sim 1/6) L$，但当跨度大时注意运送单元尽可能不超出运输界限。

至于梯形屋架端部的高度 H_0，它是与中部高度及屋面坡度相关连的。当为多跨屋架时

H_0 应取一致，以利屋面构造。我国常将 H_0 取为 1.8～2.1m 等较整齐的数值。当屋架与柱刚接时，H_0 应有足够的大小，以便能较好地传递支座弯矩而不使端部弦杆产生过大内力。端部高度的常用范围是 $H_0 \approx$ （1/16～1/10）L。

2.1.3　屋盖支撑

当采用屋架作为主要承重构件时，支撑（包括屋架支撑和天窗架支撑）是屋盖结构的必要组成部分。以下按支撑作用和支撑的布置原则，分别加以叙述。

2.1.3.1　屋盖支撑的作用

（1）保证屋盖结构的几何稳定性

在屋盖中屋架是主要承重构件。各个屋架如仅用檩条和屋面板连系时，由于没有必要的支撑，屋盖结构在空间是几何可变体系，在荷载作用下甚至在安装的时候，各屋架就会向一侧倾倒，如图 2-16 中虚线所示。只有用支撑合理地连接各个屋架，形成几何不变体系时，才能发挥屋架的作用，并保证屋盖结构在各种荷载作用下能很好地工作。

首先用支撑将两个相邻的屋架组成空间稳定体，然后用檩条及上下弦平面内的一些系杆将其余各屋架与空间稳定体连接起来，形成几何不变的屋盖结构体系（图 2-16b）。

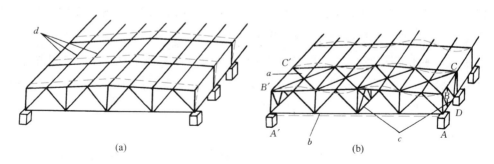

图 2-16　屋盖支撑作用示意图

a—上弦横向水平支撑；b—下弦横向水平支撑；c—垂直支撑；d—檩条或大型屋面板

空间稳定体（图 2-16b 中的 $ABB'A'$ 与 $DCC'D'$ 之间）是由相邻两屋架和它们之间的上弦横向水平支撑，下弦横向水平支撑以及两端和跨中竖直面内的垂直支撑所组成的。它们形成一个六面的盒式体系。在不设下弦横向水平支撑时，则形成一个五面的盒式体系，固定在柱子上也还是空间稳定体。用三角形屋架时，空间稳定体中则没有端部垂直支撑而只在跨度中央或跨中的某处设置垂直支撑。

（2）保证屋盖的刚度和空间整体性

横向水平支撑是一个水平放置（或接近水平放置）的桁架，桁架两端的支座是柱或垂直支撑，桁架的高度常为 6m（柱距方向），在屋面平面内具有很大的抗弯刚度。在山墙风荷载或悬挂吊车纵向刹车力作用下，可以保证屋盖结构不产生过大变形。

有时还需要设置下弦纵向水平支撑（图 2-17）。同理可知，由纵向支撑提供的抗弯刚度能使各框架协同工作形成空间整体性，减少横向水平荷载作用下的变形。

由屋面系统（檩条，有时包括压型钢板或大型屋面板等）及各类支撑、系杆和屋架一起组成的屋盖结构，在各个方向都具有一定的刚度，并保证空间整体性。

（3）为弦杆提供适当的侧向支承点

支撑可作为屋架弦杆的侧向支承点（图 2-16b），减小弦杆在屋架平面外的计算长度，保证受压上弦杆的侧向稳定，并使受拉下弦保持足够的侧向刚度。

（4）承担并传递水平荷载

如传递风荷载、悬挂吊车水平荷载和地震荷载。

（5）保证结构安装时的稳定与方便

2.1.3.2 屋盖支撑的布置

（1）上弦横向水平支撑

在有檩条（有檩体系）或不用檩条而只采用大型屋面板（无檩体系）的屋盖中都应设置屋架上弦横向水平支撑，当有天窗架时，天窗架上弦也应设置横向水平支撑。

在能保证每块大型屋面板与屋架三个焊点的焊接质量时，大型板在屋架上弦平面内形成刚度很大的盘体，此时可不设上弦横向水平支撑。但考虑到工地焊接的施工条件不易保证焊点质量，一般仅考虑大型屋面板起系杆的作用。

上弦横向水平支撑应设置在房屋的两端或当有横向伸缩缝时在温度缝区段的两端。一般设在第一个柱间（图 2-17）或设在第二个柱间。横向水平支撑的间距 L_0 以不超过 60m 为宜，所以在一个温度区段 L_t 的中间还要布置一道或几道。

（2）下弦横向水平支撑

一般情况下应该设置下弦横向水平支撑，尤其是设有 10t 以上桥式吊车的厂房，为了防止屋架水平方向振动，必须设置。只是当跨度比较小（$L \leqslant 18m$），桥式吊车为 $A_1 \sim A_3$ 级且吨位不大，又没有悬挂式吊车，厂房内也没有较大的振动设备时，才可不设下弦横向水平支撑。

下弦横向水平支撑与上弦横向水平支撑设在同一柱间，以形成空间稳定体。

（3）纵向水平支撑

当房屋内设有托架，或有较大吨位的重级、中级工作制的桥式吊车，或有壁行吊车，或有锻锤等大型振动设备，以及房屋较高，跨度较大，空间刚度要求高时，均应在屋架下弦（三角形屋架可在下弦或上弦）端节间设置纵向水平支撑。纵向水平支撑与横向水平支撑形成闭合框，加强了屋盖结构的整体性并能提高房屋纵、横向的刚度。

（4）垂直支撑

所有房屋中均应设置垂直支撑。梯形屋架在跨度 $L \leqslant 30m$，三角形屋架在跨度 $L \leqslant 24m$ 时，仅在跨度中央设置一道（图 2-18a、b），当跨度大于上述数值时，宜在跨度 1/3 附近或

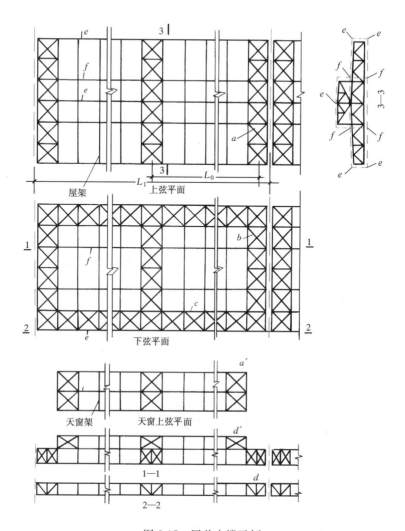

图 2-17 屋盖支撑示例

a—上弦横向水平支撑；b—下弦横向水平支撑；c—纵向水平支撑；d—屋架垂直支撑；

a'—天窗架横向水平支撑；d'—天窗架垂直支撑；e—刚性系杆；f—柔性系杆

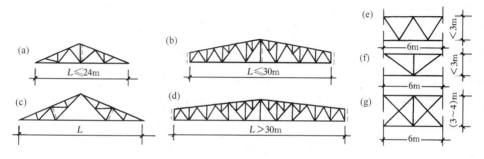

图 2-18 屋架的垂直支撑

(a)、(c) 三角形屋架；(b)、(d) 梯形屋加；(e)、(f)、(g) 垂直支撑

天窗架侧柱外设置两道（图 2-18d）。但芬克式屋架，当无下弦横向水平支撑时，即使跨度不大，也要设两道垂直支撑（图 2-18c），以保证主要受压腹杆出平面稳定性。梯形屋架不分跨度大小，其两端还应各设置一道（图 2-17、图 2-18），当有托架时则由托架代替。垂直支撑本身是一个平行弦桁架，根据尺寸的不同，一般可设计成图 2-18(e)、(f) 及 (g) 的形式。

　　天窗架的垂直支撑，一般在两侧设置（图 2-19a），当天窗的宽度大于 12m 时还应在中央设置一道（图 2-19b）。两侧的垂直支撑桁架，考虑到通风与采光的关系常采用图 2-19(c) 及 (d) 的形式，而中央处仍采取与屋架中相同的形式（图 2-19e）。

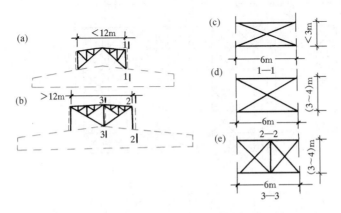

图 2-19　天窗架垂直支撑

(a)、(b) 天窗架；(c)、(d)、(e) 天窗架垂直支撑

　　沿房屋的纵向，屋架的垂直支撑与上、下弦横向水平支撑布置在同一柱间（图 2-16、图 2-17）。

　　(5) 系杆

　　没有参与组成空间稳定体的屋架，其上下弦的侧向支承点由系杆来充当，系杆的另一端最终连接于垂直支撑或上下弦横向水平支撑的节点上。能承受拉力也能承受压力的系杆，截面要大一些，叫刚性系杆，只能承受拉力的，截面可以小些，叫柔性系杆。

　　上弦平面内，大型屋面板的肋可起系杆作用，此时一般只在屋脊及两端设系杆，当采用檩条时，檩条可代替系杆。有天窗时，屋脊节点的系杆对于保证屋架的稳定有重要作用，因为屋架在天窗范围内没有屋面板或檩条。安装时，屋面板就位前，屋脊及两端的系杆应保证屋架上弦杆有较适当的出平面刚度，由于这种情况具有临时性，且内力不大，上弦杆出平面的长细比可以放宽一些，但不宜超出 220，否则应另加设上弦系杆。

　　下弦平面内，在跨中或跨度内部设置一或两道系杆，此外，在两端设置系杆。设置中部系杆，可以增大下弦杆的平面外刚度，从而保证屋架受压腹杆的稳定性。

　　系杆的布置原则是：在垂直支撑的平面内一般设置上下弦系杆，屋脊节点及主要支承节点处需设置刚性系杆，天窗侧柱处及下弦跨中或跨中附近设置柔性系杆。当屋架横向支撑设在端部第二柱间时，则第一柱间所有系杆均应为刚性系杆。

屋盖支撑的作用必须得到保证，但支撑的布置则根据具体条件可灵活处理，譬如在等高多跨厂房中，其中列柱可只沿一侧设下弦纵向水平支撑等。至于支撑中系杆的布置，更应灵活掌握。

当房屋处于地震区时，尤其不是全钢结构的厂房中，屋盖支撑的布置要有所加强。具体方法应符合抗震设计规范的要求。

2.1.3.3　屋盖支撑的杆件及支撑的计算原则

除系杆外各种支撑都是一个平面桁架。桁架的腹杆一般采用交叉斜杆的形式，也有采用单斜杆的。下面主要结合图 2-17 所示传统的支撑布置方法讲述。在上弦或下弦平面内，用相邻两屋架的弦杆兼作横向支撑桁架的弦杆，另加竖杆和斜杆，便组成支撑桁架。同理，屋架的下弦杆将兼作纵向水平支撑桁架的竖杆。屋架的纵横向水平支撑桁架的节间，以组成正方形为宜，一般为 6m×6m，但由于实际情况划分时也可能有长方形甚至是 6m×3m 的情况。上弦横向水平支撑节点间的距离常为屋架上弦杆节间长度的 2～4 倍。

垂直支撑常为图 2-18(e)、(f)、(g) 的小桁架，其宽与高各由屋架间距及屋架相应竖杆高度确定。宽高相差不大时，可用交叉斜杆，高度较小时可用 V 及 W 式（图 2-18f 及 e），以避免杆件交角可能小于 30°的情况。

屋盖支撑受力比较小时，可不进行内力计算，杆件截面常按容许长细比来选择。交叉斜杆和柔性系杆按拉杆设计，可用单角钢，非交叉斜杆、弦杆、竖杆以及刚性系杆按压杆设计，可用双角钢，但刚性系杆通常将双角钢组成十字形截面，以便两个方向的刚度接近。

当支撑桁架受力较大，如横向水平支撑传递较大的山墙风荷载时，或结构按空间工作计算因而其纵向水平支撑需作柱的弹性支座时，支撑杆件除需满足允许长细比的要求外，尚应按桁架体系计算内力，并据以选择截面。计算横向水平支撑时，除节点风荷载 W 外（图 2-20），还应承受系杆传来的支撑力，但二者可不叠加。节点支撑力由下式计算：

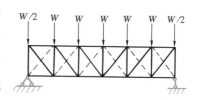

图 2-20　横向水平支撑计算简图

$$F = \frac{\Sigma N}{42 \sqrt{m+1}}(0.6+0.4/n)$$

式中，ΣN 为被撑各屋架弦杆轴压力之和；n 为被撑屋架榀数；m 为中间系杆的道数。支撑体系的刚性系杆也按 W 或 F 计算。

交叉斜腹杆的支撑桁架是超静定体系，但因受力比较小，一般常用简化方法进行分析。例如，当斜杆都按拉杆设计时认为图 2-20 中用虚线表示的一组斜杆因受压屈曲而退出工作，此时桁架按单斜杆体系分析。当荷载反向时，则认为另一组斜杆退出工作。当斜杆按可以承受压力设计时，其简化分析方法可参阅有关结构力学的文献。

2.2 厂房结构的计算原理

将单层房屋结构简化为平面刚架来分析，仍然是目前建筑结构内力计算的主要方法。墙架结构、吊车梁系统等均以明显的集中力方式作用于刚架上，必要时亦可将刚架的自重用静力等效原则化作集中力，作用于刚架上。

2.2.1 荷载计算

在刚架的平面分析中，认为一个刚架仅承担一个计算单元内的各种荷载。这些荷载包括永久荷载、可变荷载及偶然荷载。它们原则上依据现行《建筑结构荷载规范》GB 50009 进行计算。

可变荷载包括屋面活荷载、雪荷载、积灰荷载、风荷载及吊车荷载。

施工荷载一般通过在施工中采取临时性措施予以考虑。吊车荷载在 2.4.1 节阐述。

刚架承受的永久荷载包括屋面恒载、檩条、屋架及其他构件自重和围护结构自重等。它们一般换算为计算单元上的均布面荷载（后续行文中，如无特别说明，均布荷载均指这种水平投影面上的均布面荷载）。屋面板、吊顶和墙板等自重标准值可按现行国家标准《建筑结构荷载规范》GB 50009 附录 A 计算。其中屋面板材自重的标准值可按表 2-4 取值。

屋面板材自重标准值 表 2-4

屋面类型	瓦楞铁	彩色钢板波形瓦	波形石棉瓦	水泥平瓦
自重标准值（kN/m²）	0.05	0.12～0.13	0.2	0.55

实腹式檩条的自重标准值可选用均布荷载 $0.05～0.1kN/m^2$，而格构式常可近似取均布荷载 $0.03～0.05kN/m^2$。

无天窗的钢屋架的自重，包括支撑，可按每平方米均布荷载：

$$q = 0.12 + 0.011L$$

计算，L 为跨度，以米计。

墙架结构自重标准值可选用均布荷载 $0.25～0.42kN/m^2$，檐高较大时相应取大者。

按照现行《建筑结构荷载规范》GB 50009 中的荷载组合规则，非上人的屋面活荷载不和屋面雪荷载同时考虑，因此只需在屋面活荷载与雪荷载的标准值中取较大者计算。

雪荷载要注意局部增大的可能性。比如在高低跨的毗邻处，低跨屋面会堆积较高的雪（图 2-21a）。积灰荷载常出现在钢铁冶炼和水泥厂的建筑物上，需要注意经常清扫，以免造成屋架超载。长期不扫的积灰在吸收雨水后重量大增，曾经压垮过厂房的屋盖结构。

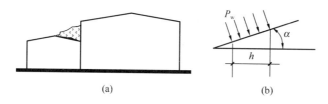

图 2-21　局部积雪（灰）荷载与风荷载

（a）局部积雪（灰）荷载；（b）风荷载 P_w 投影

风荷载标准值与高度有关。在檐口高度和屋面坡度不是很大时，可偏于安全地取屋脊处的风荷载标准值作为整个刚架的风荷载标准值。否则，可取屋脊处的风荷载标准值作为斜梁的风荷载标准值，而取檐口高度处的风荷载标准值作为柱子的风荷载标准值。

现行《建筑结构荷载规范》GB 50009 中给出的风荷载标准值 W_k 是沿垂直于建筑物表面的方向作用的，要将它投影到水平面上。为此，考虑刚（框）架计算单元宽 b，跨度方向长 h（如图 2-21 所示）范围内的风荷载。显然，此范围内的风荷载合力为：

$$N = bhW_k/\cos\alpha$$

投影到水平面上的值 P_0 为：

$$P_0 = N/(bh) = W_k/\cos\alpha$$

对于常见的封闭式双坡屋面，其风荷载体型系数可依据屋面坡度 α 按表 2-5 确定，其中各区域①、②、③、④的意义及与风向的关系见图 2-22，坡度 α 取中间值时，可在表中插值。其他的情形按荷载规范的规定取值。

图 2-22　风向与分区

表 2-5

刚架的风荷载体型系数表

表　面　区　域			
①	②	③	④
+0.80	−0.6（$\alpha \leqslant 15°$） 0（$\alpha = 30°$） +0.8（$\alpha \geqslant 60°$）	−0.50	−0.50

荷载的分项系数一般为：永久荷载当对结构不利时，不应小于 1.3；当对结构有利时，不应大于 1.0。此时荷载效应组合相应地有所改变，可变荷载效应除分项系数 1.5 外还乘以组合值系数 ψ_c（屋面活荷载和雪荷载均为 0.7，积灰荷载 0.9～1.0）。

2.2.2　刚架内力计算

为了简化计算，通常引用当量惯性矩将格构式柱和屋架换算为实腹式构件进行内力分析。当量惯性矩的一般表达式为：

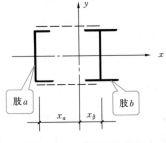

图 2-23　双肢格构式柱

$$I_{yc} = \mu(A_\alpha x_\alpha^2 + A_\beta x_\beta^2) \qquad (2-1)$$

其中，A_α 和 A_β 分别为格构式柱两肢（或屋架上下两弦）的截面积，x_α 和 x_β 分别是格构式柱两肢（或屋架上下两弦）的截面形心到格构式柱截面中性轴的距离，见图 2-23。其中 μ 是反映剪力影响和几何形状的修正系数，平行弦情形，可取 μ 为 0.9；上弦坡度为 1/10 时取 μ 为 0.8；上弦坡度为 1/8 时取 μ 为 0.7。对于屋架，其当量惯性矩可直接表达为：

$$I = \mu I_0 = \mu \frac{A_\alpha A_\beta}{A_\alpha + A_\beta} h^2 \qquad (2-2)$$

其中，h 是跨度中央上下两弦截面形心之间的距离。当屋架的几何尺寸未定时，亦可依下式估算其当量惯性矩：

$$I = \mu I_0 = \mu \frac{M_{\max} h}{2f} \qquad (2-3)$$

其中最大弯矩 $M_{\max}$ 可以简支屋架在屋面荷载作用下的跨中弯矩代入，f 是弦杆的抗拉强度设计值。

考虑到小位移线性结构的叠加原理，内力分析一般只需针对几种基本类型进行。例如，对于单跨刚架，只需分别分析：（1）永久荷载；（2）屋面活荷载；（3）左（或右）风荷载；（4）吊车左（或右）刹车力；（5）吊车小车靠近左（或右）时的重力。这些分析均以荷载标准值进行，以便组合。

计算机软硬件的普及，使得在绝大多数情况下，平面刚（框）架的内力分析都用计算机进行。计算机内力分析应该是结构设计的首选手段。但是在方案论证或条件不具备时，一些适于手算的简化计算方法仍有意义。这些方法在结构力学教科书中都可找到。

2.2.3　内力组合原则

按照《建筑结构荷载规范》GB 50009 的规定，结构设计应根据使用过程中在结构上可能同时出现的荷载，按承载能力极限状态和正常使用极限状态，依照组合规则进行荷载效应的组合，并取最不利组合进行设计。在钢结构设计中，按承载能力极限状态计算时一般考虑荷载效应的基本组合（包括由可变荷载效应控制的组合和由永久荷载效应控制的组合），必要时考虑荷载效应的偶然组合。

在做方案设计或手工计算的情形，对于一般的刚（框）架，按承载能力极限状态设计时，构件和连接的基本组合由可变荷载控制时，可取下列简化公式中的最不利值确定：

$$S_d = \gamma_G S_{Gk} + \gamma_{Q1} S_{Q1k} \tag{2-4}$$

$$S_d = \gamma_G S_{Gk} + 0.9 \sum_{i=1}^{n} \gamma_{Qi} S_{Qik} \tag{2-5}$$

式中　S_{Q1k}、γ_{Q1}——起控制作用的可变荷载效应标准值及其分项系数；

　　　S_{Qik}、γ_{Qi}——参与组合的第 i 个可变荷载效应标准值及其分项系数。

荷载效应组合的目的最终是为了找到最不利组合情形对构件和连接进行校核，以确定设计是否安全。因此，在实际设计过程中，通常采取的方法是：就构件校核条件中出现的内力，寻求它们分别取可能的最大值时的组合进行校核。譬如，对于一般的压弯构件最多（因为在一些特定的情形下，其中某些组合显然不起控制作用）只需作如下四种内力组合：

$$\text{I}:(M_{max}^+, N), \text{II}:(M_{max}^-, N), \text{III}:(N_{max}^+, M), \text{IV}:(N_{max}^-, M)$$

其中　N_{max}^+，N_{max}^-——最大正负轴力。

以上四种组合自然还应包括和 M 对应的剪力 V，这里略去了。此外，对后两项组合有时还需分别考察正弯矩和负弯矩。

内力的正负向，可依设计者的习惯而定。内力组合计算的实际操作，一般是在类似表2-6的表格中进行。

内　力　组　合　表　　　　　　　　　　　　　　　　　表 2-6

构件与截面编号				恒载	活载	风　载		吊车刹车		…
						左吹	右吹	左刹	右刹	
左柱	截面A	标准值	M	128.8	143.5	−94.5	1.61	−28.2	28.2	…
			N	36.4	40.5	−17.3	−8.98	−2.09	2.09	…
		组合 I (M_{max}^+)	选项	√	√		√		√	…
			M	1.3×128.8+0.9×1.5×（143.5+1.61+28.2+…）						
			N	1.3×36.4+0.9×1.5×（40.5−8.98+2.09+…）						
		组合 II (M_{max}^-)	选项	√		√		√		…
			M	1.0×128.8+0.9×1.5×（−94.5−28.2+…）						
			N	1.0×36.4+0.9×1.5×（−17.3−2.09+…）						
		组合 III (N_{max}^+)	选项	√	√			√		…
			M	1.3×128.8+0.9×1.5×（143.5+28.2+…）						
			N	1.3×36.4+0.9×1.5×（40.5+2.09+…）						
		组合 IV (N_{max}^-)	选项	√		√		√		…
			M	1.0×128.8+0.9×1.5×（−94.5−28.2+…）						
			N	1.0×36.4+0.9×1.5×（−17.3−2.09+…）						
……	……			……						

注：永久荷载对结构有利时，取用1.3；不利时，取用1.0。

2.3 钢屋架设计

2.3.1 桁架的内力计算和组合

屋架杆件的内力，按节点荷载作用下的铰接平面桁架，用图解法或解析法进行分析。为便于计算及组合内力，一般先求出单位节点荷载作用下的内力（称作内力系数），然后根据不同的荷载及组合，列表进行计算。

屋架节点多数为焊接连接（少数也有用高强度螺栓连接的），且交汇的杆件大多通过节点板相连。因此，节点有一定刚性，节点刚性在杆件中引起的次应力一般较小，不予考虑。

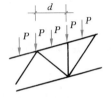

图 2-24　节间荷载

但荷载很大的重型桁架杆件比较粗短者需要计入次应力的影响。GB 50017 标准有些规定可资参考。

屋架中部某些斜杆，在全跨荷载时受拉而在半跨荷载时可能变成受压，这是应该注意的。半跨荷载是指活荷载、雪荷载或某些厂房受到的积灰荷载作用在屋盖半边的情况，以及施工过程中由一侧开始安装大型屋面板所产生的情况等。所以内力计算时除应该按满跨荷载计算外，还要按半跨荷载进行计算，以便找出各个杆件可能的最不利内力。

有节间荷载（图 2-24）作用的屋架，可先把节间荷载分配在相邻的节点上，按只有节点荷载作用的屋架计算各杆内力。直接承受节间荷载的弦杆则要用这样算得的轴线内力，与节间荷载产生的局部弯矩相组合，然后按压弯构件设计。这一局部弯矩，理论上应按弹性支座上的连续梁计算，算起来比较复杂。考虑到屋架杆件的轴力是主要的，为了简化，实际设计中一般取中间节间正弯矩及节点负弯矩为 $M = 0.6M_0$，但二者不同时出现：其中一个为 $0.6M_0$ 时另一个为 $0.4M_0$。端节间正弯矩为 $M' = 0.8M_0$，其中 M_0 为将上弦节间视为简支梁所得跨中弯矩，当作用集中荷载时其值为 $Pd/4$。d 为节间长度的水平投影。

屋架内力组合的一个特点是：当恒载较大时，需要通过计算比较来确定是永久荷载效应还是可变荷载效应起控制作用。

【例题 2-1】梯形屋架，跨度为 18m，其平面布置如图 2-25 所示，檩条的水平投影间距为 1.125m，在求屋架内力时先将屋面全部荷载化为节点荷载。已知数据如后，按恒载、活载、雪载及风载分别计

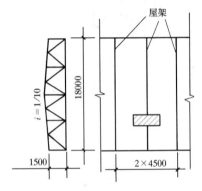

图 2-25　例题 2-1 附图

算节点集中荷载值（kN），并画出其作用方向。

已知：

彩色钢板屋面	0.15kN/m^2
保温层及灯具	0.15kN/m^2
每根檩条（长 4.5m）重	0.43kN
活荷载（水平投影面）	0.50kN/m^2
雪荷载（水平投影面）	0.30kN/m^2
风荷载　基本风压	0.35kN/m^2

屋架及支撑自重（水平投影面）

$$q = 0.12 + 0.011L (\text{kN/m}^2)$$

【解】水平投影面 1m×1m 时，其相应屋面斜面面积为 $1\text{m} \times 1\text{m}/\cos\alpha$，$\alpha$ 为屋面及水平面夹角。由已知数值算得本题 $\alpha = 5.71°$，$\cos\alpha = 0.995$。

计算竖向节点荷载时，比较方便的是按水平投影面计算。这样，节点荷载即为图 2-25 中阴影面积（4500mm×2250mm）内的荷载。

恒载计算：

彩色钢板屋面	$0.15/\cos 5.71° = 0.151 \text{kN/m}^2$（水平）
保温层及灯具	$0.15/\cos 5.71° = 0.151 \text{kN/m}^2$（水平）
檩条	$0.43/(1.125 \times 4.5) = 0.085 \text{kN/m}^2$（水平）
屋架及支撑	$0.12 + 0.011 \times 18 = 0.318 \text{kN/m}^2$（水平）

恒载标准值合计为 0.705kN/m^2，大于活荷载，更大于雪荷载。

恒载设计值按分项系数 1.3 则为 $q_1 = 0.705 \times 1.3 = 0.917 \text{kN/m}^2$。节点荷载 $P_1 = 4.5 \times 2.25 q_1 = 4.5 \times 2.25 \times 0.917 = 9.285 \text{kN}$

活载计算：分项系数 1.5

活载　　　　　　　　$q_2 = 0.50 \times 1.5 = 0.75 \text{kN/m}^2$

$$P_2 = 4.5 \times 2.25 q_2 = 4.5 \times 2.25 \times 0.75 = 7.594 \text{kN}$$

雪载　　　　$P_3 = 0.30 P_2/0.50 = 0.30 \times 15.188 = 4.556 \text{kN}$

风载　迎风坡面体形系数按表 2-5 为 -0.6，背风坡面则为 -0.5，故得

$$P_4 = -0.6 \times 0.35 \times 1.5 \times 4.5 \times 2.25/0.995 = -3.206 \text{kN}（迎风面）$$

$$P_5 = -0.5 \times 0.35 \times 1.5 \times 4.5 \times 2.25/0.995 = -2.671 \text{kN}（背风面）$$

当屋面夹角比较小时风载为吸力（吸力用负号表示）。吸力起卸载作用，一般不考虑。但当恒载很小吸力较大时应考虑拉杆内力的变号。

节点荷载的作用方向，如图 2-26 所示。

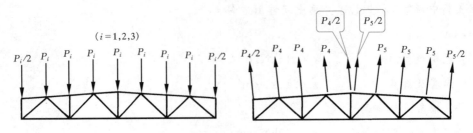

图 2-26 例题 2-1 解

【例题 2-2】求上题中屋架各杆的最不利内力。

【解】屋架的杆件，应根据使用过程中可能同时作用的荷载进行最不利内力的组合。

为了便于组合内力，通常先求出所谓的内力系数，然后用内力系数乘某种荷载下的节点荷载，即得该荷载下各杆的内力。

按上题所述，此题不考虑风载。荷载规范规定一般屋面活荷载与雪荷载不同时考虑，而采用其中较大者，上题中活荷载为 $0.50 \mathrm{kN/m^2}$，大于雪荷载，故只需考虑恒载和活荷载的组合。这种组合分全跨活荷载和半跨活荷载两种情形，求这两种情形的内力系数的单位荷载见图 2-27，相应的内力系数及内力组合结果见表 2-7，其中，"恒＋全"一栏所列数值表示将恒载与全跨活荷载依式（2-4）的组合值，而"恒＋半"一栏所列数值表示将恒载与半跨活荷载依式（2-4）的组合值。

由组合表看到，梯形屋架上下弦杆都是靠近跨中节间内力最大，腹杆则是端斜杆内力较大。半跨活荷载的组合只对 Dc 杆不利。当然，在选定杆件截面时，Fc 杆应和 Dc

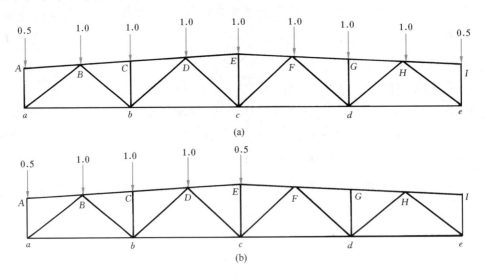

图 2-27 内力系数

(a) 计算内力系数的全跨荷载；(b) 计算内力系数的半跨荷载

杆相同。杆件的截面除决定于内力的大小之外，还取决定于杆件在平面内外的计算长度。需要注意的是上弦每个节间中央有一根檩条的集中荷载，上弦应按压弯构件计算。

例题 2-2 屋架内力组合表　　　　　　　　　　　　表 2-7

杆件		内力系数		单项荷载内力			内力组合		不利组合
		全跨	半跨	恒载	活载 全跨	活载 半跨	恒+全	恒+半	
上弦杆	AB	0.0	0.0	0.0	0.0	0.0	0.0	0.0	0.0
	HI	0.0	0.0	0.0	0.0	0.0	0.0	0.0	0.0
	BC	−6.958	−4.638	−64.61	−52.84	−35.22	−117.44	−99.83	−117.44
	GH	−6.958	−2.319	−64.61	−52.84	−17.61	−117.44	−82.22	−117.44
	CD	−6.958	−4.638	−64.61	−52.84	−35.22	−117.44	−99.83	−117.44
	FG	−6.958	−2.319	−64.61	−52.84	−17.61	−117.44	−82.22	−117.44
	DE	−7.537	−3.769	−69.98	−57.24	−28.62	−127.22	−98.60	−127.22
	EF	−7.537	−3.769	−69.98	−57.24	−28.62	−127.22	−98.60	−127.22
下弦杆	ab	4.565	3.261	42.39	34.67	24.76	77.05	67.15	77.05
	de	4.565	1.304	42.39	34.67	9.90	77.05	52.29	77.05
	bc	7.759	4.655	72.04	58.92	35.35	130.96	107.39	130.96
	cd	7.759	3.103	72.04	58.92	23.56	130.96	95.61	130.96
腹杆	Aa	−0.5	−0.5	−4.64	−3.80	−3.80	−8.44	−8.44	−8.44
	Ie	−0.5	0.0	−4.64	−3.80	0.0	−8.44	−4.64	−8.44
	Ba	−5.753	−4.109	−53.42	−43.69	−31.20	−97.10	−84.62	−97.10
	He	−5.753	−1.644	−53.42	−43.69	−12.48	−97.10	−65.90	−97.10
	Bb	2.971	1.707	27.59	22.56	12.96	50.15	40.55	50.15
	Hd	2.971	1.264	27.59	22.56	9.60	50.15	37.18	50.15
	Cb	−1.0	−1.0	−9.29	−7.59	−7.59	−16.88	−16.88	−16.88
	Gd	−1.0	0.0	−9.29	−7.59	0.0	−16.88	−9.29	−16.88
	Db	−1.162	−0.055	−10.79	−8.82	−0.42	−19.61	−11.21	−19.61
	Fd	−1.162	−1.107	−10.79	−8.82	−8.41	−19.61	−19.20	−19.61
	Dc	−0.36	−1.259	−3.34	−2.73	−9.56	−6.08	−12.90	−12.90
	Fc	−0.36	0.899	−3.34	−2.73	6.83	−6.08	3.48	−6.08
	Ec	0.5	0.25	4.64	3.80	1.90	8.44	6.54	8.44

2.3.2　桁架杆件的计算长度

桁架中无论压杆或拉杆都需要找出其计算长度，因为有了计算长度才能进行压杆的稳定性验算。桁架中压杆的计算长度见本书上册第 5 章第 1 节，拉杆的计算长度取其节点之间的几何长度。

桁架及支撑的杆件都应满足刚度要求，按照本书上册第 6 章第 1 节其标志是用几何长度确定的长细比的大小要符合 GB 50017 标准规定的容许值。因受力条件和杆件的重要程度不同，GB 50017 标准规定了不同的容许值。桁架中的受压杆件的容许长细比为 150，支撑的受压杆件为 200。直接承受动力荷载的桁架中的拉杆为 250，只承受静力荷载作用的桁架的拉杆，按 GB 50017 标准可仅计算在竖向平面内的长细比，容许值为 350，支撑的受拉杆为 400。然而，桁架的受拉弦杆还负有对受压腹杆下端提供平面外支点的作用，为此在水平面内的长细比也需要加以限制，一般不超过 250；跨度不小于 60m 的桁架，其压杆的长细比则不宜大于 120。

2.3.3　杆件的截面形式

桁架杆件截面的形式，应该保证杆件具有较大的承载能力、较大的抗弯刚度，同时应该便于相互连接且用料经济。这就要求杆件的截面比较扩展，壁厚较薄，同时外表平整。根据这一要求，多年来主要采用双角钢来做屋架以及跨度相近的桁架如皮带运输机桥等的杆件。压杆应该对于截面的两个主轴具有相等或接近的稳定性，即 $\lambda_x = \lambda_y$，以充分发挥材料的作用。拉杆则常用等边角钢来做，因为等边角钢一般比不等边角钢容易获得。受拉弦杆角钢的伸出肢宜宽一些，以便具有较好的出平面刚度。需要注意的是，双角钢属于单轴对称截面，绕对称轴 y 屈曲时伴随有扭转，λ_y 应取考虑扭转效应的换算长细比 λ_{yz}。

受压弦杆，在一般支撑布置的情况下，常为 $l_{0y} = 2l_{0x}$，为获得近于等稳的条件，经常采用两等肢角钢或两短肢相并的不等肢角钢组成的 T 形断面（图 2-28a 或 b）。二者之中以用钢

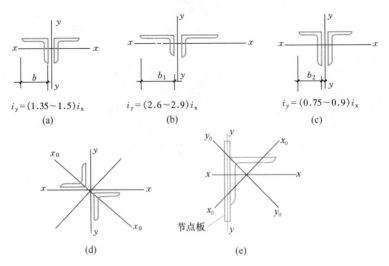

图 2-28　角钢杆件截面形式

（a）等肢角钢相并 T 形截面；（b）两短肢相并不等肢角钢 T 形截面；（c）两长肢相并不等肢角钢 T 形截面；（d）十字形截面；（e）单角钢截面及节点板位置关系

量较小的为好。鉴于 $\lambda_{yz} > \lambda_y$，后一截面比较容易做到等稳定。当有节间荷载时，为增强弦杆在屋架平面内的抗弯能力，可采用两长肢相并的不等肢角钢组成的 T 形截面（图 2-28c）；但弦杆处于屋架的边缘，为增加出平面的刚度以利运输及安装，也可以考虑采用两等肢角钢。受拉弦杆，往往 l_{0y} 比 l_{0x} 大得多，此时可采用两短肢相并的不等肢角钢组成的或者等肢角钢组成的 T 形截面（图 2-28b 或 a）。

梯形屋架支座处的斜杆（主节点在下时受压，主节点在上时受拉）及竖杆，由于 $l_{0y} = l_{0x}$，故可采用图 2-28(a) 或 (c) 的形式。考虑到扭转影响，前者更容易做到等稳定。屋架中其他腹杆，因 $l_{0x} = 0.8l$，$l_{0y} = l$，即 $l_{0y} = 1.25l_{0x}$，所以一般采用图 2-28(a) 两等肢角钢的形式。连接垂直支撑的竖杆，常采用两个等肢角钢组成的十字形截面（图 2-28d），因为垂直支撑如需传力时则竖杆不致产生偏心，并且吊装时屋架两端可以任意调动位置而竖杆伸出肢位置不变。受力小的腹杆，也可采用单角钢截面，如图 2-28(e) 所示，因连接有偏心，看作轴压杆件计算时需要把长细比适当放大（参见单角钢缀条的计算）。随着厂房结构的发展，屋架杆件已有用 T 型钢取代双角钢的趋势，特别是屋架的弦杆。在实际工程中常采用将 H 型钢沿腹板纵向切开的方法做成剖分 T 型钢，由轧钢厂直接提供。与 H 型钢相应，剖分 T 型钢也分为窄翼缘、中翼缘和宽翼缘三种类型（图 2-29a、b 及 c）。由于 T 型钢是 H 型钢之半，故其截面尺寸都与相应 H 型钢相同。T 型钢的优点在于翼缘的宽度大，并且腹板的厚度较薄。腹板薄则截面的经济性好。在屋架中，弦杆多半采用宽翼缘 T 型钢，腹杆则可用中翼缘 T 型钢、单角钢或双角钢。当腹杆采用 T 型钢或单角钢时，由于不存在双角钢相并的间隙，所以耐腐蚀作用好，从这一角度看不次于圆管、方管等封闭式截面杆件的结构。但是单面连接的单角钢的承载力设计值降低较多，因而，现在还常用双角钢做腹杆。用角钢做腹杆时，节点构造方便。

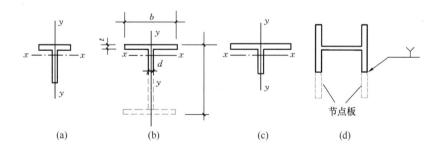

图 2-29　T 型钢和 H 型钢杆件截面形式

(a) 窄翼缘 T 型钢；(b) 中翼缘 T 型钢；(c) 宽翼缘 T 型钢；

(d) 重型桁架 H 型钢与节点板连接

T 型钢弦杆双角钢腹杆的屋架比传统的全角钢屋架约节省钢材 $12\% \sim 15\%$。这主要是由于减小了节点板尺寸，上弦用料比角钢经济，以及省去填板等原因。这种屋架在国外已广泛采用，我国在宝钢工程中也已采用。不过目前生产的 T 型钢规格较少，在一定程度上制约其应用。

当屋架跨度较大（如 $L>24m$）并且弦杆内力相差较大时，弦杆可改变一次截面，以便节省钢材。但以改变一次为度，如果改变两次则制造工作量加大，反而不经济。改变弦杆截面时，可保持角钢厚度不变而改变肢宽，以方便连接。T 型钢弦杆则可改变腹板高度。

除上述截面外，圆管在网架结构中用得较多，矩形管因节点连接方便近年来在桁架中用得渐多。跨度和荷载较大的重型桁架，则多用 H 型截面（图 2-29d），包括轧制 H 型钢和焊接者。用这种截面时，节点连接需要两块节点板，称为双壁式桁架。双壁式桁架的杆件还可用由双槽钢组成的格构式杆件，类似轴线受压的格构柱。

2.3.4 一般构造要求与截面选择

2.3.4.1 屋架构造的一般要求

在一榀屋架中，所用角钢的规格不应超过 5～6 种。普通钢屋架中所用的角钢，最小规格应是 L45×4 或 L56×36×4。跨度不超过 18m 的小角钢屋架则不受此限。

双角钢截面杆件在节点处以节点板相连，T 型钢截面杆件是否需要用节点板相连应根据具体情况决定。节点板受力复杂，对一般跨度的屋架可以不作计算，而由经验确定厚度。梯形屋架和平行弦屋架的节点板把腹杆的内力传给弦杆，节点板的厚度即由腹杆最大内力（一般在支座处）来决定。三角形屋架支座处的节点板要传递端节间弦杆的内力，因此，节点板的厚度应由上弦杆内力来决定。此外，节点板的厚度还受到焊缝的焊脚尺寸 h_f 和 T 型钢腹板厚度等因素的影响。一般屋架支座节点板受力大，该处节点板厚度可参照表 2-8 取用。中间节点板受力小，板厚可比支座处节点板的厚度减小 2mm。在一榀屋架中，除支座处节点板厚度可以大 2mm 外，全屋架节点板取相同厚度。20 世纪 70 年代后期国外有的研究证明，提高节点板的屈服强度并不提高腹杆的承载能力，而在试验研究中将节点板厚度由 10mm 加厚到 20mm 时却提高腹杆屈曲荷载近 40%。由此可见，屋架节点板的厚度稍大些是有利的。

屋架节点板厚度参考表（Q235 钢） 表 2-8

梯形屋架、平行弦屋架腹杆最大内力三角形屋架端节间弦杆内力（kN）	≤200	201～320	321～520	521～780	781～1170
支座节点板厚度（mm）	8	10	12	14	16

由双角钢组成的 T 形或十字形截面的杆件，为了保证两个角钢共同工作，两角钢间需有足够的连系。做法是每隔一定距离在两角钢间加设填板（图 2-30），填板尺寸由构造决定。在十字形双角钢杆件中填板应横竖交错放置。填板应比角钢肢宽伸出（十字形截面则缩进）10～15mm 以便焊接。填板间距，对压杆取 $l_z \leqslant 40i$，拉杆取 $l_z \leqslant 80i$，式中 i 为一个角钢的回转半径，回转半径所对应的形心轴在 T 形双角钢（图 2-30a）中为平行轴 a-a，在十字形双

角钢（图 2-30b）中为最小轴 $b\text{-}b$。在压杆的两个侧向固定点之间的填板不宜少于两个，且每节间不应少于两个（无法放置时至少放一个）；拉杆同此处理。

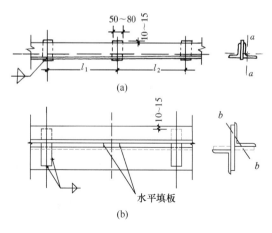

图 2-30　屋架杆件的填板

（a）T 形截面；（b）十字形截面

2.3.4.2 桁架杆件截面选择

桁架中的杆件，按前述原则先确定截面型式，然后根据轴线受拉、轴线受压和压弯的不同受力情况，按轴线受力构件或压弯构件计算确定。为了不使型钢规格过多，在选出截面后可作一次调整。

拉杆应进行强度验算和刚度验算。强度验算中在有螺栓孔削弱时，应该用净截面，如果螺栓孔位置处于节点板内且离节点板边缘有一定距离，例如大于或等于 100mm 时，可考虑不计截面削弱，因为焊缝已传走一部分内力，截面有减弱处内力也已减小。刚度验算应使杆在两个方向的长细比中的较大者 λ_{max} 小于容许长细比。GB 50017 标准对于承受静力荷载的桁架拉杆只限制在竖向平面内的长细比，但从运输、安装和对腹杆提供支持的角度考虑，受拉下弦出平面的刚度还是大些为好（参见 2.3.2 节）。

压杆应进行稳定性和刚度的计算，压弯杆（当上弦有节间荷载时）应进行平面内外的稳定性和刚度的验算。双角钢压杆绕对称轴失稳时呈弯扭屈曲，它们的换算长细比除可按本书上册的理论公式（4-29）计算外，还可以用下列简化公式计算。轴对称放置的单角钢压杆（图 2-28f），当两个方向计算长度相同时，承载力由绕弱轴弯曲屈曲控制，可不计算绕强轴的弯扭屈曲。

（1）等边双角钢截面（图 2-28a）

当 $\lambda_y \geqslant \lambda_z$ 时，

$$\lambda_{yz} = \lambda_y \left[1 + 0.16 \left(\frac{\lambda_z}{\lambda_y} \right)^2 \right] \tag{2-6a}$$

当 $\lambda_y < \lambda_z$ 时，

$$\lambda_{yz} = \lambda_z \left[1 + 0.16 \left(\frac{\lambda_y}{\lambda_z} \right)^2 \right] \tag{2-6b}$$

（2）长肢相并的不等边双角钢截面（图 2-28c）

当 $\lambda_y \geqslant \lambda_z$ 时，

$$\lambda_{yz} = \lambda_y \left[1 + 0.25 \left(\frac{\lambda_z}{\lambda_y} \right)^2 \right] \tag{2-7a}$$

当 $\lambda_y < \lambda_z$ 时，

$$\lambda_{yz} = \lambda_z \left[1 + 0.25 \left(\frac{\lambda_y}{\lambda_z} \right)^2 \right] \tag{2-7b}$$

（3）短肢相并的不等边双角钢截面（图 2-28b）

当 $\lambda_y \geqslant \lambda_z$ 时，

$$\lambda_{yz} = \lambda_y \left[1 + 0.06 \left(\frac{\lambda_z}{\lambda_y} \right)^2 \right] \tag{2-8a}$$

当 $\lambda_y < \lambda_z$ 时，

$$\lambda_{yz} = \lambda_z \left[1 + 0.06 \left(\frac{\lambda_y}{\lambda_z} \right)^2 \right] \tag{2-8b}$$

在式（2-6）~式（2-8）中，λ_z 是构件的扭转屈曲换算长细比，按下式计算：

$$\lambda_z = \zeta b_f / t \tag{2-9}$$

式中 t 为角钢厚度。b_f 指垂直于对称轴的角钢肢的宽度，亦即，相应于图 2-28(a)~图 2-28 (c)，b_f 分别取 b、b_2（短肢宽）和 b_1（长肢宽），系数 ζ 则相应分别取 3.9、5.1 和 3.7。式 （2-6）~式（2-8）都由两个式子组成，其中前一个式子为 λ_y 乘以放大系数，表明弯曲是屈曲变形的主导模式。后一个式子则为 λ_z 乘以放大系数，表明扭转成为屈曲变形的主导模式，此时 λ_{yz} 和 λ_y 相比，增大得较多。这种情况发生在 λ_y 较小的杆件。

在确定双角钢截面时，如果 $\lambda_x > \lambda_{yz}$，即在桁架平面内弯曲屈曲时选用薄而宽的角钢比较经济。但是，如果 $\lambda_x < \lambda_{yz}$，则所选角钢很可能不是最佳选择，说明未必最经济。

压弯杆的容许长细比近似采用轴线压杆的数值。这两种杆件，必要时还应进行强度验算。

初选压杆截面的尺寸时，如无合适资料与经验，亦可先假设 $\lambda = 40 \sim 100$（对于弦杆）或 $\lambda = 80 \sim 120$（对于腹杆），最后以验算合适的截面为准。

内力很小的腹杆，以及支撑中受力不大的杆件，常由刚度条件即由容许长细比最后确定截面。当雪荷载或活荷载作用在半跨上时，梯形屋架跨中的一些受拉腹杆可能变成压杆，这些杆件应按压杆来考虑刚度要求。双角钢压杆由容许长细比控制截面时，平面外计算以 λ_y 为准。

屋架杆件截面选出后，应照表 2-9 的形式列表，以便检查和统一规划杆件类型数量。

屋架杆件截面选择表　　　　　　　　表 2-9

杆件		计算内力(N)	几何长度(mm) l	计算长度		截面规格	截面面积(cm²)	回转半径		长细比		容许长细比	稳定系数	验算强度或稳定性 N/A_n 或 $N/(\varphi A)$	验算刚度 l/i_x 或 l/i_y
名称	编号			l_{0x}	l_{0y}			i_x	i_y	λ_x	$\lambda_y (\lambda_{yz})$	$[\lambda]$	φ_{min}		
上弦杆															

续表

杆件		计算内力(N)	几何长度(mm) l	计算长度		截面规格	截面面积(cm²)	回转半径		长细比			容许长细比	稳定系数	验算强度或稳定性 N/A_n 或 $N/(\varphi A)$	验算刚度 l/i_x 或 l/i_y
名称	编号			l_{0x}	l_{0y}			i_x	i_y	λ_x	λ_y (λ_{yz})		$[\lambda]$	φ_{min}		
下弦杆																
腹杆																

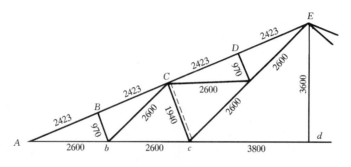

图 2-31 几何长度

【例题 2-3】 在某三角形屋架中,下弦 Ab 杆 $N_{Ab}=136.07\text{kN}$,竖杆 Ed 为零杆,且在腹杆 Cc 处有垂直支撑,下弦 A 及 c 点有水平系杆(图 2-31)。连接支撑的螺栓孔设在节点板上,节点板预先焊于杆件上,所以各杆截面无削弱。因运输条件限制,需拆成两个小桁架运输。厂房内无吊车,材料为 Q235。试选择下弦杆及 Ed 杆的截面。

【解】 下弦 Ab 杆需要的截面积为

$$A=N_{Ab}/f=136.07\times10^3/(215\times10^2)=6.33\text{cm}^2$$

选用 2L45×4 角钢(图 2-32a),查得 $A=2\times3.49=6.98\text{cm}^2$,$i_x=1.38\text{cm}$ 和 $i_y=2.08\text{cm}$。验算强度和刚度如下。

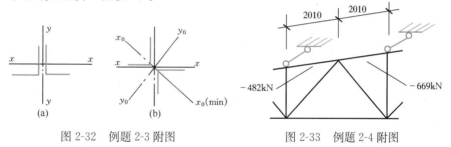

图 2-32 例题 2-3 附图

图 2-33 例题 2-4 附图

$$\sigma = \frac{N_{Ab}}{A_n} = \frac{136.07 \times 10^3}{6.98 \times 10^2} = 194.9 \text{N/mm}^2 < f = 215 \text{N/mm}^2$$

受拉杆件的容许长细比为 350。

$$(l_x)_{Ab}/i_x = 260/1.38 = 188 < 350$$

因运输条件关系，c 点处需将下弦断开。如截面较大时可在截断处改变一次截面。现在截面很小，bc 杆和 cd 杆取与 Ab 杆相同的截面，由于 cd 杆较长，还应验算刚度，刚度验算采用几何长度验算。

$$(l_x)_{cd}/i_x = 380/1.38 = 275 < 350$$

因为屋架只受静荷载作用，按 GB 50017 标准规定，可不验算拉杆在屋架平面外的刚度。从对腹杆提供支点考虑，cdc'（点 c 关于 dE 线对称的点称 c' 点）段内无受压腹杆，下弦的平面外长细比不需限制。Abc 段平面外长细比等于 520/2.08＝250，满足要求。

竖杆 Ed 为零杆，截面只根据刚度条件选择，采用等肢双角钢十字形截面。桁架的竖杆按压杆考虑，容许长细比为 200，则十字形截面所需回转半径为：

$$i_{min} = l/\lambda = 360/200 = 1.80 \text{cm}$$

由角钢表查得 L50×4，i_{min}＝1.94cm，所以杆 Ed 采用 2L50×4 角钢（图2-32b）。

【例题 2-4】在全部节点设计荷载 $P＝58.8$kN 作用下，梯形屋架上弦杆内力及侧向支承点位置如图 2-33 所示，上弦截面无削弱，材料为 Q235 钢，节点板厚为 10mm。试选择双角钢上弦截面。

【解】平面内计算长度为 $l_{0x}＝201$cm，平面外计算长度（参见上册第 5.1.2 节）：

$$l_{0y} = l_1\left(0.75 + 0.25\frac{N_2}{N_1}\right) = 402\left(0.75 + 0.25 \times \frac{482}{669}\right) = 373.9 \text{cm}$$

$$l_{0y}/l_{0x} = 373.9/201 = 1.86$$

若获得等稳定条件 $\lambda_x = \lambda_{yz}$，则应该有 $i_y/i_x > 1.86$，选用两不等肢角钢短肢相并比较适当。

假定没有相似资料参照，故先设 λ 以帮助选择截面。设 $\lambda＝70$，双角钢截面属于轴心压杆的 b 类，由本书上册附表 17 查得 $\varphi＝0.751$。取强度设计值 $f＝215$N/mm²，根据所设 λ，截面应该有

$$A = N_1/\varphi f = 669 \times 10^3/0.751 \times 215 \times 10^2 = 41.43 \text{cm}^2$$

$$i_x = l_{0x}/\lambda = 201/70 = 2.87\text{cm}, i_y \text{ 应大于 } l_{0y}/\lambda = 373.9/70 = 5.34\text{cm}$$

根据假设的 A、i_x 及 i_y 并注意到节点板厚 $\delta＝10$mm，由型钢表选得 2L140×90×10 并由短肢相并构成压杆（图 2-34），查得 $A＝2 \times 22.3＝44.6$cm²，$i_x＝2.56$cm，$i_y＝6.77$cm，用实际截面验算。先计算杆件长细比：

$$\lambda_y = l_{0y}/i_y = 373.9/6.77 = 55.2, \lambda_x = l_{0x}/i_x = 201/2.56 = 78.5, \lambda_z = 3.7 \times \frac{140}{10}$$

$$= 51.8, \lambda_{yz} = 55.2\left[1 + 0.06\left(\frac{51.8}{55.2}\right)^2\right] = 58.1。刚度校核需要用几何长度确定长细比$$

$l_y/i_y = 402/6.77 = 59.38, l_x/i_x = 201/2.56 = 78.5$ 均小于容许长细比150。

对此短肢相并的不等边双角钢截面，由 $\max(\lambda_x、\lambda_{yz}) = \lambda_x = 78.5$，查得 $\varphi = 0.698$

$$\frac{N_1}{\varphi A f} = \frac{669 \times 10^3}{0.698 \times 44.6 \times 10^2 \times 215} = 0.9995 < 1.0$$

所选截面合适。由稳定验算结果看到，截面无削弱时强度不必验算。同时看到，假设 λ 的中间步骤不一定是必需的。

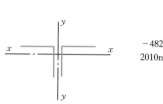

图 2-34　例题 2-4 截面

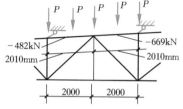

图 2-35　例题 2-5 附图

【例题 2-5】屋架的设计荷载及内力如图 2-35 所示，节点荷载 $P = 29.4\text{kN}$，试选定上弦杆截面。

【解】上弦杆的内力除图示的轴向压力外，在节间处还有 $0.6M_0$ 或 $0.4M_0$ 的正弯矩（节点处对应弯矩为 $-0.4M_0$ 或 $-0.6M_0$，图 2-36a），上弦成为压弯杆。此时计算较复杂，假设 λ 的步骤作用不大，可直接选用截面进行验算。$M_0 = \dfrac{29400 \times 2000}{4} = 1470 \times 10^4 \text{N} \cdot \text{mm}$，$0.6M_0 = 882 \times 10^4 \text{N} \cdot \text{mm}$，而 $0.4M_0 = 588 \times 10^4 \text{N} \cdot \text{mm}$。

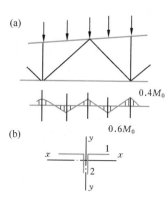

图 2-36　例题 2-5 解

选用等肢角钢 2L160×10，已知 $A = 2 \times 31.5 = 63\text{cm}^2$

受压最大纤维的截面抵抗矩 $W_{1x} = 2 \times 180 = 360\text{cm}^3$，以及 $W_{2x} = 2 \times 66.7 = 133.4\text{cm}^3$，$i_x = 4.98\text{cm}$，$i_y = 6.92\text{cm}$（取 $\delta = 10\text{mm}$）。相应的塑性系数 $\gamma_{x1} = 1.05$，$\gamma_{x2} = 1.2$，$\lambda_x = l_{0x}/i_x = 201/4.98 = 40.36$，查上册附表17得 $\varphi_x = 0.898$

$$N'_{Ex} = \frac{\pi^2 EA}{1.1\lambda_x^2} = \frac{\pi^2 \times 2.06 \times 10^5 \times 63 \times 10^2}{1.1 \times 40.36^2 \times 10^3} = 7148\text{kN}$$

（1）强度验算

只计算端截面弯矩为 $0.6M_0$ 时合并肢肢尖的强度（为什么？）

$$\frac{N}{A}+\frac{M_x}{\gamma_{x2}W_{2x}}=\frac{669\times10^3}{63\times10^2}+\frac{882\times10^4}{1.2\times133.4\times10^3}$$

$$=106.19+55.1=161.29\ \text{N/mm}^2<215\ \text{N/mm}^2$$

强度可以得到保证。

（2）平面内稳定性验算

上弦杆在弯矩作用平面内只需计算节间正弯矩为 $0.6M_0$ 的情形（为什么？）。节间弦杆为两端支承的杆件，作用有端弯矩和横向荷载且为异号曲率的情况，节点处截面取 $0.4M_0$，故有

$$\beta_{mx}M_x=[1-0.36\times669/(1.1\times7148)]\times1470\times10^4-588\times10^4$$

$$=837\times10^4\ \text{N}\cdot\text{mm}$$

因此

$$\frac{N}{\varphi_x Af}+\frac{\beta_{mx}M_x}{\gamma_{x1}W_{1x}(1-0.8N/N'_{Ex})f}$$

$$=\frac{669\times10^3}{0.898\times63\times10^2\times215}$$

$$+\frac{837\times10^4}{1.05\times360\times10^3\times(1-0.8\times669\times10^3/7148\times10^3)\times215}$$

$$=0.55+0.11=0.66<1.0$$

对于这种 T 形截面压弯杆，还应验算截面的另一侧，即

$$\frac{N}{Af}-\frac{\beta_{mx}M_x}{\gamma_{x21}W_{2x}(1-1.25N/N'_{Ex})f}$$

$$=\frac{669\times10^3}{63\times10^2\times215}$$

$$-\frac{837\times10^4}{1.2\times133.4\times10^3\times(1-1.25\times669\times10^3/7148\times10^3)\times215}$$

$$=0.494-0.275=0.219<1.0$$

平面内的稳定性可以得到保证。

（3）平面外稳定性验算

由上题已知平面外的计算长度 $l_{0y}=373.9\text{cm}$，$\lambda_y=l_{0y}/i_y=373.9/6.92=54.03$。依式（2-9）有 $\lambda_z=3.9\times160/10=62.4>54.03$，故由式（2-6b）可计算由其组成的双角钢截面的换算长细比为：

$$\lambda_{yz}=62.4\times[1+0.16\times(54.03/62.4)^2]=69.9$$

由 λ_{yz} 查上册附表 17 得 $\varphi_y = 0.752$。整体稳定系数 φ_b 取简化公式计算：

$$\varphi_b = 1 - 0.0017\lambda_y/\varepsilon_k = 0.908$$

$$\frac{N}{\varphi_y Af} + \frac{\beta_{tx}M_x}{\varphi_b W_{1x}f} = \frac{669 \times 10^3}{0.752 \times 63 \times 10^2 \times 215} + \frac{882 \times 10^4}{0.908 \times 360 \times 10^3 \times 215}$$

$$= 0.657 + 0.125 = 0.782 < 1$$

平面外的稳定性可以得到保证。

（4）刚度验算

长细比用几何长度计算，$\dfrac{l_x}{i_x} = 201/4.98 = 40.36$，$l_y/i_y = 402/6.92 = 58.09$，均小于容许长细比 150，刚度可以得到保证。

所选双角钢 160×10 的承载力富余较多，读者可试取较小规格计算。

例题 2-4 的屋架是将檩距加大使屋架只受节点荷载的情况，那时上弦为轴心受压，上弦截面积为 44.6cm^2。例题 2-5 是该屋架没有加大檩距的情况，即如图 2-31 所示，上弦节间有节间荷载 P，此时上弦为压弯杆，上弦杆截面积为 63cm^2。如果不考虑两种情况下檩条的自重，由计算过程看到，在屋面荷载不变的条件下，有节间荷载时上弦杆用料较多，不如仅有节点荷载的方案经济。当然，实际设计时不仅要看屋架本身用钢的经济性，还要考虑檩条用钢的增减以及整个方案的经济性。

2.3.5　桁架节点设计和施工图

桁架节点设计的原则和具体方法均已在上册第 7 章第 7.13 节论述，这里不再重复。

施工图是在钢结构制造厂进行加工制造的主要依据，必须清楚详尽。书后附录的图选自梯形钢屋架标准图集。现主要根据该图说明施工图的绘制要点。

（1）通常在图纸上部绘一桁架简图作为索引图。对于对称桁架，图中一半注明杆件几何长度（mm），另一半注明杆件内力（N 或 kN）。桁架跨度较大时（梯形屋架 $L \geqslant 24\text{m}$，三角形屋架 $L \geqslant 15\text{m}$）所产生挠度较大，影响使用与外观，制造时应予起拱，以避免在竖向荷载作用下屋架跨中下垂。按杆件在荷载作用下的伸长量或缩短量，预先给各杆以减短或加长则可得下弦的起拱线。但实际制造时，只在下弦有拼接处起拱，拱度一般采用 $f = L/500$（图 2-37）。屋架起拱也可在索引图中画出。

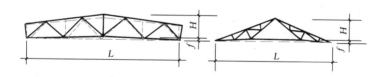

图 2-37　屋架的起拱

（2）施工详图中，主要图面用以绘制屋架的正面图，上、下弦的平面图，必要的侧面图，以及某些安装节点或特殊零件的大样图（限于篇幅，附录图中只画一部分大样图），施工图还应有其材料表。屋架施工图通常采用两种比例尺：杆件轴线一般为 1：20～1：30 以免图幅太大，节点（包括杆件截面，节点板和小零件）一般为 1：10～1：15（重要节点大样比例尺还可大些），可清楚地表达节点的细部制造要求。

（3）在施工图中，要全部注明各零件的型号和尺寸，包括其加工尺寸、零件（杆件和板件）的定位尺寸、孔洞的位置，以及对工厂加工和工地施工的所有要求。定位尺寸主要有：轴线至角钢肢背的距离，节点中心至腹杆等杆件近端的距离，节点中心至节点板上、下和左、右边缘的距离等。螺孔位置要符合型钢线距表和螺栓排列规定距离的要求。对加工及工地施工的其他要求包括零件切斜角，孔洞直径和焊缝尺寸都应注明。拼接焊缝要注意区分工厂焊缝和安装焊缝，以适应运输单元的划分和拼装。

（4）在施工图中，各零件要进行详细编号，零件编号要按主次、上下、左右一定顺序逐一进行。完全相同的零件用同一编号。当组成杆件的两角钢的型号尺寸完全相同，然而因开孔位置或切斜角等原因，而成镜面对称时，亦采用同一编号，但在材料表中注明正反二字以示区别（如附录图中的上弦杆①、下弦杆②、中斜杆⑫等）。此外，连接支撑和不连接支撑的屋架虽有少数地方不同（比如螺孔有不同），但也可画成一张施工图而加以注明。附图是标准图，既可用于和柱铰接，也可用于和柱刚性连接。材料表包括各零件的截面、长度、数量（正、反）和自重。材料表的用途主要是配料和计算用钢指标，其次是为吊装时配备起重运输设备。

（5）施工图中的文字说明应包括不易用图表达以及为了简化图面而易于用文字集中说明的内容，如：钢材标号、焊条型号、焊缝形式和质量等级、图中未注明的焊缝和螺孔尺寸以及油漆、运输和加工要求等，以便将图纸全部要求表达完备。标准图集中有些说明集中做总说明，因而附图的附注不完整。

2.3.6 矩形钢管屋架特点

无论是圆管还是矩形管，其截面材料都分布在远离中性轴的位置，而且是剪心和形心重合的封闭截面，其抗弯和抗扭的力学性能明显优于角钢。由钢管构件组成的桁架可以省去大量节点板、填板等的制作。据称，钢管桁架与传统的角钢桁架相比，节省钢材的幅度在20％以上，对于有些结构（例如输电塔架）节省钢材可高达 50％。除此之外，管截面特有的封闭性使其具有良好的防腐蚀性能。矩形管屋架节点构造比圆管简单，国内应用较多，因此主要介绍矩形管屋架设计特点。

目前，钢管桁架结构主要用在不直接承受动力荷载的场合。为了防止钢管构件的局部屈曲，圆钢管的外径与壁厚之比一般要求不超过 $100\varepsilon_k^2$，矩形管的最大外缘尺寸与壁厚之比不

超过 $40\varepsilon_k$。原则上既可采用热加工管材，亦可采用冷成型管材，但其材料的屈强比不宜超过 0.8，而且壁厚一般不大于 25mm。

钢管屋架的高跨比可在 $1/15\sim1/10$ 范围内选择。应尽量缩减节点的类别与数量（例如选择无竖杆的人字形腹杆体系）以及所用管材规格。在钢管桁架结构中，杆件直接相互焊接在一起形成节点，图 2-38 是常见的矩形管直接焊接节点。在交于同一节点的杆件中，截面尺寸最大者常称为主管（通常为弦杆），其余皆称为支管。不允许将支管插入主管内。主管与支管或两支管之间的夹角不宜小于 $30°$。支管端部宜使用自动切管机械切割，支管壁厚小于 6mm 时可不切坡口。支管与主管的连接焊缝，应沿全周连续焊接并平滑过渡。焊缝形式既可采用全周角焊缝，亦可部分采用角焊缝，部分采用对接焊缝。但是，支管管壁与主管管壁的夹角不小于 $120°$ 的区域宜采用对接焊缝或带坡口的角焊缝。角焊缝的焊脚尺寸 h_f 不宜大于壁厚的 2 倍（支管为圆管）或 1.5 倍（支管为矩形管）。对于有间隙的 K、N 形节点（图 2-38c），支管间隙 a 不应小于两支管壁厚之和。对于搭接的 K、N 形节点（图 2-38d），当两支管的壁厚不同时，薄壁管应搭接在厚壁管之上；而两支管的钢材强度不同时，低强度管应搭接在高强度管之上。搭接率 $\eta_{ov}=q/p$（两支管在主管表面的搭接长度与搭接管在该表面宽度之比，见图 2-39）应控制在如下范围：

$$25\% \leqslant \eta_{ov} \leqslant 100\%$$

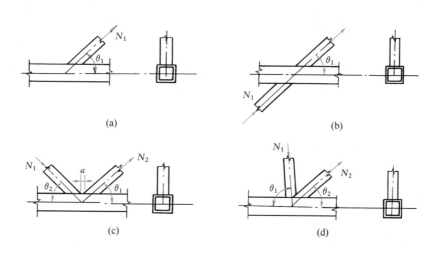

图 2-38　矩形管直接焊接节点

(a) T、Y 形节点；(b) X 形节点；(c)（有间隙）K、N 形节点；(d)（搭接）K、N 形节点

尽管搭接型节点强度高，但宜首选非搭接型节点，因为这种节点加工制作方便。

记第 i 个支管的截面宽度为 b_i，主管的截面宽度为 b，则它们的比值 $\beta=b_i/b$ 是影响节点力学性能的重要参数。对于 K、N 形节点，这个参数定义为：

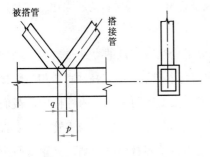

被搭管 **搭接管**

图 2-39 搭接率计算示意

$$\beta = \frac{b_1 + b_2 + h_1 + h_2}{4b} \qquad (2\text{-}10)$$

其中，h_i 是第 i 个支管的截面高度。通常以下标 1 代表受压支管，下标 2 代表受拉支管。当 β 以及矩形管节点的其他几何参数满足表 2-10，同时桁架平面内主管的节间长度与截面高度之比不小于 12、支管的相应之比不小于 24 时，仍然可将节点视作铰接进行内力分析。如果不符合这些要求，须按 GB 50017 标准规定进行节点刚度判断。

矩形管节点几何参数的适用范围表　　　　　　　表 2-10

管截面及节点形式		节点几何参数，$i=1$ 或 2，表示支管；j 表示被搭接的支管					
		b_i/b、h_i/b 或 d_i/b	b_i/t_i、h_i/t_i 或 d_i/t_i		h_i/b_i	b/t h/t	a 或 η_{ov} b_i/b_j、t_i/t_j
			受压	受拉			
支管为矩形管	T、Y、X 形	≥0.25	≤$37\varepsilon_{k,i}$ 且 ≤35	≤35	$0.5 \leqslant h_i/b_i \leqslant 2$	≤35	—
	K 与 N 形间隙节点	≥0.1+0.01b/t β≥0.35					$0.5(1-\beta) \leqslant a/b \leqslant 1.5(1-\beta)$ $a \geqslant t_1 + t_2$
	K 与 N 形搭接节点	≥0.25	≤$33\varepsilon_{k,i}$			≤40	$25\% \leqslant \eta_{ov} \leqslant 100\%$ $t_i/t_j \leqslant 1.0$ $0.75 \leqslant b_i/b_j \leqslant 1.0$
支管为圆管		$0.4 \leqslant d_i/b \leqslant 0.8$	≤$44\varepsilon_{k,i}^2$	≤50			取 $d_i = b_i$ 仍应满足上述相应条件

注：1. 当 $a/b > 1.5(1-\beta)$，则按 T 形或 Y 形节点计算；

　　2. b_i、h_i、t_i 分别为第 i 个矩形支管的截面宽度、高度和壁厚；

　　　　d_i、t_i 分别为第 i 个圆支管的外径和壁厚；

　　　　b、h、t 分别为矩形主管的截面宽度、高度和壁厚；

　　　　a 为支管间的间隙；

　　　　η_{ov} 为搭接率；

　　　　$\varepsilon_{k,i}$ 为第 i 个支管钢材的钢号调整系数；

　　　　β 的参数：对 T、Y、X 形节点，$\beta = \dfrac{b_1}{b}$ 或 $\dfrac{d_1}{b}$，对 K、N 形节点，$\beta = \dfrac{b_1 + b_2 + h_1 + h_2}{4b}$ 或 $\dfrac{d_1 + d_2}{b}$。

为了保证直接焊接钢管结构的安全正常工作，不仅结构中的杆件不允许破坏，节点也同样不允许破坏。因此钢管结构中的主管和支管，作为普通的轴力构件或压（拉）弯构件（存在节间荷载时），不仅要满足这些构件的承载力的要求，同时，支管的轴向内力设计值还不应超过节点承载力设计值。节点的承载力与节点的破坏模式紧密相关，而 β 则是反映破坏模式的重要参数。例如，当 β 值较小时，主管的壁板在支管力作用下可能因屈服而失效

（图 2-40a）。当 $\beta=1$ 时主管的侧壁可能在支管压力作用下局部屈曲（图 2-40b）。当 β 小于 1 而小得不多时，主管壁板有可能出现冲剪破坏（图 2-40c）。此外，由于主管连接面变形使支管垂直于侧壁的壁板受力不均匀，从而制约支管截面充分发挥作用。

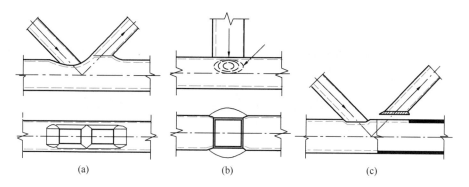

图 2-40　节点破坏模式

（a）主管表面塑性破坏；（b）主管侧壁屈曲破坏；（c）主管表面冲剪破坏

2.3.6.1　矩形支管的 T、Y 和 X 形节点（图 2-38a、b）

支管在节点处的承载力设计值 N_i^{pj} 依参数 β 的取值不同而采用不同性质的计算公式：

（1）当 $\beta\leqslant0.85$ 时，支管宽度比主管小得多，其轴力主要传到主管的连接面，使之因受弯出现多条屈服线而达到承载能力极限状态。此时，

$$N_i^{pj} = 1.8\Big(\frac{h_i}{bc\sin\theta_i}+2\Big)\frac{t^2 f}{c\sin\theta_i}\Psi_n,\quad c=\sqrt{1-\beta} \tag{2-11}$$

同时，主管壁板的宽厚比不应超过表 2-10 的限值。

（2）当 $\beta=1.0$ 时，支管宽度和主管相同，其轴力主要传到主管侧壁，使之在局部拉（压）力作用下失效而达到承载能力极限状态。此时，

$$N_i^{pj} = 2.0\Big(\frac{h_i}{\sin\theta_i}+5t\Big)\frac{t f_k}{\sin\theta_i}\Psi_n \tag{2-12}$$

当支管受压时，f_k 为主管侧壁受压屈曲临界应力，括弧中的量值为侧壁的有效宽度。

对于 X 形节点，当 $\theta_i<90°$ 且 $h\geqslant h_i/\cos\theta_i$ 时，存在主管受剪屈服的可能性，相应的极限承载力为：

$$N_i^{pj} = \frac{2ht f_v}{\sin\theta_i} \tag{2-13}$$

（3）当 $0.85<\beta<1.0$ 时，N_i^{pj} 除不应超过式（2-11）与式（2-12）或式（2-13）之间根据 β 所作线性插值外，还需要考虑支管端部截面的应力分布不均匀，此时 b_i 非全部有效，应以 b_e 代替 b_i，即按下式计算其承载力：

$$N_i^{pj} = 2.0(h_i-2t_i+b_e)t_i f_i \tag{2-14}$$

当 $0.85 \leqslant \beta \leqslant 1-2t/b$ 时，需要考虑主管连接面冲剪破坏，此时支管的承载力由下式计算，支管宽度仍然非全部有效：

$$N_i^{pj} = 2.0\left(\frac{h_i}{\sin\theta_i} + b_{ep}\right)\frac{tf_v}{\sin\theta_i} \tag{2-15}$$

在以上公式中

Ψ_n——反映主管轴力影响的参数，主管受压时，$\Psi_n = 1.0 - 0.25\sigma/(\beta f)$；主管受拉时，$\Psi_n = 1.0$；

σ——节点两侧主管较大轴向压应力（绝对值），当节点有一侧主管受拉时，则取另一侧主管的轴向压应力（绝对值）；

f_k——主管强度，支管受拉时，$f_k = f$；支管受压时，对 T 和 Y 形节点，$f_k = 0.8\varphi f$，对 X 形节点，$f_k = 0.65\sin\theta_i\varphi f$；

φ——按长细比 $\lambda = 1.73(h/t-2)(\sin\theta_i)^{-0.5}$ 确定的轴压构件的稳定系数；

f_v——主管钢材的抗剪强度设计值；

b_e——有效宽度，$b_e = 10f_y t^2 b_i / f_{yi} t_i b \leqslant b_i$；

b_{ep}——有效宽度，$b_{ep} = 10tb_i/b \leqslant b_i$。

2.3.6.2 矩形支管有间隙的 K 形和 N 形节点（图 2-38c）

（1）节点处任一支管的承载力设计值 N_i^{pj} 应取下列各式的较小值，它们分别对应于不同的失效模式：

主管连接面受弯屈服

$$N_i^{pj} = \frac{8}{\sin\theta_1}\beta\left(\frac{b}{2t}\right)^{0.5}t^2 f\Psi_n \tag{2-16}$$

主管受剪屈服

$$N_i^{pj} = \frac{A_v f_v}{\sin\theta_i} \tag{2-17}$$

支管受拉（压）屈服

$$N_i^{pj} = 2.0\left(h_i - 2t_i + \frac{b_i + b_e}{2}\right)t_i f_i \tag{2-18}$$

当 $\beta \leqslant 1-2t/b$ 时，尚应考虑冲剪破坏的可能性

$$N_i^{pj} = 2.0\left(\frac{h_i}{\sin\theta_i} + \frac{b_i + b_{ep}}{2}\right)\frac{tf_v}{\sin\theta_i} \tag{2-19}$$

式中引入的参数 A_v 代表弦杆的受剪面积：$A_v = (2h + \alpha b)t$，参数 α 按下列公式计算

$$\alpha = \sqrt{\frac{3t^2}{3t^2 + 4a^2}} \tag{2-20}$$

（2）节点间隙处的弦杆轴心受力承载力设计值因存在剪力而需要折减

$$N^{pj} = (A - \alpha_v A_v)f \tag{2-21}$$

式中，α_v 是考虑剪力对弦杆轴向承载力的影响系数：

$$\alpha_v = 1 - \left[1 - \left(\frac{V}{V_p}\right)^2\right]^{0.5} \tag{2-22}$$

而

$$V_p = A_v f_v$$

V 是节点间隙处弦杆所受的剪力，可按任一支管的竖向分力计算，这里不作介绍。

对于支管搭接的节点，N_i^{pj} 的计算公式见 GB 50017 标准。

主管与支管间连接焊缝的计算见上册第 7 章 7.13.3 节。

2.4 吊车梁设计

2.4.1 吊车梁的荷载及工作性能

吊车梁承受桥式吊车产生的三个方向荷载作用，即吊车的竖向荷载 P，横向水平荷载 T（刹车力及卡轨力）和纵向水平荷载 T_L（刹车力）（图 2-41）。其中纵向水平刹车力 T_L 沿吊车轨道方向，通过吊车梁传给柱间支撑，对吊车梁的截面受力影响很小，计算吊车梁时一般均不需考虑。因此，吊车梁按双向受弯构件设计。

（1）吊车最大轮压

吊车的竖向标准荷载为吊车的最大轮压标准值 $P_{k,max}$，可在吊车产品规格中直接查得。计算吊车梁的强度时，应乘以荷载分项系数

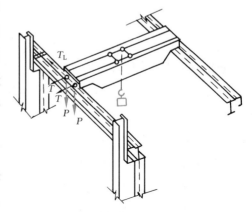

图 2-41　吊车荷载作用

$\gamma_Q = 1.5$；同时还应考虑吊车的动力作用，乘以动力系数 α。对悬挂吊车（包括电动葫芦）及工作级别为 A1~A5 的软钩吊车，动力系数 α 取 1.05；对工作级别为 A6~A8 的软钩吊车、硬钩吊车和其他特种吊车，动力系数 α 可取 1.1。这样，作用在吊车梁上的最大轮压设计值为：

$$P_{max} = 1.5\alpha P_{k,max} \tag{2-23}$$

（2）吊车横向水平力

吊车的横向水平荷载依现行《建筑结构荷载规范》GB 50009 的规定可取吊车上横行小车重量 Q' 与额定起重量 Q 的总和乘以重力加速度 g，并乘以下列规定的百分数 ξ：

软钩吊车：额定起重量 Q 不大于 10t，取 $\xi=12\%$；

额定起重量 Q 为 16~50t，取 $\xi=10\%$；

额定起重量 Q 不小于 75t，取 $\xi=8\%$；

硬钩吊车：取 $\xi=20\%$。

按上述百分数算得的横向水平荷载应等分于两边轨道，并分别由轨道上的各车轮平均传至轨顶，方向与轨道垂直，并考虑正反两个方向的刹车情况。再乘以荷载分项系数 $\gamma_Q=1.5$ 之后，得作用在每个车轮上的横向水平力为：

$$T = 1.5g\xi(Q+Q')/n \tag{2-24}$$

式中，n 是桥式吊车的总轮数。在吊车的工作级别为 A6~A8 时，吊车运行时摆动引起的水平力比刹车为更为不利，因此，GB 50017 标准规定，此时作用于每个轮压处的水平力标准值改按下式计算：

$$T = \alpha_1 P_{k,max} \tag{2-25}$$

系数 α_1 对一般软钩吊车取 0.1，抓斗或磁盘吊车宜采用 0.15，硬钩吊车宜采用 0.2。

手动吊车及电葫芦可不考虑水平荷载，悬挂吊车的水平荷载应由支撑系统承受，可不计算。

2.4.2 吊车梁的截面组成

根据吊车梁所受荷载作用，对于吊车额定起重量 $Q\leqslant30t$，跨度 $l\leqslant6m$，工作级别为 A1~A5 的吊车梁，可采用加强上翼缘的办法，用来承受吊车的横向水平力，做成如图 2-42 (a) 所示的单轴对称工字形截面。当吊车额定起重量和吊车梁跨度再大时，常在吊车梁的上翼缘平面内设置制动梁或制动桁架，用以承受横向水平荷载。例如图 2-42(b) 所示为一边列柱上的吊车梁，它的制动梁由吊车梁的上翼缘、钢板和槽钢组成，即图中影线部分的截面。吊车梁则主要承担竖向荷载的作用，但它的上翼缘同时为制动梁的一个翼缘。图 2-42(c)、(d) 所示为设有制动桁架和辅助桁架的吊车梁，由两角钢和吊车梁的上翼缘构成制动桁架的二弦杆，中间连以角钢腹杆。图 2-42(e) 所示为中列柱上的二等高吊车梁，在其二上翼缘间可以直接连以腹杆组成制动桁架（也可以铺设钢板做成制动梁）。

制动结构不仅用以承受横向水平荷载，保证吊车梁的整体稳定，同时可作为人行走道和检修平台。制动结构的宽度应依吊车额定起重量、柱宽以及刚度要求确定，一般不小于 0.75m。当宽度小于等于 1.2m 时，常用制动梁；超过 1.2m 时，为了节省一些钢材，宜采用制动桁架。对于夹钳或料耙吊车等硬钩吊车的吊车梁，因其动力作用较大，则不论制动结构宽度如何，均宜采用制动梁，制动梁的钢板常采用花纹钢板，以利于在上面行走。

A6~A8 级工作制吊车梁，当其跨度大于等于 12m，或 A1~A5 级吊车梁，跨度大于等于 18m，为了增强吊车梁和制动结构的整体刚度和抗扭性能，对边列柱上的吊车梁，宜在外

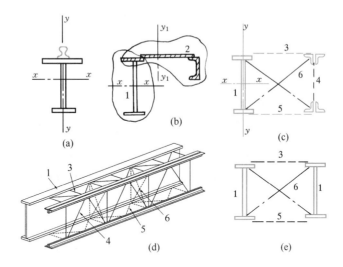

图 2-42　吊车梁及制动结构的组成

1—吊车梁；2—制动梁；3—制动桁架；4—辅助桁架；5—水平支撑；6—垂直支撑

侧设置辅助桁架（图 2-42c、d），同时在吊车梁下翼缘和辅助桁架的下弦之间设置水平支撑。也可在靠近梁两端 1/4～1/3 的范围内各设置一道垂直支撑（图 2-42c、e）。垂直支撑虽对增强梁的整体刚度有利，但因其在吊车梁竖向挠度影响下，易产生破坏，所以应避免在梁的竖向挠度较大处设置。

2.4.3　吊车梁的连接

吊车梁上翼缘的连接应以能够可靠地与柱传递水平力，而又不改变吊车梁简支条件为原则。图 2-43 所示是两种构造处理，其中左侧连接方式称为高强度螺栓连接，右侧连接方式称为板铰连接。高强度螺栓连接方式的抗疲劳性能好，施工便捷，采用较普遍。其中横向高强度螺栓按传递全部支座水平反力计算，而纵向高强度螺栓可按一个吊车轮最大水平制动力

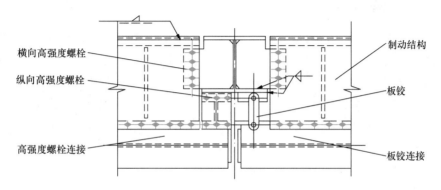

图 2-43　吊车梁上翼缘的连接

计算（对于重级工作制吊车梁尚应考虑增大系数）。高强度螺栓直径一般在 20～24mm 之间。

板铰连接较好地体现了不改变吊车梁简支条件的设计思想。板铰宜按传递全部支座水平反力的轴心受力构件计算（对于重级工作制吊车梁亦应考虑增大系数）。铰栓直径按抗剪和承压计算，一般在 36～80mm 之间。

重级工作制吊车梁为了增强抗疲劳性能，其上翼缘与制动结构的连接应首选高强度螺栓，可将制动结构作为水平受弯构件，按传递剪力的要求确定螺栓间距。不过一般可按100～150mm 等间距布置。对于轻、中级工作制吊车梁，其上翼缘与制动结构的连接可采取工地焊接方式，一般可用焊脚尺寸 6～8mm 的焊缝沿全长搭接焊，仰焊部分可为间断焊缝。

图 2-44 所示是吊车梁支座的一些典型连接。其中（a）、（b）两种是简支吊车梁的支座连接。支座垫板要保证足够的刚度，以利均匀传力，其厚度一般不应小于16mm。采用平板

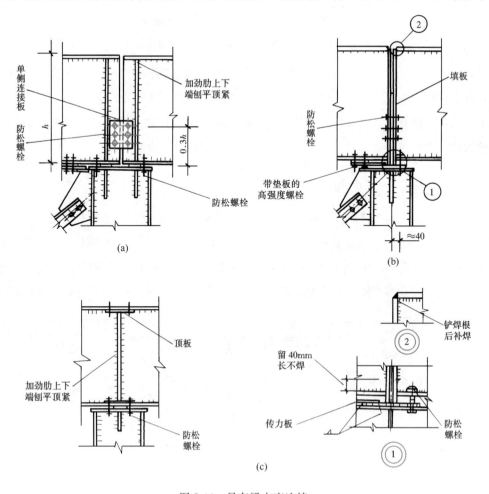

图 2-44　吊车梁支座连接

（a）平板支座；（b）突缘支座；（c）中间连续支座

支座连接方案时，必须使支座加劲肋上下端刨平顶紧；而采用突缘支座连接方案时，必须要求支座加劲肋下端刨平，以利可靠传力。对于特重级工作制吊车梁在采用平板支座连接方案时，支座加劲肋与梁翼缘宜焊透。在突缘支座连接情形，支座加劲肋与上翼缘的连接常用如图 2-44 所示的角焊缝，并要求铲去焊根后补焊，而其下端与腹板的连接则要求在如图 2-44 所示的 40mm 长度上不焊。相邻二梁的腹板在（a）、（b）两种情形都要求在靠近下部约 1/3 梁高范围内用防松螺栓连接，既能传递纵向制动力，又符合简支梁端截面自由转动的假定。情形（a）的单侧连接板厚度不应小于梁腹板厚度，情形（b）则须注意二梁之间的填板的长度不应过大，满足防松螺栓的布置即可。梁下设有柱间支撑时，应将该梁下翼缘和焊于柱顶的传力板（厚度亦不小于 16mm），用高强度螺栓连接。传力板的另一端连于柱顶。可在梁下翼缘设扩大孔，下覆一带标准孔的垫板（厚度同传力板），安装定位后，将垫板焊牢于梁下翼缘。传力板与梁下翼缘之间可塞一调整垫板，以调整传力板的标高，方便与柱顶的连接。传力板亦可以弹簧板代之。图 2-44(c) 所示是连续吊车梁中间支座的构造图，其加劲肋除了需按要求作切角处理外，上下端均须刨平顶紧，顶板与上翼缘一般不焊。

2.4.4　吊车梁的截面验算

焊接吊车梁的初选截面方法与普通焊接梁相似，但吊车梁的上翼缘同时受有吊车横向水平荷载的作用。初选截面时，为了简化起见，可只按吊车竖向荷载计算，但把钢材的强度设计值乘以 0.9，然后再按实际的截面尺寸进行验算。

2.4.4.1　强度验算

验算截面时，假定竖向荷载由吊车梁承受，而横向水平荷载则由加强的吊车梁上翼缘（图 2-45a）、制动梁（图 2-45b 所示影线部分截面）或制动桁架承受，并忽略横向水平荷载所产生的偏心作用。

对于图 2-45(a) 所示加强上翼缘的吊车梁，应首先验算梁受压区的正应力。A 点的压应力最大，验算公式为：

$$\sigma = \frac{M_x}{W_{nx1}} + \frac{M_y}{W'_{ny}} \leqslant f \tag{2-26}$$

同时还需用下式验算受拉翼缘的正应力：

$$\sigma = \frac{M_x}{W_{nx2}} \leqslant f \tag{2-27}$$

对于图 2-45(b) 所示有制动梁的吊车梁，同样为 A 点压应力最大，验算公式为：

$$\sigma = \frac{M_x}{W_{nx}} + \frac{M_y}{W_{ny1}} \leqslant f \tag{2-28}$$

当吊车梁本身为双轴对称截面时，则吊车梁的受拉翼缘无需验算。对于采用制动桁架的吊车梁，如图 2-45(c) 所示，同样应验算 A 点应力：

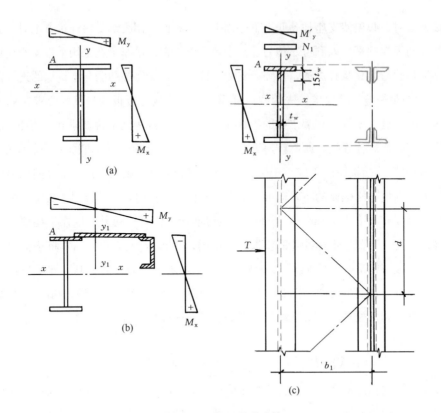

图 2-45　截面强度验算

(a) 加强上翼缘吊车梁；(b) 设有制动梁的吊车梁；(c) 设有制动桁架的吊车梁

$$\sigma = \frac{M_x}{W_{nx}} + \frac{M'_y}{W'_{ny}} + \frac{N_1}{A_n} \leqslant f \tag{2-29}$$

在以上各式中

M_x——竖向荷载所产生的最大弯矩设计值；

M_y——横向水平荷载所产生的最大弯矩设计值，其荷载位置与计算 M_x 一致；

M'_y——吊车梁上翼缘作为制动桁架的弦杆，由横向水平力所产生的局部弯矩，可近似取 $M'_y = Td/3$，T 根据具体情况按式（2-24）或式（2-25)计算；

N_1——吊车梁上翼缘作为制动桁架的弦杆，由 M_y 作用所产生的轴力，$N_1 = M_y/b_1$；

W_{nx}——吊车梁截面对 x 轴的净截面模量（上或下翼缘最外纤维）；

W'_{ny}——吊车梁上翼缘截面对 y 轴的净截面模量；

W_{ny1}——制动梁截面（图 2-42b 所示影线部分截面）对其形心轴 y_1 的净截面模量；

A_n——图 2-45(c) 所示吊车梁上翼缘及腹板 $15t_w$ 的净截面面积之和。

2.4.4.2　整体稳定验算

连有制动结构的吊车梁，侧向弯曲刚度很大，整体稳定得到保证，不需验算。加强上翼缘的吊车梁，应按下式验算其整体稳定：

$$\frac{M_x}{\varphi_b W_x f} + \frac{M_y}{W_y f} \leqslant 1.0 \tag{2-30}$$

式中　φ_b——依梁在最大刚度平面内弯曲所确定的整体稳定系数；

　　　　W_x——梁截面对 x 轴的毛截面模量；

　　　　W_y——梁截面对 y 轴的毛截面模量。

2.4.4.3　刚度验算

验算吊车梁的刚度时，应按效应最大的一台吊车的荷载标准值计算，且不乘动力系数。吊车梁在竖向的挠度可按下列近似公式计算：

$$v = \frac{M_{kx} l^2}{10 E I_x} \leqslant [v] \tag{2-31}$$

对于 A7 和 A8 级的吊车梁除计算竖向的刚度外，还应按下式验算其水平方向的刚度：

$$u = \frac{M_{ky} l^2}{10 E I_{y1}} \leqslant \frac{l}{2200} \tag{2-32}$$

在上列二式中

　　　　l——吊车梁跨度；

　　　$[v]$——由永久和可变荷载标准值产生的挠度容许值，轻、中和重级工作制的桥式吊车分别取 $l/750$、$l/900$ 和 $l/1000$；当 $l > 12\text{m}$ 时，挠度容许值应乘以 0.9 的系数；

　　　M_{kx}——竖向荷载标准值作用下梁的最大弯矩；

　　　M_{ky}——跨内一台起重量最大吊车横向水平荷载标准值作用下所产生的最大弯矩；

　　　I_{y1}——制动结构截面对形心轴 y_1 的毛截面惯性矩。对制动桁架应考虑腹杆变形的影响，I_{y1} 乘以 0.7 的折减系数。

2.4.4.4　疲劳验算和构造措施

吊车梁在吊车荷载的反复作用下，可能产生疲劳破坏。疲劳破坏的计算及抗疲劳构造设计要求的细节参见上册第 8 章。在设计吊车梁时，首先应注意选用合适的钢材牌号和质量等级要求。对于构造细部应尽可能选用疲劳强度高的连接型式，例如对于 A6~A8 级和起重量 $Q \geqslant 50\text{t}$ 的 A4、A5 级吊车梁，其腹板与上翼缘的连接应采用焊透的 K 形焊缝。

一般对 A4~A8 级吊车梁需进行疲劳验算。验算的部位有受拉翼缘的连接焊缝处，受拉区加劲肋的端部和受拉翼缘与支撑连接处的主体金属，还需验算连接的角焊缝。这些部位的应力集中比较严重，对疲劳强度的影响大。按 GB 50017 标准规定，验算时采用一台起重量最大吊车的荷载标准值，不计动力系数，且可引用欠载效应的等效系数，作为常幅疲劳问题按下式计算（参见上册第 8 章）：

$$\alpha_f \Delta\sigma \leqslant [\Delta\sigma]_{2 \times 10^6} \tag{2-33}$$

式中　$\Delta\sigma$——应力幅，$\Delta\sigma = \sigma_{max} - \sigma_{min}$；

$[\Delta\sigma]_{2\times10^6}$——循环次数 $n=2\times10^6$ 次时的容许正应力幅，按上册表 8-2 取用，亦可按表 2-11 取用；

α_f——欠载效应的等效系数，按上册表 8-3 取用，亦可按表 2-12 取用。

循环次数 $n=2\times10^6$ 次时的正应力容许应力幅（N/mm²） 表 2-11

构件和连接类别	Z1	Z2	Z3	Z4	Z5	Z6	Z7	Z8	Z9	Z10	Z11	Z12	Z13	Z14
$[\Delta\sigma]_{2\times10^6}$	176	144	125	112	100	90	80	71	63	56	50	45	40	36

吊车梁和吊车桁架欠载效应的等效系数 α_f 值 表 2-12

吊 车 类 别	α_f
A6～A8 工作级别（重级）的硬钩吊车	1.0
A6、A7 工作级别（重级）的软钩吊车	0.8
A4、A5 工作级别（中级）的吊车	0.5

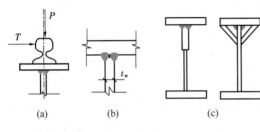

图 2-46　吊车梁上翼缘

（a）上翼缘与腹板连接位置受力状态；（b）上翼缘与腹板连接位置焊透的 T 形连接焊缝；（c）其他加强措施

通常的疲劳计算都是针对受拉区的。计算结果满足要求，疲劳破损应该不会在吊车梁的预期寿命中出现。然而，现实的 A6～A8 级吊车梁却多次在受压翼缘的连接焊缝和邻近的腹板出现疲劳裂纹。造成这种裂纹的原因有：钢轨位置的偏移使上翼缘受扭，翼缘连接焊缝和邻近的腹板受弯及剪（图 2-46a），水平卡轨力也有同样的效应。钢轨接头处轨面不平导致轮压的冲击作用，加剧了这种效应。由于涉及因素多而应力状态复杂，目前还没有防止这类疲劳问题的公认算法，而是采用一些构造措施来应对。措施包括：用抗扭性能好的钢轨和防松动的连接把它和吊车梁相连，来减少钢轨偏心和扭转的不利效应。采用焊接长轨，并把钢轨接头设在靠近梁端部的范围内，以减少冲击作用的影响。从吊车梁本身来说，首先是在受压翼缘和腹板之间采用疲劳性能好的对接与角接组合的焊缝（要求焊透，见图 2-46b），还可以采用加厚上部腹板或在两侧增设斜板的做法（图 2-46c）。

为了避免过早出现疲劳破损，需要每隔一定时间检查钢轨偏心情况及疲劳破损敏感部位有无裂纹出现。

【例题 2-6】一简支吊车梁，跨度为 12m，钢材为 Q355，承受两台起重量为 50/10t，级别为 A6 的桥式吊车，吊车跨度为 31.5m，吊车最大轮压标准值及轮距如图 2-47 所示，横行小车自重 $Q'=15.4t$。吊车梁的截面尺寸已初步选出，如图 2-48

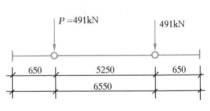

图 2-47　一台吊车的最大轮压标准值

所示，为了固定吊车轨，在梁上翼缘板上有两螺栓孔，为了连接下翼缘水平支撑，在下翼缘板的右侧有一个螺栓孔，孔径均为 $d=24mm$（螺栓直径为 22mm）。试验算此梁截面是否满足要求。

【解】1. 内力计算

按 GB 50017 标准规定计算吊车梁的强度及稳定时，应考虑两台并列吊车满载时的作用。计算制动梁的刚度和验算疲劳时，只考虑一台吊车的荷载标准值作用。

（1）两台吊车荷载作用下的内力

（a）竖向轮压作用

首先依荷载标准值计算。根据结构力学和材料力学知识可知，在图 2-49(a)、（b）所示的轮压位置可分别算得梁的绝对最大弯矩 $M_{k,max}$ 和梁的支座处最大剪力 $V_{k,max}$。

$$M_{k,max} = 817.3 \times 6.6585 - 491 \times (3.933 + 0.6585 \times 2)$$

$$= 2864.2 kN \cdot m$$

$$V_{k,max} = 491(5.45 + 10.70 + 12)/12 = 1151.8 kN$$

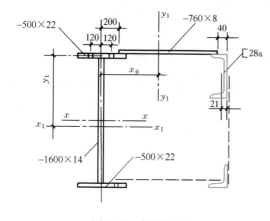

图 2-48　截面组成

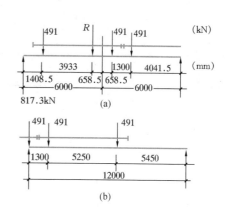

图 2-49　内力计算（两台吊车）

（b）横向水平力作用

作用在一个吊车轮上的横向水平力标准值为：

$$T_k = 0.1 P_{k,max} = 0.1 \times 491 = 49.1 kN$$

其作用位置与竖向轮压相同，因此，横向水平力作用下产生的最大弯矩 M_{ky} 与支座的水平反力 H_k 可直接按荷载比例关系求得：

$$M_{ky} = 2864.2 \times 49.1/491 = 286.4 kN \cdot m$$

$$H_k = 1151.8 \times 49.1/491 = 115.2 kN$$

（2）一台吊车荷载作用下的内力（图 2-50a、b）

（a）竖向轮压作用

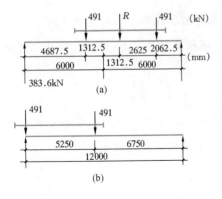

图 2-50 内力计算（一台吊车）

$M_{k,max} = 383.6 \times 4.6875 = 1798.1 \text{kN} \cdot \text{m}$

$V_{k,max} = 491 + 491 \times 6.75/12 = 767.2 \text{kN}$

（b）横向水平力作用

其作用位置与竖向轮压相同，按此可得：

$M_{ky} = 1798.1 \times 49.1/491 = 179.8 \text{kN} \cdot \text{m}$

$H_k = 767.2 \times 49.1/491 = 76.7 \text{kN}$

根据以上计算，汇总所需内力如表 2-13 所示，其中 1.1 为动力系数，自重以 5% 的活荷载标准值计入。

吊车梁计算内力汇总表　　　　表 2-13

吊车台数	荷载	$M_{k,max}$ (kN·m)	M_{max} (kN·m)	M_{ky} (kN·m)	M_y (kN·m)	$V_{k,max}$ (kN)	V_{max} (kN)
两台	吊车	2864.2	$1.1 \times 1.5 \times 2864.2$ $=4725.9$	286.4	1.5×286.4 $=429.6$	1151.8	$1.1 \times 1.5 \times 1151.8$ $=1900.5$
	自重	0.05×2864.2 $=143.2$	1.3×143.2 $=186.2$			0.05×1151.8 $=57.6$	1.3×57.6 $=74.9$
	Σ	3007.4	4912.1			1209.4	1975.4
一台	吊车	1798.1		179.8		767.2	

2. 截面几何性质计算

（1）吊车梁

毛截面惯性矩　$I_x = 1.4 \times 160^3/12 + 2 \times 50 \times 2.2 \times 81.1^2 = 1924852.9 \text{cm}^4$

净截面面积　$A_n = (50 - 2 \times 2.4) \times 2.2 + (50 - 1 \times 2.4) \times 2.2 + 1.4 \times 160$
$= 99.4 + 104.7 + 224 = 428.2 \text{cm}^2$

净截面的形心位置　$y_1 = (104.7 \times 162.2 + 224 \times 81.1)/428.2 = 82.1 \text{cm}$

净截面惯性矩　$I_{nx} = 1.4 \times 160^3/12 + 224 \times 1^2 + 99.4 \times 82.1^2 + 104.7 \times 80.1^2$
$= 1819843.7 \text{cm}^4$

净截面模量　$W_{nx1} = 1819843.7/82.2 = 21978.8 \text{cm}^3$

半个毛截面对 x 轴的面积矩　$S_x = 50 \times 2.2 \times 81.1 + 80 \times 1.4 \times 40$
$= 8921 + 4480 = 13401 \text{cm}^3$

（2）制动梁

净截面面积　$A_n = 2.2(50 - 2 \times 2.4) + 76 \times 0.8 + 40 = 99.4 + 60.8 + 40$
$= 200.2 \text{cm}^2$

截面形心至吊车梁腹板中心之间的距离

$$x_0 = (60.8 \times 58 + 40 \times 97.9)/200.2 = 37.2 \text{cm}$$

净截面惯性矩 $I_{ny} = 2.2 \times 50^3/12 - 2 \times 2.4 \times 2.2 \times 12^2 + 99.4 \times 37.2^2 + 0.8 \times 76^3/12 +$

$$60.8 \times 20.8^2 + 218 + 40 \times 60.7^2 = 362116.9 \text{cm}^4$$

对 y_1—y_1 轴的净截面模量（吊车梁上翼缘左侧外边缘）

$$W_{ny1} = 362116.9/62.2 = 5821.8 \text{cm}^3$$

3. 截面验算

（1）强度验算

上翼缘最大正应力

$$\sigma = \frac{M_x}{W_{nx1}} + \frac{M_y}{W_{ny1}} = \frac{4912.1 \times 10^6}{21978.8 \times 10^3} + \frac{429.6 \times 10^6}{5821.8 \times 10^3}$$

$$= 223.5 + 73.8$$

$$= 297.3 \text{N/mm}^2 > f(\text{第二组钢材}: f = 295 \text{N/mm}^2, \text{但未超过5\%, 满足要求。})$$

腹板最大剪应力

$$\tau = \frac{VS}{I_x t_w} = \frac{1975.4 \times 10^3 \times 13401 \times 10^3}{1924852.9 \times 10^4 \times 14} = 98.2 \text{N/mm}^2 < f_v = 175 \text{N/mm}^2$$

腹板局部压应力验算（吊车轨高取170mm）

$$\sigma_c = \frac{\Psi F}{t_w l_z} = \frac{1.35 \times 1.1 \times 1.5 \times 491 \times 10^3}{14(50 + 2 \times 170 + 5 \times 22)} = 156.2 \text{N/mm}^2 < f = 305 \text{N/mm}^2$$

（2）整体稳定：因有制动梁，整体稳定可以保证，不需验算。

（3）刚度验算

吊车梁的竖向挠度验算

$$v = \frac{M_{kx} l^2}{10 E I_x} = \frac{1798.1 \times 10^6 \times 12000^2}{10 \times 206 \times 10^3 \times 1924852.9 \times 10^4}$$

$$= 6.53 \text{mm} < [v] = \frac{l}{1000} = \frac{12000}{1000} = 12 \text{mm}(\text{满足要求})$$

（4）疲劳验算

下面仅以在下翼缘用高强度螺栓连接下弦水平支撑处的主体金属为例，说明疲劳验算的方法。恒载不影响计算应力幅。因此，仅按吊车荷载计算

$$\Delta\sigma = \frac{M_{kx}}{I_{nx}} y = \frac{1798.1 \times 10^6}{1819843.7 \times 10^4} \times 812 = 80.2 \text{N/mm}^2$$

按疲劳计算的构件和连接分类（见上册第8章表8.1a项次4），此处应为Z2类，由表2-11（或上册表8-2）查得容许应力幅为 $[\Delta\sigma] = 144 \text{N/mm}^2$，吊车梁欠载效应的等效系数由表2-12查得 $\alpha_f = 0.8$（软钩吊车），依式（2-33），得

$$\alpha_f \Delta\sigma = 0.8 \times 80.2 = 64.2 \text{N/mm}^2 < 144 \text{N/mm}^2(\text{安全})$$

（5）局部稳定性验算

因在抗弯强度验算时取 $\gamma_x = \gamma_y = 1.0$，故梁受压翼缘自由外伸宽度与其厚度之比

$$\frac{250 - 7}{22} = 11.05 < 15\sqrt{\frac{235}{355}} = 12.2（满足 S4 级要求）$$

由于

$$65 = 80\sqrt{\frac{235}{355}} < \frac{1600}{14} = 114.3 < 170\sqrt{\frac{235}{355}} = 138$$

故须按计算配置横向加劲肋。设有横向加劲肋的腹板局部稳定计算公式见上册第 4 章 4.6.2 节，因钢轨用压板和防松螺栓紧扣于吊车梁上翼缘，可以认为该翼缘的扭转受到约束。计算弯曲应力临界值的通用高厚比为

$$\lambda_b = \frac{1600/14}{177}\sqrt{\frac{355}{235}} = 0.79 < 0.85$$

可得

$$\sigma_{cr} = f = 305\text{N/mm}^2$$

取横向加劲肋间距 $a = 1500\text{mm} = 0.9375h_0$，剪应力和横向压应力的临界值分别计算如下：

$$\lambda_s = \frac{1600/14}{37\sqrt{4 + 5.34(1600/1500)^2}}\sqrt{\frac{355}{235}} = 1.20$$

$$\tau_{cr} = [1 - 0.59 \times (1.18 - 0.8)] \times 175 = 133.7\text{N/mm}^2$$

$$\lambda_c = \frac{1600/14}{28\sqrt{10.9 + 13.4 \times (1.83 - 0.9375)^3}}\sqrt{\frac{355}{235}} = 1.11$$

$$\sigma_{c,cr} = [1 - 0.79 \times (1.11 - 0.9)] \times 305 = 254.4\text{N/mm}^2$$

（a）验算跨中腹板区格

荷载的最不利位置出现在图 2-51 一个轮压作用于（跨中腹板）区格中线处的工况，此时区格中线截面的弯矩标准值 M_0 及其左右两端的弯矩标准值 M_L 和 M_R 不难求得如下：

$$M_0 = 667 \times 5.25 - 491 \times (0.75 + 0.55) = 2863.5\text{kN} \cdot \text{m}$$

$$M_L = 667 \times 4.5 - 491 \times 0.55 = 2731.5\text{kN} \cdot \text{m}$$

$$M_R = 667 \times 6 - 491 \times (1.3 + 0.75) - 491 \times 0.75 = 2627.2\text{kN} \cdot \text{m}$$

M_0 与图 2-49 之最大弯矩相差甚微。M_L 和 M_R 之均值 2679.4kN·m 小于 M_0，故直接采用 M_0 计算，偏于安全。M_0 导致的腹板边缘弯曲应力设计值为：

$$\sigma = \frac{2863.5 \times (1.1 \times 1.5 + 0.05 \times 1.3) \times 10^6}{1924852.9 \times 10^4} \times 800 = 204.1\text{N/mm}^2$$

由图 2-51 计算区格左右两端截面的剪力标准值 V_L 和 V_R 如下：

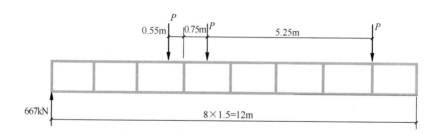

图 2-51　跨中腹板区格不利弯矩（$P=491$kN）

$$V_\mathrm{L} = 667 - 491 = 176\mathrm{kN}, V_\mathrm{R} = 491 \times 2 - 667 = 315\mathrm{kN}$$

该腹板区格两端截面相应的剪应力 τ_L 和 τ_R 的计算值为：

$$\tau_\mathrm{L} = \frac{176 \times (1.1 \times 1.5 + 0.05 \times 1.3) \times 10^3}{14 \times 1600} = 13.5\ \mathrm{N/mm^2}$$

$$\tau_\mathrm{R} = \frac{315 \times (1.1 \times 1.5 + 0.05 \times 1.3) \times 10^3}{14 \times 1600} = 24.1\ \mathrm{N/mm^2}$$

σ_c 用于腹板稳定计算时，取集中荷载增大系数 $\psi=1.0$，故 $\sigma_\mathrm{c}=156.2/1.35=115.7\mathrm{N/mm^2}$，因此

$$\left(\frac{204.1}{305}\right)^2 + \left(\frac{13.5 + 24.1}{2 \times 133.7}\right)^2 + \frac{115.7}{254.4} = 0.92 < 1.0$$

（b）验算梁端腹板区格

图 2-52 是轮压作用于梁端腹板区格中线的最大弯矩的轮压布置图，区格中线截面的弯矩标准值 M_0 求得如下：

$$M_0 = 1059.7 \times 0.75 = 794.8\mathrm{kN \cdot m}$$

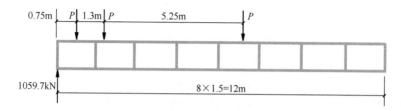

图 2-52　梁端腹板区格不利弯矩（$P=491$kN）

M_0 导致的腹板边缘弯曲应力设计值为：

$$\sigma = \frac{794.8 \times (1.1 \times 1.5 + 0.05 \times 1.3) \times 10^6}{1924852.9 \times 10^4} \times 800 = 56.7\ \mathrm{N/mm^2}$$

由图 2-52 计算区格左右两端截面的剪力标准值 V_L 和 V_R 如下：

$$V_{\mathrm{L}} = 1059.7\mathrm{kN}, V_{\mathrm{R}} = 1059.7 - 491 = 568.7\mathrm{kN}$$

该腹板区格两端剪应力 τ_{L} 和 τ_{R} 的计算值为：

$$\tau_{\mathrm{L}} = \frac{1059.7 \times (1.1 \times 1.5 + 0.05 \times 1.3) \times 10^3}{14 \times 1600} = 81.1\ \mathrm{N/mm^2}$$

$$\tau_{\mathrm{R}} = \frac{568.7 \times (1.1 \times 1.5 + 0.05 \times 1.3) \times 10^3}{14 \times 1600} = 43.5\ \mathrm{N/mm^2}$$

该腹板区格的局部稳定计算如下：

$$\left(\frac{56.7}{305}\right)^2 + \left(\frac{81.1 + 43.5}{2 \times 133.7}\right)^2 + \frac{115.7}{254.4} = 0.71 < 1.0$$

腹板局部稳定无问题。

思考题

2.1 重型厂房结构的特点及主要组成部件的作用是什么？
2.2 托梁/托架与屋架的连接方式有哪两种？各有什么优缺点？
2.3 框架阶形柱与楔形柱的设计依据及特点。
2.4 重型厂房柱间支撑的作用及一般布置要求。
2.5 分析钢屋架的外形与腹杆形式的选取主要依据和特点。
2.6 重型厂房钢屋架支撑体系的组成及一般布置要求和轻型房屋结构有何同异？
2.7 肩梁的作用及传力路径是什么？主要计算内容有哪些？
2.8 吊车梁的受力有何特点，其各部分需要哪些验算？
2.9 桁架节点连接实际上是刚性的，何以在分析杆件内力时按铰接计算？什么时候有必要考虑其刚性特点？
2.10 双角钢组成的 T 形截面，绕对称轴失稳时为何采用换算长细比？
2.11 有制动结构的吊车梁体系，其各部分构件有何特点及作用？

习题

2.1 肩梁计算
　　一单壁式肩梁构造如图 2-53 所示，钢材为 Q235B，焊条 E43 型。上柱为焊接工字形、下柱为格构式截面，其截面如图所示。上柱荷载为：$M = 650\mathrm{kN \cdot m}$，$N = 500\mathrm{kN}$。试验算此肩梁截面强度并设计连接焊缝。

2.2 吊车梁计算
　　一简支吊车梁跨度为 12m，钢材为 Q355C，焊条 E50 型。采用制动梁结构，制动板选用 −860×8 的厚花纹钢板，制动梁外翼缘选用 2×L100×10 的角钢。初选吊车梁截面如图 2-54 所示。厂房内设有两台 750/200kN 重级工作制（A7 级）桥式吊车，吊车跨度 31.5m，吊车宽度及轮距如图所示，小车重量 $G = 235\mathrm{kN}$，吊车最大轮压标准值为 $F_{\max} = 324\mathrm{kN}$。轨道型号 QU100（轨高 150mm）。试验算此吊车梁截面强度及疲劳强度是否满足要求？

2.3 一简支吊车梁，跨度为 6m，材料为 Q235B 钢，采用加强上翼缘截面（如图 2-55 所示），承受一台桥式 A5 级（中级工作制）吊车。吊车轨道高 120mm，每个竖向轮压标准值为 $F = 450\mathrm{kN}$。已知

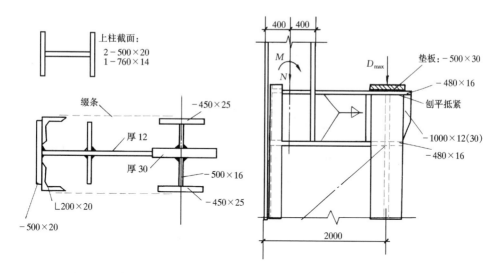

图 2-53　习题 2.1

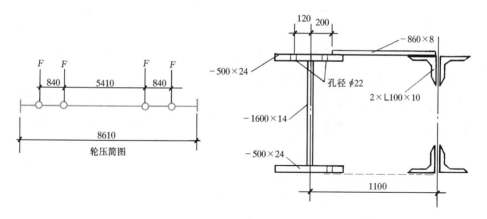

图 2-54　习题 2.2

吊车梁最大内力设计值为：$M_x = 300kN \cdot m$；$M_y = 100kN \cdot m$；$V = 160kN$。试验算此吊车梁是否满足设计要求?

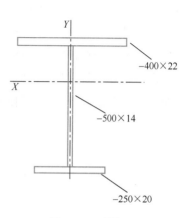

图 2-55　习题 2.3

第 3 章

大跨屋盖结构

3.1 结构形式

大跨屋盖钢结构按受力特点的不同可分为平面结构体系和空间结构体系两大类。属于平面结构体系的有：梁式结构（平面桁架、立体桁架）、平面刚架和拱式结构。属于空间结构体系的有：空间网格结构、大部分索结构、斜拉结构、张拉整体结构等。其中空间网格结构包括有平板网架，单、双层曲面网壳以及其他具有空间传力特性的结构。立体桁架通过某种空间组合形成的结构也可以属于空间网格结构。

平板网架是由杆件按一定规律组成的结构，大多数为高次超静定结构。网架多向传力，空间刚度大，整体性好，有良好的抗震性能，既适用于大跨度建筑，也适用于中小跨度的房屋，能覆盖各种形状的平面。

网壳是由杆件按一定规律组成的曲面结构，分单层及双层两类。网壳可设计成各种曲面，能充分满足建筑外形及功能方面的要求。网壳结构主要承受压力，稳定问题比较突出。跨度较大时，不能充分利用材料的强度。杆件和节点的几何偏差，曲面偏离等初始缺陷对网壳内力和整体稳定影响较大。

索结构为一系列高强度钢索按一定规律组成的张力结构。不同的支承结构形式和钢索布置可适用各种平面形状和建筑造型的要求。钢索承受拉力，能充分利用钢材强度，因而索结构自重轻，可以较经济地跨越很大跨度。悬索屋盖为柔性结构体系，设计时应注意采取有效措施保证屋盖结构在风、地震作用下有足够的刚度和稳定性。

3.2 网架结构

网架按弦杆层数不同可分为双层网架和三层网架。双层网架是由上弦、下弦和腹杆组成的空间结构（图 3-1），是最常用的网架形式。三层网架是由上弦、中弦、下弦、上腹杆和下腹杆组成的空间结构（图 3-2），其特点是增加网架整体高度和层数，减小弦杆内力，减小网格尺寸和腹杆长度。当网架跨度较大时，三层网架用钢量比双层网架用钢量省。但节点和杆件数量增多，尤其是中层节点所连杆件较多使构造复杂，造价有所提高。

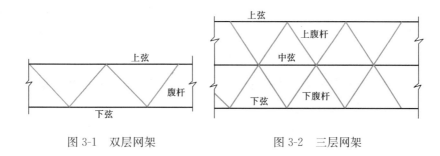

图 3-1　双层网架　　　　　　　　　　图 3-2　三层网架

3.2.1　网架结构几何不变性分析

网架为一空间铰接杆系结构，杆件布置必须保证不出现结构几何可变性。网架结构几何不变的必要条件是：

$$W = 3J - m - r \leqslant 0 \qquad\qquad (3\text{-}1)$$

式中　J——网架的节点数；

　　　m——网架的杆件数；

　　　r——支座约束链杆数，$r \geqslant 6$。

当 $W > 0$ 网架为几何可变体系；

$W = 0$ 网架无多余杆件，如杆件布置合理，为静定结构；

$W < 0$ 网架有多余杆件，如杆件布置合理，为超静定结构。

网架结构几何不变的充分条件一般可通过对结构的总刚度矩阵进行检查来判断。满足下列条件之一者的网架为几何可变体系：

（1）引入边界条件后，总刚度矩阵 $[K]$ 中对角线上出现零元素，则与之对应的节点为几何可变；

（2）引入边界条件后，总刚矩阵行列式 $|K| = 0$，该矩阵奇异，结构为几何可变。

3.2.2　双层网架的常用形式

3.2.2.1　平面桁架系网架

此类网架上下弦杆完全对应并与腹杆位于同一竖向平面内。一般情况下竖杆受压，斜杆受拉（风吸力作用下可能反向）。斜腹杆与弦杆夹角宜在 $40° \sim 60°$ 之间。

（1）两向正交正放网架

在矩形建筑平面中，网架的弦杆垂直于或平行于边界，故称正放。两个方向网格数宜布置成偶数，如为奇数，桁架中部节间单斜腹杆可按压杆控制长细比。由于上下弦杆组成的网格为矩形，且平行于边界，腹杆又在竖向平面内，属几何可变体系。对周边支承网架（周边支承参看图3-17）宜在支承平面（与支承相连弦杆组成的平面）设置水平斜撑杆。斜撑可以沿周边设置（图3-3），也可以采用图3-4的方式设置。对点支承网架（点支承参看图3-18）应在支承平面内沿主桁架（支承桁架）的两侧（或一侧）设置水平斜撑杆。两向正交正放网架的受力性能类似于两向交叉梁。对周边支承者，平面尺寸越接近正方形，两个方向桁架杆件内力越接近，空间作用越显著。随着建筑平面边长比的增大，短向传力作用明显增大。

（2）两向正交斜放网架

两向正交斜放网架为两个方向的平面桁架垂直相交。用于矩形建筑平面时，两向桁架与边界夹角为45°。当有可靠边界时，体系是几何不变的（希望读者加以分析），无需另加支撑杆件。各榀桁架的跨度长短不等，靠近角部的桁架跨度小，对与它垂直的长桁架起支承作用，减小了长桁架跨中弯矩，长桁架两端要产生负弯矩和支座拉力。周边支承时，有长桁架通过角支点（图3-5）和避开角支点（图3-6）两种布置，前者对四角支座产生较大的拉力，后者角部拉力可由两个支座分担。

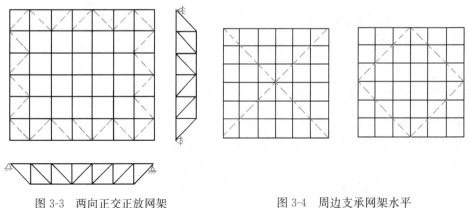

图 3-3 两向正交正放网架　　　　图 3-4 周边支承网架水平
水平斜撑及腹杆布置　　　　　斜撑布置方式之一

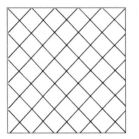
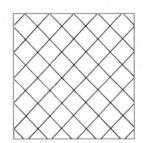

图 3-5 有角支承的两向　　　图 3-6 无角支承的两向
正交斜放网架　　　　　　正交斜放网架

（3）三向网架

由三个方向平面桁架按 60°角相互交叉而成，上下弦平面内的网格均为几何不变的三角形，如图 3-7 所示。网架空间刚度大，受力性能好，内力分布也较均匀，但汇交于一个节点的杆件最多可达 13 根，节点构造较复杂，宜采用钢管杆件及焊接空心球节点。三向网架适用于大跨度($L>60$m) 的多边形及圆形平面。用于中小跨度（$L \leqslant 60$m）时，不够经济。

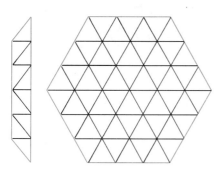 

图 3-7　三向网架　　　　　　图 3-8　四角锥体系基本单元

3.2.2.2　四角锥体系网架

四角锥体系网架是由若干倒置的四角锥（图 3-8）按一定规律组成。网架上下弦平面均为方形网格，下弦节点均在上弦网格形心的投影线上，与上弦网格四个节点用斜腹杆相连。通过改变上下弦的位置、方向，并适当地抽去一些弦杆和腹杆，可得到各种形式的四角锥网架。

（1）正放四角锥网架

建筑平面为矩形时，正放四角锥网架的上下弦杆均与边界平行或垂直（图 3-9）。上下弦节点各连接 8 根杆件，构造较统一。如果网格两个方向尺寸相等且腹杆与下弦平面夹角为 45°，即 $h = s/\sqrt{2}$（h 为网架高度，s 为网格尺寸），上下弦杆和腹杆长度均相等。正放四角锥网架空间刚度较好，但杆件数量较多，用钢量偏大。适用于接近方形的中小跨度网架，宜采用周边支承。图 3-9 和随后的网架图中，虚线代表下弦杆。

（2）正放抽空四角锥网架

将正放四角锥网架适当抽掉一些腹杆和下弦杆（图 3-10），如每隔一个网格抽去斜腹杆和下弦杆，使下弦网格的宽度等于上弦网格的两倍，从而减小杆件数量，降低了用钢量，但刚度较正放四角锥网架弱一些。在抽空部位可设置采光或通风天窗。由于周边网格不宜抽杆，两个方向网格数宜取奇数。

（3）棋盘形四角锥网架

在正放四角锥网架基础上，保持周边四角锥不变，中间四角锥间隔抽空（图 3-11）。上

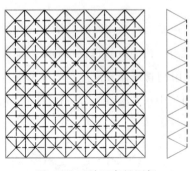 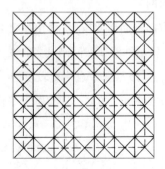

图 3-9　正放四角锥网架　　　　　　图 3-10　正放抽空四角锥网架

弦杆为正交正放，下弦杆与边界呈 45°角，为正交斜放。这种网架上弦短杆受压，下弦长杆受拉，节点汇交杆件少。适用于小跨度周边支承情况。

（4）斜放四角锥网架

将正放四角锥上弦杆相对于边界转动 45°放置，则得到斜放四角锥网架（图 3-12）。上弦网格呈正交斜放，下弦网格为正交正放。网架上弦杆短，下弦杆长，受力合理。下弦节点连接 8 根杆，上弦节点只连 6 根杆。适用于中小跨度周边支承，或周边支承与点支承相结合的矩形平面。

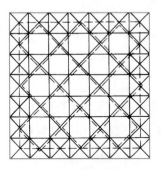 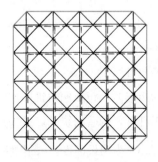

图 3-11　棋盘形四角锥网架　　　　　图 3-12　斜放四角锥网架

（5）星形四角锥网架

星形四角锥网架的组成单元形似一星体（图 3-13b）。将四角锥底面的四根杆用位于对角线上的十字交叉杆代替，并在中心加设竖杆，即组成星形四角锥（图 3-13a）。十字交叉杆与边界呈 45°角，构成网架上弦，呈正交斜放。下弦杆呈正交正放。腹杆与上弦杆在同一竖向平面内。星形网架上弦杆比下弦杆短，受力合理。竖杆受压，内力等于节点荷载。当网架高度等于上弦杆长度时，上弦杆与竖杆等长，斜腹杆与下弦杆等长。星形网架一般用于中小跨度周边支承情况。

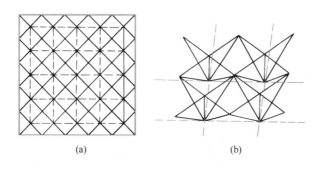

图 3-13 星形四角锥网架

3.2.2.3 三角锥体系网架

三角锥体系网架的基本单元是锥底为正三角形的倒置三角锥（图 3-14a）。锥底三条边为网架上弦杆，棱边为网架腹杆，连接锥顶的杆件为网架下弦杆。三角锥网架主要有三种形式。

（1）三角锥网架

三角锥网架上下弦平面均为正三角形网格，上下弦节点各连 9 根杆件（图 3-14b）。当网架高度为网格尺寸的 $\sqrt{2/3}$ 倍时，上下弦杆和腹杆等长。三角锥网架受力均匀，整体性和抗扭刚度好，适用于平面为多边形的大中跨度建筑。

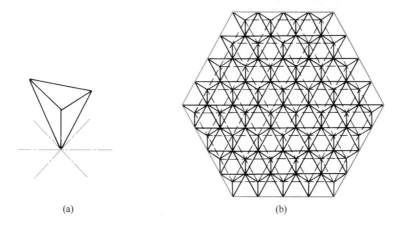

图 3-14 三角锥网架

（2）抽空三角锥网架

保持三角锥网架的上弦网格不变，按一定规律抽去部分腹杆和下弦杆，可得到抽空三角锥网架。如图 3-15 所示的抽杆方法是沿网架周边一圈的网格不抽，内部从第二圈开始沿三个方向每间隔一个网格抽掉部分杆，则下弦网格成为多边形的组合。抽杆后，网架空间刚度受到削弱，下弦杆数量减少，内力较大。抽空三角锥网架适用于平面为多边形的中小跨度建筑。

(3) 蜂窝形三角锥网架

蜂窝形三角锥网架如图 3-16 所示。上弦网格为三角形和六边形，下弦网格为六边形。腹杆与下弦杆位于同一竖向平面内。节点、杆件数量都较少，适用于周边支承，中小跨度屋盖。蜂窝形三角锥网架本身是几何可变的，借助于支座水平约束来保证其几何不变。

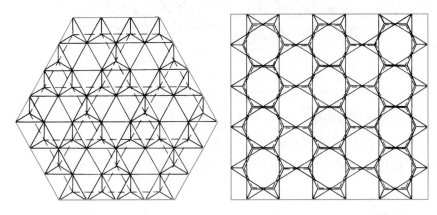

图 3-15　抽空三角锥网架　　　　　　图 3-16　蜂窝三角锥网架

3.2.3　网架选型

网架的选型应结合建筑的平面形状、要求、荷载和跨度的大小、支承情况和造价等因素综合分析确定。一般情况下的划分为：大跨度为 60m 以上；中跨度为 30～60m；小跨度为30m 以下。

平面形状为矩形的周边支承网架，当其边长比（长边/短边）小于或等于 1.5 时，宜选用正放或斜放四角锥网架、棋盘形四角锥网架、正放抽空四角锥网架、两向正交斜放或正放网架。对中小跨度，也可选用星形四角锥网架和蜂窝形三角锥网架。

平面形状为矩形的周边支承网架，当其边长比大于 1.5 时，宜选用两向正交正放网架、正放四角锥网架或正放抽空四角锥网架。当边长比不大于 2 时，也可用斜放四角锥网架。

平面形状为矩形、多点支承的网架，可选用正放四角锥网架、正放抽空四角锥网架、两向正交正放网架。对多点支承和周边支承相结合的多跨网架还可选用两向正交斜放网架或斜放四角锥网架。

平面形状为圆形、正六边形及接近正六边形且为周边支承网架，可选用三向网架、三角锥网架或抽空三角锥网架。对中小跨度也可选用蜂窝形三角锥网架。

3.2.3.1　网架的支承

网架的支承方式有周边支承、点支承、周边支承与点支承相结合，两边和三边支承等。

（1）周边支承是在网架四周全部或部分边界节点设置支座（图 3-17a、b），支座可支承在柱顶或圈梁上，网架受力类似于四边支承板，是常用的支承方式。为了减小弯矩，也可将周边支座略为缩进，如图 3-17(c) 所示，这种布置和点支承已很接近。

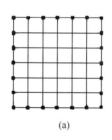 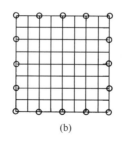 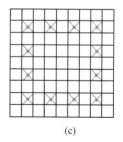

图 3-17　周边支承

（2）网架可采用上弦或下弦支承方式，当采用下弦支承时，应在支座边形成边桁架。

（3）点支承是指整个网架支承在多个支承柱上，点支承网架受力与钢筋混凝土无梁楼盖相似，为减小跨中正弯矩及挠度，设计时应尽量带有悬挑，多点支承网架的悬挑长度可取跨度的 1/4～1/3 （图 3-18）。点支承网架与柱子相连宜设柱帽以减小冲剪作用。柱帽可设置于下弦平面之下 （图 3-19a），也可设置于上弦平面之上 （图 3-19b）。当柱子直接支承上弦节点时，也可在网架内设置伞形柱帽 （图 3-19c），这种柱帽承载力较低，适用于中小跨度网架。当无法设置柱帽时，可加强支承点处的腹杆以满足承载力的要求。

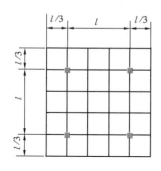 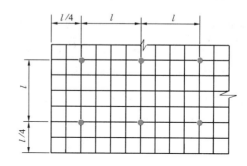

图 3-18　点支承

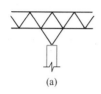 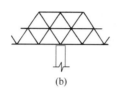 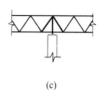

图 3-19　各种柱帽形式

（4）平面尺寸很大的建筑物，除在网架周边设置支承外，可在内部增设中间支承，以减小网架杆件内力及挠度 （图 3-20）。

（5）在工业厂房的扩建端、飞机库、船体车间、剧院舞台口等不允许在网架的一边或两边设柱子时，需将网架设计成三边支承一边自由或两边支承两边自由的形式。对这种网架应采取设置边桁架，局部加大杆件截面或局部三层网架（图 3-21）等措施加强其开口边的刚度。

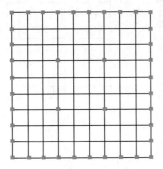

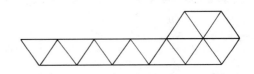

图 3-20　周边支承与点支承结合　　　图 3-21　开口边局部增设三层网架

3.2.3.2　网架高度及网格尺寸

网架的高度与屋面荷载、跨度、平面形状、支承条件及设备管道等因素有关。屋面荷载较大、跨度较大时，网架高度应选得大一些。平面形状为圆形、正方形或接近正方形时，网架高度可取得小一些。狭长平面时，单向传力明显，网架高度应大一些。点支承网架比周边支承网架的高度要大一些。当网架中有穿行管道时，网架高度要满足要求。

网架的高跨比可取 $1/18 \sim 1/10$，网架在短向跨度的网格数不宜小于 5，网架的网格尺寸与高度关系密切，确定网格尺寸时宜使相邻杆件间的夹角在 $40° \sim 55°$ 之间为宜。如夹角过小，节点构造困难，还会出现局部节点过大的问题。网格尺寸要与屋面材料相适应，网架上直接铺设钢筋混凝土板时，网格尺寸不宜过大，一般不超过 3m，否则安装困难。当屋面采用有檩体系时，檩条长度一般不超过 6m。

对周边支承的各类网架高度及网格尺寸可按表 3-1 选用。

网架上弦网格数和跨高比 表 3-1

网架形式	钢筋混凝土屋面体系		钢檩条屋面体系	
	网格数	跨高比	网格数	跨高比
两向正交正放网架，正放四角锥网架，正放抽空四角锥网架	$(2 \sim 4) + 0.2L_2$	10~14	$(6 \sim 8) + 0.07L_2$	$(13 \sim 17) - 0.03L_2$
两向正交斜放网架，棋盘形四角锥网架，斜放四角锥网架，星形四角锥网架	$(6 \sim 8) + 0.08L_2$			

注：1. L_2 为网架短向跨度，单位为"m"；

2. 当跨度在 18m 以下时，网格数可适当减少。

3.2.4　网架的挠度要求及屋面排水坡度

（1）网架结构的容许挠度不应超过下列数值：屋盖结构为 $L_2/250$，楼面结构为 $L_2/300$，L_2 为网架的短向跨度；悬挑结构为悬挑跨度的 $1/125$。对于有悬挂起重设备的屋盖结构，其最大挠度不宜大于结构跨度的 $1/400$。

（2）网架屋面排水坡度一般为 3％～5％，可用下列办法找坡：

①在上弦节点上加设不同高度的小立柱（图 3-22a），当小立柱较高时，须注意小立柱自身的稳定性；

②对整个网架起拱（图 3-22b）；

③采用变高度网架，增大网架跨中高度，使上弦杆形成坡度，下弦杆仍平行于地面，类似梯形桁架。

图 3-22　网架屋面找坡

（a）用小立柱；（b）起拱

（3）有起拱要求的网架（为消除网架在使用阶段的挠度），其拱度可取不大于短向跨度的 $1/300$。当仅为改善外观要求时，最大挠度可取恒载与活载标准值作用下挠度减去起拱值。

3.3　网壳结构

3.3.1　结构形式

网壳按组成层数分为单层网壳（图 3-23）和双层网壳（图 3-24）。按曲面外形分类则有

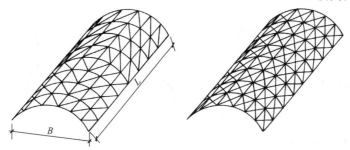

图 3-23　单层柱面网壳

柱面网壳（图 3-23）、球面网壳（图 3-25）、双曲扁网壳（图 3-26）、扭曲面网壳（图 3-27）、单块扭网壳（图 3-28）、双曲抛物面网壳（图 3-29），以及切割或组合形成曲面网壳等结构形式（图 3-30、图 3-31）。

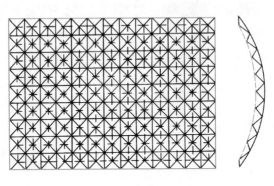

图 3-24　双层柱面网壳

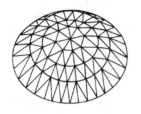

图 3-25　单层球面网壳

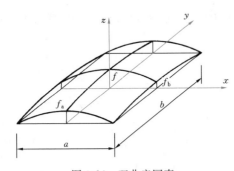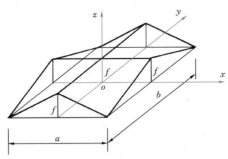

图 3-26　双曲扁网壳　　　　　　　　　图 3-27　扭曲面网壳

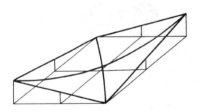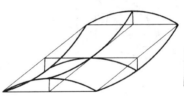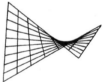

图 3-28　单块扭网壳　　　　　　　　图 3-29　双曲抛物面网壳

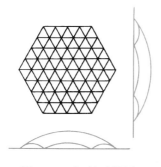

图 3-30 球面切割网壳

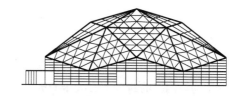

图 3-31 平板组合球面网壳

网壳结构的支承必须保证在任意竖向和水平荷载作用下结构的几何不变性和各种网壳计算模型对支承条件的要求。网壳的支承构造及边缘构件是十分重要的。如果不满足所必需的边界条件，可能会造成网壳杆件的内力变化。

（1）圆柱面网壳可通过端部横隔支承于两端，也可沿两纵边支承或四边支承。端部支承横隔应具有足够的平面内刚度。沿两纵边支承的支承点应保证抵抗侧向水平位移的约束条件。

（2）球面网壳的支承点应保证抵抗水平位移的约束条件。

（3）椭圆抛物面网壳（双曲扁网壳中的一种）及四块组合双曲抛物面网壳应通过边缘构件沿周边支承，其支承边缘构件应有足够的平面内刚度。

（4）双曲抛物面网壳应通过边缘构件将荷载传递给支座或下部结构，其边缘构件应具有足够的刚度，并作为网壳整体的组成部分共同计算。

根据国内外已有的工程经验，现行行业标准《空间网格结构技术规程》JGJ 7 对各类网壳的主要尺寸、跨度规定如下：

（1）两端支承的圆柱面网壳，其宽度 B 与跨度 L 之比宜小于 1.0（图 3-23），壳体的矢高可取宽度的 $1/6 \sim 1/3$。沿两纵向边支承或四边支承的圆柱面网壳壳体的矢高可取跨度 L（或宽度 B）的 $1/5 \sim 1/2$。

双层圆柱面网壳的厚度可取宽度 B 的 $1/50 \sim 1/20$。

单层圆柱面网壳支承在两端横隔时，其跨度 L 不宜大于 35m，当两纵向边缘支承时，其跨度（此时为宽度 B）不宜大于 30m。

（2）球面网壳的矢跨比不宜小于 $1/7$。

双层球面网壳的厚度可取跨度（平面直径）的 $1/60 \sim 1/30$。

单层球面网壳的跨度（平面直径）不宜大于 80m。

（3）椭圆抛物面网壳底边两跨度之比不宜大于 1.5，壳体每个方向的矢高可取短向跨度的 $1/9 \sim 1/6$。

双层椭圆抛物面网壳的厚度可取短向跨度的 1/50~1/20 。

单层椭圆抛物面网壳的跨度不宜大于 50m。

（4）双曲抛物面网壳底面的两对角线长度之比不宜大于 2，单块双曲抛物面壳体的矢高可取跨度的 1/4~1/2（跨度为两个对角支承点之间的距离）。四块组合双曲抛物面壳体每个方向的矢高可取相应跨度的 1/8~1/4。

双层双曲抛物面网壳的厚度可取短向跨度的 1/50~1/20。

单层双曲抛物面网壳的跨度不宜大于 60m。

（5）网壳结构的网格在构造上可采用以下尺寸，当跨度小于 50m 时，1.5~3.0m；当跨度为 50~100m 时，2.5~3.5m；当跨度大于 100m 时，3.0~4.5m，网壳相邻杆件间的夹角宜大于 30°。

各类双层网壳的厚度当跨度较小时，可取较大的比值，如跨度的 1/20，当跨度较大时则取较小的比值，如 1/50，厚度是指网壳上下弦杆形心之间的距离。双层网壳的矢高以其支承面确定，如网壳支承在下弦，则矢高从下弦曲面算起。

3.3.2 网壳的挠度要求

单层网壳结构容许挠度值：屋盖结构为短向跨度的 1/400；悬挑结构为悬挑跨度的 1/200。双层网壳结构容许挠度值：屋盖结构为短向跨度的 1/250；悬挑结构为悬挑跨度的 1/125；对于有悬挂起重设备的双层网壳结构，其最大挠度不宜大于结构跨度的 1/400。

3.4 空间网格结构的计算要点

网架、网壳均为空间网格结构，其设计应满足现行行业标准《空间网格结构技术规程》JGJ 7 的要求。本节对应空间网格结构的要求对网架、网壳结构均适用，单独适用于网架或网壳结构的特殊要求已分开表述。

3.4.1 荷载及作用

对空间网格结构，应对使用阶段荷载作用下的内力和位移进行计算，并应根据具体情况对地震、温度变化、支座沉降等作用及施工安装荷载引起的内力和位移进行计算。对网壳结构尚应进行外荷载作用下必要的稳定性计算。

空间网格结构的永久荷载包括结构自重、屋面（或楼面）材料重力、吊顶材料重力、设备管道重力等。

网架自重荷载标准值可按下式估算：

$$g_{ok} = \sqrt{q_w \cdot L_2} / 150 \tag{3-2}$$

式中 q_w——除网架自重以外的屋面（或楼面）荷载标准值（kN/m²）；

   L_2——网架的短向跨度（m）。

空间网格结构的可变荷载包括屋面（或楼面）活载、雪载、风载、积灰荷载、吊车荷载、风荷载（工业建筑有吊车时考虑，单层网壳结构不应设置悬挂吊车）。屋面活载和雪载不同时组合，取二者的大值。

在雪荷载较大的区域，大跨度钢结构设计时应考虑雪荷载不均匀分布产生的不利影响，当体形复杂且无可靠依据时，应通过风雪试验或专门研究确定设计用雪荷载。

网架刚度较大，自振周期较小，计算风载时可不考虑风振系数的影响。对于基本自振周期大于 0.25s 的网壳结构宜进行风振计算。单个球面网壳、圆柱面网壳和双曲抛物面网壳的风载体形系数可按现行《建筑结构荷载规范》GB 50009 取值。对于复杂形体的网壳结构应根据模型风洞试验确定其风载体型系数。对于轻屋面应考虑风吸力的影响。

温度变化是指结构安装合龙时的温度与结构常年气温变化下最大（小）温度之差，温度应力出现在空间网格结构温度变形受到约束的场合，并和下部结构密切相关。温度作用可作为可变荷载，当对结构不利时分项系数 γ_Q 不小于 1.5。设计中考虑的温度应力一般有两种情况：

（1）整个结构有温度变化；

（2）双层网格结构上、下层有温度差 Δt。

网架结构伸缩变形未受约束或约束不大的下列情况，可不考虑由于温度变化引起的内力：

（1）支座节点的构造允许网架侧移值不小于网架结构的温度变形值；

（2）周边支承的网架，当网架验算方向跨度小于 40m，且支承结构为独立柱或砖壁柱（这些柱有一定柔性）；

（3）柱顶在单位力作用下，位移大于或等于式（3-3）的计算值（柱的约束作用导致的温度应力不大）：

$$u = \frac{L}{2\xi E A_m}\left(\frac{\alpha E \Delta t}{0.038f} - 1\right) \tag{3-3}$$

式中 ξ——系数，支承平面内弦杆为正交正放时 $\xi = 1.0$，正交斜放时 $\xi = \sqrt{2}$，三向时 $\xi = 2.0$；

   A_m——支承（上承或下承）平面内弦杆截面积的算术平均值；

   α——网架杆件钢材的线胀系数；

   f——钢材抗拉强度设计值；

   E——网架杆件钢材的弹性模量；

Δt ——温度差；

L ——网架在验算方向的跨度。

如果需要考虑温度变化引起的空间网格结构内力，可采用有限单元法或近似计算方法。对于周边铰支的平板网架，可以把网架及其支承结构简化为图 3-32 所示的平面构架来分析，网架的温度应力是支承结构阻碍网架支承面内弦杆的温度胀缩而引起的，如果不受阻碍，柱顶在温度上升 Δt 时向外移动：

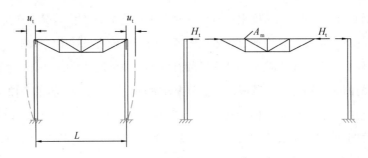

图 3-32　温度应力的简化计算

$$u_{ot} = \alpha \Delta t \frac{L}{2}$$

式中　α ——钢材的线膨胀系数；

L ——网架跨度。

柱的约束作用使此位移不能充分发展，并在支承面弦杆中产生应力 σ_t，致使实际位移为：

$$u_t = \left(\alpha \Delta t - \frac{\sigma_t}{E} \right) \frac{L}{2}$$

设柱的侧向刚度（使柱顶产生单位位移的水平力）为 k_c，则柱顶水平力的平衡条件是：

$$\sigma_t A_m = k_c u_t$$

式中，A_m 为弦杆的截面积，σ_t 为弦杆温度应力，由以上两式可得：

$$\sigma_t = \frac{u_{ot} k_c E}{E A_m + k_c \dfrac{L}{2}} \tag{3-4}$$

相应的柱顶水平力为：

$$H_t = \frac{u_{ot}}{\dfrac{1}{k_c} + \dfrac{L}{2E A_m}} \tag{3-5}$$

式 (3-4) 可以直接用于设计计算。

如果将式 (3-4) 和式 (3-5) 的 A_m 乘以系数 ξ，则两式可以用于正交斜放网架（$\xi = \sqrt{2}$）和三向网架（$\xi = 2$）。

当式 (3-4) 所给出的 σ_t 不超过钢材强度设计值的 5% 除以综合荷载系数 1.31 时，可以不计算网架温度应力，把 $\sigma_t = 0.05f/1.31 = 0.038f$ 代入式（3-4），可得：

$$k_c \leqslant \frac{2\xi EA_m}{L}\left(\frac{0.038f}{\alpha\Delta tE - 0.038f}\right)$$

令 k_c 的倒数等于 u，即可得式（3-3）。

和网架类似，双层网壳温度变形未受约束或约束不大时可不考虑温度变化的影响；反之，则应考虑温度应力的影响。

抗震设防烈度为 8 度及以上的网架结构和抗震设防烈度为 7 度及以上的地区的网壳结构应进行抗震验算。当采用振型分解反应谱法进行抗震验算时，计算振型数应使各振型参与质量之和不小于总质量的 90%。对于体型复杂的大跨度钢结构，抗震验算应采用时程分析法，并应同时考虑竖向和水平地震作用。

对非抗震设计的空间网格结构，荷载及荷载效应组合应按现行《建筑结构荷载规范》GB 50009 的规定进行计算。杆件截面及节点设计应采用荷载的基本组合，位移计算应采用荷载的标准组合。

对抗震设计的空间网格结构，荷载及荷载效应组合尚应符合现行《建筑与市政工程抗震通用规范》GB 55002 及《建筑抗震设计规范》GB 50011 的规定。

网壳施工安装阶段与使用阶段支承情况不一致时，应按不同支承条件来计算施工安装阶段和使用阶段在相应荷载作用下的内力和变形。

3.4.2　内力分析方法

空间网格结构的内力和位移可按弹性阶段进行计算。分析网格结构内力时，可按静力等效原则，将节点所辖区域内的荷载集中作用在该节点上。

对网架结构，可忽略节点刚度的影响，假定节点为铰接，杆件只承受轴力。当杆件上作用有节间荷载时，应同时考虑弯矩的影响。

一般情况下，分析双层网壳时可假定节点为铰接，采用空间二力杆单元，杆件只承受轴向力；分析单层网壳时应假定节点为刚接，否则单元共面节点的法向刚度为零，属几何可变，杆件除承受轴向力外，还承受弯矩、剪力。对刚接连接网壳宜采用空间梁柱单元。当杆件上作用有局部荷载时，必须另行考虑局部弯曲内力的影响。分析空间网格结构时，应考虑与下部支承结构的相互影响，将上下部结构整体分析。亦可将支承体系简化为空间网格结构的弹性支承，按弹性支承模型进行计算。

网架结构通常为超静定杆系结构，空间桁架位移法（空间杆系有限元法）是网架结构计算的精确方法，适用于各种类型、各种支承条件的网架。国内网架计算程序很多，具有数据形成、内力分析、杆件截面选择、优化、节点设计、施工图绘制等多项功能。利用现有的程序时，应慎重从事，选用经过技术鉴定认可、实践证明行之有效的程序。

网壳结构是一个准柔性的高次超静定结构，几何非线性较一般结构明显。目前网壳计算主要采用考虑几何非线性的有限单元法，考虑与不考虑几何非线性的有限单元法的区别在于前者（几何非线性）考虑网壳变形对内力的影响，网壳的平衡方程建立在变形以后的位形上，后者（线性）的平衡方程则始终建立在初始状态。

3.4.3 空间网格结构地震作用内力计算

对周边支承网架屋盖以及多点支承和周边支承相结合的网架屋盖，竖向抗震验算可以采用简化方法，在网架的各个节点上施加竖向荷载，其标准值可按下式确定：

$$F_{Evki} = \pm \psi_v \cdot G_i \tag{3-6}$$

式中　F_{Evki} ——作用在网架第 i 节点上竖向地震作用标准值；

G_i ——网架第 i 节点的重力荷载代表值，其中永久荷载取 100%；雪荷载及屋面积灰荷载取 50%，屋面活荷载不计入；

ψ_v ——竖向地震作用系数，按表 3-2 取值。

对于悬挑长度较大的网架屋盖以及用于楼面的网架，当设防烈度为 8 度或 9 度时，其竖向地震作用标准值可分别取该结构重力荷载代表值的 10% 或 20%。设计基本地震加速度为 $0.3g$ 时，可取该结构重力荷载代表值的 15%。

竖向地震作用系数　　　　　　　　　　　　　表 3-2

设防烈度	场地类别		
	Ⅰ	Ⅱ	Ⅲ、Ⅳ
8	可不计算（0.10）	0.08（0.12）	0.10（0.15）
9	0.15	0.15	0.20

注：括号中数值用于设计基本地震加速度为 $0.3g$ 地区。

对于一般的空间网格结构，竖向、水平地震作用下的效应可采用振型分解反应谱法或时程分析法计算。在单维地震作用下，对空间网格结构进行多遇地震作用下的效应计算时，可采用振型分解反应谱法；对于体型复杂或重要的大跨度结构，应采用时程分析法进行补充验算。抗震分析时，应考虑支承体系对空间网格结构受力的影响，宜将空间网格结构与支承体系共同考虑，按整体分析模型进行计算；采用简化协同分析模型时，可将下部支承结构折算等效刚度、等效质量作为上部空间结构分析时的条件，也可将上部空间结构折算等效刚度、等效质量作为下部支承结构分析时的条件。对周边落地的空间网格结构，阻尼比值可取 0.02，对设有混凝土结构支承体系的空间网格结构阻尼比值可取 0.03。

按振型分解反应谱法进行在多遇地震下单维地震作用效应分析时，网架结构杆件地震作用效应可按下式确定：

$$S_{EK} = \sqrt{\sum_{j=1}^{m} S_j^2} \qquad (3-7)$$

式中 　S_{EK} ——杆件地震作用标准值的效应;

　　　　S_j ——第 j 振型地震作用标准值的效应。

　　采用振型分解反应谱法进行地震效应分析时,对网架结构宜至少取前 $10\sim15$ 个振型进行效应组合。

　　网壳的抗震分析宜分两个阶段进行,第一阶段为多遇地震作用下的弹性分析,求得杆件内力,按荷载组合的规定进行杆件和节点设计;第二阶段为罕遇地震作用下的弹塑性分析,用于校核网壳的位移及破坏。按振型分解反应谱法进行在多遇地震下单维地震作用效应分析时,网壳结构杆件地震作用效应可按下式确定:

$$S_{EK} = \sqrt{\sum_{j=1}^{m} \sum_{k=1}^{m} \rho_{jk} S_j S_k} \qquad (3-8)$$

$$\rho_{jk} = \frac{8\zeta_j \zeta_k (1+\lambda_T)\lambda_T^{1.5}}{(1-\lambda_T^2)^2 + 4\zeta_j \zeta_k (1+\lambda_T)^2 \lambda_T} \qquad (3-9)$$

式中 　S_{EK} ——杆件地震作用标准值的效应;

　　S_j、S_k ——分别为 j、k 振型地震作用标准值的效应;

　　　ρ_{jk} —— j 振型与 k 振型的耦联系数;

　　ζ_j、ζ_k ——分别为 j、k 振型的阻尼比;

　　　λ_T —— k 振型与 j 振型的自振周期比;

　　　m ——计算中考虑的振型数。

　　网壳结构较柔,各个自振频率较接近。采用振型分解反应谱法进行地震效应分析时,对网壳结构宜至少取前 $25\sim30$ 个振型进行效应组合。对于体型复杂或重要的大跨空间网格结构需要取更多振型进行效应组合。

　　对于体型复杂或较大跨度的空间网格结构,宜进行多维地震作用下的效应分析,可采用多维随机振动分析方法、多维反应谱法或时程分析方法,当按多维反应谱法进行空间网格结构三维地震效应分析时,结构各节点最大位移响应与各杆件最大内力响应,可参见现行《空间网格结构技术规程》JGJ 7。

3.4.4　网壳稳定性计算

　　网壳和平板网架不同,单根压杆稳定计算只能保证杆件不发生局部失稳,不能代替整体稳定计算。网壳结构的整体稳定性能和曲面形状直接相关。负高斯曲率的网壳(如双曲抛物面网壳)在荷载作用下不会整体失稳,原因是结构一个方向的杆件受拉,对受压的另一方向杆件有约束作用。正高斯曲率的网壳(如球面网壳)和零高斯曲率网壳(如柱面网壳)则情况相反,都有可能丧失整体稳定,而且这些网壳往往对缺陷十分敏感,稳定承载力比完善壳体下降很多。对拱结构、单层网壳、跨厚比较大的双层网壳（跨度与厚度比值大于 50）以及其他以受压为主的空间网格结构，应进行非线性整体稳定分析。

网壳结构的整体稳定性分析应考虑几何非线性的影响，分析可采用考虑几何非线性的有限元法（荷载-位移全过程分析），分析中可假定材料为线弹性，也可考虑材料的弹塑性。球面网壳的全过程分析可按满跨均布荷载进行，圆柱面网壳和椭圆抛物面网壳宜补充考虑半跨活荷载分布。由于网壳结构对几何缺陷的敏感性，进行全过程分析时应考虑初始曲面形状安装偏差的影响，可采用结构的最低阶屈曲模态作为初始缺陷分布，以得到可能的最不利值。缺陷的最大计算值可按网壳跨度的 1/300 取值。

对网壳结构进行全过程分析求得的第一个临界点处的荷载值可作为该网壳的稳定极限承载力。网壳稳定容许承载力（荷载取标准值）应等于网壳稳定极限承载力除以安全系数 k。考虑荷载等外部作用和结构抗力的不确定性，计算中未考虑材料弹塑性可能带来的不利影响及结构工作条件中的其他不利因素，当按弹塑性全过程分析时，安全系数可取为 2.0；当按弹性全过程分析，且为单层球面网壳、柱面网壳和椭圆抛物面网壳时，安全系数 k 可取为4.2，对其他形状更为复杂的网壳目前尚未提出弹性全过程分析的安全系数，对这类网壳和一些大型及特大型网壳，宜进行弹塑性全过程分析。

3.5 空间网格结构杆件设计

空间网格结构杆件可采用钢管、热轧型钢和冷弯薄壁型钢。在截面积相同的条件下，管截面有回转半径大、截面特性无方向性、稳定承载力高等优点，钢管端部封闭后，内部不易锈蚀，是目前网格结构杆件常用的截面形式。管材可采用高频焊管或无缝钢管，有条件时也可采用薄壁管形截面。材质主要有 Q235 钢及 Q355 钢。

空间网格结构杆件的计算长度和容许长细比可按表 3-3、表 3-4 采用，表中 l 为节间几何长度。表 3-3 中网架与网壳焊接空心球节点腹杆的计算长度有明显差别，读者能否分析其原因？

空间网格杆件计算长度   表 3-3

结构体系	杆件形式	节点形式				
		螺栓球	焊接空心球	板节点	毂节点	相贯节点
网架	弦杆及支座腹杆	1.0 l	0.9 l	1.0 l	—	—
	腹杆	1.0 l	0.8 l	0.8 l	—	—
双层网壳	弦杆及支座腹杆	1.0 l	1.0 l	1.0 l	—	—
	腹杆	1.0 l	0.9 l	0.9 l	—	—

续表

结构体系	杆件形式	节点形式				
		螺栓球	焊接空心球	板节点	毂节点	相贯节点
单层网壳	壳体曲面内	—	$0.9l$	—	$1.0l$	$0.9l$
	壳体曲面外	—	$1.6l$	—	$1.6l$	$1.6l$

空间网格杆件容许长细比 表 3-4

结构体系	杆件形式	受拉杆件	受压杆件	受压与压弯杆件	受拉与拉弯杆件
网架 双层网壳	一般杆件	300	180	—	—
	支座附近杆件	250			
	直接承受动力荷载杆件	250			
单层网壳	一般杆件	—	—	150	250

网架杆件主要受轴力作用,截面强度及稳定计算应满足《钢结构设计标准》GB 50017—2017 的要求。和平面桁架相同,单根压杆的面内和面外稳定性得到保证后,网架就不会整体失稳。网壳中轴心受力杆件,压弯、拉弯杆件应按《钢结构设计标准》GB 50017—2017 验算其强度和稳定性。

空间网格结构中普通角钢截面杆件的最小截面尺寸不宜小于 $50mm \times 3mm$,钢管不宜小于 $\phi48 \times 3mm$。对大中跨度空间网格结构,钢管不宜小于 $\phi60 \times 3.5mm$。无缝圆管和焊接圆管压杆在稳定计算中分别属于 a 类和 b 类截面。

空间网格结构杆件分布应保证刚度的连续性,受力方向相邻的弦杆截面积之比不宜超过 1.8 倍。对于低应力、小规格的受拉杆件长细比宜按受压杆件控制。多点支承的网架结构,其反弯点处的上、下弦杆宜按构造要求加大截面。

3.6 节点设计

网架节点数量多,节点用钢量约占整个网架用钢量的 $20\% \sim 25\%$,对一些形状复杂的网架节点用钢量甚至更大,节点构造的好坏对结构性能、制造安装、耗钢量和工程造价都有相当大的影响。网架的节点形式很多,目前国内常用的节点形式主要有:焊接空心球节点、螺栓球节点、焊接钢板节点、焊接钢管节点 (图 3-33)、杆件直接汇交节点 (图 3-34)。

网壳杆件采用圆钢管时,铰接可采用螺栓球节点、焊接空心球节点,刚接可采用焊接空心球节点。跨度不大于 60m 的单层球面网壳以及跨度不大于 30m 的单层圆柱面网壳可采用毂节点。杆件采用角钢组合截面时,可采用钢板节点。

128

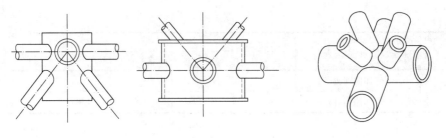

图 3-33　焊接钢管节点　　　　　　　图 3-34　杆件直接汇交节点

空间网格结构的节点构造应满足下列要求：

（1）受力合理，传力明确；

（2）保证杆件汇交于一点，不产生附加弯矩；

（3）构造简单，制作安装方便，耗钢量小；

（4）避免难于检查、清刷、涂漆和容易积留湿气或灰尘的死角或凹槽，管形截面应在两端封闭。

3.6.1　焊接空心球节点

焊接空心球节点构造简单，适用于连接钢管杆件（图3-35）。球面与管件连接时，只需将钢管沿正截面切断，施工方便。

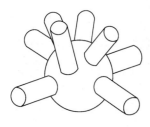

图 3-35　焊接空心球节点

（1）焊接空心球是由两块钢板经热压成两个半球，然后相焊而成，如图 3-36 所示。当空心球外径大于 300mm，且杆件内力较大需要提高节点承载力时，可在球内加肋；当空心球外径大于或等于 500mm，应在球内加肋。肋板必须设在轴力最大杆件的轴线平面内，且其厚度不应小于球壁的厚度。空心球的钢材宜采用 Q235B 钢或 Q355B、Q355C 钢。

（2）空心球外径 D 可根据连接构造要求确定。为便于施焊，球面上相连接杆件之间的净距 a 不宜小于 10mm（图 3-37）。按此要求，空心球外径 D 可初步按下式估算：

$$D = (d_1 + 2a + d_2)/\theta \tag{3-10}$$

式中　θ——汇交于球节点任意两钢管杆件间的夹角（rad）；

d_1、d_2——组成 θ 角的钢管外径（mm）。

（3）当空间网格的空心球直径为120~900mm 时，其受压和受拉承载力设计值 N_R（N）可按下式计算：

$$N_R = \eta_0 \left(0.29 + 0.54 \frac{d}{D}\right) \pi t d f \tag{3-11}$$

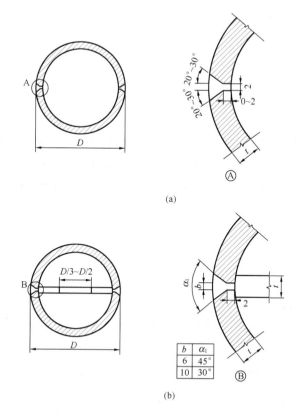

(a)

(b)

图 3-36 焊接空心球节点

(a) 无肋空心球；(b) 有肋空心球

式中 η_0——大直径空心球节点承载力调整

系数，当空心球直径 ≤ 500mm

时，$\eta_0 = 1.0$；当空心球直径

> 500mm 时，$\eta_0 = 0.9$；

D——空心球外径（mm）；

t——空心球壁厚（mm）；

d——与空心球相连的主钢管杆件

的外径（mm）；

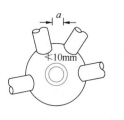

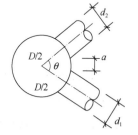

图 3-37 空心球节点杆件间缝隙

f——钢材的抗拉强度设计值（N/mm²）。

（4）对单层网壳结构，空心球承受压弯或拉弯的承载力设计值 N_m 可按下式计算：

$$N_m = \eta_m N_R \tag{3-12}$$

式中 N_R——空心球受压和受拉承载力设计值（N）；

η_m——考虑空心球受压弯或拉弯作用的影响系数，应按现行行业标准《空间网格结

构技术规程》JGJ 7 计算。

（5）空心球的壁厚应根据杆件内力由式（3-11）或式（3-12）计算确定。空心球的稳定问题可以通过构造措施加以解决，不再需要计算。这些措施是：网架和双层网壳空心球的外径与壁厚之比宜取 25～45；单层网壳空心球的外径与壁厚之比宜取 20～35；空心球外径与主钢管外径之比宜取 2.4～3.0；空心球壁厚与主钢管壁厚之比宜取 1.5～2.0。空心球壁厚不宜小于 4mm。

（6）钢管杆件与空心球连接处，管端应开坡口，并在钢管内加衬管（图 3-38），衬管壁厚不应小于 3mm，长度可为 30～50mm。在管端与空心球之间应留有一定缝隙予以焊透，以实现焊缝与钢管等强，焊缝质量应达到 Ⅱ 级要求，焊缝可按对接焊缝计算。否则只能按斜角角焊缝计算，斜角角焊缝按下式计算：

$$\frac{N}{h_e d \cdot \pi \cdot \beta_f} \leqslant f_f^w \tag{3-13}$$

式中　N——钢管轴向力设计值；

　　　d——钢管外径；

　　　β_f——正面角焊缝强度设计值增大系数，静力荷载 $\beta_f = 1.22$，直接承受动力荷载 $\beta_f = 1.0$；

　　　h_e——角焊缝有效截面宽度，$h_e = h_f \cos \dfrac{\alpha}{2}$，$h_f$ 为焊脚尺寸，α 为管壁与球面夹角；

　　　f_f^w——角焊缝强度设计值。

角焊缝部分的焊脚尺寸 h_f 应符合下列规定：当钢管壁厚 $t_c \leqslant 4mm$ 时，$1.5 t_c \geqslant h_f > t_c$；当 $t_c > 4mm$ 时，$1.2 t_c \geqslant h_f > t_c$。

（7）当空心球直径过大且连接杆件较多时，为减小空心球直径，允许部分腹杆与腹杆或腹杆与弦杆相汇交，但应符合下列构造要求：

① 所有汇交杆件的轴线必须通过球心；

② 汇交两杆中，截面大的主杆件必须全截面焊在球上（当两杆截面积相等时，取受拉杆为主杆件），另一杆则坡口焊在主杆上，但必须保证有 3/4 截面焊在球上，并应按图 3-39 设置加劲板补足削弱的面积；

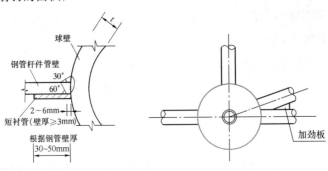

图 3-38　加衬管连接　　　　　图 3-39　加劲板构造

③ 受力大的杆件可按图 3-40 增设支托板。

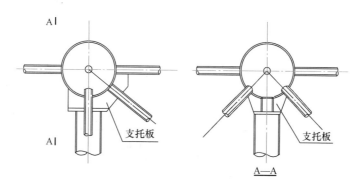

图 3-40　支托板构造

3.6.2　螺栓球节点

3.6.2.1　节点构造及材料

螺栓球节点由钢球、螺栓、套筒、销钉（或螺钉）和锥头（或封板）等零件组成（图 3-41），适用于连接网架、双层网壳等空间网格结构的圆钢管杆件。

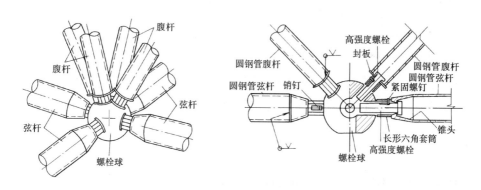

图 3-41　螺栓球连接节点

螺栓球节点的连接构造是先将置有螺栓的锥头或封板焊在钢管杆件的两端，在螺栓的螺杆上套有长形六角套筒，以销钉或紧固螺钉将螺栓与套筒连在一起。安装时拧动套筒，通过销钉或紧固螺钉带动螺栓转动，将螺栓旋入球体，拧紧为止。销钉或紧固螺钉仅在安装时起作用。当杆件受压时，压力由零件之间接触面传递，螺栓不受力。杆件受拉时，拉力由螺栓传给钢球，此时套筒不受力。

钢管、锥头、封板和套筒宜采用 Q235 或 Q355 钢，锥头经铸造或锻造制成，套筒由机械加工成型。钢球的坯球由锻压成型，最后由机械加工成型。螺栓、销钉或螺钉经热处理后的硬度（HRC）要求达到 33～39。螺栓球节点各零件的推荐材料见表 3-5。

螺栓球节点推荐材料

表 3-5

零件名称	推荐材料	材料标准	备 注
钢球	45 号钢	现行《优质碳素结构钢》GB/T 699	毛坯球锻造成型
高强度螺栓	20MnTiB、40Cr、35CrMo	现行《合金结构钢》GB/T 3077	M12~M24
	35VB、40Cr、35CrMo		M27~M36
	40Cr、35CrMo		M39~M64×4
套筒	Q235B	现行《碳素结构钢》GB/T 700	套筒内孔径为 13~34mm
	Q355	现行《低合金高强度结构钢》GB/T 1591	套筒内孔径为 37~65mm
	45 号钢	现行《优质碳素结构钢》GB/T 699	
紧固螺钉	20MnTiB	现行《合金结构钢》GB/T 3077	螺钉直径宜尽量小
	40Cr		
锥头或封板	Q235B	现行《碳素结构钢》GB/T 700	钢号宜与杆件一致
	Q355	现行《低合金高强度结构钢》GB/T 1591	

3.6.2.2 钢球尺寸

钢球受力状态十分复杂，对其强度分析目前尚无简化方法，可按节点构造确定钢球直径。钢球大小取决于相邻杆件的夹角、螺栓的直径和螺栓伸入球体的长度等因素。

由图 3-42 所示的几何关系 $OE^2 = OC^2 + CE^2$，$OE = \dfrac{D}{2}$，$CE = \dfrac{\lambda d_1^b}{2}$，$OC = \dfrac{d_1^b}{2}\cot\theta + \dfrac{d_s^b}{2}$ $\dfrac{1}{\sin\theta} + \xi d_1^b$，可导出使球体内螺栓不相碰的最小钢球直径 D 为：

$$D \geqslant \sqrt{\left(\frac{d_s^b}{\sin\theta} + d_1^b\cot\theta + 2\xi d_1^b\right)^2 + \lambda^2 (d_1^b)^2} \tag{3-14}$$

由图 3-43 所示的几何关系 $OB^2 = AB^2 + OA^2$，$OB = \dfrac{D}{2}$，$AB = \dfrac{\lambda d_1^b}{2}$，$OA = \dfrac{\lambda d_1^b}{2}\cot\theta + \dfrac{\lambda d_s^b}{2}$ $\dfrac{1}{\sin\theta}$，可导出满足套筒接触面要求的钢球直径 D 为：

$$D \geqslant \sqrt{\left(\frac{\lambda d_s^b}{\sin\theta} + \lambda d_1^b\cot\theta\right)^2 + \lambda^2 (d_1^b)^2} \tag{3-15}$$

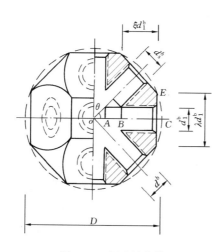

图 3-42 钢球的参数

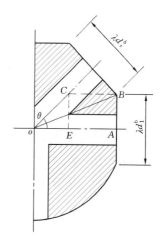

图 3-43 钢球的切削面

式中 D ——钢球直径（mm）；

θ ——两个螺栓之间的最小夹角（rad）；

d_1^b、d_s^b ——两相邻螺栓的较大直径和较

小直径（mm）；

ξ ——螺栓伸入钢球长度与螺栓直

径的比值，一般取 $\xi=1.1$；

λ ——套筒外接圆直径与螺栓直径

的比值，一般取 $\lambda=1.8$。

钢球直径取式（3-14）及式（3-15）

中的较大值。

当相邻两杆夹角 $\theta < 30°$ 时，还要保证

相邻两根杆件（管端为封板）不相碰，由

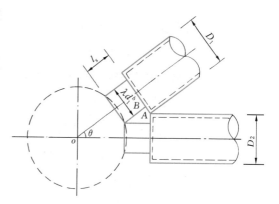

图 3-44 带封板管件的几何关系

图 3-44 中的几何关系 $OA = \sqrt{OB^2 + AB^2}$，$OA = \dfrac{D}{2} + \sqrt{S^2 + \left(\dfrac{D_1 - \lambda d_1^b}{2}\right)^2}$；$AB = \dfrac{D_1}{2}$，$OB$

$= \dfrac{D_2}{2\sin\theta} + \left(\dfrac{D_1}{2}\right)\cot\theta$，可导出钢球直径 D 还需满足下式要求：

$$D \geqslant \sqrt{\left(\dfrac{D_2}{\sin\theta} + D_1\cot\theta\right)^2 + D_1^2} - \sqrt{4l_s^2 + (D_1 - \lambda d_1^b)^2} \tag{3-16}$$

式中 D_1、D_2 ——相邻两根杆件的外径，$D_1 > D_2$；

θ ——相邻两根杆件的夹角；

d_1^b ——相应于 D_1 杆件所配螺栓直径；

λ——套筒外接圆直径与螺栓直径之比；

l_s——套筒长度。

3.6.2.3 螺栓

高强度螺栓的性能等级应按规格选用，M12～M36 的高强度螺栓应按 10.9 级选用，M39～M64 的高强度螺栓应按 9.8 级选用，螺栓的形式与尺寸应符合现行国家标准《钢网架螺栓球节点用高强度螺栓》GB/T 16939 的要求。

现行《钢结构设计标准》GB 50017 和《钢结构高强度螺栓连接技术规程》JGJ 82 中的高强度螺栓都只有 10.9 和 8.8 两级，这里何来 9.8 级？查表 3-5，螺栓球节点推荐的螺栓材料，无论螺栓直径多大，都可以采用 40Cr 和 35CrMo 两种钢材来做，由此不难判断，M39～M64 螺栓之所以按 9.8 级选用，原因在于材料强度的尺寸效应。同一钢号的热轧型钢和钢板，强度随厚度增加而下降，大直径的高强度螺栓在计算时强度降级，同属一个原因。

高强度螺栓受拉承载力设计值 N_t^b 应按下式计算：

$$N_t^b = A_{eff} f_t^b \tag{3-17}$$

式中　f_t^b——高强度螺栓经热处理后的抗拉强度设计值；对 10.9 级，取 430N/mm²；对 9.8 级，取 385N/mm²；

A_{eff}——高强度螺栓的有效截面积；当螺栓上钻有键槽或钻孔时，A_{eff} 值取螺纹处或键槽、钻孔处二者中的小值。常用高强度螺栓在螺纹处的有效截面积 A_{eff} 和承载力设计值 N_t^b 见表 3-6。

受压杆件的连接螺栓不受力，可按压杆内力设计值的绝对值求得螺栓直径后按表 3-6 的螺栓直径系列减小 1～3 个级差。

常用高强度螺栓在螺纹处的有效截面积 A_{eff} 和承载力设计值 N_t^b 　　　　表 3-6

性能等级	规格 d	螺距 p（mm）	A_{eff}（mm²）	N_t^b（kN）
10.9 级	M12	1.75	84	36.1
	M14	2	115	49.5
	M16	2	157	67.5
	M20	2.5	245	105.3
	M22	2.5	303	130.5
	M24	3	353	151.5
	M27	3	459	197.5
	M30	3.5	561	241.2
	M33	3.5	694	298.4
	M36	4	817	351.3

续表

性能等级	规格 d	螺距 p (mm)	A_{eff} （mm²）	N_t^b （kN）
9.8级	M39	4	976	375.6
	M42	4.5	1120	431.5
	M45	4.5	1310	502.8
	M48	5	1470	567.1
	M52	5	1760	676.1
	M56×4	4	2144	825.4
	M60×4	4	2485	956.6
	M64×4	4	2851	1097.6

注：螺栓在螺纹处的有效截面积 $A_{eff} = \pi (d - 0.9382\rho)^2 / 4$。

螺栓杆长度 l 由构造确定（图 3-45），其值为：

$$l = \xi d + l_s + h \qquad (3\text{-}18)$$

式中　ξ——螺栓伸入钢球的长度与螺栓直径之比，一般 $\xi=1.1$；

　　　　d——螺栓直径；

　　　　l_s——套筒长度；

　　　　h——锥头板或封板厚度。

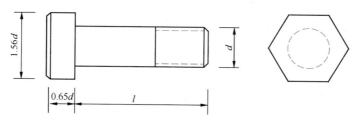

图 3-45　高强度螺栓几何尺寸

3.6.2.4　套筒

套筒通常开有纵向滑槽（图 3-46a），滑槽宽度一般比销钉直径大 1.5～2mm。有时也可将滑槽做在螺栓上，在套筒上设螺栓孔（图 3-46b）。套筒端部到开槽端部（或钉孔端）距离应使该处有效截面抗剪力不低于销钉（或螺钉）抗剪力，且不小于 1.5 倍开槽的宽度。套筒端部要保持平整，内孔径可比螺栓直径大 1mm。

套筒长度可按下式计算：

（1）采用滑槽时

$$l_s = a + a_1 + a_2 \qquad (3\text{-}19)$$

式中　a——滑槽长度，$a=\xi d-c+d_p+4\text{mm}$；　　　　　　　　　　　　　　　　$(3\text{-}20)$

　　　　ξd——螺栓伸入钢球的长度；

c——螺栓露出套筒的长度，可取为 4~5mm，但不应小于 2 个螺距（丝扣）；

a_1、a_2——套筒端部到滑槽端部距离；

d_p——销钉直径。

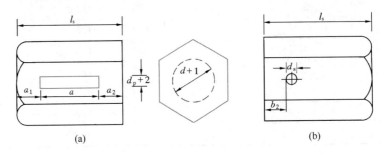

图 3-46　套筒几何尺寸

（a）套筒上开滑槽；（b）套筒上开螺钉孔

（2）采用螺钉时

$$l_s = a + b_1 + b_2 \tag{3-21}$$

式中　a——螺栓杆上滑槽长度，可按式（3-20）计算，但将 d_p 取为紧固螺钉直径 d_s；

b_1——套筒右端至螺栓杆上滑槽最近端距离，通常取 $b_1 = 4$mm；

b_2——套筒左端至螺钉孔边缘距离，通常取 $b_2 = 6$mm。

套筒应进行承压验算，公式为：

$$\sigma_c = \frac{N_c}{A_n} \leqslant f \tag{3-22}$$

式中　N_c——所连杆件轴力设计值；

f——套筒钢材抗压强度设计值；

A_n——套筒在开槽处或螺栓孔处的净截面面积。

销钉或螺钉直径可取螺栓直径的 0.16~0.18 倍，不宜小于 3mm，也不宜大于 8mm。螺钉直径可采用 6~8mm。

3.6.2.5　锥头和封板

当杆件管径较大时宜采用锥头连接。管径较小时可采用封板连接。连接焊缝以及锥头的任何截面应与连接钢管等强度，焊缝根部间隙 b 可根据连接钢管壁厚取 2~5mm（图 3-47）。锥头底板外径宜较套筒外接圆直径大 1~2mm，锥头底板内直径宜比螺栓头直径大 2mm，锥头倾角应小于 40°。锥头尺寸或封板厚度应按实际受力大小计算确定。

封板厚度可按近似方法计算，假定封板为一周边固定开孔圆板，如图 3-48 所示。螺栓轴力 N 通过螺帽接触均匀传给封板开孔边，沿环向单位宽度上板承受的力为：

$$Q = \frac{N}{2\pi S}$$

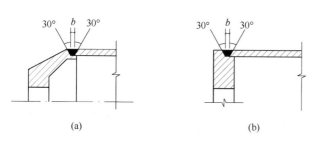
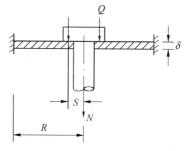

图 3-47　杆件端部连接焊缝

(a) 锥头与钢管连接；(b) 封板与钢管连接

图 3-48　封板

封板周边单位宽度径向弯矩近似为：

$$M_r = Q(R-S) \cdot \frac{S}{R}$$

当 M_r 达到塑性铰弯矩 $M_T = \frac{\delta^2}{4} f_y$ 时，封板达到极限承载力，考虑材料的抗力分项系数后，由 $M_r = M_T$ 可导出：

$$\delta \geqslant \sqrt{\frac{2N(R-S)}{\pi R f}} \tag{3-23}$$

式中　N——钢管杆件设计拉力；

R——钢管的内半径；

S——螺帽和封板接触的圆环面的平均半径；

f——钢材强度设计值；

δ——封板厚度。

锥头是一个轴对称旋转厚壳体（图 3-49），经有限元分析表明，锥头的承载力主要与锥头存

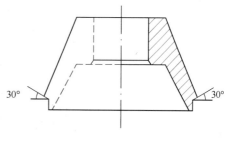

图 3-49　锥头构造

板厚度、锥头斜率、连接管件直径、锥头构造的应力集中等因素有关。锥头底板及封板厚度不应小于表 3-7 中数值。

锥头底板及封板厚度 表 3-7

高强度螺栓规格	锥头底板/封板厚（mm）	高强度螺栓规格	锥头底板/封板厚（mm）
M12、M14	12	M36～M42	30
M16	14	M45～M52	35
M20～M24	16	M56×4～M60×4	40
M27～M33	20	M64×4	45

3.6.3 焊接钢板节点

焊接钢板节点可由十字节点板和盖板组成，适用于型钢杆件的连接。十字节点板宜由两块带企口的钢板对插焊成（图 3-50a），也可由三块板正交焊成（图 3-50b）。十字节点板与盖板所用钢材应与网架杆件钢材相同。

焊接钢板节点可用于两向网格结构和由四角锥体组成的网格结构。常用焊接构造形式如图 3-51、图 3-52 所示。

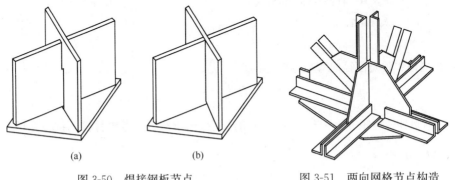

<table>
<tr><td>(a)</td><td>(b)</td><td></td></tr>
<tr><td colspan="2">图 3-50　焊接钢板节点</td><td>图 3-51　两向网格节点构造</td></tr>
</table>

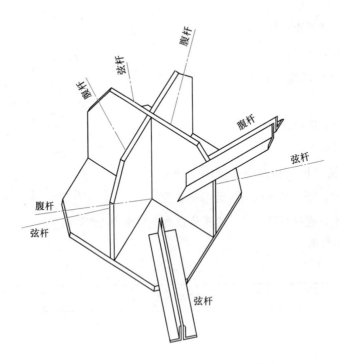

图 3-52　四角锥体组成的网格节点构造

网格弦杆应同时与盖板和十字节点板连接，使角钢两肢都能直接传力。焊接钢板节点各杆件形心线在节点处宜交于一点，否则应考虑偏心影响，杆件与节点连接焊缝的分布应使焊缝截面的形心与杆件形心相重合。十字节点板的竖向焊缝应具有足够的承载力，宜采用 V 形或 K 形坡口的对接焊缝。

节点板厚度可根据网格结构最大杆件内力由表 3-8 确定，并应比所连接杆件的壁厚大 2mm，且不得小于 6mm。

节点板厚度选用表　　　　　　　　表 3-8

杆件内力（kN）	≤150	160～250	260～390	400～590	600～880	890～1275
节点板厚度（mm）	8	8～10	10～12	12～14	14～16	16～18

3.6.4　嵌入式毂节点

嵌入式毂节点可用于跨度不大于 60m 的单层球面网壳及跨度不大于 30m 的单层柱面网壳。节点（图 3-53）材料、构造、设计可参见现行行业标准《空间网格结构技术规程》JGJ 7。

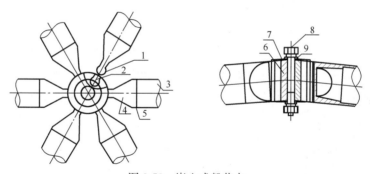

图 3-53　嵌入式毂节点

1—嵌入件嵌入榫；2—毂体嵌入槽；3—杆件；4—杆端嵌入件；5—连接焊缝；6—毂体；7—压盖；8—中心螺栓；9—平垫圈及弹簧垫圈

3.6.5　其他形式节点

对于约束线位移，放松角位移的转动节点，可采用销轴式节点。对于杆件汇交密集、受力复杂且可靠性要求高的关键部位节点可采用铸钢节点。销轴式节点、铸钢节点的材料、设计制作要求可参见现行行业标准《空间网格结构技术规程》JGJ 7。

3.6.6　支座节点

3.6.6.1　节点形式

空间网格结构的支座节点应有足够的强度和刚度，在荷载作用下不先于杆件和其他节点而破坏，也不得产生不可忽略的变形。支座节点的构造应受力明确、传力简捷，并应符合计算假定，设计与构造应符合下列要求：

（1）支座竖向支承板中心线应与竖向反力作用线一致，并与支座节点连接的杆件汇交于节点中心；

（2）支座球节点底部至支座底板间的距离宜尽量减小，但应满足支座斜杆与下部支承结构不相碰的要求；

（3）支座竖向支承板应保证其自由边不发生侧向屈曲，其厚度不宜小于 10mm；对于拉力支座节点，支座竖向支承板的最小截面积及连接焊缝应满足强度要求；

（4）支座节点底板的净面积应满足支承结构材料的局部承压要求，其厚度应满足底板竖向反力作用下的抗弯要求，且不宜小于 12mm；

（5）支座底板的锚栓孔径应比锚栓直径大 10mm 以上，并应考虑适应支座节点水平位移的要求；

（6）支座节点锚栓按构造要求设置时，其直径可取 20～25mm，数量可取 2～4 个；受拉支座的锚栓应按计算确定，锚固长度不应小于 25 倍锚栓直径，并应设置双螺母；

（7）当支座底板与基座表面摩擦力小于支座底部的水平反力时，应设置抗剪键，不得利用锚栓传递剪力。

网架与网壳支座节点的构造相似，可以传递压力和拉力，不同的是网壳有时要用能够传递弯矩和剪力的支座。空间网格结构的支座节点应根据其主要受力特点，分别选用压力支座、拉力支座、可滑移与转动的弹性支座以及兼受轴力、弯矩与剪力的刚性支座。常用支座节点有下列几种构造形式：

（1）平板压力或拉力支座（图 3-54）。角位移受到很大的约束，只适用于较小跨度空间网格结构。是否允许线位移，取决于底板上开孔的形状和尺寸。

（2）单面弧形压力支座（图 3-55）。单方向角位移未受约束，适用于大中跨度空间网格结构。支座反力较大时可采用图 3-55（b）构造。

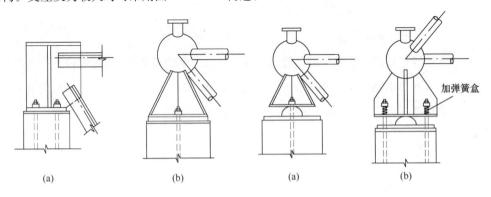

图 3-54 平板压力或拉力支座	图 3-55 单面弧形压力支座
（a）角钢杆件；（b）钢管杆件	（a）两个螺栓连接；（b）四个螺栓连接

（3）单面弧形拉力支座（图 3-56）。可用于要求沿单方向转动的较大跨度空间网格结构。为更好地将拉力传递到支座上，在承受拉力的锚栓附近应设加劲肋以增强节点刚度。

（4）双面弧形压力支座（图 3-57）。在支座和底板间设有弧形块，上、下面都是柱面，支座既可转动又可平移。可用于温度应力变化较大，且下部支承结构刚度较大的大跨度空间网格结构。

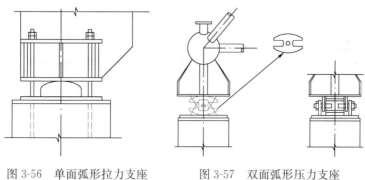

图 3-56 单面弧形拉力支座　　　图 3-57 双面弧形压力支座

（5）球铰压力支座（图 3-58）。只能转动而不能平移，适用于有抗震要求、多点支承的大跨度空间网格结构。对于较大跨度的落地网壳可采用双向弧形铰支座（图 3-59）。

（6）球铰拉力支座（图 3-60）。可用于多点支承的大跨度空间网格结构。

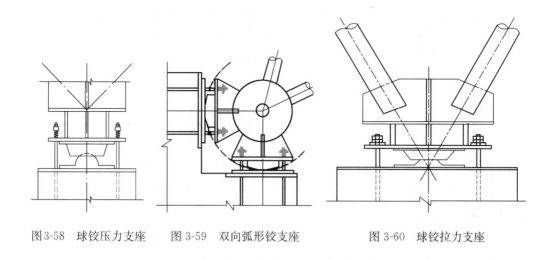

图3-58 球铰压力支座　　　图 3-59 双向弧形铰支座　　　图 3-60 球铰拉力支座

（7）可滑动铰支座（图 3-61）。用于中小跨度的空间网格结构。

（8）板式橡胶支座（图 3-62）。适用于支座反力较大，有抗震要求，温度作用、水平位移较大与有转动要求的大中跨度空间网格结构。通过橡胶垫的压缩和剪切变形，支座既可转动又可平移。如果在一个方向加限位件，支座为单向可侧移式，否则为两向可侧移式。

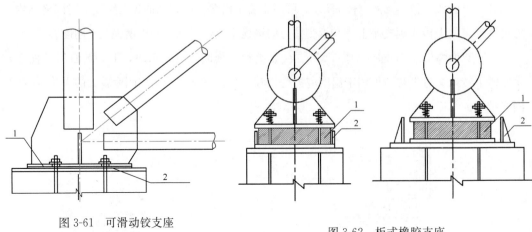

图 3-61　可滑动铰支座

1—支座底板开设椭圆形长孔；2—不锈
钢板或聚四氟乙烯垫板

图 3-62　板式橡胶支座

1—橡胶垫板；2—限位件

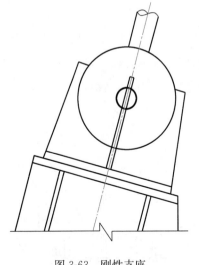

图 3-63　刚性支座

（9）刚性支座（图 3-63）。可用于既能传递轴向力，又能传递弯矩和剪力的中小跨度空间网格结构。支座节点竖向支承板厚度应大于焊接空心球壁厚度 2mm，球体置入深度应大于 2/3 球径。

弧形支座板的材料宜用铸钢，单面弧形支座板也可用厚钢板加工而成。板式橡胶支座垫块可采用由多层橡胶与薄钢板相间粘合而成的橡胶垫板。

（10）铸钢球型支座（图 3-64）。可用于有一定水平位移量和较大转动角度要求的铰接压力或拉力支座，通常用于大中跨度的空间网格结构或大跨度桁架结构。铸钢球型支座一般由上支座板（含不锈钢板）、平面聚四氟乙烯板、球冠衬板、球面聚四氟乙烯板和下支座板等及防尘结构组成。铸钢球型支座包括固定支座和活动支座两大类。活动支座又区分为单向活动支座和双向活动支座。

铸钢球型支座主体结构的材料为铸钢，与铸铁性能相似，但比铸铁强度好。铸钢件冶金制造适应性和可变性强，铸钢材料的各向同性和铸钢件整体结构性强，因而提高了支座的工程可靠性。铸钢球型支座主要有如下特点：通过球面传力，因而作用到支承结构上的反力比较均匀；转动力矩只与支座的球面半径及聚四氟乙烯板的滑动摩擦系数有关，与支座转角大小无关，对于转角较大的支座比较合适；与橡胶支座相比不存在橡胶老化和橡胶变硬的影响，适合温度偏低的地区。

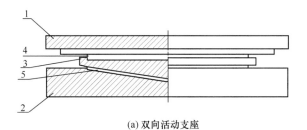

(a) 双向活动支座

1— 上支座板; 2— 下支座板; 3— 球冠衬板;
4— 平面聚四氟乙烯板; 5— 球面聚四氟乙烯板

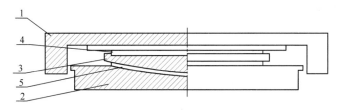

(b) 单向活动支座

1— 上支座板; 2— 下支座板; 3— 球冠衬板;
4— 平面聚四氟乙烯板; 5— 球面聚四氟乙烯板

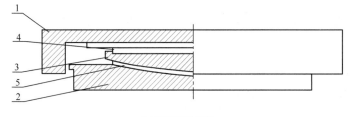

(c) 固定活动支座

1— 上支座板; 2— 下支座板; 3— 球冠衬板;
4— 平面聚四氟乙烯板; 5— 球面聚四氟乙烯板

图 3-64　铸钢球型支座

3.6.6.2 平板支座节点设计

空间网格结构平板支座的构造和平面桁架支座没有多少差别，支座板的平面尺寸、厚度，肋板的尺寸和焊缝都可参照桁架支座节点和柱脚的计算方法确定。

网格结构平板支座不同于简支平面桁架支座的唯一特点是有可能受拉，拉力支座的锚栓直径需要通过计算确定，一个拉力锚栓的有效截面面积应按下式计算，算得 A_e 后可由表 3-6 查出相应的螺栓直径。

$$A_e \geqslant \frac{1.25 R_t}{n f_t^a} \tag{3-24}$$

式中　R_t——支座拉力;

1.25——考虑多个锚栓受力不均匀的增大系数;

n——锚栓个数；

f_t^a——锚栓的抗拉强度设计值。

3.6.6.3 单面弧形压力支座设计

（1）弧形支座置于底板之上，其平面尺寸（图 3-65）为：

$$a_1 \cdot b_1 \geqslant \frac{R}{f} \tag{3-25}$$

式中 R——支座反力；

f——钢材（或铸钢）抗压强度设计值；

a_1、b_1——弧形支座宽度、长度。

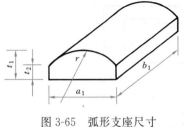

图 3-65 弧形支座尺寸

（2）弧形支座板厚度（图 3-65）。

弧形板受力类似一倒置的双悬挑板，上部支座在弧面顶点提供支承（图 3-55），荷载为底部支座反力 $R/(a_1 \cdot b_1)$ 弧形板中央截面最大弯矩为：

$$M = \frac{1}{2}\left(\frac{R}{a_1 \cdot b_1}\right) \cdot \left(\frac{a_1}{2}\right)^2 \cdot b_1 = Ra_1/8$$

由强度条件 $\sigma_{max} = \dfrac{M}{W} = \left(\dfrac{R \cdot a_1}{8}\right) \Big/ \left(\dfrac{b_1 t_1^2}{6}\right) \leqslant f$，得出

$$t_1 \geqslant \sqrt{\frac{3Ra_1}{4b_1 f}} \tag{3-26}$$

式中 f——钢材（或铸钢）抗弯强度设计值。

（3）弧形支座的半径由下式确定：

$$r \geqslant \frac{RE}{80b_1 f^2} \tag{3-27}$$

式中 r——弧面半径；

f——钢材（或铸钢）抗压设计强度；

E——钢材的弹性模量。

弧形支座的侧面高度 t_2 宜小于 15mm。

3.6.6.4 橡胶支座设计

（1）橡胶垫板由氯丁橡胶或天然橡胶制成，胶料和制成板的性能应符合表 3-9～表 3-11 的要求。

胶料的物理机械性能 表 3-9

胶料类型	硬度（邵氏）	扯断应力（MPa）	伸长率（%）	300%定伸强度（MPa）	扯断永久变形（%）	适用温度不低于
氯丁橡胶	60±5	≥18.63	≥450	≥7.84	≤25	−25℃
天然橡胶	60±5	≥18.63	≥500	≥8.82	≤20	−40℃

（2）橡胶垫板的计算。

橡胶垫板的底面积 A 可根据承压条件按下式计算：

$$A \geqslant R_{\max}/[\sigma] \tag{3-28}$$

式中　A——垫板承压面积，$A = a \cdot b$（如橡胶垫板开有螺孔，应减去开孔面积）；

a、b——分别为橡胶垫板短边与长边的边长；

$R_{\max}$——荷载标准值在支座引起的反力；

$[\sigma]$——橡胶垫板的允许抗压强度，按表 3-10 采用。

橡胶垫板的力学性能　　　　　　　表 3-10

允许抗压强度	极限破坏强度	抗压弹性模量 E	抗剪弹性模量 G	摩擦系数
$[\sigma]$（MPa）	（MPa）	（MPa）	（MPa）	μ
7.84～9.80	>58.82	由形状系数 β 按表 3-11 查得	0.98～1.47	（与钢）0.2 （与混凝土）0.3

E-β 关系　　　　　　　表 3-11

β	4	5	6	7	8	9	10	11	12	13	14	15	16	17	18	19	20
E（MPa）	196	265	333	412	490	579	657	745	843	932	1040	1157	1285	1422	1559	1706	1863

注：支座形状系数 $\beta = \dfrac{ab}{2\,(a+b)\,d_i}$；$a$、$b$—橡胶垫短边及长边长度（m）；$d_i$—中间橡胶层厚度（m）。

橡胶垫板厚度应根据橡胶层厚度与中间各层钢板厚度确定（图 3-66）。橡胶层厚度可由上、下表层及各钢板间的橡胶片厚度之和确定。

$$d_0 = 2d_1 + nd_i \tag{3-29}$$

式中　d_0——橡胶层厚度；

d_1、d_i——分别为上、下表层及中间各层橡胶片厚度；

n——中间橡胶片的层数。

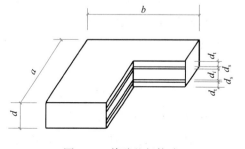

图 3-66　橡胶垫板构造

根据橡胶剪切变形条件中 $d_0\tan\alpha \geqslant u$ 及构造要求，并取 $\tan\alpha = 0.7$，橡胶层厚度应满足下式要求：

$$0.2a \geqslant d_0 \geqslant 1.43u \tag{3-30}$$

式中　u——由于温度变化等原因在网架支座处引起的水平位移。

1.43 为 $\tan\alpha$ 的倒数，$\tan\alpha$ 为橡胶层最大容许剪切角的正切。

上、下表层橡胶片厚度宜采用 2.5mm，中间橡胶片常用厚度宜取 5mm、8mm、11mm，钢板厚度（图 3-66 中的 d_s）宜取 2～3mm。

橡胶垫板的压缩变形不能过大。为防止支座转动引起橡胶垫板与支座底板部分脱开而形成局部承压，橡胶垫板的压缩变形也不能过小，按照上述要求，橡胶垫板的平均压缩变形应满足下列条件：

$$0.05d_0 \geqslant w_m \geqslant \frac{1}{2}\theta a \tag{3-31}$$

式中 θ——结构在支座处的最大转角（rad）。

平均压缩变形 w_m 可按下式计算：

$$w_m = \sigma_m d_0 / E \tag{3-32}$$

式中 σ_m——平均压应力，$\sigma_m = R_{max}/A$。

在水平力作用下橡胶垫板应按下式进行抗滑移验算：

$$\mu R_g \geqslant GAu/d_0 \tag{3-33}$$

式中 u、d_0——定义如式（3-30）和式（3-29）；

μ——橡胶垫板与钢板或混凝土间的摩擦系数，按表 3-10 采用；

R_g——乘以荷载分项系数 0.9 的永久荷载标准值引起的支座反力；

G——橡胶垫板的抗剪弹性模量，按表 3-10 采用。

橡胶垫板的弹性竖向刚度 K_{z0}、两个方向水平刚度 K_{n0} 和 K_{s0} 可按下式计算：

$$K_{z0} = EA/d_0, K_{n0} = K_{s0} = GA/d_0$$

（3）橡胶垫板的构造要求

对气温不低于 −25℃ 地区，可采用氯丁橡胶垫板。对气温不低于 −30℃ 地区，可采用耐寒氯丁橡胶垫板。对气温不低于 −40℃ 地区，可采用天然橡胶垫板。橡胶垫板的长边应与网格结构支座切线方向平行放置。橡胶垫板与支柱或基座的钢板或混凝土间可采用 502 胶等胶粘剂固定。

橡胶垫板上的螺孔直径应大于螺栓直径 10~20mm，并应与支座可能产生的水平位移相适应。橡胶垫板外宜设限位装置，防止发生超限位移。

设计时宜考虑长期使用后因橡胶老化而需更换的条件。在橡胶垫板四周可涂以防止老化的酚醛树脂，并粘结泡沫塑料。橡胶垫板在安装、使用过程中应避免与油脂等油类物质以及其他对橡胶有害的物质接触。

3.7 索结构

3.7.1 结构形式

按照索的使用方式及受力特点，可将索结构分为单层悬索体系、预应力双层悬索体系、预应力鞍形索网、预应力横向加劲单层索系、预应力索拱及张弦结构、悬挂薄壳、张拉集成结构、索膜结构及悬挂与斜拉式混合等结构形式。

(1) 单层悬索体系

单层悬索体系是由按一定规律布置的单根悬索组成，索两端锚挂在支承结构上。索系布置有平行式、辐射式、网格式三种。

平行布置的单层索系形成下凹的单曲率曲面（图 3-67），适用于矩形或多边形平面。依建筑要求，索两端可以等高，也可以不等高。悬索两端支座承受较大的水平力作用，合理地解决水平力传递是悬索结构设计中的重要问题。

单层辐射式布置可形成下凹的双曲率碟形屋面（图 3-68），适用于圆形或椭圆形平面。辐射式布置的单层索系中，要在圆形平面的中心设置中心内环，在外圆设置外环梁。索的两端分别锚在内环及外环梁上。在索拉力水平分力的作用下，内环受拉，外环受压。索拉力的竖向分力由环梁传给下部的支承柱。受拉内环采用钢制，受压外环一般采用钢筋混凝土结构。均布荷载作用下，圆形平面内辐射状布置的各索拉力相等。椭圆形平面内各索拉力不等，外环梁弯矩较大。

 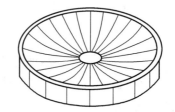

图 3-67　平行布置的单层悬索体系　　　图 3-68　辐射式布置的单层悬索体系

网格式布置的单层索系形成下凹的双曲率曲面（图 3-69），两个方向的索一般呈正交布置，可用于圆形、矩形等平面。用于圆形平面时，边缘构件的弯矩大于辐射式布置。

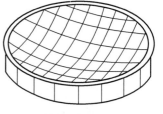

单层索系刚度低，形状稳定性较差，在非对称荷载作用下变形较大。悬索的垂度与跨度之比是影响单层索系工作的重要几何参数，单层索系的垂跨比宜取为 $1/20 \sim 1/10$。

跨度、荷载相同条件下，垂跨比小时悬索体系扁平，其形状稳定性和刚度均差，索中拉力也大。垂跨比大时，索的稳定性、刚度得到改善，索中拉力减小。单层索系宜采用重型屋面。

图 3-69　网格式布置的
单层悬索体系

(2) 预应力双层悬索体系（索桁架）

双层悬索体系是由一系列下凹的承重索、上凸的稳定索及两者之间的连系杆（拉杆或压杆）组成。承重索可设在稳定索之上（图 3-70a）或之下（图 3-70b），也可相互交叉

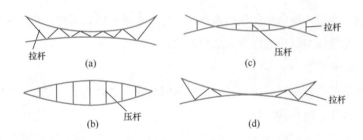

图 3-70　预应力双层悬索体系的一般形式

（图 3-70c）。承重索和稳定索在跨中可以直接相连（图 3-70d）或不相连（图 3-70a、b、c）。在对称均布荷载作用下，跨中相连与否，索系的工作性能无变化。但在不对称荷载作用下，跨中相连的索系具有较大的抵抗变形的能力。连系杆可竖向布置，也可斜向布置。斜向布置时，索系抵抗不对称变形的能力较大。系杆可采用圆钢、钢管、角钢等截面。

承重索、稳定索和系杆一般布置在同一竖向平面内，其外形类似于平面桁架，因此又称为索桁架。承重索和稳定索也可以错开布置，使上、下索不在同一竖向平面内。

通过张拉承重索或稳定索，或二者同时张拉，在上下索内建立足够的预拉力，使索系绷紧共同工作。和单层索系相比，预拉力双层索系有良好的刚度和形状稳定性，可以采用轻屋面。

双层索系也有平行布置、辐射式布置和网状布置三种形式（图 3-71）。双层索系的承重索和稳定索要分别锚固在支承结构上。辐射式布置的双层索系，根据索桁架形式的不同，必要时要设置二层外环梁或内环梁锚固承重索和稳定索。

图 3-71　双层索系的网状布置和辐射式布置

承重索的垂跨比和稳定索的矢跨比也是影响双层索系工作性能的重要几何参数，承重索的垂跨比宜取 $1/20 \sim 1/15$，稳定索的拱度可取跨度的 $1/25 \sim 1/15$。双层索系宜采用轻型屋面。

（3）预应力鞍形索网

鞍形索网是由曲率相反的两组钢索相互正交组成的负高斯曲率的曲面悬索结构，索网周边悬挂在边缘构件上（图 3-72）。下凹的承重索在下，上凸的稳定索在上，两组索在交点处相连接。对于索网屋盖，承重索的垂跨比宜取 $1/20 \sim 1/10$，稳定索的拱度宜取跨度的 $1/30 \sim 1/15$。

对其中任意一组或两组索进行张拉，赋予一定的预拉力，使其具有很好的形状稳定性和刚度。鞍形索网与双层索系（索桁架）的区别在于：双层索系属于平面结构，鞍形索网为空

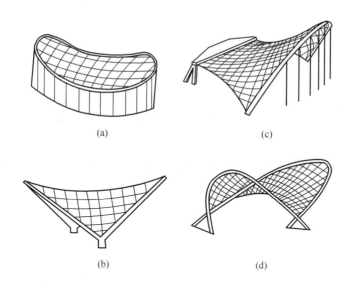

图 3-72　预应力鞍形索网

间结构体系。索网曲面的几何形状与建筑物平面形状、支承结构形式、预应力大小及外荷载作用等因素有关。当建筑物平面为矩形、菱形、圆形及椭圆形等规则形状时，鞍形索网有可能做成较简单的双曲抛物面。对于其他情况，曲面都较复杂，甚至不能用函数进行表达，设计者要根据外形要求和索力分布较均匀的原则，由"成形分析"来确定索网的几何形状。

　　曲面扁平的索网一般需施加很大的预应力才能达到必要的结构刚度和稳定性，很不经济，所以对鞍形索网也应要求一定的矢跨比，使曲面有必要的曲率。索网宜采用轻型屋面。

　　鞍形索网边缘构件形式多样，如圆形或椭圆形平面的双曲抛物面索网多采用闭合的空间曲梁。曲梁的轴线一般取索网曲面与圆柱面或椭圆柱面的相截线。在两向索拉力的作用下，空间曲梁为压弯构件。如图 3-72（b）所示的菱形平面双曲抛物面索网，其边缘构件为直梁。在索拉力作用下，和曲梁相比，直梁会产生较大的弯矩。图 3-72（c）采用了柔性边缘构件——边界索，索网连于边界索上，边界索再将拉力传至地锚或其他结构。图3-72（d）的边缘构件为两落地交叉拱，一个方向拱推力的水平分力由两拱脚间拉杆平衡。

　　（4）预应力横向加劲单层索系

　　在平行布置的单层悬索上敷设与索方向垂直的实腹梁或桁架等劲性构件，通过下压这些横向构件的两端并加以固定，在索与横向构件组成的体系中建立起预应力，形成横向加劲单层索系屋盖结构（图 3-73），也称索梁（桁）体系。索的垂跨比宜取 1/20～1/10，横向加劲构件（梁或桁架）的高度宜取跨度

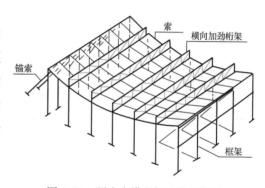

图 3-73　预应力横向加劲单层索系

的1/25～1/15。横向加劲索系宜采用轻型屋面。

(5) 预应力索拱及张弦结构

在鞍形索网中，以实腹式或格构式劲性构件代替上凸的稳定索，张拉承重索或下压拱的两端，使索与拱相互压紧，形成预应力索拱体系（图3-74）。

与柔性悬索结构相比，索拱体系刚度、形状稳定性较好。由于刚性拱的存在，体系不需施加很大的预应力。与单一拱结构相比，拱与张紧的索相连，不易发生整体失稳。在预应力阶段，拱受索向上的作用而受拉。在荷载阶段，索拱共同工作，拱所受压力的一部分可与预应力阶段的拉力相抵消。

张弦梁结构由下弦索、上弦梁和竖腹杆构成（图3-75）。通过拉索的预拉力使竖腹杆受压，上弦梁产生与外荷载作用相反的内力和变形。

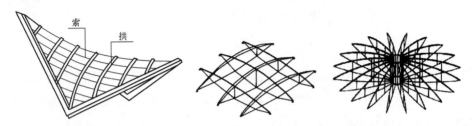

图 3-74　预应力索拱体系　　　　　图 3-75　张弦梁结构及布置方式

张弦结构可单向、双向和辐射式布置。单向布置的刚性构件和索位于同一平面内，结构为平面受力，为防止上弦刚性构件的出平面失稳和倾覆，需要设置横向水平支撑。双向布置可以避免单向布置存在的出平面稳定和倾覆问题，结构的整体性和刚度均有所提高。辐射式布置适用于圆形平面，杆件汇交在跨中设置的压环（上弦）和拉环（下弦）上。张弦结构的工作性能与刚性构件的矢跨比 f_1/L、张拉弦的垂跨比 f_2/L 及梁与弦的刚度比有关，对简支张弦梁 f_1/L 和 f_2/L 可取 1/25 和 1/15。索拱的垂跨比宜取 1/14～1/10。张弦网壳矢高不宜小于跨度的 1/10。张弦结构宜采用轻型屋面。

(6) 预应力悬挂薄壳

为改善柔索体系的工作性能，在单层索系、双层索系和鞍形索网中采用预制钢筋混凝土屋面时，可做成预应力混凝土悬挂薄壳。

单层索系悬挂薄壳的施工方法为：①在钢索上安放预制屋面板并在板上施加临时荷载使索伸长，板缝增大；②用细石混凝土灌缝，待混凝土达到预定强度后，卸掉临时荷载，在屋面板内产生预压应力，整个屋面形成预应力混凝土薄壳。

对平行布置的单层索组成的单曲屋面，尚须在与索垂直的方向施加预应力，以免局部荷载作用下，薄壳产生顺索方向的裂缝。

对负高斯曲率的鞍形曲面悬挂薄壳施工方法如下：①先将索网绷紧形成初始几何形状，

按设计要求施加第一次预应力；
②在索网上铺设预制钢筋混凝土屋
面板并加临时荷载，使沿稳定索方
向的板缝Ⅰ增大（图 3-76），用细石
混凝土填满这些板缝；③板缝混凝
土达到设计强度后，卸掉临时荷载，
在承重索方向混凝土板间便建立起
预应力；④最后用细石混凝土灌满
沿承重索方向的板缝Ⅱ，混凝土达
到设计强度后，形成整体预应力悬
挂薄壳。

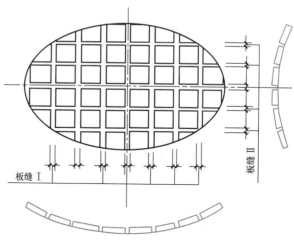

图 3-76　悬挂混凝土薄壳

　　壳体一旦形成后，屋盖将主要
作为薄壳受力。荷载作用下，壳体在稳定索方向受压，在承重索方向受拉。只要承重索方向
薄壳内的预压应力足够大，受拉方向就不致开裂。

　　对鞍形索网悬挂薄壳施加预应力也可不用加临时荷载方法，而直接通过张拉沿承重索方
向板缝Ⅱ中敷设的预应力钢筋或钢索建立起沿承重索方向混凝土板间的预应力。

　　悬挂混凝土薄壳的厚度（包括板、肋的折算厚度）一般为 30~60mm。悬挂薄壳结构的
优点是索和混凝土板共同工作，集承重与围护功能于一体，结构的刚度、形状稳定性较柔索
结构大为提高。

　　（7）张拉集成（索穹顶）结构

　　张拉集成结构是由分散的压杆与连续的索网构成的自平衡体系，通过施加预应力使体系
成形，它的刚度与体系内部的预应力大小有关。张拉集成结构可以设计成由尽可能多的受拉
索构成，以便最大限度地利用材料性能。索穹顶的高度与跨度之比不宜小于 1/8，斜索与水
平面的角度宜大于 15°。索穹顶的屋面宜采用膜材。图 3-77 为张拉集成结构的典型代表，美
国亚特兰大奥运会主体育馆采用的索穹顶结构，平面为 240m×193m。

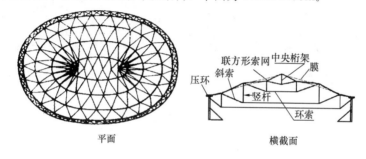

平面　　　　　　　　　横截面

图 3-77　索穹顶结构

（8）索膜结构

膜结构具有自重轻、建造周期短、造型新颖等特点。索膜结构是由索与膜结合，利用拉索对膜面施加足够预拉力将膜材料绷紧形成具有一定形状和刚度的结构（图3-78）。钢索被用来加强薄膜并作为薄膜的边缘构件。膜材兼具围护和承重两种功能。膜材由高强度纤维柔性织物和涂层复合而成，具有较高的抗拉强度和弹性模量，良好的耐久性能。涂层织物膜材厚度一般为0.5～1.0mm，自重为0.5～2.0kg/m²。

膜结构可分为四类：整体张拉式膜结构、索系支承式膜结构、骨架支承式膜结构、空气支承式膜结构。

整体张拉式膜结构是利用桅杆或拱等刚性构件提供支承点，将钢索和膜悬挂起来，通过张拉索对膜面施加预张力，膜材兼具承重与围护功能（图3-78）。

索系支承式膜结构由空间索系作为承重结构，在索系上布置按设计要求张紧的膜材，膜材主要起围护作用，索系支承膜结构的典型代表是索穹顶结构（图3-77）。

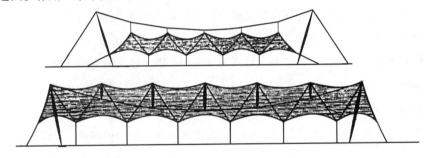

图 3-78　整体张拉式膜结构

骨架支承式膜结构以刚性构件为承重骨架，在骨架上布置按设计要求张紧的膜材，膜材主要起覆盖作用（图3-79）。

空气支承式膜结构具有密闭的充气空间，并设置维持内压的充气装置，靠内部气压维持膜材张力，形成设计要求的曲面，如用于干煤棚结构（图3-80）。

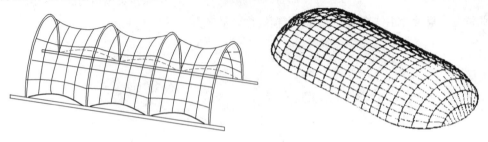

图 3-79　骨架支承膜结构　　　　　　　图 3-80　空气支承膜结构

（9）悬挂式与斜拉式混合结构

悬挂式混合结构采用一系列竖向吊杆将刚性的屋面构件连于其上方的悬索，刚性屋盖上的部分荷载由吊杆传给上方的悬索（图 3-81）。被悬挂的刚性构件可以是梁、桁架、网架、网壳等。

斜拉式混合结构是由塔柱顶部悬挂的斜拉索与刚性屋盖构件相连（图 3-82），斜拉索为刚性屋盖提供弹性支承。斜拉结构宜采用轻型屋面。

悬挂与斜拉体系一般要施加一定的预应力，使索在使用期间保持张紧，保证索与刚性构件共同工作及防止在风吸力作用下柔索松弛。

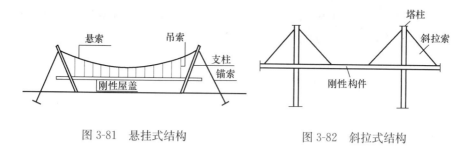

图 3-81　悬挂式结构　　　　　　　　　　图 3-82　斜拉式结构

3.7.2　索结构计算要点

索结构设计应满足现行行业标准《索结构技术规程》JGJ 257 的要求。

3.7.2.1　索结构的一般设计原则

对索结构应分别进行初始预应力及荷载作用下的计算分析，计算中均应考虑几何非线性影响。索结构的荷载状态分析应在初始预应力状态的基础上考虑永久荷载与活荷载、雪荷载、风荷载、地震作用、温度作用的组合，并应根据具体情况考虑施工安装荷载。拉索截面及节点设计应采用荷载的基本组合，位移计算应采用荷载的标准组合。

永久荷载——除结构自重、屋面材料、悬吊材料、设备管道外还应考虑预应力，悬索结构中的预应力应作为永久荷载的一种，当预应力作用对结构不利时，荷载分项系数取 1.3，当预应力作用对结构有利时，荷载分项系数取 1.0。

可变荷载——屋面活载、雪载、风载、积灰荷载和吊车荷载。对柔性体系，风载往往是最敏感的荷载，需要准确地确定风载体型系数和风振系数。对膜结构还要考虑膜面变形和振动对风压力的影响。对轻屋面结构，尚应考虑屋盖受风吸力的工况。

索结构的风荷载可用下式表示：

$$\omega_{\mathrm{k}} = \beta_{z}\mu_{z}\mu_{s}\mu_{d}\mu_{f}\omega_{0} \tag{3-34}$$

式中　β_{z}——风荷载脉动增大系数，可取为：单索 1.2～1.5；索网 1.5～1.8；双层索系 1.6～1.9，横向加劲索系 1.3～1.5；其他类型索结构 1.5～2.0；其中，结构跨度较大且自振频率较低者取较大值；

　　　μ_{z}——风压高度变化系数，按现行《建筑结构荷载规范》GB 50009 取值；

μ_{s}——风载体型系数，按现行《建筑结构荷载规范》GB 50009 取值；对矩形、菱形、圆形及椭圆形等规则曲面的风载体型系数可按现行《索结构技术规程》JGJ 257 附录 D 采用；对于体形复杂且无相关资料参考的索结构，其风载体型系数宜通过风洞试验确定；

μ_{d}——地形修正系数，按现行《工程结构通用规范》GB 55001 取值；

μ_{f}——风向影响系数，当有 15 年以上符合观测要求且可靠的风气象资料时，应按照极值理论的统计方法计算不同风向的风向影响系数；所有风向影响系数的最大值不应小于 1.0，最小值不应小于 0.8；其他情况应取 1.0；

ω_0——基本风压，按现行《建筑结构荷载规范》GB 50009 取值，且不得低于 $0.3 \mathrm{kN/m^2}$；

ω_{k}——风荷载标准值（$\mathrm{kN/m^2}$）。

对满足下列条件之一的索结构，应通过风振响应分析确定风动力效应。

（1）跨度大于 25m 的平面索网结构或跨度大于 60m 的其他类型结构；

（2）索结构的基本自振周期大于 1.0s；

（3）体型复杂且较为重要的结构。

悬索屋盖曲面形状多变，雪荷载分布较复杂，屋盖覆盖面积很大时，屋面积雪会有聚堆现象。当大跨悬索屋盖几何形状较复杂时，屋面积雪分布系数应根据所在地区情况慎重确定，并考虑雪载不均匀分布的影响。屋面雪载和活载不同时组合，取二者的大值。

对建造在地震区的索结构应进行抗震验算。对设防烈度 7 度及以上地区的索结构应进行多遇地震作用效应分析。对于设防烈度 7 度或 8 度地区、体型较规则的中小跨度索结构，可采用振形分解反应谱法进行地震效应分析，索结构的动力性能与多高层结构有明显不同，其自振频率分布密集、各振型耦合作用明显，往往数十个振形都可能对地震响应有贡献，采用反应谱法进行索结构地震分析时，通常需选取较多振形参与组合，才能得到较为稳定的结果。

对跨度较大的索结构应考虑结构几何非线性，采用时程分析法进行单维地震反应分析，并宜进行多维地震反应时程分析。索结构在竖向地震作用下会产生较大的振动，抗震分析时，除考虑水平地震作用外，还应考虑竖向地震作用。

索结构地震效应分析时，宜采用包括支承结构在内的整体模型进行计算；也可将支承结构简化为索结构的弹性支座，按弹性支承模型进行计算。对计算模型中仅含索元的结构阻尼比宜取 0.01，对由索元与其他构件单元组成的结构阻尼比可相应调整。

索系中的预应力可使索系结构取得必要刚度和形状稳定性。施加预应力的大小与结构形式、索系的垂跨比、恒载与活载的比值、变形要求等因素有关，应以悬索体系中的任一根钢索在可能的荷载工况下都不能发生松弛，且保持一定的张力储备为原则确定初始预应力的数值。在使用阶段，边缘构件大都以承受轴力为主，为避免不均匀施加预应力使边缘构件产生过大的弯矩和变形，应慎重确定预应力的施加步骤。考虑到屋面恒载和预应力对边缘构件的作用通常能部分地相互抵消，预应力的施加可与屋面恒载的施加交替进行。通常将全部预应力分为若干级，经计算拟定交替施加各级预应力和恒载的顺序。施加每级预应力时，还要仔细计算拟定各根钢索的张拉顺序。

索系结构的施工荷载虽是临时荷载，但可能相当大，需仔细计算。设计时要预先考虑施工的步骤，特别是张拉预应力和铺设屋面的步骤。实际施工时要严格按规定的步骤进行，以免使支承结构严重超载。

索结构的内力和位移可按弹性进行计算，对索结构可采用离散理论（有限元法）或连续理论（解析法或实用简化计算法）进行内力、位移计算。采用简化计算法应满足工程精度要求。

对索系结构，荷载组合的叠加原理不再适用。在进行结构设计时，不能采用荷载效应组合而必须采用荷载组合，增加了结构分析计算工作量。

3.7.2.2　强度和位移控制

索和膜是柔性构件，只能受拉不能受压。索膜设计包括两方面内容：强度校核，确保索膜在张力下不破坏；刚度校核，索膜不受压，确保索不松弛，膜不褶皱。

我国对各类建筑结构已统一采用概率极限状态设计法，对结构构件采用分项系数表述的设计表达式验算，为考虑索系结构中各构件计算的统一，对钢索强度的计算采用与其他设计规范相一致的设计表达式。

1. 拉索的抗拉力设计值应按下式计算：

$$F = \frac{F_{tk}}{\gamma_R} \tag{3-35}$$

式中　F——拉索的抗拉力设计值（kN）；

　　　F_{tk}——拉索的极限抗拉力标准值（kN）；

　　　γ_R——拉索的抗力分项系数，取 2.0；当为钢拉杆时取 1.7。

拉索的承载力应按下式计算：

$$\gamma_0 N_d \leqslant F \tag{3-36}$$

式中　N_d——考虑荷载分项系数后，恒载、预张力、活载、地震和温度作用等各种荷载组合工况下拉索承受的最大轴向拉力设计值（kN）；

　　　γ_0——结构重要性系数，对于地震作用组合应为承载力抗震调整系数 γ_{RE}。

2. 索的刚度由索拉力形成，可控制索内拉力不低于某一限值，即：

$$\frac{N_{min}}{A} \geqslant [\sigma_{min}] \tag{3-37}$$

式中　N_{min}——索的最小拉力设计值；

　　　$[\sigma_{min}]$——保持索具有必要刚度时索内的最小应力限值，一般最小不宜小于 $30N/mm^2$。

3. 膜的强度校核按下式进行:

$$\sigma_{max} \leqslant f \tag{3-38}$$

$$f = \zeta \frac{f_k}{\gamma_R} \tag{3-39}$$

式中 σ_{max}——膜的最大主应力设计值;

        f——对应最大主应力方向的膜材强度设计值,按式(3-39)确定;

        f_k——膜材强度标准值;

        γ_R——膜材抗力分项系数,荷载基本组合不考虑风荷载时,$\gamma_R = 5.0$;考虑风荷载时,$\gamma_R = 2.5$;

        ζ——强度折减系数,一般部位膜材 $\zeta = 1.0$,连接点处和边缘部位的膜材 $\zeta = 0.75$。

4. 膜的刚度校核按下式进行:

$$\sigma_{min} \geqslant \sigma_p \tag{3-40}$$

式中 σ_{min}——膜的最小主应力设计值;

        σ_p——保持膜面具有必要刚度的最小应力限值,按下列规定采用:荷载基本组合不考虑风荷载时,可取初始预张力值的 25%;荷载基本组合中考虑风荷载时 $\sigma_p = 0$,但膜面松弛引起的褶皱面积不得大于膜面面积的 10%。

5. 索系屋盖变形控制。

在荷载标准组合下的承重索跨中竖向位移不应超过变形容许值,即

$$\Delta_k \leqslant [\Delta] \tag{3-41}$$

式中 Δ_k——结构在荷载标准组合下的变形;

        $[\Delta]$——变形容许值,对单层悬索体系为跨度的 1/200(自初始几何态算起),对单层索系,考虑到一般均通过对混凝土屋面板灌缝施加预应力,上述规定的初始几何形态是指由屋面构件作用之后算起。对双层悬索体系、索网、横向加劲索系为跨度的 1/250(自预应力态算起)。对斜拉结构、张弦结构或索穹顶屋盖为跨度的 1/250(自预应力状态算起)。设计时要注意蠕变及索锚端滑动、温度升高及边缘构件徐变将会使索系挠度明显增大。

6. 膜结构变形控制。

现行《膜结构技术规程》CECS 158 规定:对于整体张拉式和索系支承式膜结构,荷载标准组合中不含风载时,最大整体位移不应大于跨度的 1/250 或悬挑长度的 1/125;荷载标准组合中含风载时,最大整体位移不宜大于跨度的 1/200 或悬挑长度的 1/100;对于桅杆顶点,荷载标准组合含风载时,其侧向位移不宜大于桅杆长度的 1/250;结构中各膜单元内膜

面的相对法向位移不应大于单元名义尺寸的 1/15。

3.7.3　索结构的节点位移法（非线性有限元法）

节点位移法（非线性有限元法）是悬索体系受力分析的一种较精确方法，分析中将索看成是由一系列相互连接的索段组成，索段之间以节点相连，节点之间的索段为基本单元，以节点位移为求解基本未知量。计算中假定：索是理想柔性的，不能受压，也不能抗弯；索的材料符合虎克定律；荷载作用在节点上，各索段均呈直线。

索系结构是几何非线性结构，索系的节点位移平衡方程不能按变形前的初始位置来建立，必须考虑索系形状随荷载变化而产生的改变，按变形后新的几何位形来建立平衡条件（非线性平衡方程）。不同的初始状态上施加相同的荷载增量时引起的效应不同，求解索系问题时，其初始状态必须明确给定。

索结构计算时应考虑其与支承结构的相互影响，宜用包含支承结构的整体有限元模型进行分析。

3.7.4　悬索体系预应力状态的确定

悬索体系的初始预应力状态也需根据平衡条件计算确定。这一过程称为"初始形态分析"，初始形态分析是要确定在给定支承边界条件下满足要求的曲面形状和预张力状态这一组合。索结构的初始形态分析也可采用节点位移法（非线性有限元法），计算时将索系初始绷紧成型但尚未施加预应力的状态作为始态，将施加预应力以后的状态作为"终态"，通过求解节点的非线性平衡方程得到"终态"，此时各索段的内力就是按设计给定的预张力，是已知的。

初始形态分析的结果不仅为结构受荷分析提供了一个起始态，而且直接决定了结构的各项力学性能，初始形态分析在索结构分析中是十分重要的。

3.7.5　钢索的材料、锚固及连接构造

3.7.5.1　**钢索材料**

索结构用钢索一般为高强钢丝组成的平行钢丝束、钢绞线、钢丝绳等，也可采用圆钢、型钢、带钢等。

高强钢丝是由热处理的优质碳素结构钢盘条经多次连续冷拔而成，是组成平行钢丝束、钢绞线、钢丝绳的基本材料。索结构常用钢丝直径为 5mm 和 7mm。高强钢丝的硫、磷含量应限制在 0.025% 以下，铜含量不得超过 0.20%。目前国内生产的结构用高强钢丝品种主要有：普通松弛级钢丝（Ⅰ级）和低松弛级钢丝（Ⅱ级）等。高强钢丝力学性能指标见表 3-12。

高强度钢丝力学性能《桥梁缆索用热镀锌或锌铝合金钢丝》GB/T 17101—2019　　**表 3-12**

公称直径（mm）	抗拉强度（MPa）	屈服强度（MPa）		伸长率（%）$L_0=250mm$	弯曲次数		松弛率		
		Ⅰ级松弛	Ⅱ级松弛		次数（180°）	弯曲半径（mm）	初应力/公称抗拉强度	1000h应力损失	
								Ⅰ级松弛	Ⅱ级松弛
5.0	≥1570	≥1250	≥1330	≥4.0	≥4	15	70%	≤8%	≤2.5%
	≥1670	≥1330	≥1410						
7.0	≥1570		≥1330	≥4.0	≥5	20			
	≥1670		≥1410						

注：钢丝按公称面积确定其荷载值，公称面积应包括锌层厚度在内。

平行钢丝束通常由 7、19、37 或 61 根直径为 5mm 或 7mm 的高强钢丝组成，其截面如图 3-83（a）所示。平行钢丝束中的各根钢丝相互平行、受力均匀，弹性模量与单根钢丝相接近。目前国内还生产一种将若干根高强钢丝采用同心绞合方式一次扭绞成型的半平行钢丝束。半平行钢丝束采用直径 5mm 或 7mm 的高强度、低松弛、耐腐蚀钢丝，钢丝束外用高强缠包带缠包，并有热挤高密度聚乙烯（HDPE）护套，在高温、高腐蚀条件下护套为双层。

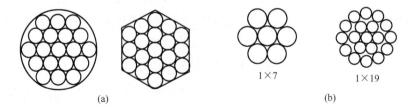

(a)　　　　　　　　　　　　　　　　(b)

图 3-83　平行钢丝束和钢绞线断面

高强度低松弛钢绞线力学性能《高强度低松弛预

应力热镀锌钢绞线》YB/T 152—1999　　**表 3-13**

公称直径（mm）	公称面积（mm²）	强度级别（MPa）	最大负荷（kN）	屈服负荷（kN）	伸长率（%）	松弛	
						初荷载/公称负荷	1000h应力损失
12.5	93	1770 1860	164 173	146 154	≥3.5	70%	≤2.5%
12.9	100	1770 1860	177 186	158 166			
15.2	139	1770 1860	246 259	220 230			
15.7	150	1770 1860	265 279	236 248			

钢绞线一般由多根高强钢丝绞合而成。国内使用较多的是 7 丝钢绞线，由 7 根高强钢丝

绞合而成，一根在中心，其余 6 根在外层向同一方向缠绕，标记为 1×7。也有用 19 根钢丝绞合而成的钢绞线，由三层钢丝组成，标记为 1×19，如图 3-83（b）所示。进一步增加钢丝的层数，可制成 1×37、1×61 等截面。由于各钢丝受力不均匀，钢绞线的抗拉强度、弹性模量都低于单根钢丝。钢绞线的质量、性能应符合现行国家标准《预应力混凝土用钢绞线》GB/T 5224、《高强度低松弛预应力热镀锌钢绞线》YB/T 152（表 3-13）、《镀锌钢绞线》YB/T 5004 的规定。

钢丝绳是由多股钢绞线围绕一绳芯捻成。结构用钢丝绳应采用无油镀锌钢芯钢丝绳，以一股钢绞线为核心，外层的钢绞线沿同一方向缠绕。由七股 1×7 的钢绞线捻成的钢丝绳标记符号为 7×7。常用的另一种型号为 7×19，即外层 6 股钢绞线，每股有 19 根钢丝。钢丝绳的强度和弹性模量又略低于钢绞线，其优点是比较柔软，适用于需要弯曲且曲率较大的构件。应用于建筑结构的钢索，通常并不需要弯成较大的曲率，所以较少选用钢丝绳。采用钢绞线或平行钢丝束，结构变形可比用钢丝绳小。需要较大截面时，可以采用钢绞线束。

高钒索是一种建筑结构用索，是预应力结构中重要的受力构件之一，钢丝的表面为锌、5％铝、混合稀土合金镀层，此镀层被国外命名为 GALFAN，主要由索体、锚具组成，索体是由至少两层钢丝围绕一中心圆钢丝、组合股或平行捻股螺旋捻制而成，外层钢丝可为右捻或左捻；索体两端配以专用锚具，可采用浇铸或压制固结。高钒索具有较高的防腐蚀性能，是普通镀锌索抗腐蚀性能的 $2\sim3$ 倍。索体的钢绞线捻距角度为 8 度至 12 度，折弯性能好，整个索体的承载受力比较均匀。

3.7.5.2　钢索制作

为使组成钢索的各根钢丝或各股钢绞线受力均匀，制索下料时应保持尺寸准确。钢丝束、钢丝绳索体应根据设计要求对索体进行测长、标记和下料。应根据应力状态下的索长，进行应力状态标记下料，或经弹性模量换算进行无应力状态标记下料。钢丝束、钢绞线进行无应力状态下料时，可将调直后的钢丝或钢绞线在一定张拉应力下下料，以消除非弹性因素对长度的影响，拉应力可取 $200\sim300N/mm^2$。同一工程中所有的索下料时，张力应保持一致。钢丝束、钢绞线下料时应考虑环境温度对索长的影响，采取相应的补偿措施。钢丝或钢绞线及热处理钢筋的切断应采用切割机或摩擦圆锯片，切忌用电弧切割或气割。焊接会显著降低高强钢丝的强度，高强钢丝不能焊接。

钢索编束时，不论钢丝束或钢绞线束宜采用栅孔板梳理，使每根钢丝或各股钢绞线保持相互平行，防止相互交搭、缠结。成束后，每隔 1m 左右用铁丝缠绕扎紧。

为消除索的非弹性变形，保证索在使用阶段的弹性工作，对非低松弛索体（钢丝绳、不锈钢钢绞线等）下料前应进行预张拉，预张拉力值宜取钢索抗拉强度标准值的 55％，持荷时间不应少于 1h，预张拉次数不应少于 2 次。

截面损伤、锈蚀会对钢索的强度产生较大的影响。应做好索的防护，做法如下：（1）涂黄油后裹布（重复2~3道）；（2）钢丝镀锌；（3）裹树脂防护套；（4）表面喷涂。钢索防护前应认真做好除污、除锈。

3.7.5.3 锚具

钢索要通过锚具传力给支承结构，可靠的锚具和锚固构造是索结构安全工作的关键。锚具及其组装件的极限承载力不应低于索体的最小破断力。已有锚具主要有四种形式：浇铸式、挤压式、夹片式、锥塞式。

浇铸式锚具有冷铸和热铸两种类型，冷铸式锚具由内壁呈锥台形的锚杯、螺母、锚板等部件组成。锚杯长度取索径的5~6倍，杯腔大口直径约为索径的2~3倍。钢索穿入锚杯腔内后将端头钢丝分散，除去油污后灌注冷铸料。冷铸料一般用加有钢丸的环氧树脂。环氧树脂固化后，冷铸料、钢丝、锚板形成一个楔形体（图3-84）。钢索受拉时，每根钢索末尾的镦头带动锚板及冷铸料楔入锚杯腔内，形成锚固。为了和其他构件连接，锚杯或是带有叉形板或枢轴（图3-85），或是带有外螺纹并套以螺母（图3-84）。冷铸锚锚固可靠，抗疲劳性能好，便于索力调整，锚具通常采用强度较高的锻件。热铸锚与冷铸锚的区别在于它是采用低熔点的合金进行浇铸，锚具可采用锻件和铸件。

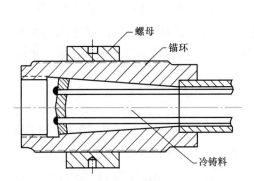
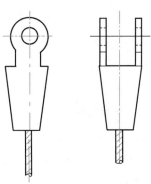

螺母

锚环

冷铸料

图3-84　带有外螺纹和螺母的冷铸锚　　　图3-85　带有叉形板的冷铸锚

挤压式锚具一端和冷铸式类似，另一端为有圆柱形空穴的套筒。钢索进入空穴后在液压机上对套筒施压，使之紧握钢索，成为一体（图3-86）。套筒的材料不能过硬，以便实现挤压变形。挤压式锚具主要用于小直径钢绞线索体，承载力较低。

夹片式锚具分为夹锚（JM）、群锚（QM）和斜锚（XM）三种类型。夹锚由锚环和若干夹片组成，适用于锚固钢绞线索体。图3-87所示是JM15-6锚具，15代表钢绞线直径，6块带半孔的夹片形成一个夹住6根钢绞线的锥形塞，受拉时越拉越紧。锚环和夹片由45号钢制作，并经热处理达到所需要的硬度。承受低应力或动荷载的夹片锚具应有防松装置。

群锚和夹锚的区别是锚环上有多个较小的圆锥形孔，而不是一个大圆锥形孔（图3-88）。每个小圆锥孔单独锚固一根钢绞线，锚固方式和JM类似。XM锚具和QM基本相同，只是

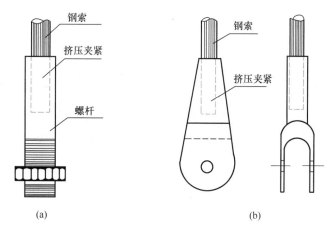

图 3-86 挤压式锚具

(a) 挤压端杆锚具;(b) 挤压式连接环

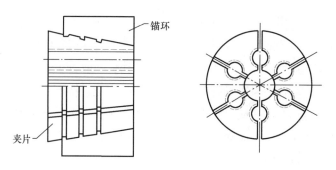

图 3-87 JM 夹片式锚具

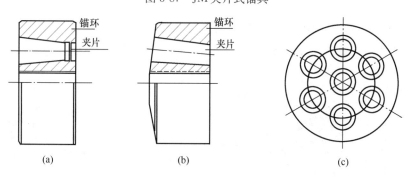

图 3-88 QM、XM 夹片式锚具

(a) QM;(b) XM;(c) 锚板

锥孔轴线不平行于锚环轴线,而是倾斜的。

锥塞式锚具的锚环也开有圆锥孔,索端的钢丝分散贴于孔壁,然后打入锥形锚塞加以固定(图 3-89a)。这种型式最多可以锚固 18 根 $\phi5$ 钢丝。钢丝根数多时可以分成几股,各股单独用锥塞锚固，或者如图 3-89（b）所示，将钢丝分布在两个同心圆上，用一个实心锥和一个环形锥来锚固。

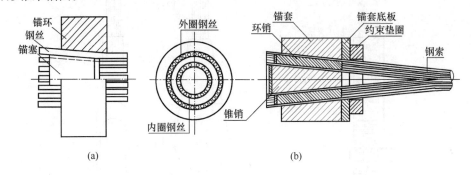

(a)　　　　　　　　　　　　　　(b)

图 3-89　锥塞式锚具

（a）锥销锚；（b）环销锚

上述四种类型的锚具根据张拉方式不同分为两种体系，即拉丝体系和拉锚体系。拉丝体系包括夹片式和锥塞式锚具，在张拉钢丝或钢绞线的同时对夹片或锥塞施加压力，需要选用和锚具型号相匹配的双作用千斤顶。如和 JM 型配套的是 YC 型穿心式千斤顶。浇铸式和挤压式锚具属于拉锚体系，安装时对整束钢索进行张拉，采用插入钢垫板或旋紧螺母的方式加以锚定。拉丝体系的锚具需要在支承构件上预留的穿索孔道一般较小，对支承构件的截面削弱不大，但要依靠楔紧和摩擦力来锚固钢丝或钢绞线，故不宜多次重复张拉，不便于调整索力。拉锚体系与之相反，穿索时需连同锚具一起穿入，要求在支承构件上预留的孔道较大，但调整索力很方便。组成索束的钢丝或钢绞线在张拉和受荷阶段受力也比较均匀。

3.7.5.4　锚固节点构造

索结构节点承载力设计值不应小于拉索内力设计值的 1.25～1.5 倍。图 3-90 给出钢索在柱顶上的锚固节点，其中图 3-90（a）为钢柱，图 3-90（b）为钢筋混凝土柱。前者构造比较简单，只在冷铸式锚具下设球面座垫以适应索变形的需要。后者的冷铸式锚具则带有螺

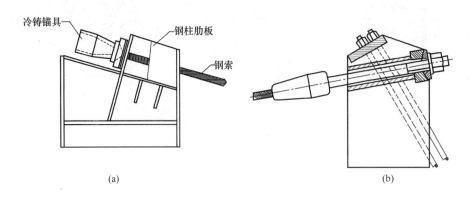

(a)　　　　　　　　　　　　　　(b)

图 3-90　钢索在柱顶上的锚固

（a）钢索与钢柱端的锚固；（b）钢索与混凝土柱端的锚固

杆，用螺母锚固，也有球面垫板，孔道内径大于螺栓直径。从这两个图可见，锚具的构造可以根据需要灵活处理，并不拘泥于图 3-90 所示的两种做法。图 3-91 和图 3-92 分别为钢索在钢筋混凝土边梁和钢中心环上的锚固，二者的构造相似。

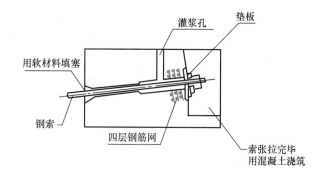

图 3-91　钢索与钢筋混凝土边梁的锚固

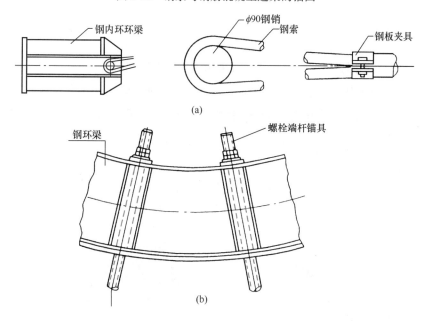

图 3-92　钢索与钢中心环的连接构造

（a）钢销连接；（b）螺栓端杆连接

3.7.5.5　钢索的中间节点

钢索的中间节点包括：双向拉索的连接、拉索与边索的连接、径向索与环索的连接、双层索的上下索和联系杆之间的连接，索和加劲构件的连接及和屋面系统的连接等。这些连接大多依靠紧夹于索的连接件来实现。索体在夹具中不应滑移，夹具与索体之间的摩擦力应大于夹具两侧的索力之差，并应采取措施保证索体防护层不被挤压损坏。

图 3-93 的正交索相互连接采用 U 形夹或钢夹板，拧紧螺母后，即可使两个方向的索连

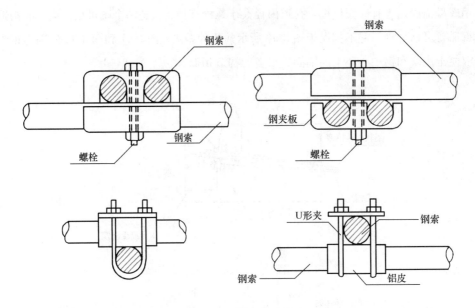

图 3-93　正交索连接

牢。在同一平面内不同方向多根拉索之间可采用连接板连接（图3-94），构造上应使拉索轴线汇交于一点。图 3-95 所示为径向索与环向索连接。横向加劲索系的拉索与横向加劲构件的连接在构造上应满足加劲构件下弦与索之间可产生转角但不产生相对线位移的要求（图3-96）。

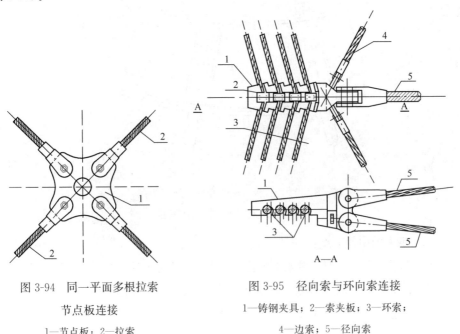

图 3-94　同一平面多根拉索
节点板连接

1—节点板；2—拉索

图 3-95　径向索与环向索连接

1—铸钢夹具；2—索夹板；3—环索；

4—边索；5—径向索

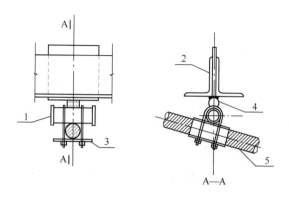

图 3-96　横向加劲索系的拉索与桁架下弦连接

1—圆钢管；2—桁架下弦；3—U 形夹具；4—圆钢；5—拉索

图 3-97（a）、（b）分别利用钢夹板或 U 形夹将钢索连于一个 T 形连接件，并通过此连接件的腹板和上下索之间的连系杆相连接。图 3-97（a）中的钢板夹还可改为图 3-97（b）的

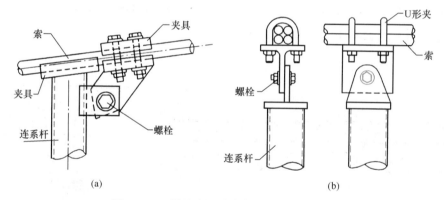

图 3-97　双层悬索屋盖中索与连系杆的连接

（a）索与连系杆的连接构造一；（b）索与连系杆的连接构造二

形式，其夹具刚度大，夹紧压力也比较大。索网与边索可采用图 3-98（a）的连接方式。图 3-99和图 3-100 分别给出钢索和 C 形檩条的连接及和压型钢板屋面的连接，二者也都用了

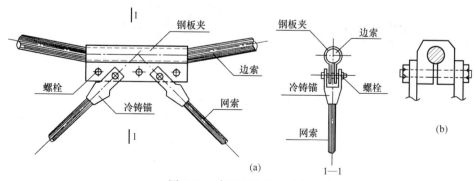

图 3-98　索网与边索的连接

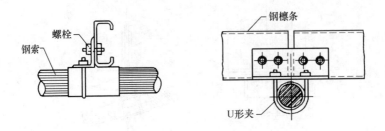

图 3-99　钢索和钢檩条的连接

U 形螺栓。

　　斜拉结构的拉索应设置调节器，拉索与立柱可用耳板连接。张弦梁的索杆节点构造应满足索与撑杆之间可产生转角的要求。

　　膜材与边索的连接可采用图 3-101 所示构造。膜材与脊索的连接可采用图 3-102 所示构造。膜材与谷索的连接可采用图 3-103 所示构造。骨架支承式膜结构膜材间的接缝可设在支承骨架上，用夹具固定（图 3-104）。

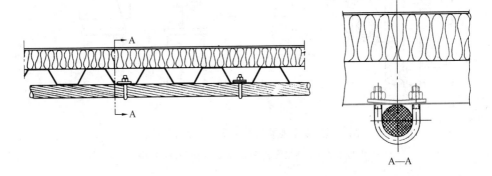

图 3-100　钢索和压型钢板的连接

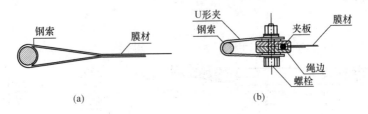

图 3-101　膜材与边索连接

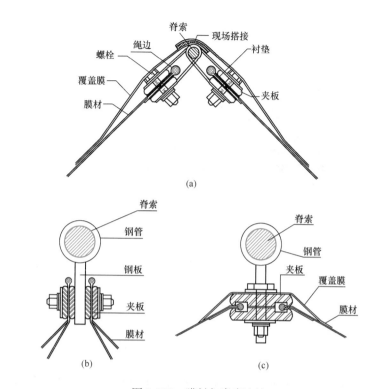

图 3-102 膜材与脊索连接

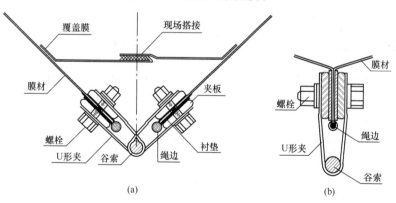

图 3-103 膜材与谷索连接

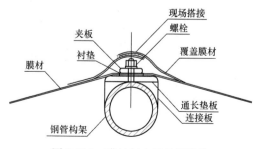

图 3-104 膜材与支承骨架连接

思考题

3.1 平板网架结构的性能及应用有何特点?

3.2 平板网架结构几何不变的条件是什么?

3.3 双层网架常用形式有哪些? 各类网格形式有何特点?

3.4 平板网架结构的支承方式有哪些? 其对网架内力有何影响?

3.5 网架屋面排水如何由构造实现?

3.6 网架结构与网壳结构有何异同点和优缺点?

3.7 影响网架高度和网格尺寸的主要因素有哪些?

3.8 确定球节点的直径的原则是什么 (焊接空心球、螺栓球)?

3.9 螺栓球节点各组成零件的作用是什么?

3.10 网格结构支座节点主要有哪些类型? 分析各自特点及适用范围。

习题

3.1 某网架结构,采用不加肋焊接空心球节点,材料为 Q355 钢,空心球外径为 220mm,壁厚为 5mm,球体上受力最大的钢管杆件外径 60mm,受拉力设计荷载值为 110kN。

(1) 试计算焊接球是否安全?

(2) 设计此杆件连接焊缝。

3.2 某焊接空心球网架结构,采用 Q235 钢,下表列出了部分网架杆件的参数,试验算这些杆件是否满足设计要求。

杆件种类	编号	截面规格	截面面积 A (cm²)	回转半径 i (cm)	几何长度 (cm)	轴力 (kN)
下弦杆	1	$\phi51\times2$	3.08	1.73	300	79
腹杆	2	$\phi60\times2.5$	4.52	2.04	226.7	-60.7
上弦杆	3	$\phi76\times2.5$	5.77	2.60	212	-93.1

第 4 章

多层及高层房屋结构

多层和高层房屋建筑之间并没有严格的界线，不同的文献分别以 7 层、10 层或高度 24m 来划分。若从房屋建筑的荷载特点及其力学行为，尤其是对地震作用的反应来看，大致可以 12 层（高度约 40m）为界。《高层民用建筑钢结构技术规程》JGJ 99—2015 是将 10 层及 10 层以上或房屋高度大于 28m 的住宅建筑以及房屋高度大于 24m 的其他民用建筑归类为高层民用建筑。尽管文献记载表明，早在三国时期就有黄鹤楼这样的不止一层的建（构）筑物，但是多层及高层钢结构建筑，尤其是超高层建筑的大量建造却是兴起于近现代。由于种种原因，中华人民共和国成立以来直至 20 世纪 80 年代以前，我国没有兴建高层钢结构房屋，多层钢结构也只见于厂房的一部分。改革开放以来，我国的高层建筑进入了高速发展期，在北京、上海、深圳等地兴起高层房屋的建造，随后更是在全国遍地开花。其中，由于钢结构具有重量轻、抗震性能好、施工周期短、工业化程度高、环保效果好等优点，符合国民经济可持续发展的要求，已广泛应用于办公楼、商业楼、住宅、医院、学校等房屋建筑。

4.1 多、高层房屋结构的组成

4.1.1 多、高层房屋结构的类别

多、高层房屋结构，尤其是多、高层房屋钢结构，侧向荷载效应的影响处于突出地位，这是多、高层房屋结构设计的焦点所在。其中关键因素是抗侧移刚度，包括静力刚度和动力刚度。依据抵抗侧向荷载作用的功效分类，多层房屋的常见结构类型可分为三类：纯框架体系、柱-支撑体系和框-支撑体系。在纯框架体系（图 4-1a）中，所有的梁柱连接都做成刚性节点，构造复杂，用钢量也较多。在柱-支撑体系（图 4-1b）中，所有的梁均铰接于柱侧（顶层梁亦可铰接于柱顶），且在部分跨间设置柱间支撑以构成几何不变体系，构造简单，安装方便。如果结构在横向采用纯框架体系，诸纵向梁以铰接于柱侧的方式将各横向框架连接，同时在部分横向框架间设置支撑，则这种混合结构体系称为框-支撑体系（图 4-1c）。用

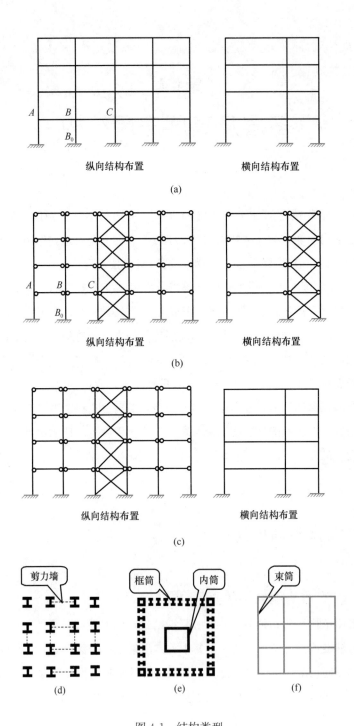

图 4-1　结构类型

（a）纯框架体系；（b）柱-支撑体系；（c）框-支撑体系；（d）框剪或
框筒体系；（e）筒中筒体系；（f）束筒体系

墙板或剪力墙代替支撑时，即为框-剪体系（图 4-1d）。高层房屋除可采用上述结构体系外，还可采用双重体系（即在梁与柱刚性连接的框架中加设支撑）和框-筒体系，图 4-1（e）和图 4-1（f）就是高层房屋常用的两种框-筒体系，分别称为筒中筒体系和束筒体系。纯框架体系是最早用于高层建筑的结构类型，其柱距宜控制在 6～9m 范围内，次梁间距一般以 3～4m 为宜。纯框架结构的主要优点是平面布置较灵活，刚度分布均匀，延性较大，自振周期较长，对地震作用不敏感。但由于侧向刚度小，一般在不超过 20～30 层时比较经济。高 121m（29 层）的美国休斯敦印第安纳广场大厦就是典型的框架结构，其平面尺寸为 43.7m×43.7m 的正方形，柱距约 7.6m。

纯框架的侧移刚度不如支撑架和剪力墙结构，其主要原因在于柱的弯曲变形。钢板剪力墙如果有加劲肋而不整体屈曲，则侧移刚度比支撑框架更大。如果是纯钢板并且在受力到一定程度后屈曲，则屈曲后有拉力带继续承受水平力，刚度仍然较为可观。

在侧向荷载的作用下，多高层结构的侧向位移可呈现两种典型的位移模式，即图 4-2（a）所示的带有剪切变形的模式和图 4-2（b）所示的纯弯曲变形模式，本质上体现了结构水平侧移刚度的强弱。在纯框架体系之类的水平抗剪刚度薄弱的结构中，层间水平剪切变形在侧向位移中不可忽视，因此水平位移表现为整体弯曲加局部弯曲的变形模式。反之，柱-支撑体系的水平位移主要由整体弯曲变形构成。框剪结构为双重体系，用于地震区时，具有双重设防

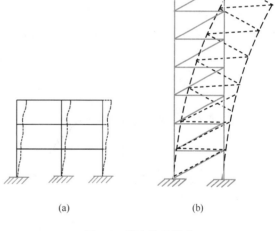

图 4-2　侧向位移模式

(a) 剪切变形模式；(b) 弯曲变形模式

的优点，可用于不超过 40～60 层的高层建筑。剪力墙既可以是钢筋混凝土结构，亦可是钢板结构，前者需要采取一些构造措施，以避免地震时可能发生的应力集中破坏，后者可取 8～9mm 厚的钢板制成。一些研究表明，在侧向刚度相同时，这种钢板剪力墙的框剪结构比纯框架结构用钢量少。高 153m（地上 43 层）的上海锦江饭店分馆就采用了带支撑和钢板剪力墙的框剪结构，其平面尺寸为 32m×32m 的正方形，柱距为 8m。

不设支撑构件而将最外层框架柱加密（通常柱距不宜超过 3m），并用深梁将其相互刚性连接，使外层框架在侧向荷载的作用下，具有悬臂箱形梁的力学行为，这种由框架形成的筒体结构是另一个类型的框筒结构。在这种结构中，还可设置内筒（如图 4-1e 所示），但内筒及其他竖向构件主要承受竖向荷载，同时设置刚性楼面结构作为框筒的横隔，以增强结构的整体性，常称为筒中筒结构。为了避免严重的剪力滞后造成内力分布不均匀，致使角柱的轴

力过大（图 4-3a），通常可采取两种措施，其一是控制框筒平面的长宽比不宜过大（研究还表明，框筒平面迎风面的宽度超过 45m 时筒体效果将显著降低），其二是加大框筒梁和柱的线刚度之比。框筒结构比较大的侧移刚度使其可适用的建筑高度超过 90 层。高 411m（110层）的原美国纽约世贸中心大厦就是带有裙房的框筒结构，其平面尺寸为 240 根柱子组成的正方形，柱距 1.02m；内筒由中央电梯井的 47 根柱子组成。阵风作用下实测到的屋顶最大横向位移仅为 0.46m，约为其高度的 1/950，表明框筒结构具有良好的抗侧力性能。图 4-1 (f) 所示的筒体结构称为束筒结构，顾名思义，这类结构是由各筒体之间共用筒壁的一束筒状结构组成，它是为了减缓框筒结构的剪力滞后效应而提出来的（图 4-3b 角柱轴力提高的幅度低于图 4-3a）。束筒结构方案不仅可较灵活地组成平面形式，而且可将各筒体在不同的高度中止，以获得丰富的立面造型。筒体不仅可用上述密柱深梁的钢结构形成，原则上亦可采用钢筋混凝土筒体，不过，后者常作为内筒出现。除风荷载外，另一个重要的侧向荷载就是地震荷载，现行《建筑抗震设计规范》GB 50011 和《高层民用建筑钢结构技术规程》JGJ 99 就是依地震设防烈度，对各类结构形式所适用的高度作出了规定，见表 4-1（表中的房屋高度不包括局部突出屋顶部分，框架柱包括钢管混凝土柱）。

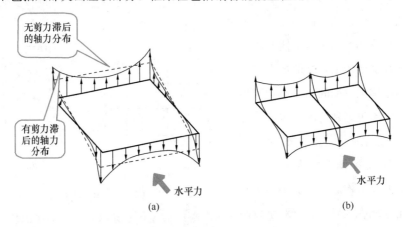

图 4-3 剪力滞后对框筒轴力的影响

(a) 单筒；(b) 双筒

高层民用建筑钢结构类型及其适用的最大高度（m）　　　　　　　　　　　表 4-1

结构类型	6度，7度	7度	8度		9度	非抗震设计
	(0.10g)	(0.15g)	(0.20g)	(0.30g)	(0.40g)	
框架	110	90	90	70	50	110
框架-中心支撑	220	200	180	150	120	240
框架-偏心支撑 框架-屈曲约束支撑 框架-延性墙板	240	220	200	180	160	260
筒体 （框筒、筒中筒、桁架筒、束筒） 巨型框架	300	280	260	240	180	360

　　需要指出，以上论述的是多高层房屋结构的最基本形式，由此可衍生出多种多样的形式。例如，在内筒（通常是钢筋混凝土结构）具有足够的抗侧力刚度时，可把图 4-1（e）中的外层框筒去掉，而将整个建筑物悬挂在内筒上，这种悬挂结构称芯筒体系（如图 4-4 所示，亦称悬挂结构）。这种结构不仅打破了密柱深梁对建筑设计的桎梏，而且可充分发挥钢结构抗拉强度高的优势和钢筋混凝土结构抗压性能好的长处，实现优势互补，通常还以一些称为帽桁架和腰桁架的水平桁架来吊挂楼层梁的外缘。在柱-撑体

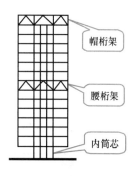

图 4-4　芯筒体系

系或框-撑体系中，当仅在一个开间设置支撑而侧向刚度不足时，帽桁架可以起加强的作用（图 4-5），和帽桁架相连的边柱应能承受拉力。此时，边列柱也参与抵抗风荷载，从而使支撑架的弯矩和位移减小。高度很大的结构还可设置腰桁架。

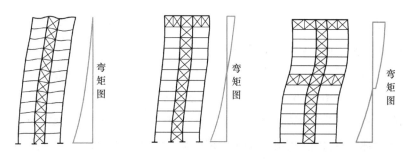

图 4-5　帽桁架和腰桁架作用

　　另外一种代替密柱深梁的方法，是用加支撑的外围框架代替图 4-1（e）中的框筒结构，从而形成所谓支撑框筒结构或桁架筒体结构（如图 4-6 所示）。由于这种支撑系统覆盖了整个建筑物表面，是较框筒结构更为优越的抗侧力体系，有些文献称为巨型支撑体系。高 310m（70 层）的香港中国银行大楼即采用这种结构体系，不过其四根角柱是 H 型钢与混凝土的组合结构，据称该大楼与位于风荷载仅为香港一半的纽约的某面积和高度均相同的建筑物相比，结构耗钢量减少约 40%。

图 4-6　支撑框筒结构

　　对于层高不大而有较大无柱空间需求的多层房屋，交错桁架体系是另一种有效的结构形式。它由沿建筑物竖向交错布置的垂直桁架和预应力空心混凝土楼板构成（图 4-7），平面布置中无需设柱的面积可达 18m×21m，适用于公寓、旅馆、医院等建筑。考虑到直接承载楼板，桁架的水平弦杆通常为工字形或 H 形截面，腹杆则为方钢管。一般将交错桁架横向布置，建筑物纵向则通过楼板、圈梁和必要的支撑构成几何不变体系。交错设置的桁架不仅有效地为结构提供了水平刚度，而且能量吸收能力和延性变形能力好，有利于结构抗震。此外，适当地进行结构布置可消除

基础的抗拔要求；主要构件的大规模工厂化加工可显著缩短现场施工周期；结构用钢材主要集中于桁架，将其隐蔽于墙中，易达到防火要求。为了满足建筑功能的要求，桁架的中央节间有时也可不设斜杆，形成局部空腹桁架。

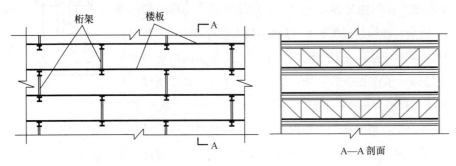

图 4-7　交错桁架体系

非抗震设防的多层钢结构房屋（≤12层）通常不设双重抗侧力体系，而是单纯采用框架结构或斜撑（或剪力墙）体系。采用框架体系时不一定把所有的梁都和柱刚性连接，只要侧向刚度够大，可以只取一部分柱参与抗侧力工作（图4-8a）。采用斜撑体系时，也只是在少数柱之间加设斜撑（图4-8b），此时梁和柱的连接都可做成铰接即柔性连接。只用少数柱参与抗侧力体系和多跨门式刚架中柱做成摇摆柱一样，体现材料集中使用原则并使构造简化。上述抗侧力体系也可混合使用，如纵向用框架，横向用斜撑体系。布置抗侧力体系应注意对称性，尽量避免结构在水平荷载作用下出现扭转。

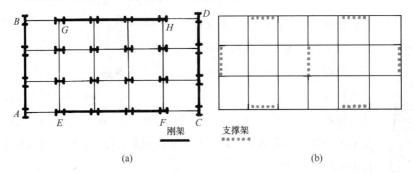

(a)　　　　　　　　　　　　　　　　(b)

图 4-8　多层房屋的抗侧力结构
(a) 梁柱刚接抗侧；(b) 斜撑抗侧

抗震设防的多高层钢结构可以采用偏心支撑体系。纯框架具有很好的延性和耗能能力，但侧向刚度较弱。轴线交汇的支撑体系侧向刚度虽然很好，然而，如果在强烈地震作用下支撑设计不屈曲，则造成地震力过大，不够经济合理，但若允许支撑屈曲，则屈曲后性能退化，影响它的耗能能力。采用偏心支撑框架结构，支撑一端做成偏心交汇（图4-34），在梁端部或中部形成耗能梁段，则结构既在弹性阶段呈现较好的刚度，又在非弹性阶段具有很好的延性和耗能能力。设置偏心支撑的开间内，构件之间的相互连接均为刚接。现行国家标准

《建筑抗震设计规范》GB 50011 规定，抗震等级（表 4-5）为三、四级且高度不大于 50m 的钢结构宜采用中心支撑，多高层建筑的顶层一般采用中心支撑，有条件时也可采用偏心支撑。除此之外，亦可采用表 4-1 中的钢板剪力墙或屈曲约束支撑作为抗侧力构件，其设计和计算细节参见现行《高层民用建筑钢结构技术规程》JGJ 99。

除了安排好抗侧力体系外，工程界近年来关心高层结构如何防止意外事故造成逐步坍塌（或不够恰当地称为连续倒塌）。当个别梁或柱遭到破坏而失效时，不应该引起周边构件逐个失效，以至整个结构坍塌。一些历史事件表明，许多高层和多层钢结构有能力承受意外的冲击荷载。二次世界大战期间英国被炸弹命中的多层框架建筑，爆炸使柱和梁受到的直接损伤比较轻，即使个别梁和柱损坏，整个框架结构仍然屹立如常。1993 年美国纽约世贸中心连接两座塔楼的低矮部分遭受炸药爆炸袭击后，一根柱子因四边三层楼板炸穿而自由长度达到 21m，相应的长细比为 190，按所承受荷载计算的安全系数也小于 1.0，但仍完好无损。这些结构的优异表现应该归功于钢材的良好塑性及韧性，以及结构多次超静定带来的冗余性。在这种条件下，一根构件损坏后，原来承受的荷载可以通过内力重分布转移到其他构件上。因此，选用多次超静定结构并且具有多条传力路径是防止逐步倒塌的一项有力措施。举个简单的例子，图 4-1（b）的柱-撑体系中，如果底层柱 BB_0 破坏，梁 AB 和 BC 成为几何可变体，无法承受上面的柱传来的重力荷载，左侧两跨就会倒塌。相反，图 4-1（a）的框架体系，在 BB_0 柱破坏后，梁 ABC 是一根整梁，可以承受正常条件下的重力荷载不致坍塌。防止逐步坍塌措施还有增强结构的整体性，把梁和柱做成刚性连接，以及找出体系的关键性构件并加大其截面等。

4.1.2　结构布置提要

为了减少风压作用，多高层房屋应首选由光滑曲线构成的凸平面形式，以减小风载体型系数，例如圆形或椭圆形平面能比矩形平面显著降低风压的整体作用。同时要尽可能地采用中心对称或双轴对称的平面形式，以减小或避免在风荷载作用下的扭转振动，这种振动即便很轻微（如风振加速度为 0.01g 时），也会使居者感到烦躁。避免以狭长形作平面形式，如上所述，这种形状在风荷载作用下会产生严重的剪切滞后现象。当框筒结构采用矩形平面形式时，应控制其平面长宽比小于 1.5，不能满足时，宜采用束筒结构。需抗震设防时，尤其要强调建筑形体的规则性，在平面布置中，应力求抗侧力结构体系规则、对称且具有良好的整体性。现行《高层民用建筑钢结构技术规程》JGJ 99 列出的平面不规则主要类型见表 4-2。

平面不规则的主要类型

表 4-2

不规则类型	定义和参考指标
扭转不规则	在规定的水平力及偶然偏心作用下，楼层两端弹性水平位移（或层间位移）的最大值与其平均值之比大于 1.2

续表

不规则类型	定义和参考指标
偏心布置	任一层的偏心率（参见 JGJ 99 附录 A）大于 0.15 或相邻层质心相差大于相应边长的 15%
凹凸不规则	结构平面凹进的尺寸大于相应投影方向总尺寸的 30%
楼板局部不连续	楼板的尺寸和平面刚度急剧变化，例如，有效楼板宽度小于该层楼板典型宽度的 50%，或开洞面积大于该楼层面积的 30%，或有较大的楼层错层

就结构竖向布置而言，除宜使结构各层的抗侧力刚度中心与水平合力中心接近重合外，各层的刚度中心应接近在同一竖直线上，要强调建筑开间、进深的尽量统一。多高层房屋的横向刚度、风振加速度还和其高宽比有关，一般认为高宽比超过 8 时，结构效能不佳。现行《建筑结构抗震规范》GB 50011 规定：对于钢结构的高层建筑，其高宽比不宜大于表 4-3 的限值。

高宽比的限值　　　　　　　　　　　　　　　　　　　　表 4-3

设防烈度	6、7	8	9
最大高宽比	6.5	6.0	5.5

注：1. 计算高宽比的高度从室外地面算起；

2. 当塔形建筑底部有大底盘时，计算高宽比的高度从大底盘顶部算起。

现行《高层民用建筑钢结构技术规程》JGJ 99 列出的竖向不规则主要类型见表4-4。建筑结构方案存在表 4-2 或表 4-4 中任一项时均应视为不规则建筑；当结构方案存在表中多项或某项不规则，且超过表中的参考指标较多时，则应视作特别不规则建筑。对于不规则建筑，通常应采用更精细的力学模型（例如空间结构计算模型、弹塑性力学分析等）以考虑这些因素。而对于特别不规则建筑，则应当作专门的研究。对于框筒结构，在结构布置时还应注意：其高宽比不宜小于 4，以更好地发挥框筒的立体作用；内筒的边长不宜小于相应外框筒边长的 1/3；框筒柱距一般为 1.5～3.0m，且不宜大于层高；内外筒之间的进深一般控制在 10～16m 之间；内筒亦为框筒时，其柱距宜与外框筒柱距相同，且在每层楼盖处都设置钢梁将相应内外柱相连接；角柱要有足够的截面积，一般可控制其截面积为非角柱的 1.5～2.0 倍；外框筒为矩形平面时，宜将其作成切角矩形，以削减角柱应力；为提高内外筒的整体性能以及缓解剪力滞后，可设置帽桁架和腰桁架（图 4-5），腰桁架一般布置于设备层。帽桁架和腰桁架一般是由相互正交的两组桁架构成，等距满布于建筑物的横（纵）向，并贯通建筑物的纵（横）向。

竖向不规则的主要类型　　　　　　　　　　　表 4-4

不规则类型	定义和参考指标
侧向刚度不规则	该层的侧向刚度小于相邻上一层的 70%，或小于其上相邻三个楼层侧向刚度平均值的 80%；除顶层或出屋面小建筑外，局部收进的水平向尺寸大于相邻下一层的 25%
竖向抗侧力构件不连续	竖向抗侧力构件（柱、支撑、剪力墙）的内力由水平转换构件（梁、桁架等）向下传递
楼层承载力突变	抗侧力结构的层间受剪承载力小于相邻上一层楼的 80%

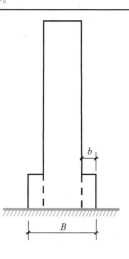

　　大量建筑震害，尤其是 1985 年墨西哥大地震的震害表明，防震缝设置不当而导致高层建筑在地震时相互碰撞的破坏后果是严重的，高层建筑在发生地震时具有很大的侧向位移，因此一般不宜设置防震缝。由于某种原因（如严重不规则布置、质量分布悬殊抑或无条件作精细的力学分析等），在适当部位设置防震缝时，宜形成多个较规则的抗侧力单元。防震缝应留有足够的宽度，其上部结构应完全分开，宽度不应小于钢筋混凝土框架结构缝宽的 1.5 倍。就高层钢结构建筑而言，一般也无须设置温度缝，因为这类建筑的平面尺寸通常不会超过 90m 的温度缝设置区段规定。高层建筑有时设置裙房，裙房的宽度与主楼的宽度相差不多时（参见图4-9，可以 $b/B \leqslant 0.15$ 控制之），主楼与裙房之间可不设变形缝；地基条件有利时，裙房面积较大亦可不设变形缝；但是均宜在施工中设后浇带，且作非均匀沉降分析。

图 4-9　设有裙楼的结构

　　为了更恰当地处理大量的标准设防类（曾称丙类）建筑的抗震设防问题，区分不同的建筑物高度及抗震设防烈度，现行《建筑抗震设计规范》GB 50011 将钢结构房屋中属于丙类抗震设防类别的建筑物划分为四个抗震等级，见表4-5。

钢结构房屋抗震等级　　　　　　　　　　　表 4-5

房屋高度	抗震设防烈度			
	6	7	8	9
≤50m		四	三	二
>50m	四	三	二	一

　　高层建筑基础埋置较深（采用天然地基时不宜小于房屋总高度的 1/15；采用桩基时则不宜小于房屋总高度的 1/20），敷设地下室不仅起到补偿基础的作用，而且有利于增大结构抗侧倾的能力，因此高度超过 50m 的高层钢结构宜设地下室。地下室通常取钢筋混凝土剪力墙或框剪结构形式，在地下室与上层钢结构之间可设置钢骨（型钢）混凝土的过渡层，以平缓过渡抗侧刚度。过渡层一般为 2~3 层，可部分位于地下。采用框架-支撑体系时，竖向

连续布置的支撑桁架，在地下部分应该用钢筋混凝土剪力墙并一直延伸到基础。采用框筒体系时，外框筒亦宜在地下部分用钢筋混凝土剪力墙，并一直延伸到基础；内框筒在地下部分最好也改为钢骨（型钢）混凝土框筒或钢筋混凝土筒，并一直延伸到基础。

柱网布置和建筑物的平面图形、功能要求和结构体系都有密切关系。多、高层房屋的柱网布置有三种常见类型：方形柱网、矩形柱网和周边密集柱网。在两个互相垂直的主轴方向采用相同的柱距构造而成的柱网称为方形柱网，图 4-10（a）所示 4.1.1 节述及的美国休斯敦印第安纳广场大厦即为典型的方形柱网布置，它的主体部分为 7625mm×7625mm 的方形柱网。更常见的是依据建筑设计的功能要求，在两个互相垂直的主轴方向采用不同的柱距构造柱网，进而设置主次梁体系，图 4-10（b）所示日本东京的东邦人寿保险总社大厦（地下3层，地上 32 层，高 131m）即为典型的矩形柱网布置。前已述及，采用框筒体系时，常要在外侧柱列中采用小柱距，如此布置即为周边密集柱网，图 4-10（c）所示为荷兰鹿特丹的 Roai 大厦（88 层，高 300m）的结构布置，芯筒为钢筋混凝土结构，外筒则由间距 2.6m 的框架柱构成的框筒结构，为典型的周边密集柱网布置。

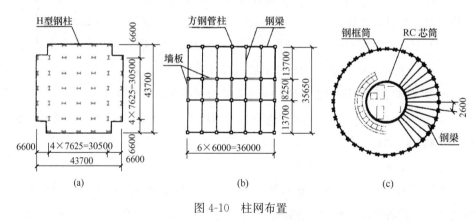

图 4-10　柱网布置

（a）美国休斯敦印第安纳广场大厦；（b）日本东京东邦人寿保险总社大厦；（c）荷兰鹿特丹 Roai 大厦

4.2　楼盖的布置方案和设计

4.2.1　楼盖布置原则和方案

在多、高层建筑中，楼盖结构除了直接承受竖向荷载的作用并将其传递给竖向构件外，还要充当多种角色，其中横隔作用十分重要。楼盖结构的工程量在多、高层建筑中占颇大比重，因此楼盖的布置方案和设计不仅影响到整个结构的性能，还可能影响到施工进程，最终影响到建筑的经济效益。

楼盖结构的方案选择除了要遵循满足建筑设计要求、较小自重以及便于施工等一般性的原则外，还要有足够的整体刚度。多、高层建筑的楼盖结构包括楼板和梁系，楼板和梁系的连接不仅仅起固定作用，还要可靠地传递水平剪力。用于多、高层建筑的楼板类型有：现浇钢筋混凝土楼板，装配整体式钢筋混凝土楼板以及压型钢板组合楼板等。一些研究指出，由预制板和现浇混凝土层构成的混凝土叠合板作为楼板具有显著的经济效应。目前较常用者为压型钢板组合楼板，这种楼板是直接在铺设于钢梁上翼缘的压型钢板上浇注钢筋混凝土板构成的。6、7 度设防且房屋高度不超过 50m 的高层民用建筑钢结构，可采用装配整体式钢筋混凝土楼板，亦可采用装配式楼板或其他轻型楼盖。但其均应与钢梁可靠连接，且宜在板上浇注刚性面层，以确保楼盖的整体性。预制楼板通过其底面四角的预埋件与钢梁焊接，焊脚高度不应小于 6mm，焊缝长度不应小于 80mm，板缝的灌缝构造宜一律按抗震设防要求进行，必要时可在板缝间的梁上设抗剪连接件（如栓钉等）。刚性面层是整浇形式，厚度不小于 50mm，混凝土强度不低于 C20，层内钢筋网格不小于 $\phi 6@200$。刚性面层面积较大时，应采用设后浇带等措施来减小温度应力的影响。卫生间及开洞较多处可采用现浇钢筋混凝土楼板。

梁系由主梁和次梁组成。结构体系包含框架时，一般以框架梁为主梁，次梁以主梁为支承，间距小于主梁。主梁通常等跨等间距设置，图 4-11 是一些典型的结构平面布置，其中图 4-11（a）是横向框架加纵向剪力墙布置方案，用于矩形平面；图 4-11（b）是纵横双向纯框架结构布置方案，可用于正方形平面的多层房屋结构。常见的次梁布置有：等跨等间距次梁，等跨不等间距次梁（中间设走廊或不等跨框架情形）。梁系布置还要考虑以下一些因素：①钢梁的间距要与上覆楼板类型相协调，尽量取在楼板的经济跨度内。对于压型钢板组合楼板，其适用跨度范围为 1.5~4.0m，而经济跨度范围为 2~3m。②钢梁将竖向抗侧力构件连成整体，形成空间体系。为充分发挥整体空间作用，主梁应与竖向抗侧力构件直接相连。③就竖向构件而言，其纵横两个方向均应有梁与之相连，以保证两个方向的长细比不致相差悬殊。④抗倾覆要求竖向构件，尤其是外层竖向构件应具有较大的竖向压力，来抵消倾覆力矩产生的拉力。梁系布置应能使尽量多的楼面重力荷载份额传递到这些构件，例如在框筒体

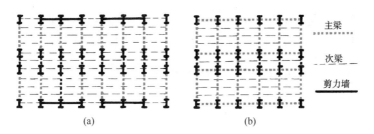

图 4-11　框架和次梁布置方案

（a）横向框架布置方案；（b）双向框架布置方案

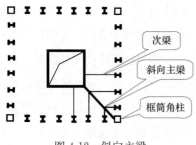

图 4-12 斜向主梁

系中，角柱往往产生高额轴向拉力，可通过斜向布置主梁（见图 4-12）达到向角柱传递较大竖向荷载的目的。

　　为减小楼盖结构的高度，主次梁通常不采取叠接方式，一般做法是：保持主次梁上翼缘齐平而用高强度螺栓将次梁连接于主梁的腹板。直径较小的敷设管线可预埋于楼板内，直径较大时可在梁腹板上开孔穿越，但孔洞应尽量远离剪力较大区段。对于圆孔，其孔洞尺寸和位置宜按照图 4-13 所示的构造要求设计，矩形孔的构造要求参见现行《高层民用建筑钢结构技术规程》JGJ 99。

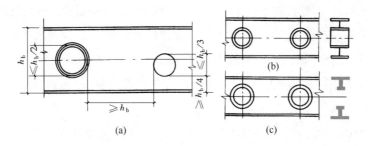

图 4-13　腹板开圆孔的构造要求

（a）环形加劲肋加强；（b）套管加强；（c）环形补强板加强

　　主梁和次梁的连接方案曾在本书上册 7.10 节论述，楼盖梁一般宜采用简支连接，即仅将次梁的腹板与主梁的加劲肋或连接角钢用高强度螺栓连接（图 4-14a），其传递荷载为次梁

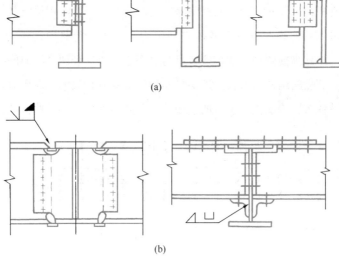

图 4-14　主次梁连接

（a）简支连接；（b）刚性连接

的梁端剪力，并考虑连接的偏心引起的附加弯矩，可不考虑主梁扭转。必要时也可采用刚性连接形成连续次梁（图4-14b）。

4.2.2　压型钢板组合楼盖的设计

压型钢板组合楼盖不仅结构性能较好，施工方便，而且经济效益好，从20世纪70年代开始，在高层钢结构中得到广泛应用。组合楼板一般以板肋平行于主梁的方式布置于次梁上，如果不设次梁，则以板肋垂直于主梁的方式布置于主梁上，两种布置方式见图4-15。搁置楼板的钢梁上翼缘应通长设置抗剪连接件，以保证楼板和钢梁之间可靠传递水平剪力，常见的抗剪连接件是栓钉（图4-15）。抗剪连接件的承载力不仅与其本身的材质及型号有关，且和混凝土的等级品种等有关。单个栓钉连接件（参见图4-22a）的受剪承载力设计值为：

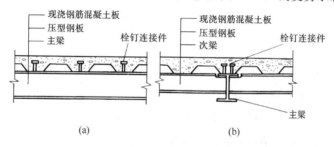

图4-15　压型钢板组合楼盖

（a）板肋垂直于主梁；（b）板肋平行于主梁

$$N_v^c = 0.43 A_{st} \sqrt{E_c f_c} \leqslant 0.7 A_{st} f_u \tag{4-1}$$

式中　A_{st}——栓钉钉杆截面面积；

　　　E_c——混凝土弹性模量；

　　　f_c——混凝土轴心抗压强度设计值；

　　　f_u——栓钉极限抗拉强度设计值，参见现行《电弧螺柱焊用圆柱头焊钉》GB/T 10433。

位于梁负弯矩区的栓钉，周围混凝土对其约束的程度不如受压区，按式（4-1）算得的栓钉受剪承载力设计值应予折减，折减系数取0.9。

式（4-1）是针对直接焊在梁翼缘上的栓钉得出的，当混凝土板和梁翼缘之间有压型钢板时，N_v^c 还需要折减。当压型钢板肋与钢梁平行时（图4-16a），应乘以折减系数

$$\eta = 0.6 b (h_s - h_p)/h_p^2 \leqslant 1.0 \tag{4-2a}$$

当压型钢板肋与钢梁垂直时（图4-16b），应乘以折减系数

$$\eta = \frac{0.85}{\sqrt{n_0}} \times \frac{b(h_s - h_p)}{h_p^2} \leqslant 1.0 \tag{4-2b}$$

式中　b——混凝土凸肋（压型钢板波槽）的平均宽度（图4-16c），但当肋的上部宽度小于下部宽度时（图4-16d），改取上部宽度；

h_p——压型钢板高度（图 4-16c、d）；

h_s——栓钉焊接后的高度（图 4-16b），但不应大于 h_p+75mm；

n_0——组合梁截面上一个肋板中配置的栓钉总数，当大于 3 时仍应取 3。

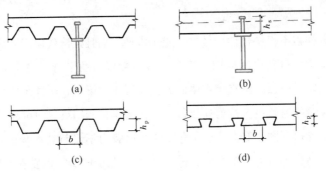

图 4-16 承载力设计值应折减的栓钉布置

（a）肋平行于支承梁；（b）肋垂直于支承梁；（c）、（d）楼板剖面

压型钢板与混凝土之间水平剪力的传递通常有四种形式，其一是依靠压型钢板的纵向波槽（图 4-17a），其二是依靠压型钢板上的压痕、小洞或冲成的不闭合的孔眼（图 4-17b），另外就是依靠压型钢板上焊接的横向钢筋（图 4-17c）以及设置于端部的锚固件（图 4-17d）。其中，端部锚固件要求在任何情形下都应当设置。

压型钢板组合楼盖的设计包括组合楼板和组合梁的设计。

4.2.2.1 组合楼板的设计

压型钢板有开口型、缩口型和闭口型之分（图 4-18）。通常依据是否考虑压型钢板对组合楼板承载力的贡献，而将其分为组合板和非组合板。组合楼板的设计不仅要考虑使用荷载，亦要考虑施工阶段的荷载作用。

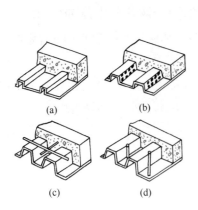

图 4-17 压型钢板与混凝土的连接

（a）纵向波槽；（b）不闭合孔眼；

（c）横向钢筋；（d）端部锚固件

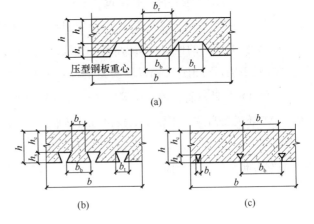

图 4-18 组合楼板凹槽类型

（a）开口型；（b）缩口型；（c）闭口型

（1）施工阶段

应对作为浇注混凝土底模的压型钢板进行强度和变形验算，所承受的永久荷载包括压型钢板、钢筋和混凝土的自重，可变荷载包括施工荷载和附加荷载。可变荷载取值原则上应以工地实际荷载为依据，但施工荷载不应小于 1.0kN/m^2。当有过量冲击、混凝土堆放、管线和泵等荷载时，应增加附加荷载。施工阶段验算时，注意湿混凝土作为可变

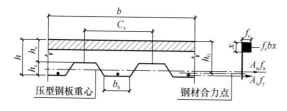

图 4-19　$x-x$ 轴

荷载，其分项系数为 1.5。验算采用弹性方法，结构重要性系数取 $\gamma_0 = 0.9$。在施工阶段荷载作用下力学模型为绕图 4-19 中 $x-x$ 轴弯曲的单向板（压型钢板），其截面力学特性计算参见第 1 章。除了承载力应符合现行《冷弯薄壁型钢结构技术规范》GB 50018 的要求外，通常控制挠度不应大于板支承跨度的 1/180。如果验算不满足要求，可加临时支护以减小板跨再进行验算。

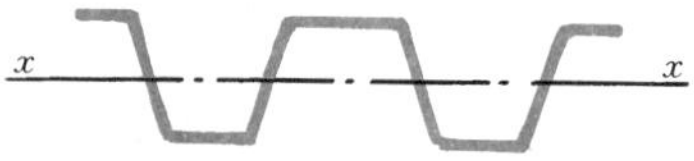

（2）使用阶段

对于非组合板，压型钢板仅作为模板使用，不考虑其承载作用，可按常规钢筋混凝土楼板设计。这时应在压型钢板波槽内设置钢筋，并进行相应计算。目前在高层钢结构中，大多是将压型钢板作为非组合板使用的，此情形下，因无须为其作防火保护层，实践证明造价较经济。对于组合板，应在永久荷载和使用阶段的可变荷载作用下验算其承载力和变形。变形验算的力学模型取为单向弯曲简支板，承载力验算的力学模型依压型钢板上混凝土的厚薄而分别取双向弯曲板或单向弯曲板。板厚不超过 100mm 时，正弯矩计算的力学模型为承受全部荷载的单向弯曲简支板，负弯矩计算的力学模型为承受全部荷载的单向弯曲固支板。板厚超过 100mm 时，依据有效边长比 λ_e，分两种情形处理，当 $0.5 \leqslant \lambda_e \leqslant 2.0$ 时，力学模型为正交异性双向弯曲板；当 $\lambda_e < 0.5$ 时，按强边（顺肋板）方向单向板进行计算；当 $\lambda_e > 2.0$ 时，按弱边（垂直于肋边）方向单向板进行计算。有效边长比计算公式为 $\lambda_e = \mu l_x / l_y$，其中，$l_x$ 和 l_y 分别是组合板强边和弱边方向的跨度，$\mu = (I_x / I_y)^{1/4}$ 称为组合板的异向系数，I_x 和 I_y 分别是组合板顺肋方向和垂直肋方向的截面惯性矩（计算 I_y 时只考虑压型钢板顶面以上的混凝土计算厚度 h_c，参见图 4-20）。一般而言，强度验算

图 4-20　组合板正截面计算简图

包括：正截面受弯承载力、受冲剪承载力和斜截面受剪承载力。

在正弯矩 M 作用下，组合板截面应当满足一般钢筋混凝土受弯构件的正截面受弯承载力：

$$M \leqslant f_c bx (h_0 - x/2) \tag{4-3a}$$

$$f_c bx = A_a f_a + A_s f_y \tag{4-3b}$$

式中符号的意义示于图 4-20。上式应注意，受拉部件包括钢筋和压型钢板，而非单纯钢筋。

混凝土受压区高度除了要满足通常混凝土结构的要求外，显然还应满足 $x \leqslant h_c$。组合板在负弯矩作用下的计算、斜截面受剪及局部荷载作用下的计算参见现行《组合结构设计规范》JGJ 138。

4.2.2.2　组合梁的设计

将钢筋混凝土板与钢梁进行可靠连接，使二者作为整体来承载，即形成组合梁，这在多、高层钢结构工程中经常遇见。组合梁可设置板托，如图 4-21 所示。板托可增加板在支座处的剪切承载力和刚度，但会增加构造的复杂性且施工不便，因此应当综合考虑确定设置与否，一般宜优先采用不带板托的组合梁。组合梁中的钢梁采用单轴对称的工字形截面，其上翼缘和混凝土板共同工作，宽度小于下翼缘。

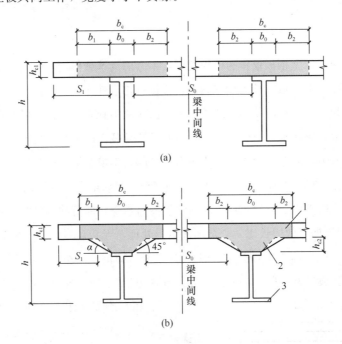

图 4-21　翼缘板的有效宽度

(a) 不设板托的组合梁；(b) 设板托的组合梁

1—混凝土翼板；2—板托；3—钢梁

混凝土板参与组合梁的工作，其宽度显然不能简单地以梁中间线为界，这是因为：板的宽厚比较大时，由于剪切滞后效应，应力沿板宽度分布不均匀。为了简化计算，把应力视为均匀分布，需要采用板的有效宽度 b_e，其表达式为：

$$b_e = b_0 + b_1 + b_2 \tag{4-4}$$

式中　b_0——钢梁上翼缘宽度（图 4-21a）；设置板托时为板托顶部的宽度（图 4-21b），当 $\alpha < 45°$ 时取 $\alpha = 45°$ 计算；当混凝土板与钢梁不直接接触（如之间有压型钢板分

割）时，取栓钉的间距，仅有一排栓钉时取 0；

b_1、b_2——梁两侧的翼缘板计算宽度；对于塑性中和轴位于混凝土板内的情形，可取梁等效跨径 l_e 的 1/6，且不应大于相邻钢梁上翼缘（或板托）间净距 S_0 的 1/2（图 4-21）；当然，对于边梁 b_1 还不应超过混凝土翼板实际外伸长度 S_1（图 4-21）；

l_e——等效跨径；对于简支组合梁取其跨度 l；对于连续组合梁，中间跨正弯矩区取 0.6l，边跨正弯矩区取 0.8l；支座负弯矩区取为相邻两跨跨度之和的 20%。

为了保证钢筋混凝土板与钢梁形成整体，亦必须在二者之间设置可靠的连接件，这些连接件的力学功能是承受沿梁轴向的纵向剪切力，故称为抗剪连接件。组合梁的抗剪连接件宜采用圆柱头焊钉（图 4-22a），亦可采用槽钢(图 4-22b)或有可靠依据的其他类型连接件。连接件的尺寸和间距按现行《钢结构设计标准》GB 50017 的规定确定。

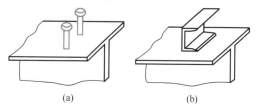

图 4-22 抗剪连接件

（a）圆柱头焊钉连接件；（b）槽钢连接件

（1）完全抗剪连接组合梁的正截面受弯承载力验算

当连接件有充分能力传递混凝土板和钢梁之间的剪力时，称为完全抗剪连接组合梁。对于这种组合梁，可按截面形成塑性铰作为承载力极限状态来建立其抗弯承载力计算公式，针对混凝土和钢材的材性特点，可以认为：①位于塑性中和轴一侧的受拉混凝土因为开裂而不参加工作，板托部分亦不予考虑，混凝土受压区假定为均匀受压，并达到轴心抗压强度设计值；②根据塑性中和轴的位置，钢梁可能全部受拉或部分受压部分受拉，但都设定为均匀受力，并达到钢材的抗拉或抗压强度设计值；③忽略钢筋混凝土翼板受压区中钢筋的作用。满足上述条件最核心的问题是保证截面要具备足够的塑性发展能力，尤其要避免因钢梁板件的局部失稳而导致过早丧失承载力。因此，构成组合梁的钢梁截面板件宽厚比的限值比较严格，现行《钢结构设计标准》GB 50017 要求：①钢梁截面板件宽厚比原则上应当符合钢结构受弯构件塑性设计的要求；②形成塑性铰并发生塑性转动的截面，其截面板件宽厚比等级应采用 S1 级；③最后形成塑性铰的截面，其截面板件宽厚比等级不应低于 S2 级截面要求；④不形成塑性铰的截面，其截面板件宽厚比等级不应低于 S3 级截面要求。

对于完全抗剪连接组合梁，根据上述极限状态（参见图 4-23），不难导出验算公式如下：

1）正弯矩 M 作用段

$$M \leqslant \begin{cases} b_e x f_{cy} & (Af \leqslant b_e f_c h_{c1}, \text{塑性中和轴在混凝土翼板内}) \\ b_e h_{c1} f_{cy1} + A_c f y_2 & (Af > b_e f_c h_{c1}, \text{塑性中和轴在钢梁截面内}) \end{cases} \tag{4-5a}$$

式中 x——混凝土翼板受压区高度（图 4-23a），$x = Af / (b_e f_c)$；

y——钢梁截面应力合力至混凝土受压区应力合力之间的距离(图 4-23a);

y_1——钢梁受拉区截面形心至混凝土翼板受压区截面形心的距离(图 4-23b);

A_c——钢梁受压区截面面积(图 4-23b),$A_c = 0.5(A - b_e h_{c1} f_c / f)$;

y_2——钢梁受拉区截面形心至钢梁受压区截面形心的距离(图 4-23b)。

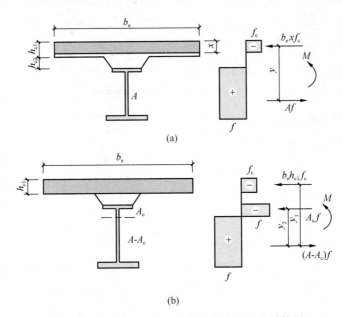

图 4-23 正弯矩时组合梁横截面抗弯承载力计算图

(a) 塑性中和轴在混凝土翼板内；(b) 塑性中和轴在钢梁内

2) 负弯矩 M 作用段

一般情形下总有 $A_{st} < A$ 成立,故可设组合梁塑性中和轴总位于钢梁截面内,应力分布见图 4-24。引用钢梁截面的塑性弯矩 M_s,不难建立校核公式:

$$M \leqslant M_s + A_{st} f_{st}(y_3 + y_4/2) \tag{4-5b}$$

式中 M_s——钢梁截面的塑性弯矩,取 $M_s = (S_1 + S_2)f$;

S_1、S_2——钢梁塑性中和轴(平分钢梁截面积的轴线)两侧截面对该轴的面积矩;

y_3——纵向钢筋截面形心与组合梁塑性中和轴之间的距离（图 4-24）,可先确定钢梁受压截面面积 $A_c = 0.5(A + A_{st} f_{st}/f)$,进而确定之;

y_4——组合梁塑性中和轴与钢梁塑性中和轴之间的距离（图 4-24）。当组合梁塑性中和轴在钢梁腹板内时,取 $y_4 = A_{st} f_{st}/(2t_w f)$,当该中和轴在钢梁翼缘内时,可取 y_4 等于钢梁塑性中和轴至腹板上边缘的距离。

当连接件不足以传递全部纵向剪力时,称为部分抗剪连接组合梁,其验算方法见现行《钢结构设计标准》GB 50017。

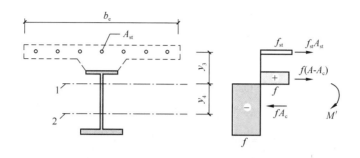

图 4-24　负弯矩作用时组合梁截面及应力图形

1—组合截面塑性中和轴；2—钢梁截面塑性中和轴

（2）组合梁的受剪承载力验算

认为全部剪力由钢梁腹板承受：

$$V \leqslant h_\mathrm{w} t_\mathrm{w} f_\mathrm{v} \tag{4-6}$$

式中　　h_w、t_w——分别为钢梁腹板的高度和厚度；

　　　　　f_v——钢梁钢材的抗剪强度设计值。

组合梁的设计计算还包括混凝土板和板托的纵向抗剪计算，挠度及负弯矩区裂缝宽度计算，详见现行《钢结构设计标准》GB 50017。关于组合梁和组合板的构造要求，亦见现行《钢结构设计标准》GB 50017，这里从略。

4.3　柱和支撑的设计

4.3.1　框架柱设计概要

中、高层建筑中常用的柱截面形式有箱形、焊接工字形、H 型钢、圆管、方管和矩形管等。H 型钢柱一般被认为应用最广，这是因为 H 型钢具有截面经济合理、规格尺寸多、加工量少以及便于连接等优点。焊接工字形截面的最大优点在于可灵活地调整截面特性，而焊接箱形截面的优点是关于两个主轴的刚度可以做得相等，缺点是加工量大。如果采用钢管混凝土的组合柱，将大幅度提高管状柱的承载力，并提高防火性能。轧制型钢虽然比较经济，但采用厚度更大的焊接工字形截面，可显著改善结构效能，由此节约下来的钢材价值要大于焊接截面的额外制造费用。

框架柱一般都是压（拉）弯构件，拟定柱截面尺寸要参考同类已建工程，如果在初步设计中，已粗略得到柱的轴力设计值 N，则可以承受 $1.2N$ 的轴压构件来初拟柱截面尺寸。一般采用变截面柱的形式，大致可按每 3～4 层作一次截面变化。尽量使用较薄的钢板，其厚度不宜超过 100mm。钢框架梁柱板件宽厚比不应大于表 4-6 的规定，表中参数 $\rho = N/(Af)$ 为梁轴压比（其中 A 和 f 分别指梁的截面积和钢材强度设计值）；表中所列数值适用于 $f_y = 235N/mm^2$ 的 Q235 钢，对于其他牌号的钢材，表中所列数值应乘以 ε_k，但对圆管截面柱乘以 ε_k^2；表中的冷成型方管适用于 Q235GJ 或 Q355GJ 钢。根据现行《建筑抗震设计规范》GB 50011 的规定，框架柱的长细比，在抗震等级为一级时不应大于 $60\varepsilon_k$，二级时不应大于 $80\varepsilon_k$，三级时不应大于 $100\varepsilon_k$，四级时不应大于 $120\varepsilon_k$。现行《高层民用建筑钢结构技术规程》JGJ 99 的相应要求更严些，分别要求 $60\varepsilon_k$、$70\varepsilon_k$、$80\varepsilon_k$、$100\varepsilon_k$。

钢框架梁柱板件宽厚比 表 4-6

板件名称		抗震等级				非抗震设计
		一	二	三	四	
柱	工字形截面翼缘外伸部分	10	11	12	13	13
	工字形截面腹板	43	45	48	52	52
	箱形截面壁板	33	36	38	40	40
	冷成型方管壁板	32	35	37	40	40
	圆管（径厚比）	50	55	60	70	70
梁	工字形截面和箱形截面翼缘外伸部分	9	9	10	11	11
	箱形截面翼缘在两腹板之间部分	30	30	32	36	36
	工字形截面和箱形截面腹板	$72-120\rho$ $\leqslant 60$	$72-100\rho$ $\leqslant 65$	$80-110\rho$ $\leqslant 70$	$85-120\rho$ $\leqslant 75$	$85-120\rho$

为了满足强柱弱梁的设计要求，使塑性铰出现在梁端而不是在柱端，抗震设防的柱在任一节点处，柱截面的塑性抵抗矩和梁截面的塑性抵抗矩宜满足下列要求：

等截面梁与柱连接时

$$\sum W_{pc}(f_{yc} - N/A_c) \geqslant \eta \sum W_{pb} f_{yb} \tag{4-7a}$$

端部翼缘变截面的梁与柱连接时

$$\sum W_{pc}(f_{yc} - N/A_c) \geqslant \sum (\eta W_{pb1} f_{yb} + M_v) \tag{4-7b}$$

式中　W_{pc}、W_{pb}——分别为计算平面内交汇于节点的柱和梁的截面塑性模量；

　　　W_{pb1}——梁塑性铰所在截面的梁塑性截面模量；

　　　f_{yc}、f_{yb}——分别为柱和梁钢材的屈服强度；

　　　N——按设计地震作用组合得出的柱轴力设计值；

　　　A_c——框架柱的截面面积；

　　　η——强柱系数，抗震等级为一、二、三和四级时分别取 1.15、1.1、1.05 和 1.0；

　　　M_v——梁塑性铰剪力对梁端产生的附加弯矩，$M_v = V_{pb}x$；

　　　V_{pb}——梁塑性铰剪力；

x——塑性铰至柱面的距离，塑性铰可取梁端部变截面翼缘的最小处。骨式连接（参见图 4-27）取 $(0.5 \sim 0.75) b_f + (0.30 \sim 0.45) h_b$。此处，$b_f$ 和 h_b 分别为梁翼缘宽度和梁截面高度；梁端扩大型或盖板式取梁净跨的 1/10 和梁高二者中的较大值。如有试验依据时，也可按试验取值。

现行《建筑抗震设计规范》GB 50011 规定，有下列情形则无须进行式（4-7）的校核：①柱所在楼层的受剪承载力比相邻上一层的受剪承载力高出 25％；②柱轴压比不超过 0.4；③柱轴力符合 $N_2 \leqslant \varphi A_c f$ 时（N_2 为 2 倍地震作用下的组合轴力设计值）；④与支撑斜杆相连的节点。对于框筒结构柱则应符合下式的要求：

$$N_c / (A_c f) \leqslant \beta \tag{4-8}$$

式中　N_c——框筒结构柱在地震作用组合下的最大轴向压力设计值；

　　　　A_c——框筒结构柱截面面积；

　　　　f——框筒结构柱钢材强度设计值；

　　　　β——系数，抗震等级为一、二、三级时取 0.75，四级时取 0.80。

梁柱连接处，柱腹板上应设置与梁上下翼缘相对应的水平加劲肋或隔板。在强地震作用下，为了使梁柱连接节点域腹板不致失稳，以利吸收地震能量，工字形截面柱和箱形截面柱腹板在节点域范围的稳定性，应符合下列要求（参见上册 7.11.3 节）：

$$t_{wc} \geqslant (h_{0b} + h_{0c}) / 90 \tag{4-9}$$

式中　t_{wc}、h_{0b}、h_{0c}——分别为柱在节点域的腹板厚度，梁腹板高度和柱腹板高度。

在荷载效应的基本组合作用下，纯框架柱的计算长度应按上册附表 18-2 有侧移情形确定。对于满足现行《钢结构设计标准》GB 50017 规定的强支撑（或剪力墙）框架，柱的计算长度应按上册附表 18-1 无侧移情形确定，其计算长度系数 μ 亦可分别按下列近似公式确定：

有侧移情形

$$\mu = \sqrt{\frac{1.6 + 4(K_1 + K_2) + 7.5 K_1 K_2}{K_1 + K_2 + 7.5 K_1 K_2}} \tag{4-10a}$$

无侧移情形

$$\mu = \sqrt{\frac{(1 + 0.41 K_1)(1 + 0.41 K_2)}{(1 + 0.82 K_1)(1 + 0.82 K_2)}} \tag{4-10b}$$

式中　K_1、K_2——分别为交于柱上下端的横梁线刚度之和与柱线刚度之和的比值。与上册附表 18-1 和附表 18-2 一样，式（4-10a）和式（4-10b）计算的结果需依据梁远端约束情形和横梁的轴力进行修正。

上述有侧移失稳柱的计算长度系数，是结合一阶内力分析的常规方法。现行《钢结构设计标准》GB 50017 还推荐了二阶分析和设计的新方法，将在 4.4.2.3 节论述。强支撑的判别式也见该节。

对于图 4-8（a）所示的框架体系，当计算横向框架 AB 和 CD 时，其他柱子均应作为依附于这两榀刚架的摇摆柱对待。此时，刚架柱的计算长度需要乘以放大系数，参看式（1-31）。计算纵向框架 EF 和 GH 时也同样处理。

4.3.2 柱与梁的连接

梁与柱的刚性连接是多、高层钢结构的常见形式，一般有三种做法：完全焊接，完全栓接和栓焊混合连接。本书上册的图 7-106 给出了四种连接构造方案，这里再补充三种方案。图 4-25（a）是翼缘焊接、腹板栓接的构造，附有腹板切角的细部。图 4-25（b）是柱在弱轴方向和梁连接的构造，其特点之一是梁翼缘端部放宽，以便和柱的翼缘及腹板都能焊接相连；特点之二是工地连接全用螺栓，柱出厂时带有短梁段。图 4-25（c）是方管柱和两个方向的梁连接，方管尺寸较小，难于在内部设隔板，因而采用外连式加劲板。在完全焊接情形下，梁翼缘与柱翼缘间应采用全熔透坡口焊缝，并按规定设置衬板，对于抗震等级为二级和一级的建筑，应检验焊缝金属的 V 形切口冲击韧性，其夏比冲击韧性在 $-20℃$ 时不低于27J；当框架梁端垂直于工字形柱腹板时，柱在梁翼缘对应位置设置横向加劲肋，且加劲肋厚度不应小于梁翼缘厚度；梁与柱的现场连接中，梁翼缘与柱横向加劲肋用全熔透焊缝连接，并应避免连接处板件宽度的突变。在完全栓接和栓焊混合情形下，所有抗剪螺栓都采用高强度螺栓摩擦型连接；当梁翼缘提供的塑性截面模量小于梁全截面塑性截面模量的 70%

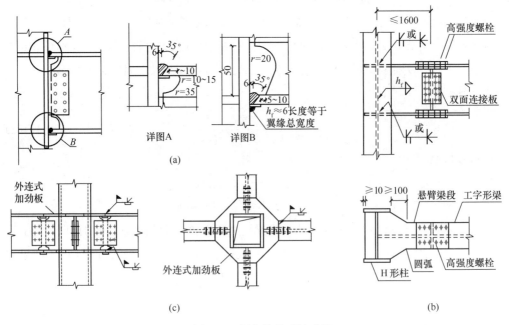

图 4-25 梁与柱的刚性连接

(a) 翼缘焊接，腹板栓接；(b) 梁与柱弱轴连接；(c) 梁与方管柱连接

时，梁腹板与柱的连接螺栓不得少于两列，即使计算只需一列，也应布置两列（图 4-25a），
且此时螺栓总数不得小于计算值的 1.5 倍。

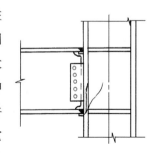

　　梁柱的全焊连接及图 4-25（a）梁翼缘对焊、腹板栓接于柱
的构造方案，曾经被认为性能良好可靠，但 1994 年美国
Northridge 地震后发现不少建筑物的这类连接出现裂缝。裂缝大
多起源于梁下翼缘和柱的连接焊缝边缘处，并向柱内延伸
（图 4-26）。针对这种震害，组织了专门力量进行广泛研究，并
从多方面提出了改进意见。为了防止焊缝金属韧性过低，对它
的最低冲击功作出了规定。鉴于焊接用衬板和柱翼缘间的缝隙
相当于初始裂纹，最好在焊后将衬板除去并补焊翼缘坡口焊的
焊根。如果焊后不除去衬板，则下翼缘焊缝的衬板应有足够的

图 4-26　梁柱连接
的地震裂缝

角焊缝消除间隙。同时，腹板端部扇形切角的尺寸不宜过小，以免影响剖口焊缝因不易施焊
而降低质量，具体尺寸参见图 4-25（a）。节点设计方面，还可以采用下列改进方法：

　　（1）把梁翼缘局部削弱，形成骨形连接（图 4-27a），使塑性铰从梁端外移。

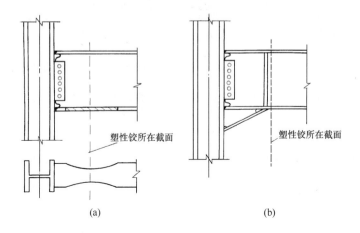

图 4-27　改进的节点构造

（a）骨形连接；（b）加腋连接

　　（2）在梁端部加腋，使塑性铰外移（图 4-27b），这种方式主要用于现有结构的加固。

　　（3）把梁的短段在工厂和柱焊接（图 4-25b），以保证焊接质量，短段和梁的主段在工
地拼接，可以全部用高强度螺栓连接，或焊、栓并用。

　　多层框架中可由部分梁和柱刚性连接组成抗侧力结构，而另一部分梁铰接于柱，这些柱
只承受竖向荷载。设有足够支撑的非地震区多层框架原则上可全部采用柔性连接，图 4-28
是一些典型的柔性连接，包括用连接角钢、端板和支托三种方式。连接角钢和图 4-28（c）
的端板都只把梁的腹板和柱相连，连接角钢也可用焊于柱上的板代替。连接角钢和端板或是

放在梁高度中央（图 4-28a），或是偏上放置（图 4-28b、c）。偏上的好处是梁端转动时上翼缘处变形小，对梁上面的铺板影响小。当梁用承托连于柱腹板时，宜用厚板作为承托构件（图4-28d），以免柱腹板承受较大弯矩。在需要用小牛腿时，则应如图 4-28（e）所示做成工字形截面，并把它的两块翼缘都焊于柱翼缘，使偏心力矩 $M=Re$ 以力偶的形式传给柱翼缘，而不是柱腹板。

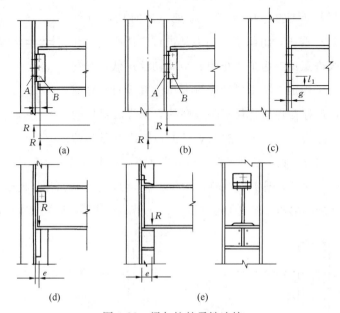

图 4-28　梁与柱的柔性连接

（a）、（b）角钢连接；（c）端板连接；（d）设置承托板；（e）设置承托牛腿

多层框架靠梁柱组成的刚架体系，在层数不多或水平力不大的情况下，梁与柱可以做成半刚性连接。显然，半刚性连接必须有抵抗弯矩的能力，但无须像刚性连接那么大。图 4-29是一些典型的半刚性连接，图 4-29（a）、（b）为端板-高强度螺栓连接方式，端板在大多数情况下，上、下边均伸出梁高度范围之外（也可上边伸出，下边不伸出）。梁端弯矩化作力偶，其拉力经上翼缘传出，受拉螺栓布置在关于受拉翼缘对称的位置，共四个。压力

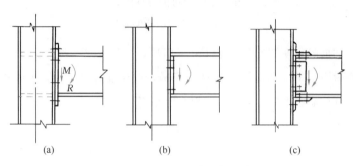

图 4-29　梁和柱的半刚性连接

（a）、（b）端板连接；（c）角钢连接

可以通过端板或柱翼缘承压传力，压力区螺栓可少量设置，和拉力区的螺栓一起传递剪力。图 4-29（c）则是用连于翼缘的上、下角钢和高强度螺栓来连接，由上、下角钢一起传递弯矩，腹板上的角钢则传递剪力。图 4-29（a）的虚线表示必要时可设柱加劲肋。

4.3.3　水平支撑布置

支撑在高层建筑中扮演的角色很重要，可分为两大类，一类是水平支撑，另一类是竖向支撑。竖向支撑主要有竖向中心支撑和竖向偏心支撑两种型式。

所谓水平支撑，是指设置于同一水平面内的支撑的总称，因此它包括通常意义下的横向水平支撑和纵向水平支撑。在高层建筑中，水平支撑分为两种，其一是为了建造和安装的安全需要而设置的临时水平支撑，这种水平支撑在施工完毕后拆除；另一类是永久水平支撑，通常在水平构件（如楼盖或屋盖构件）不能构成水平刚度大的隔板时设置。图 4-30 为楼盖水平刚度不足时的一种水平支撑布置方案，围绕楼梯间设置了纵向和横向垂直支撑，同时设置了纵向和横向水平支撑，它们都是平面桁架。纵向水平支撑是由楼面边梁为一弦杆的水平桁架，横向水平支撑则是以两次梁为弦杆的水平桁架。水平桁架的杆件可用角钢，图 4-30 中的两个节点详图为水平桁架腹杆在节点的连接。其中，详图①为梁柱节点处的连接，详图②为非梁柱节点处的连接。它们的共同特点是节点板表面高出梁上翼缘，在采用压型钢板为楼（屋）面的底板时，会有构造处理上的不便。

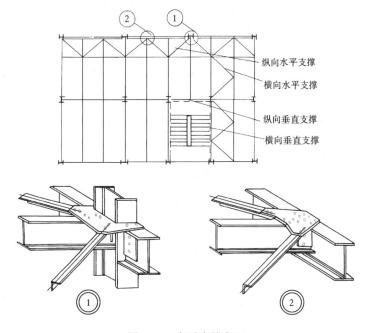

图 4-30　水平支撑布置

4.3.4 竖向支撑设计

高层钢结构中的竖向支撑通常呈贯通整个建筑物高度的平面桁架形式（图 4-1b），它是通过在两根柱构件间设置一系列斜腹杆构成的。当这些斜腹杆都连接于梁柱节点时称为竖向中心支撑（简称中心支撑，如图 4-31 所示），否则称为竖向偏心支撑（简称偏心支撑，如图 4-34所示）。竖向支撑既可以在建筑物纵向的一部分柱间布置，也可以在横向或纵横两向布置（图 4-8b）；其在平面上的位置也是灵活的，既可沿外墙布置，也可沿内墙布置。

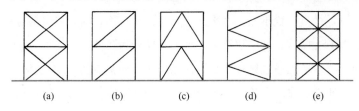

图 4-31　中心支撑类型

（a）十字交叉斜杆；（b）单斜杆；（c）人字形斜杆；

（d）K 形斜杆；（e）跨层跨柱设置

4.3.4.1 中心支撑

中心支撑宜采用十字交叉斜杆（图 4-31a）、单斜杆（图 4-31b）、人字形斜杆（或 V 形斜杆，图 4-31c）或 K 形斜杆（图 4-31d）等体系。K 形斜杆体系在地震荷载作用下，斜杆的屈曲或屈服会引起较大的侧向变形，可能引发柱提前丧失承载能力而倒塌，因此抗震设防的

图 4-32　单斜杆成对设置

结构不得采用 K 形斜杆体系。所有形式的支撑体系都可以跨层跨柱设置（图 4-31e）。当采用只能受拉的单斜杆体系时，应同时设置不同倾斜方向的两组单斜杆（图 4-32），且每层中不同方向单斜杆的截面面积在水平方向的投影面积之差不得大于 10%。

研究表明，在反复拉压作用下，长细比大于 $40\varepsilon_k$ 的支撑承载力将显著降低。为此，对于抗震设防的结构，支撑的长细比应作更严格的要求。非抗震设防结构中的中心支撑，当按只能受拉的杆件设计时，其长细比不应大于 $300\varepsilon_k$；当按既能受拉又能受压的杆件设计时，其长细比不应大于 $150\varepsilon_k$。抗震设防结构中的支撑杆件长细比，在按压杆设计时不应大于 $120\varepsilon_k$；抗震等级为一、二和三级的中心支撑不得采用拉杆设计；抗震等级为四级的中心支撑采用拉杆设计时，其长细比不应大于 180。一些资料表明，防止支撑板件屈曲比防止杆件屈曲更为重要，故目前趋向于放宽长细比限值，同时收紧板件宽厚比限值。

按 6 度抗震设防和非抗震设防时，支撑斜杆板件宽厚比可按现行《钢结构设计标准》GB 50017 的规定采用。抗震设防结构中的支撑板件宽厚比不宜大于表 4-7 的限值。

支撑斜杆宜采用双轴对称截面。当采用单轴对称截面时（例如双角钢组合 T 形截面），应采取防止绕对称轴屈曲的构造措施。结构抗震设防烈度不小于 7 度时，不宜用双角钢组合 T 形截面。按 7 度及以上抗震设防的结构，当支撑为填板连接的双肢组合构件时，肢件在填板间的长细比不应大于构件最大长细比的1/2,且不应大于 40。与支撑一起组成支撑系统的横梁、柱及其连接，应具有承受支撑斜杆传来内力的能力。与人字支撑、V 形支撑相交的横梁，在柱间的支撑连接处应保持连续。在计算人字形支撑体系中的横梁截面时，尚应满足在不考虑支撑的支点作用情况下按简支梁跨中承受竖向集中荷载时的承载力。按 8 度及以上抗震设防的结构，可以采用带有消能装置的中心支撑体系。

中心支撑板件宽厚比限值　　　　　　　　　　　　　　表 4-7

板件名称	抗　震　等　级			
	一级	二级	三级	四级、非抗震设计
翼缘外伸部分	8	9	10	13
工字形截面腹板	25	26	27	33
箱形截面壁板	18	20	25	30
圆管外径与壁厚比	38	40	40	42

注：表中所列数值适用于 Q235 钢，采用其他牌号钢材（除圆管外）应乘以 ε_k，圆管则乘以 ε_k^2。

高层钢结构在水平荷载作用下变形较大，须考虑 $P\text{-}\Delta$ 等二阶效应。在初步设计阶段设计算支撑杆件所受内力时，可按下列要求计算二阶效应导致的附加效应：

（1）在重力和水平力（风荷载或多遇地震荷载）作用下，支撑除作为竖向桁架的斜杆承受水平荷载引起的剪力外，还承受水平位移和重力荷载产生的附加弯曲效应。楼层附加剪力可按下式计算：

$$V_i = 1.2 \frac{\Delta u_i}{h_i} \sum G_i \tag{4-11}$$

式中　h_i——计算楼层的高度；

　　$\sum G_i$——计算楼层以上的全部重力；

　　Δu_i——计算楼层的层间位移。

人字形和 V 形支撑尚应考虑支撑跨梁传来的楼面垂直荷载。

（2）对于十字交叉支撑、人字形支撑和 V 形支撑的斜杆，尚应计入柱在重力下的弹性压缩变形在斜杆中引起的附加压应力。附加压应力可按下式计算：

对十字交叉支撑的斜杆

$$\Delta\sigma_{br} = \frac{\sigma_c}{\left(\frac{l_{br}}{h}\right)^2 + \frac{hA_{br}}{l_{br}A_c} + 2\frac{b^3 A_{br}}{l_{br}h^2 A_b}} \tag{4-12a}$$

对人字形和 V 形支撑的斜杆

$$\Delta\sigma_{\mathrm{br}} = \frac{\sigma_{\mathrm{c}}}{\left(\dfrac{l_{\mathrm{br}}}{h}\right)^2 + \dfrac{b^3 A_{\mathrm{br}}}{24 l_{\mathrm{br}} I_{\mathrm{b}}}} \tag{4-12b}$$

式中　　σ_{c}——斜杆端部连接固定后，该楼层以上各层增加的永久荷载和可变荷载产生的柱压应力；

$\quad\quad l_{\mathrm{br}}$——支撑斜杆长度；

b、I_{b}、h——分别为支撑跨梁的长度，绕水平主轴的惯性矩和楼层高度；

A_{br}、A_{c}、A_{b}——分别为计算楼层的支撑斜杆，支撑跨的柱和梁的截面面积。

在重复荷载作用下，人字形支撑和 V 形支撑的斜杆在受压屈曲后，使横梁产生较大变形，并使体系的抗剪能力发生较大退化。考虑到这些因素，在多遇地震效应组合作用下，人字形支撑和 V 形支撑的斜杆内力应乘以增大系数 1.5。

支撑斜杆要在多遇地震作用效应组合下，按压杆验算：

$$N/\varphi A_{\mathrm{br}} \leqslant \eta f/\gamma_{\mathrm{RE}} \tag{4-13}$$

式中　　η——受循环荷载时的设计强度降低系数，$\eta = 1/(1+0.35\lambda_{\mathrm{n}})$；

$\quad\quad \gamma_{\mathrm{RE}}$——支撑承载力抗震调整系数，按现行《建筑抗震设计规范》GB 50011 取 0.8；

$\quad\quad \lambda_{\mathrm{n}}$——支撑斜杆的正则化长细比，$\lambda_{\mathrm{n}} = \lambda(f_{\mathrm{y}}/E)^{1/2}/\pi$。

对于带有消能装置的中心支撑体系，支撑斜杆的承载力应为消能装置滑动或屈服时承载力的 1.5 倍。

图 4-33 是框架中心支撑节点的一些常见构造形式，其中带有双节点板的通常称为重型支撑，反之称为轻型支撑。地震区的工字形截面中心支撑宜采用轧制宽翼缘 H 型钢，如果采用焊接工字形截面，则其腹板和翼缘的连接焊缝应设计成焊透的对接焊缝，以免在地震荷

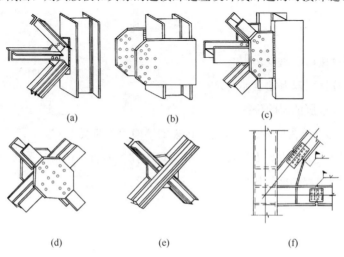

(a)　　　　　　　(b)　　　　　　　(c)

(d)　　　　　　　(e)　　　　　　　(f)

图 4-33　中心支撑节点构造

(a)、(e) 轻型支撑节点；(b)、(c)、(d) 重型支撑节点；(f) 悬臂梁段形式

载的反复作用下焊缝出现裂缝。与支撑相连接的柱通常加工成带悬臂梁段的形式（图 4-33f），以避免梁柱节点处的工地焊缝。

4.3.4.2　偏心支撑

图 4-34 是一些偏心支撑框架的形式。在偏心支撑框架中，除了支撑斜杆不交于梁柱节点的几何特征外，还有一个重要的力学特征，那就是精心设计的消能梁段（图 4-34）。这些位于支撑斜杆与梁柱节点（或支撑斜杆）之间的消能梁段，一般比支撑斜杆的承载力低，同时具有在重复荷载作用下良好的塑性变形能力。在正常的荷载状态下，偏心支撑框架处于弹性状态并具有足够的水平刚度；在遭遇强烈地震作用时，消能梁段首先屈服吸收能量，有效地控制了作用于支撑斜杆上的荷载份额，使其不丧失承载力，从而保证整个结构不会坍塌。

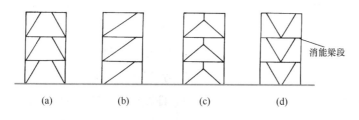

图 4-34　偏心支撑框架

（a）门架式；（b）单斜杆式；（c）人字形；（d）V 字形

偏心支撑斜杆的长细比不应大于 $120\varepsilon_k$，板件宽厚比不应超过现行《钢结构设计标准》GB 50017 规定的轴心受压构件在弹性设计时的宽厚比限值。偏心支撑斜杆，在一端与消能梁段连接（不在柱节点处），另一端可连接在梁与柱相交处，或与另一支撑一起与梁连接，并在支撑与柱之间或在支撑与支撑之间形成消能梁段（图 4-34）。消能梁段的局部稳定性要求严于一般框架梁，以利于塑性发展，具体要求是：

（1）翼缘板自由外伸宽度 b_1 与其厚度 t_f 之比，应符合下式：

$$b_1/t_f \leqslant 8\varepsilon_k \tag{4-14a}$$

（2）腹板计算高度 h_0 与其厚度 t_w 之比，应符合下式：

$$h_0/t_w \leqslant \begin{cases} 90(1-1.65\rho)\varepsilon_k & (\rho \leqslant 0.14) \\ 33(2.3-\rho)\varepsilon_k & (\rho > 0.14) \end{cases} \tag{4-14b}$$

$$\rho = N_{lb}/A_{lb}f \tag{4-14c}$$

式中　　N_{lb}——消能梁段的轴力设计值；

　　　　A_{lb}——消能梁段的截面面积。

由于高层钢结构顶层的地震力较小，满足强度要求时一般不会屈曲，因此顶层可不设消能梁段。

消能梁段无轴力作用的塑性受剪承载力 V_p 和塑性受弯承载力 M_p，以及梁段承受轴力时的全塑性受弯承载力 M_{pc}，应分别按下式计算：

$$V_p = 0.58 f_y h_0 t_w \qquad (4\text{-}15a)$$

$$M_p = W_{np} f_y \qquad (4\text{-}15b)$$

$$M_{pc} = W_{np}(f_y - \sigma_N) \qquad (4\text{-}15c)$$

其中，W_{np} 是消能梁段净截面的塑性截面模量；σ_N 是轴力产生的梁段翼缘平均正应力，当 $\sigma_N < 0.15 f_y$ 时，取 $\sigma_N = 0$。

消能梁段的长度，是偏心支撑框架的关键性问题。净长 $a \leqslant 1.6 M_p/V_p$ 的消能梁段为短梁段，其非弹性变形主要为剪切变形，属剪切屈服型；净长 $a > 1.6 M_p/V_p$ 的为长梁段，其非弹性变形主要为弯曲变形，属弯曲屈服型。试验研究表明，剪切屈服型消能梁段对偏心支撑框架抵抗大震特别有利。一方面，能使其弹性刚度与中心支撑框架接近；另一方面，其耗能能力和滞回性能优于弯曲屈服型。消能梁段净长最好不超过 $1.3 M_p/V_p$，不过梁段也不宜过短，否则塑性变形过大，有可能导致过早的塑性破坏。对于目前典型的连接节点，弯曲屈服型消能梁段在非弹性变形还没有充分发展时，即在翼缘连接处出现裂缝。因此，目前消能梁段宜设计成 $a \leqslant 1.6 M_p/V_p$ 的剪切屈服型，当其与柱连接时，不应设计成弯曲屈服型。

支撑斜杆轴力的水平分量将成为消能梁段的轴力 N，当此轴力较大时，除降低此梁段的受剪承载力外，也降低受弯承载力，因而需要减小该梁段的长度，以保证它具有良好的滞回性能。因此，消能梁段的轴向力 $N > 0.16 A f$ 时，其净长度 a（图 4-35）应符合下列规定：

当 $\zeta(A_w/A) < 0.3$ 时

$$a \leqslant 1.6 M_p/V_l \qquad (4\text{-}16a)$$

当 $\zeta(A_w/A) \geqslant 0.3$ 时

$$a \leqslant [1.15 - 0.5\zeta(A_w/A)]1.6 M_p/V_l \qquad (4\text{-}16b)$$

式中　A、A_w——分别为消能梁段的截面面积和腹板截面面积；

　　　　V_l——参见式（4-17b）；

　　　　ζ——消能梁段轴向力设计值与剪力设计值之比，$\zeta = N/V$。

消能梁段的截面宜与同一跨内框架梁相同。消能梁段腹板承担的剪力不宜超过其承载力的 90%，以使其在多遇地震下保持弹性。剪切屈服型消能梁段腹板完全用来抗剪，轴力和弯矩只能由翼缘承担。计及前述诸多因素和梁的轴压比 ρ 之后，现行《高层民用建筑钢结构技术规程》JGJ 99 对消能梁段的强度校核要求如下：

（1）剪切承载力校核

当 $\rho \leqslant 0.15$ 时

$$V \leqslant \phi V_l/\gamma_{RE} \qquad (4\text{-}17a)$$

$$V_l = \min\left(V_p, \frac{2M_p}{a}\right) \qquad (4\text{-}17b)$$

当 $\rho > 0.15$ 时

$$V \leqslant \phi V_{lc} / \gamma_{RE} \tag{4-17c}$$

$$V_{lc} = \min \left[V_p \sqrt{1 - \rho^2}, \frac{2.4 M_p}{a} (1 - \rho) \right] \tag{4-17d}$$

（2）弯曲承载力校核

当 $\rho \leqslant 0.15$ 时

$$\frac{M}{W} + \frac{N}{A} \leqslant f \tag{4-18a}$$

当 $\rho > 0.15$ 时

$$\left(\frac{M}{h} + \frac{N}{2} \right) \frac{1}{b_f t_f} \leqslant f \tag{4-18b}$$

式中 V、N、M——分别为消能梁段的剪力，轴力和弯矩设计值；

ϕ——系数，可取 0.9；

A、W——分别为消能梁段的截面积和截面模量；

f——消能梁段钢材的抗压强度设计值，地震作用参与组合时，以 $\gamma_{RE} = 0.75$ 除之；

h——消能梁段截面高度；

b_f、t_f——分别为消能梁段翼缘的宽度和厚度。

如前所述，偏心支撑的设计意图是：当地震作用足够大时，消能梁段屈服，而支撑不屈曲。能否实现这一意图，取决于支撑的承载力。设置适当的加劲肋后，消能梁段的极限受剪承载力可超过 $0.9 f_y h_0 t_w$，为设计受剪承载力 $0.58 f_y h_0 t_w$ 的 1.55 倍。因此，支撑的轴压设计抗力，至少应为耗能梁段达到屈服强度时支撑轴力的 1.6 倍，才能保证耗能梁段进入非弹性变形而支撑不屈曲。建议具体设计时，支撑截面适当取大一些。偏心支撑斜杆的承载力计算公式为：

$$\frac{N_{br}}{\varphi A_{br}} \leqslant f / \gamma_{RE} \tag{4-19}$$

式中 A_{br}——支撑截面面积；

φ——由支撑长细比确定的轴心受压构件稳定系数；

γ_{RE}——支撑承载力抗震调整系数，按现行《建筑抗震设计规范》GB 50011 取 0.8；

N_{br}——支撑轴力设计值，应取与其相连接的消能梁段达到受剪承载力时该支撑轴力与增大系数之乘积，抗震等级为一级时增大系数不应小于 1.4，二级时不应小于 1.3，三级时不应小于 1.2。

消能梁段所用钢材的屈服强度不应大于 355MPa，以便具有良好的延性和消能能力。除此之外，还必须采取一系列构造措施，以使消能梁段在反复荷载下具有良好的滞回性能，充分发挥作用。这些措施包括：

（1）由于腹板上贴焊的补强板不能进入弹塑性变形，腹板上开洞也会影响其弹塑性变形能力，因此消能梁段的腹板不得贴焊补强板，也不得开洞。

（2）为了传递梁段的剪力并防止连梁腹板屈曲，消能梁段与支撑连接处，应在其腹板两侧配置加劲肋，加劲肋的高度应为梁腹板高度，一侧的加劲肋宽度不应小于 $(b_f/2 - t_w)$，厚度不应小于 $0.75t_w$ 和 10mm 的较大值（b_f 和 t_w 分别是梁段的翼缘宽度和腹板厚度）。

（3）消能梁段腹板的中间加劲肋，需按梁段的长度区别对待，较短时为剪切屈服型，加劲肋间距不大于 $(30t_w - h/s)$；较长时为弯曲屈服型，中间加劲肋（参见图 4-35）间距可适当放宽，具体规定见现行《建筑抗震设计规范》GB 50011。

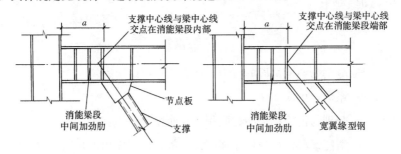

图 4-35　偏心支撑构造

中间加劲肋应与消能梁段的腹板等高，当消能梁段截面高度不大于 640mm 时，可配置单侧加劲肋；消能梁段截面高度大于 640mm 时，应在两侧配置加劲肋。一侧加劲肋的宽度不应小于 $(b_f/2 - t_w)$，厚度不应小于 t_w 和 10mm。

偏心支撑的斜杆中心线与梁中心线的交点，一般在消能梁段的端部，也允许在消能梁段内（图 4-35），此时将产生与消能梁段端部弯矩方向相反的附加弯矩，从而减少消能梁段和支撑杆的弯矩，对抗震有利；但交点不应在消能梁段以外，否则将增大支撑和消能梁段的弯矩，于抗震不利。

（4）消能梁段与柱的连接应符合下列要求：

消能梁段翼缘与柱翼缘之间应采用坡口全熔透对接焊缝连接，消能梁段腹板与柱翼缘之间应采用角焊缝连接；角焊缝的承载力不得小于消能梁段腹板的轴向承载力、受剪承载力和受弯承载力。

消能梁段与柱腹板连接时，其翼缘与连接板间应采用坡口全熔透焊缝，消能梁段腹板与柱间应采用角焊缝；角焊缝的承载力不得小于消能梁段腹板的轴向承载力、受剪承载力和受弯承载力。

消能梁段两端上下翼缘应设置侧向支撑，以保持其稳定。支撑的轴力设计值不得小于消能梁段翼缘轴向承载力设计值（翼缘宽度、厚度和钢材受压承载力设计值三者的乘积）的 6%，即 $0.06\,b_f t_f f$。偏心支撑框架梁的非消能梁段上下翼缘，亦应设置侧向支撑，支撑的轴力设计值不得小于梁翼缘轴向承载力设计值的 2%，即 $0.02b_{\mathrm{f}}t_{\mathrm{f}}f$ 。

4.3.5　钢板剪力墙

钢板剪力墙是一种在框架内填入钢板所形成的抗侧力结构（图 4-36），内嵌钢板可通过连接板与框架相连，连接板与钢框架梁、柱一般采用焊接连接，钢板与连接板可采用焊接连接或高强度螺栓连接。

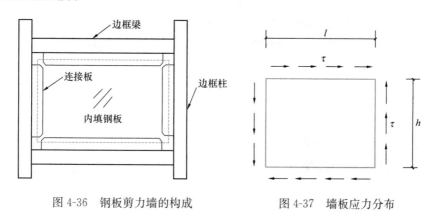

图 4-36　钢板剪力墙的构成　　　　　　　图 4-37　墙板应力分布

在水平力作用下，内嵌钢板在受力上可视为一个四边固定的受剪板（图 4-37），它的屈曲临界剪应力是：

$$\tau_{\mathrm{cr}} = k\,\frac{\pi^2 E t^2}{12(1-v^2)h^2} \tag{4-20}$$

式中　　E——弹性模量；

　　　　t——墙板厚度；

　　　　h——墙板高度；

　　　　v——泊松比；

　　　　k——屈曲系数，按下式计算：

$$k = \begin{cases} 8.98 + 5.6(h/l)^2 & (l \geqslant h) \\ 5.6 + 8.98(h/l)^2 & (l \leqslant h) \end{cases} \tag{4-21}$$

钢板剪力墙的墙板通常较薄，屈曲临界力很低，但是屈曲并不意味着失效，由于边框梁柱的锚固作用，墙板在屈曲后会形成一个斜向拉力场（图 4-38），继续提供抗侧刚度和承载力。钢板剪力墙的屈曲后承载力很高，可以达到屈曲临界力的几十倍。由于屈曲临界力很低，工程实践中通常假定墙板一旦受力就发生屈曲，即利用其屈曲后的力学性能。墙板屈曲后的弹性刚度为：

$$K = \frac{E l t}{h}\,\sin^2\alpha\,\cos^2\alpha \tag{4-22}$$

式中 l——墙板宽度；

$\quad\quad\alpha$——拉力场的倾角，可由下式计算

$$\alpha = \arctan \sqrt[4]{\dfrac{1+\left(\dfrac{tL}{2A_c}\right)}{1+tH\left(\dfrac{1}{A_b}+\dfrac{H^3}{360I_cL}\right)}} \qquad (4\text{-}23)$$

式中 A_b、A_c——分别为边框梁和边框柱的截面积；

$\quad\quad I_c$——边框柱的惯性矩；

$\quad\quad L$、H——分别为边框架的跨度和层高（可按轴线间距确定）。

墙板的屈服荷载为：

$$V_y = f_y lt \sin\alpha\cos\alpha \qquad (4\text{-}24)$$

式中 f_y——墙板的屈服强度。

钢板剪力墙的屈曲后力学性能可通过图 4-39 所示的多拉杆模型来进行模拟计算，拉杆的倾角 α 即为拉力场的倾角，可由式（4-23）确定，也可简化近似取 45°，每个拉杆的截面积为：

$$A_s = \dfrac{(l\cos\alpha + h\sin\alpha)t}{n} \qquad (4\text{-}25)$$

式中 n——拉杆的数量，要求不少于 10。

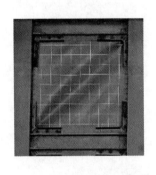
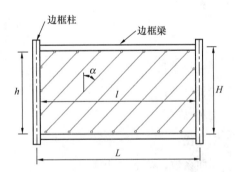

图 4-38　钢板剪力墙的拉力场　　　　图 4-39　多拉杆模型

钢板剪力墙的墙板很薄，几乎没有抗压能力，故结构的竖向荷载主要由边框柱承担。通过后安装的方法可消除墙板竖向力以防止受压屈曲，工程实践中多在主体结构封顶后再安装墙板。

钢板剪力墙的墙板也可以是带加劲肋的钢板，称为加劲钢板剪力墙。加劲肋可显著提高墙板的屈曲临界力同时改善其滞回性能。加劲钢板剪力墙的有两种设计思路，一种是以墙板屈曲作为承载力极限状态，另一种是允许墙板屈曲并利用屈曲后强度。加劲肋可仅横向或仅竖向布置，也可双向布置（图 4-40）。

当加劲肋的弯曲刚度符合下列要求时可保证墙板不发
生整体屈曲：

对横向加劲肋

$$\eta_x = \frac{EI_{sx}}{Db} \geqslant 33 \qquad (4\text{-}26a)$$

对竖向加劲肋

$$\eta_y = \frac{EI_{sy}}{Da} \geqslant 50 \qquad (4\text{-}26b)$$

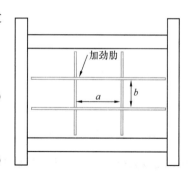

图 4-40　加劲钢板剪力墙

式中　　η_x、η_y——分别为横向和竖向加劲肋的肋板刚
度比；

I_{sx}、I_{sy}——分别为横向和竖向加劲肋的截面惯性矩；

D——单位宽度墙板的弯曲刚度，$D = Et^3/12(1-v^2)$；

a、b——分别为墙板小区格的宽度和高度。

当采用以墙板屈曲作为承载力极限状态设计时，若加劲肋刚度满足式（4-26a）和式
（4-26b），可仅验算加劲肋间区格的屈曲。对于同时布置横向和竖向加劲肋的墙板，弹性剪
切屈曲临界应力为：

$$\tau_{cr} = k_s \frac{\pi^2 D}{a^2 t} \qquad (4\text{-}27)$$

其中的屈曲系数 k_s 为：

$$k_s = \begin{cases} 6.5 + 5\,(a/b)^2 & (b \geqslant a) \\ 5 + 6.5\,(b/a)^2 & (b < a) \end{cases} \qquad (4\text{-}28)$$

除了要验算剪切屈曲临界应力外，还需要验算受压屈曲和抗弯屈曲临界应力，并分析三
者的相关作用，此处从略，可参见现行《钢结构设计标准》GB 50017 和《高层民用建筑钢
结构技术规程》JGJ 99 的有关规定。

4.4　多、高层房屋结构的分析和设计计算

4.4.1　荷载与作用

4.4.1.1　竖向荷载

高层建筑钢结构楼面和屋顶活荷载以及雪荷载的标准值及其准永久值系数，应按现行
《建筑结构荷载规范》GB 50009 规定采用。

层数较少的多层建筑应考虑活荷载的不利分布。与永久荷载相比，高层建筑中活荷载值

是不大的，可不考虑活荷载的不利分布，在计算构件效应时，楼面及屋面竖向荷载可仅考虑各跨满载的情况，从而简化计算。多高层建筑的建造过程中，通常使用附墙塔或爬塔之类的施工设备，应根据具体情况验算这些设备的施工荷载对结构的影响。多高层建筑配置擦窗机等清洁设备时，亦应按其实际情况确定其对结构的影响。

4.4.1.2 风荷载

现行《建筑结构荷载规范》GB 50009 的风荷载对一般建筑结构的重现期为 50 年，对风荷载比较敏感的高层建筑，承载力设计计算时应按基本风压的 1.1 倍采用。主体结构的风载体型系数 μ_s 可按下列规定计算：

$$\mu_s = \begin{cases} 0.8 & \text{（平面为圆形的建筑）} \\ 0.8 + 1.2/\sqrt{n} & \text{（平面为正多边形及三角形的建筑）} \end{cases}$$

式中 n——多边形的边数。

对于高宽比不大于 4 的平面为矩形、方形或十字形的建筑可取 $\mu_s = 1.3$。更多平面形状的风载体型系数 μ_s 参见现行《高层民用建筑钢结构技术规程》JGJ 99 的有关规定。

计算檐口、雨篷、遮阳板、阳台等水平构件的局部上浮风荷载时，其风荷载体型系数 μ_s 不宜大于 -2.0。

当邻近有高层建筑产生互相干扰时，对风荷载的影响是不容忽视的。邻近建筑的影响是一个复杂问题，这方面的试验资料还较少，最好的办法是用建筑群模拟，通过边界层风洞试验确定。一般说来，房屋高度大于 200m 或有下列情形之一的高层民用建筑宜进行风洞试验或通过数值技术判断确定其风荷载：

（1）平面形状不规则，立面形状复杂；

（2）立面开洞或连体建筑；

（3）周围地形和环境较复杂。

在计算主要承重构件时，风荷载标准值由下式给出：

$$w_k = \beta_z \mu_s \mu_z w_0$$

式中 β_z 为风振系数，其余符号同式（1-1）。β_z 的计算方法见现行《建筑结构荷载规范》GB 50009，在计算围护结构时，上式的 β_z 改用阵风系数 β_{gz}，亦见现行《建筑结构荷载规范》GB 50009。高度大于 30m 且高宽比大于 1.5 的建筑物均应考虑风压脉动对结构产生顺风向振动的影响，应按随机振动理论计算。对横风向风振作用效应或扭转风振作用效应明显的高层民用建筑，宜考虑横风向风振或扭转风振的影响。横风向风振或扭转风振的计算范围、方法及顺风向与横风向效应的组合方法应符合现行《建筑结构荷载规范》GB 50009 的有关规定。

当高层建筑顶部有小体型的突出部分（如伸出屋顶的电梯间、屋顶瞭望塔建筑等）时，设计应考虑鞭梢效应。记小体型突出部分作为独立体时的基本自振周期为 T_u，主体建筑的基本自振周期为 T_1。计算表明，当 $T_u \leqslant T_1/3$ 时，为了简化计算，可以假设从地面到突出部分的顶部为一等截面高层建筑来计算风振系数，鞭梢效应约为 1.1。若要使鞭梢效应接近 1，则可将适用于简化计算的顶部结构自振周期范围减少到 $T_u \leqslant T_1/4$。当 $T_u > T_1/3$ 时，应按梯形体型结构用风振理论进行分析计算。鞭梢效应一般与上下部分质量比、自振周期比及承风面积比有关。研究表明，在 T_u 大于 T_1 约一倍半范围内时，盲目增大上部结构刚度，反而起着相反效果，这一点应特别引起设计工作者的注意。另外，盲目减小上部承风面积，在 $T_u < T_1$ 范围内，其作用也不明显。

4.4.1.3　地震作用

根据小震不坏，中震可修，大震不倒的抗震设计目标，高层钢结构抗震设计应进行多遇地震作用及罕遇地震作用两阶段的抗震计算。多遇地震相当于 50 年超越概率为 63.2% 的地震，罕遇地震相当于 50 年超越概率为 2%～3% 的地震。进行多遇地震作用的抗震计算时，要求：

（1）一般情况下，应至少在结构的两个主轴方向分别计入水平地震作用，各方向的水平地震作用应全部由该方向的抗侧力构件承担；

（2）当有斜交抗侧力构件，且相交角度大于 15°时，宜分别计入各抗侧力构件方向的水平地震作用；

（3）通常应计算单向水平地震作用下的扭转影响，但质量和刚度明显不对称的结构，应计算双向水平地震作用下的扭转影响；

（4）按 9 度抗震设防时，应计入竖向地震作用；

（5）高层民用建筑中的大跨度、长悬臂结构，7 度（0.15g）、8 度抗震设防时就应计入竖向地震作用。

计算罕遇地震下的结构变形，或分析安装有消能减震装置的高层民用建筑钢结构的结构变形，均应按现行《建筑抗震设计规范》GB 50011 规定，采用静力弹塑性分析方法或弹塑性时程分析法。

需要说明：在考虑水平地震作用扭转影响的结构中，通常考虑结构偏心引起的扭转效应，而不考虑扭转地震作用。

弹性反应谱理论仍是现阶段抗震设计的最基本理论，现行《建筑抗震设计规范》GB 50011 所采用的设计反应谱，如图 4-41 所示，是以水平地震影响系数 α 曲线的形式表达的。特征周期 T_g 和水平地震影响系数最大值 α_{max} 分别见表 4-8 和表 4-9。图中的衰减指数 γ、直线下降段的下降斜率调整系数 η_1 和阻尼调整系数 η_2 的计算公式如下（其中 ζ 为结构阻尼比）：

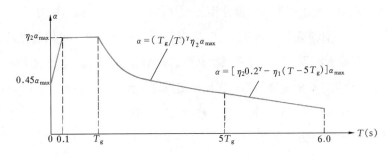

图 4-41　地震影响系数曲线

α—水平地震影响系数；α_{max}—水平地震影响系数最大值；

T—结构自振周期；η_1—直线下降段的下降斜率调整系数；η_2—阻

尼调整系数；T_g—场地特征周期；γ—衰减指数

$$\gamma = 0.9 + \frac{0.05 - \zeta}{0.3 + 6\zeta} \qquad (4\text{-}29a)$$

$$\eta_1 = 0.02 + \frac{0.05 - \zeta}{4 + 32\zeta} \qquad (4\text{-}29b)$$

$$\eta_2 = 1 + \frac{0.05 - \zeta}{0.08 + 1.6\zeta} \qquad (4\text{-}29c)$$

场地特征周期 $T_g(s)$　　表 4-8

设计地震分组	场 地 类 别				
	I_0	I_1	II	III	IV
第一组	0.20	0.25	0.35	0.45	0.65
第二组	0.25	0.30	0.40	0.55	0.75
第三组	0.30	0.35	0.45	0.65	0.90

水平地震影响系数最大值　　表 4-9

地震影响	6 度	7 度	8 度	9 度
多遇地震	0.04	0.08 (0.12)	0.16 (0.24)	0.32
设防地震	0.12	0.23 (0.34)	0.45 (0.68)	0.90
罕遇地震	0.28	0.50 (0.72)	0.90 (1.20)	1.40

注：括号中数值分别用于设计基本地震加速度为 $0.15g$ 和
$0.30g$ 的地区。

（1）底部剪力法

高度不超过 40m，以剪切变形为主且质量和刚度沿高度分布比较均匀的高层民用建筑钢结构，可采用底部剪力法进行抗震计算，各楼层可仅按一个自由度计算。

通过若干典型高层钢结构的振型分解反应谱法计算，可知高而较柔的钢结构水平地震作用沿高度分布，与现行《建筑抗震设计规范》GB 50011 中所给的分布公式略有区别。为了使用方便，仍然沿用 GB 50011 中沿高度分布的规律，即按式（4-30）计算各楼层的等效地震作用（结构层数及其总水平地震作用标准值分别记为 n 和 F_{Ek}）：

$$F_{Ek} = \alpha_1 G_{eq} \qquad F_i = \frac{G_i H_i}{\sum_{j=1}^{n} G_j H_j} F_{Ek}(1 - \delta_n) \qquad (i = 1, 2 \cdots n) \qquad (4\text{-}30)$$

$$\Delta F_n = \delta_n F_{Ek} \qquad (4\text{-}31)$$

式中　α_1——相应于基本自振周期 T_1（s）的水平地震影响系数值；

G_{eq}——结构的等效总重力荷载，取总重力荷载代表值的 85%；

G_i、G_j ——分别为第 i、j 层重力荷载代表值；

H_i、H_j ——分别为 i、j 层楼盖距底部固定端的高度；

F_i ——第 i 层的水平地震作用标准值；

ΔF_n ——顶部附加水平地震作用；

δ_n ——顶部附加地震作用系数，对于多层钢结构房屋，可按表 4-10 采用。

在底部剪力法中，顶部突出物的地震作用可按所在高度作为一个质量，按其实际定量计算所得水平地震作用放大 3 倍后，设计该突出部分的结构。增大影响不应往下传递，但与该突出部分相连的构件应予计入。

按主体结构弹性刚度所得钢结构的计算周

顶部附加地震作用系数　表 4-10

T_g (s)	$T_1 > 1.4T_g$	$T_1 \leqslant 1.4T_g$
$\leqslant 0.35$	$0.08T_1 + 0.07$	
$0.35 \sim 0.55$	$0.08T_1 + 0.01$	0
> 0.55	$0.08T_1 - 0.02$	

注：T_1 为结构基本自振周期。

期，由于非结构构件及计算简图与实际情况存在差别，结构实际周期往往小于弹性计算周期，根据 35 幢国内外高层钢结构统计，其实测周期与弹性计算周期比较，平均值为 0.75。在设计时，计算地震作用的周期应略高于实测值，取增大系数 1.2，建议计算周期考虑非结构构件影响的修正系数 ξ_T 取 0.9。对于质量及刚度沿高度分布比较均匀的结构，基本自振周期可用下式近似计算：

$$T_1 = 1.7\xi_T \sqrt{u_n} \tag{4-32}$$

式中　u_n ——结构顶层假想侧移（m），即假想将结构各层的重力荷载作为楼层的集中水平力，按弹性静力方法计算所得到的顶层侧移值。

式（4-32）是半经验半理论得到的近似计算基本自振周期的顶点位移公式，它适用于具有弯曲型、剪切型或弯剪变形的一般结构。由于 u_n 是由弹性计算得到的，并且未考虑非结构构件的影响，故公式中也有修正系数 ξ_T。

在初步计算时，结构的基本自振周期可按以下经验公式估算：

$$T_1 = 0.1n \tag{4-33}$$

式中，n 是建筑物层数（不包括地下部分及屋顶小塔楼）。这是根据 35 幢国内外高层建筑钢结构脉动实测自振周期统计值，乘以增大系数 1.2 得到的。

（2）振型分解反应谱法

高层民用建筑钢结构的抗震计算宜采用振型分解反应谱法，对质量和刚度不对称、不均匀的结构以及高度超过 100m 的高层民用建筑钢结构应采用考虑扭转耦联振动影响的振型分解反应谱法。

对于不计扭转影响（即不考虑扭转耦联影响）的结构，振型分解反应谱法可仅考虑平移作用下的地震效应组合，并应符合下列规定：

1）结构 j 振型 i 层质点的水平地震作用标准值 F_{ji}，可按下列公式计算（m 为结构计算振型数目）：

$$F_{ji} = \alpha_j \gamma_j X_{ji} G_i \quad (i = 1, 2 \cdots n; j = 1, 2 \cdots m) \tag{4-34a}$$

$$\gamma_j = \sum_{i=1}^{n} X_{ji} G_i \Big/ \sum_{i=1}^{n} X_{ji}^2 G_i \tag{4-34b}$$

2）相邻振型的周期比小于 0.85 时，水平地震作用效应（弯矩、剪力、轴向力和变形）应按下列公式计算：

$$S = \sqrt{\sum S_j^2} \tag{4-35}$$

式中 α_j——相应于 j 振型计算周期 T_j 的地震影响系数；

       γ_j——j 振型的参与系数；

       X_{ji}——j 振型 i 质点的水平相对位移；

       S——水平地震作用标准值的效应；

       S_j——j 振型水平地震作用标准值产生的效应，规则结构可取 $m=3$；当结构较高、沿竖向刚度不均匀时取 $m=5\sim6$。

突出屋面的小塔楼，应按每层一个质点进行地震作用计算和振型效应组合。当采用 3 个振型时，所得地震作用效应可以乘增大系数 1.5；当采用 6 个振型时，所得地震作用效应不再增大。

目前高层建筑功能复杂，体型趋于多样化，在体型复杂或不能按平面结构假定进行计算时，宜采用空间协同计算（二维）或空间计算（三维），此时应考虑空间振型（x、y、z）及其耦联作用，考虑结构各部分产生的转动惯量及由式（4-35）计算的振型参与系数，还应采用完全二次方根法进行振型组合，亦即应按下列规定计算水平地震作用效应：

（ⅰ）结构 j 振型 i 层质点的水平地震作用标准值，应按下列公式计算：

$$\left. \begin{aligned} F_{xji} &= \alpha_j \gamma_{tj} X_{ji} G_i \\ F_{yji} &= \alpha_j \gamma_{tj} Y_{ji} G_i \quad (i = 1, 2 \cdots n; j = 1, 2 \cdots m) \\ F_{tji} &= \alpha_j \gamma_{tj} r_i^2 \varphi_{ji} G_i \end{aligned} \right\} \tag{4-36}$$

式中 r_i——i 层转动半径，可取 i 层绕质心的转动惯量除以该层质量的商的正二次方根；

       γ_{tj}——考虑扭转的 j 振型参与系数；

       φ_{ji}——j 振型 i 层的相对扭转角；

   X_{ji}、Y_{ji}——分别为 j 振型 i 层质点在 x、y 方向的水平相对位移；

F_{xji}、F_{yji}、F_{tji}——分别为 j 振型 i 层的 x 方向、y 方向和转角方向的地震作用标准值。

一般可取结构计算振型数 $m=9\sim15$，对于多塔楼建筑的每个塔楼则宜取 $m \geqslant 9$。

（ⅱ）考虑扭转的结构 j 振型参与系数 γ_{tj} 可按下列公式确定：

当仅考虑 x 方向地震作用时

$$\gamma_{tj} = \sum_{i=1}^{n} X_{ji} G_i \Big/ \sum_{i=1}^{n} (X_{ji}^2 + Y_{ji}^2 + \varphi_{ji}^2 r_i^2) G_i \tag{4-37a}$$

当仅考虑 y 方向地震作用时

$$\gamma_{tj} = \sum_{i=1}^{n} Y_{ji} G_i \Big/ \sum_{i=1}^{n} (X_{ji}^2 + Y_{ji}^2 + \varphi_{ji}^2 r_i^2) G_i \tag{4-37b}$$

当地震作用方向与 x 轴有 θ 夹角时，可用 $\gamma_{\theta j}$ 代替 γ_{tj}：

$$\gamma_{\theta j} = \gamma_{xj} \cos\theta + \gamma_{yj} \sin\theta \tag{4-37c}$$

（ⅲ）采用空间振型时，地震作用效应按下式计算：

$$S_{Ek} = \sqrt{\sum_{j=1}^{m} \sum_{k=1}^{m} \rho_{jk} S_j S_k} \tag{4-38}$$

式中　S_{Ek}——考虑扭转的地震作用标准值的效应；

S_j、S_k——分别为 j、k 振型地震作用标准值的效应，可取前 9～15 个振型，当基本自振周期 $T_1 > 2s$ 时，振型数应取较大者；在刚度和质量沿高度分布很不均匀的情况下，应取更多的振型（18 个或更多）；

ρ_{jk}——j 振型与 k 振型的耦联系数，按下式计算：

$$\rho_{jk} = \frac{8\sqrt{\zeta_j \zeta_k}(\zeta_j + \lambda_T \zeta_k)\lambda_T^{1.5}}{(1 - \lambda_T^2)^2 + 4\zeta_j \zeta_k(1 + \lambda_T^2)\lambda_T + 4(\zeta_j^2 + \zeta_k^2)\lambda_T^2} \tag{4-39}$$

λ_T——k 振型与 j 振型的自振周期比；

ζ_j、ζ_k——分别为 j、k 振型的阻尼比。

实际上，在计算振型耦联系数 ρ_{jk} 时，对式（4-39）作了简化，假定所有振型阻尼比均相等。由于高层民用钢结构建筑多属塔式建筑，无限刚性楼盖居多，对楼盖为有限刚性的情况未给出计算公式，属于此种情况者应采用相应的计算公式。

（3）竖向地震作用

9 度地区的高层建筑，计算竖向地震作用时，可按下列要求确定竖向地震作用标准值：

1）总竖向地震作用标准值

$$F_{Evk} = \alpha_{vmax} G_{eq} \tag{4-40}$$

式中　α_{vmax}——竖向地震影响系数最大值，可取水平地震影响系数最大值的 65%；

G_{eq}——结构的等效总重力荷载代表值，取总重力荷载代表值的 75%。

2）楼层 i 的竖向地震作用标准值

$$F_{vi} = \frac{G_i H_i}{\sum_{j=1}^{n} G_j H_j} F_{Evk} \quad (i = 1, 2, \cdots n) \tag{4-41}$$

3）各层的竖向地震作用效应，可按各构件承受重力荷载代表值的比例分配，并应考虑向上或向下作用产生的不利组合，宜乘以增大系数 1.5。

（4）时程分析法

采用时程分析法计算结构的地震反应时地震波的选择应符合下列要求：

应按建筑场地类别和设计地震分组选用实际强震记录和人工模拟的加速度时程曲线，其中实际强震记录的数量不应少于总数量的 2/3，多组时程曲线的平均地震影响系数曲线应与振型分解反应谱法所采用的地震影响系数曲线在统计意义上相符，其加速度时程的最大值可按表 4-11 采用。所谓统计意义上相符，是指多组时程波的平均地震影响系数曲线与振型分解反应谱法所用的地震影响系数相比，在对应于结构主要振型的周期点上相差不大于 20%。地震波的持续时间不宜过短，不论是实际强震记录还是人工模拟波形，有效持续时间一般为结构基本周期的 5~10 倍，即结构顶点的位移可按基本周期往复 5~10 次。所谓有效持续时间，一般从首次达到该时程曲线最大峰值的 10% 点起算，到最后一点达到最大峰值的 10% 为止。现行《高层民用建筑钢结构技术规程》JGJ 99 要求，地震波持续时间不宜小于建筑结构基本自振周期的 5 倍和 15s，地震波取样时间间隔可取 0.01s 或 0.02s。弹性时程分析时，每条时程曲线计算所得结构底部剪力不应小于振型分解反应谱法计算结果的 65%，多条时程曲线计算所得结构底部剪力的平均值不应小于振型分解反应谱法计算结果的 80%。但计算结果亦不能过大，一般不大于 135%，平均不大于 120%。

时程分析所用地震加速度最大值（cm/s²）   表 4-11

设防烈度	6	7	8	9
多遇地震	18	35（55）	70（110）	140
设防地震	50	100（150）	200（300）	400
罕遇地震	125	220（310）	400（510）	620

注：括号内数值分别用于设计基本地零加速度为 0.15g 和 0.30g 的地区。

4.4.2 结构分析

4.4.2.1 计算模型的建立

结构的作用效应可采用弹性方法计算。考虑到抗震设防的"大震不倒"原则，尚应对抗震设防的高层钢结构验算在罕遇地震作用下结构的层间位移和层间位移延性比，此时允许结构进入弹塑性状态，要进行弹塑性分析。

多、高层建筑钢结构的计算模型，可采用平面抗侧力结构的空间协同计算模型。当结构布置规则、质量及刚度沿高度分布均匀、不计扭转效应时，可采用平面结构计算模型；当结构平面或立面不规则、体型复杂、无法划分成平面抗侧力单元的结构，或为筒体结构时，应采用空间结构计算模型。在建立计算模型时，须注意下列各点：

（1）高层建筑钢结构通常采用现浇组合楼盖，其在自身平面内的刚度是相当大的。当进行结构的作用效应计算时，可假定楼面在其自身平面内为绝对刚性。当然，设计中应采取保证楼面整体刚度的构造措施。对整体性较差，或开孔面积大，或有较长外伸段的楼面，或相邻层刚度有突变的楼面，当不能保证楼面的整体刚度时，宜采用楼板平面内的实际刚度，或对按刚性楼面假定计算所得结果进行调整。

（2）高层建筑钢结构梁柱构件的跨度与截面高度之比，一般都较小，因此作为杆件体系进行分析时，应该考虑剪切变形的影响。此外，高层钢框架柱轴向变形的影响也是不可忽视的。梁的轴力很小，而且与楼板组成刚性楼盖，通常不考虑梁的轴向变形，但当梁同时作为腰桁架或帽桁架的弦杆或支撑桁架的杆件时，轴向变形不能忽略。由于钢框架节点域较薄，其剪切变形对框架侧移影响较大，应该考虑。

（3）当进行结构弹性分析时，由于楼板和钢梁连接在一起，宜考虑现浇钢筋混凝土楼板与钢梁的共同工作，且在设计中应使楼板与钢梁间有可靠连接。当进行结构弹塑性分析时，楼板可能严重开裂，可不考虑楼板与梁的共同工作。在框架弹性分析中，压型钢板组合楼盖中梁的惯性矩对两侧有楼板的梁宜取 $1.5I_b$，对仅一侧有楼板的梁宜取 $1.2I_b$，I_b 为钢梁截面惯性矩。

（4）抗震设计的高层建筑柱间支撑两端的构造应为刚性连接，但可按两端铰接计算。偏心支撑的消能梁段在大震时将首先屈服，由于它的受力性能不同，应按单独单元计算。

（5）对于现浇竖向连续钢筋混凝土剪力墙，宜计入墙的弯曲变形、剪切变形和轴向变形。当钢筋混凝土剪力墙具有比较规则的开孔时，可按带刚域的框架计算；当具有复杂开孔时，宜采用平面有限元法计算。装配嵌入式剪力墙，可按相同水平力作用下侧移相同的原则，将其折算成等效支撑或等效剪切板计算。

（6）当进行结构内力分析时，应计入重力荷载引起的竖向构件差异缩短所产生的影响，而非结构构件对结构承载力和刚度的有利作用则不应计入。

4.4.2.2　静力分析方法

框架结构、框架-支撑结构、框架剪力墙结构和框筒结构等，其内力和位移均可采用矩阵位移法计算。简体结构可按位移相等原则转化为连续的竖向悬臂筒体，然后采用薄壁杆件理论、有限条法或其他有效方法进行计算。对于高度小于 60m 的建筑或在方案设计阶段估算截面时，可采用如下近似方法计算荷载效应：

（1）在竖向荷载作用下，框架内力可以采用分层法进行简化计算。在水平荷载作用下，框架内力和位移可采用 D 值法进行简化计算，详见 4.4.2.5 节。

（2）平面布置规则的框架-支撑结构，在水平荷载作用下简化为平面抗侧力体系分析时，可将所有框架合并为总框架，并将所有竖向支撑合并为总支撑，然后进行协同工作分析（图

4-42)。总支撑可当作一根弯曲杆件，其等效惯性矩 I_{eq} 可按下列公式计算：

$$I_{eq} = \mu \sum_{j=1}^{m} \sum_{i=1}^{n} A_{ij} a_{ij}^2 \qquad (4\text{-}42)$$

式中　μ——折减系数，对中心支撑可取 $0.8 \sim 0.9$；

　　　A_{ij}——第 j 榀竖向支撑第 i 根柱的截面面积；

　　　a_{ij}——第 i 根柱至第 j 榀竖向支撑架的形心轴的距离；

　　　n——每一榀竖向支撑的柱子数；

　　　m——水平荷载作用方向竖向支撑的榀数。

平面布置规则的框架剪力墙结构，也可将所有剪力墙合并为总剪力墙，然后进行协同工作分析。

（3）当有一部分柱不参与抵抗侧力时，可将这些柱合并为一根总重力柱，并在计算结构的 $P\text{-}\Delta$ 效应时计入其荷载的影响。

（4）平面为矩形或其他规则形状的框筒结构，可采用等效角柱法、展开平面框架法等，转化为平面框架进行近似计算。

用等效截面法计算外框筒的构件截面尺寸时，外框筒可视为平行于荷载方向的两个等效槽形截面（图 4-43），其翼缘有效宽度可取为：

$$b = \min (L/3,\ B/2,\ H/10) \qquad (4\text{-}43)$$

式中　L、B——分别为筒体截面的长度和宽度；

　　　H——结构高度。

框筒在水平荷载下的内力，可用材料力学公式作简化计算。

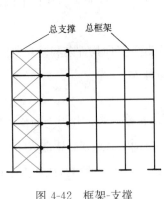

图 4-42　框架-支撑
结构协同分析

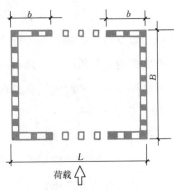

图 4-43　等效槽形截面

（5）对规则但有偏心的结构进行近似分析时，可先按无偏心结构进行分析，然后将内力乘以修正系数，修正系数应按下式计算（但当扭矩计算结果对构件的内力起有利作用时，应忽略扭矩的作用）：

$$\phi_i = 1 + \frac{e_\mathrm{d} a_i \sum K_i}{\sum K_i a_i^2}$$ (4-44)

式中　e_d——偏心距设计值，非地震作用时宜取 $e_\mathrm{d} = e_0$，地震作用时宜取 $e_\mathrm{d} = e_0 + 0.05L$；

　　　e_0——楼层水平荷载合力中心至刚心的距离；

　　　L——垂直于楼层剪力方向的结构平面尺寸；

　　　ϕ_i——楼层第 i 榀抗侧力结构的内力修正系数；

　　　a_i——楼层第 i 榀抗侧力结构至刚心的距离；

　　　K_i——楼层第 i 榀抗侧力结构的侧向刚度。

在抗震设计中，结构的偏心距设计值主要取决于以下几个因素：地面的扭转运动，结构的扭转动力效应，计算模型和实际结构之间的差异，恒荷载和活荷载实际上的不均匀分布以及非结构构件引起的结构刚度中心的偏移。$e_\mathrm{d} = e_0 + 0.05L$，主要是考虑了我国在钢筋混凝土结构中的习惯用法和外国的常用取值。式（4-44）按静力法计算扭转效应，适用于小偏心结构。

（6）用底部剪力法估算高层钢框架结构的构件截面时，水平地震作用下倾覆力矩引起的柱轴力，对体型较规则的标准设防类（丙类）建筑可折减，但对重点设防类（乙类）建筑不应折减。折减系数 k 的取值，根据所考虑截面的位置，按图 4-44 的规定采用。但体型不规则的建筑或体型规则但基本自振周期 $T_1 \leqslant 1.5\mathrm{s}$ 的结构，倾覆力矩不应折减。

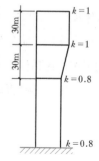

图 4-44　折减系数 k

倾覆力矩折减系数的定义是：在动力底部剪力与静力底部剪力相同的条件下，动力底部倾覆力矩与静力底部倾覆力矩的比值。地震力沿高度的分布及基础转动是倾覆力矩折减系数的主要影响因素，分析表明，弯曲型结构的折减幅度随自振周期的增大而增大，剪切型结构的折减幅度变化则较小。此外，阻尼越大则折减越小。目前暂限于在用底部剪力法估算高层钢框架构件截面时，考虑对倾覆力矩折减。

4.4.2.3　稳定分析方法

纯框架的整体稳定，本应属于框架整体分析的问题，但迄今为止都是用柱稳定计算的方式来实现的。对于层数不很多而侧移刚度比较大的框架，其内力计算可用一阶分析的方法，不计竖向荷载的侧移效应（亦称 $P\text{-}\Delta$ 效应）。当然，在确定有侧移框架柱的计算长度时，这项效应总是要考虑在内的。柱计算长度是由弹性稳定分析得来的，并且分析时又引进许多简化假定，兼之随着房屋高度增大和围护结构轻型化，一阶分析所得的构件内力和侧移都较低，因此传统的方法很难反映框架的真实承载极限。框架的弹塑性极限承载力分析是解决整体问题的精确手段，但计算过于复杂，目前还未达到实际应用阶段。现行《钢结构设计标准》GB 50017 给出了采用二阶分析的规定，二阶弹性分析的内力可以由一阶分析的结果乘以放大系数得到，如杆端二阶弯矩 M 由下式计算：

$$M = M_b + \alpha_2 M_s \tag{4-45a}$$

$$\alpha_2 = \frac{1}{1 - \dfrac{\sum N \Delta u}{\sum H h}} \tag{4-45b}$$

式中　M_b——结构在竖向荷载作用下的一阶弹性弯矩；

　　　M_s——结构在水平荷载作用下的一阶弹性弯矩；

　　　α_2——所计算楼层考虑二阶效应的杆件侧移弯矩增大系数；

　　　$\sum N$——所计算楼层各柱轴压力标准值之和（包括不参与抵抗侧力的各柱）；

　　　$\sum H$——产生层间侧移 Δu 的所计算楼层及以上各层的水平力标准值之和；

　　　Δu——$\sum H$ 作用下按一阶弹性分析求得的所计算楼层的层间侧移；

　　　h——所计算楼层的高度。

比值 $(\sum N \Delta u) / (\sum H h)$ 是 $P\text{-}\Delta$ 效应大小的指标，当此值不超过 0.1 时，$\alpha_2 \leqslant 1.1$，$P\text{-}\Delta$ 效应比较小，可不作二阶分析。但若 $\alpha_2 > 1.33$，表明框架侧移刚度过低，需要改变尺寸来增大刚度。

在采用二阶分析的同时，在每层柱顶附加下列假想水平力 H_i，以考虑结构和构件缺陷的影响，包括柱子初倾斜、初偏心和残余应力等。计入 $P\text{-}\Delta$ 效应后，柱计算长度即可取其几何长度，不必再确定 μ 系数。

$$H_i = \frac{Q_i}{250} \sqrt{0.2 + \frac{1}{n_s}} \tag{4-46a}$$

$$2/3 \leqslant (0.2 + 1/n_s)^{1/2} \leqslant 1.0 \tag{4-46b}$$

式中　Q_i——第 i 楼层的总重力荷载设计值；

　　　n_s——框架总层数。

现行《钢结构设计标准》GB 50017 将满足下式的支撑结构（支撑桁架、剪力墙等）称为强支撑框架。

$$S_b \geqslant 4.4 \times \left[\left(1 + \frac{100}{f_y} \right) \sum N_{bi} - \sum N_{0i} \right] \tag{4-47}$$

式中　　　　S_b——支撑系统的层侧移刚度（产生单位侧倾角的水平力）；

　$\sum N_{bi}$、$\sum N_{0i}$——分别是第 i 层层间所有框架柱分别用无侧移框架和有侧移框架柱计算长度系数算得的轴压杆稳定承载力之和。

对于满足式（4-47）的强支撑框架，框架柱的计算长度系数可按无侧移框架处理，直接借助现行《钢结构设计标准》GB 50017 附录 E.0.1 确定，亦可由式（4-10b）计算。

4.4.2.4 地震作用分析方法

在 4.4.1.3 节中已经提及，高层建筑钢结构的抗震设计，应采用两阶段设计法。第一阶段为多遇地震作用下（众值烈度下）的弹性分析，验算构件的承载力和稳定以及结构的层间侧移；第二阶段为罕遇地震作用下的弹塑性分析，验算结构的层间侧移和层间侧移延性比。

一般情况下，结构越高其基本自振周期越长，结构高阶振型对结构的影响也就越大。底部剪力法只考虑结构的一阶振型，因此底部剪力法不适用于很高的建筑结构计算，各国标准规定的适用高度不同，日本为 45m，印度为 40m，我国现行《建筑抗震设计规范》GB 50011 规定，高度不超过 40m、以剪切变形为主且质量和刚度沿高度分布较均匀的结构，或近似于单质点体系的结构可用底部剪力法进行抗震计算，否则宜采用振型分解反应谱法。对于特别不规则的建筑、特殊设防类（曾称甲类）建筑和表 4-12 所列高度范围的高层建筑，应采用弹性时程分析进行多遇地震下的补充计算。振型分解反应谱法实际上已是一种动力分析方法，基本上能够反映结构的地震反应，因此将它作为第一阶段弹性分析时的主要方法。时程分析法是完全的动力分析方法，能够较真实地描述结构地震反应的全过程，但时程分析得到的只是一条具体地震波的结构反应，具有一定的"特殊性"，而结构地震反应受地震波特性（如频谱）的影响是很大的，因此，在第一阶段设计中，可作为竖向特别不规则建筑和重要建筑的补充计算。

采用时程分析法的房屋高度范围

表 4-12

烈度、场地类别	房屋高度范围（m）
8 度 Ⅰ、Ⅱ 类场地和 7 度	>100
8 度 Ⅲ、Ⅳ 类场地	>80
9 度	>60

计算罕遇地震下的结构变形，以及安装有消能减震装置的高层民用建筑钢结构的结构变形，应按现行《建筑抗震设计规范》GB 50011 规定，采用静力弹塑性分析方法或弹塑性时程分析法进行计算。

（1）第一阶段抗震设计

按照现行《钢结构设计标准》GB 50017，以每层柱顶附加水平假想力的方式计入重力二阶效应，框架梁可按梁端截面的内力设计。对于工字形柱，宜计入梁柱节点域剪切变形对结构侧移的影响；对于箱形柱框架、中心支撑框架和高度不超过 50m 的钢结构，其层间位移计算可不计入梁柱节点域剪切变形的影响。在强烈地震中，框架 - 支撑体系中的支撑，作为第一道防线先行屈服，内力重分布使得框架部分承担的剪力增大，如果这种体系中的框架抗剪承载力不适当增大，则可能无法实现"双重设防体系"的目标。因此，在第一阶段抗震设计中，框架-支撑体系中框架部分按刚度分配计算得到的地震层剪力应乘以调整系数，达到不小于结构底部总地震剪力的 25% 和框架部分计算最大层剪力 1.8 倍二者的较小值。与此异曲同工的是，为了使偏心支撑框架仅在耗能梁段屈服，与其相连接的支撑斜杆、柱和非耗能梁段均要求具有足够的强度，实现这一点是通过将其内力设计值乘以相应的增大系数来实现的，详见现行《建筑抗震设计规范》GB 50011。

结构阻尼比的实测值很分散，因为它与结构的材料和类型、连接方法和试验方法等诸多因素有关。钢筋混凝土结构的阻尼比通常取 0.05，钢结构的阻尼比一般要小于 0.05。现行《建筑抗震设计规范》GB 50011 建议，做多遇地震下的分析时，高度不大于 50m 的结构阻尼比可取 0.04，高度大于 200m 的结构阻尼比可取 0.02，高度介于二者之间的结构则阻尼比可取 0.03。考虑到偏心支撑系统事实上会增加结构的阻尼，GB 50011 规定：当偏心支撑框架部分承担的地震倾覆力矩大于结构总地震倾覆力矩的 50% 时，结构的阻尼比可相应增加 0.005。

(2) 第二阶段抗震设计

底部剪力法和振型分解反应谱法只适用于结构的弹性分析，进行第二阶段抗震设计时，结构一般进入弹塑性状态，故高层建筑钢结构第二阶段抗震设计验算，应采用时程分析法计算结构的弹塑性地震反应，其结构计算模型可以采用杆系模型、剪切型层模型、剪弯型层模型或剪弯协同工作模型。采用杆系模型做弹塑性时程分析，可以了解结构的时程反应，计算结果较精确，但工作量大，耗费机时，费用高。用层模型可以得到各层的时程反应，虽然精确性不如杆系模型，但工作量小，费用低，结果简明，易于整理。地震作用是不确定的、复杂的，许多问题还在研究中，而且结构构件的强度有一定的离散性，兼之第二阶段设计的目的是验算结构在大震时是否会倒塌，从总体上了解结构在大震时的反应，故在工程设计中，大多采用层模型。

用时程分析法计算结构的地震反应时，时间步长的运用与输入加速度时程的频谱情况和所用计算方法等有关。一般说来，时间步长取得越小，计算结果越精确，但计算工作量越大。最好的办法是用几个时间步长进行计算，步长逐渐减小（例如每次步长减小一半），到计算结果无明显变化时为止，但需重复计算，这在必要时可采用。一般情况下，可取时间步长不超过输入地震波卓越周期的 1/10，而且不大于 0.02s。现行《建筑抗震设计规范》GB 50011 规定，在罕遇地震下的分析，由于进入非弹性阶段，钢结构的阻尼比亦可取 0.05。

进行高层钢结构的弹塑性地震反应分析时，如采用杆系模型，需先确定杆件的恢复力模型；如采用层模型，需先确定层间恢复力模型。恢复力模型一般可参考已有资料确定，对新型、特殊的杆件和结构，则宜进行恢复力特性试验。钢柱及梁的恢复力模型可采用二折线型，其滞回模型可不考虑刚度退化。钢支撑和耗能梁段等构件的恢复力模型，应按杆件特性确定。钢筋混凝土剪力墙、剪力墙板和核心筒，应选用二折线或三折线型，并考虑刚度退化。

当采用层模型进行高层建筑钢结构的弹塑性地震反应分析时，应采用计入有关构件弯曲、轴向力、剪切变形影响的等效层剪切刚度，层恢复力模型的骨架线可采用静力弹塑性方法进行计算，并可简化为折线型，要求简化后的折线与计算所得骨架线尽量吻合。在对结构进行静力弹塑性计算时，应同时考虑水平地震作用与重力荷载。构件所用材料的屈服强度和极限强度应采用标准值。

大震时的 $P\text{-}\Delta$ 效应较大，不可忽视。因此，不论采用何种模型进行高层建筑钢结构的弹塑性时程反应分析时，均应计入二阶效应对侧移的影响。

4.4.2.5　框架结构的近似分析方法

在工程实践中，有一些有效的近似分析方法，这些方法便于手工计算，又有一定精度，特别在方案论证和初步设计时，尤其适用。

（1）分层法（竖向荷载作用下）

在竖向荷载作用下，多层框架的侧移较小，且各层荷载对其他层的水平构件的内力影响不大，可忽略侧移而把每层作为无侧移框架用力矩分配法进行计算。如此计算所得水平构件内力即为水平构件内力的近似值，但垂直构件属于相邻两层，须自上而下将各相邻两层同一垂直构件的内力叠加，才可得各垂直构件的内力近似值。以图 4-45 所示平面框架为例，分层法的计算步骤为：

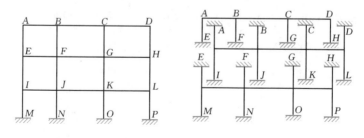

图 4-45　分层法示意图

1）将框架以层为单元分解为若干无侧移框架，每单元包含该层所有的水平构件及与该层相连接的所有垂直构件。所有构件的几何尺寸保持不变，所有垂直构件与水平构件连接的力学特性保持不变（即保持其节点的刚性、柔性或半刚性性质），除底层垂直构件与基础连接的力学特性保持不变外，所有垂直构件的远端均设定为固定端。图 4-45 的框架因此被分解为以 ABCD、EFGH 和 IJKL 为横梁的三个无侧移框架单元。

2）非底层无侧移框架单元的垂直构件并非固定端，为此将非底层框架单元中的垂直构件的抗弯刚度乘以修正系数 0.9，同时将其传递系数修正为 1/3。

3）对各无侧移框架单元作力矩分配法计算，所得水平构件内力即为水平构件内力的近似值。

4）自上而下将各相邻两层同一垂直构件的内力叠加，得各垂直构件的内力近似值。

5）节点弯矩严重不平衡时，可将不平衡弯矩再作一次分配，但不再传递。

【例题 4-1】 用分层法分析图 4-46(a)所示平面框架内力，图中括号内的数字是构件线刚度的相对比值。

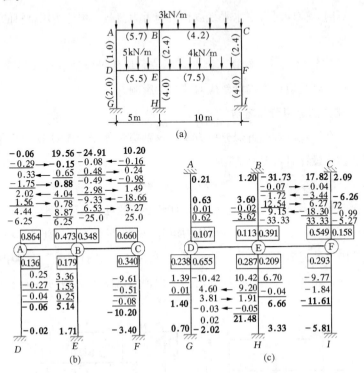

图 4-46　分层法计算示例（例题 4-1）

(a) 双层两跨框架；(b) 上层单元框架计算；(c) 下层单元框架计算

【解】 注意垂直构件的抗弯刚度乘以修正系数 0.9，各杆端分配系数的计算结果记在图 4-46 (b) 和 (c) 中的方框内，例如节点 A 的梁端的分配系数为：

$$5.7/(5.7+0.9\times 1.0)=0.864$$

力矩分配的过程详细标示于图 4-46 (b) 和 (c) 中。各层框架单元端弯矩的计算结果在图中以黑体字标识。节点上的弯矩不平衡，但误差不是太大。如果要求较高精度，可再做几轮分配计算。

显然，分层法只能用于那些可简化为平面框架的多层结构进行分析。

（2）D 值法（水平荷载作用下）

框架在水平荷载作用下的内力近似分析方法大多是从寻找构件的反弯点出发的。在仅受节点水平荷载作用的情形，如果梁的抗弯刚度远大于柱的抗弯刚度，则可认为柱两端的转角为零，从而柱段高度中央存在一个反弯点（图 4-47a）。此时柱的转角位移方程为：

$$M_{ab}=M_{ba}=-6i\delta/h \tag{4-48a}$$

端部剪力因而为：

$$V = 12i\delta/h^2 = \delta d \qquad (4\text{-}48\text{b})$$

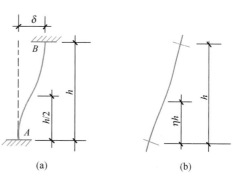

式中 M_{ab}、M_{ba}——分别为柱两端的杆端弯矩;

     i、h——分别为柱的线刚度和高度,$i = EI/h$;

     δ——柱两端水平位移之差(层间位移);

     d——柱的抗侧移刚度,$d = V/\delta = 12i/h^2$。

图 4-47   框架柱侧移和反弯点

(a) 柱端转角为零;(b) 柱端转角非零

设框架第 i 层的总剪力为 V_i,假定框架同一层所有柱的层间位移均相同,则有

$$\sum_j V_{ij} = \delta_i \sum_j d_{ij} = V_i \qquad (4\text{-}49)$$

式中 V_{ij}、d_{ij}——分别是位于 i 层的第 j 个柱的剪力和抗侧移刚度。

由上式可用 V_i 表达层间位移 δ_i,从而柱的剪力可表达为:

$$V_{ij} = \frac{d_{ij}}{\sum d_{ij}} V_i \qquad (4\text{-}50)$$

假定上层柱的反弯点位于柱高中点,底层柱的反弯点位于距底端 2/3 柱高处,由此可建立内力近似分析的反弯点法如下:

1)按式(4-50)计算各层诸柱剪力。

2)注意关于反弯点的设定,考虑各柱力矩平衡,可得柱端弯矩计算公式:

上层柱: $M_u = M_d = V_{ij}h_i/2$

底层柱: $M_u = V_{1j}h_1/3$,$M_d = 2V_{1j}h_1/3$

式中 M_u、M_d——分别是柱上端和下端弯矩。

3)考虑各节点力矩平衡(图 4-48),并设梁端弯矩与其线刚度成正比,可得梁端弯矩计算公式:

边柱: $M_i = M_{u,i-1} + M_{d,i}$

中柱: $M_{il} = i_l(M_{u,i-1} + M_{d,i})/(i_l + i_r)$

         $M_{ir} = i_r(M_{u,i-1} + M_{d,i})/(i_l + i_r)$

式中 M_i——与第 i 层边柱连接的梁端弯矩;

$M_{u,i-1}$、$M_{d,i}$——第 $i-1$ 层柱的上端弯矩和第 i 层柱的下端弯矩;

   M_{il}、M_{ir}——节点左侧梁端弯矩和节点右侧梁端弯矩(图 4-48);

     i_l、i_r——节点左侧梁的线刚度和节点右侧梁的线刚度(图 4-48)。

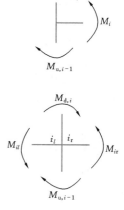

图 4-48   节点力矩平衡

4）由梁端弯矩求梁的剪力。

对于层数不多的框架，梁的线刚度通常大于柱的线刚度，当梁的线刚度不小于柱的线刚度的 3 倍时，上述反弯点法可给出较好的精度。对于一般的多、高层建筑，梁线刚度达不到柱线刚度的 3 倍，反弯点法的精度过低。若考虑端部转角非零的影响，对柱的抗侧移刚度进行修正，同时亦考虑影响反弯点位置的一些其他因素，可显著提高反弯点法的精度。端部转角和梁柱线刚度比 K 有关，为此引进修正系数 α，将修正后柱的抗侧移刚度记为 D：

$$D = \alpha d = \alpha \frac{12i}{h^2} \tag{4-51}$$

上式 α 称为柱侧移刚度修正系数，可按表 4-13 选用。以 D 代替式（4-49）中的 d，可以改善柱剪力的精度。将反弯点位置表达为反弯点到柱下端的距离 ηh（图 4-47b）。影响 η 值的因素很多，包括层数、层高变化、水平荷载沿高度的变化和梁柱线刚度比等，其计算公式为：

$$\eta = \eta_0 + \eta_1 + \eta_2 + \eta_3 \tag{4-52}$$

柱侧移刚度修正系数 α 表 4-13

	中　柱		边　柱		α
	示意图	K	示意图	K	
上层柱	i_1　i_2　i_c　i_3　i_4	$\dfrac{i_1+i_2+i_3+i_4}{2i_c}$	i_2　i_c　i_4	$\dfrac{i_2+i_4}{2i_c}$	$\dfrac{K}{2+K}$
底层柱	i_1　i_2　i_c	$\dfrac{i_1+i_2}{i_c}$	i_2　i_c	$\dfrac{i_2}{i_c}$	$\dfrac{0.5+K}{2+K}$

式中　η_0——标准反弯点高度比，即层高、跨度和梁柱线刚度比都为常数时的反弯点高度系数；

η_1——柱上下端所连接梁的线刚度不等时的修正系数；

η_2、η_3——层高不等时的修正系数。η_2 反映上层柱高 h_u 与所讨论柱高 h 不等时的修正系数，η_3 反映下层柱高 h_d 与所讨论柱高 h 不等时的修正系数。

以上系数都可以从有关文献的表格中查到。大多数多层建筑的 η 系数，底层接近 2/3，中部各层接近 $0.45\sim0.5$，三层以上者顶层为 $0.35\sim0.4$。

由式（4-51）和式（4-52）修正柱侧移刚度和反弯点位置，再按上述步骤作反弯点法，称为改进反弯点法，亦称 D 值法。由于柱上端弯矩 M_u 和下端弯矩 M_d 与上下端到反弯点的距离成正比，位于 i 层的第 j 柱的柱端弯矩计算公式改变为：

$$M_\mathrm{d} = \eta h_i V_{ij} \,, M_\mathrm{u} = (1-\eta)h_i V_{ij} \tag{4-53}$$

D 值法在多、高层结构设计中应用颇广，但由于在柱侧移刚度和反弯点位置的修正系数计算中，引入了一些假定，仍属近似方法。

得出各层柱和梁的弯矩和轴力后，可以初选各构件的截面。层数较多的纯框架在风荷载大的地区可能由侧向刚度要求控制设计，为此可把式（4-49）中的 d_{ij} 改为 $D_{ij}=\alpha_{ij}d_{ij}$，并改写为：

$$\delta_i = \frac{V_i}{\sum \alpha_{ij}d_{ij}} = \frac{V_i}{12\dfrac{E}{h^2}\sum \dfrac{I_{ij}/h}{1+2/K_{ij}}} \tag{4-54}$$

应用此式，代入各构件的线刚度，即可考察层间位移是否超过限值。如果超过，则应对初选截面进行调整。

【例题 4-2】用 D 值法分析图 4-49 所示平面框架内力，图中括号内的数字是构件线刚度的相对比值。

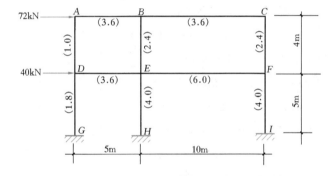

图 4-49　双层两跨框架（例题 4-2）

【解】（1）按公式（4-51）计算各柱侧移刚度 D 值：

AD 柱

$$K = \frac{3.6+3.6}{2 \times 1} = 3.6$$

$$D_\mathrm{AD} = \frac{12 \times 1}{4^2} \times \frac{3.6}{2+3.6} = 0.48$$

BE 柱

$$K = \frac{3.6+3.6+3.6+6}{2 \times 2.4} = 3.5$$

$$D_\mathrm{BE} = \frac{12 \times 2.4}{4^2} \times \frac{3.5}{2+3.5} = 1.15$$

CF 柱

$$K = \frac{3.6+6}{2 \times 2.4} = 2.0 \quad D_\mathrm{CF} = \frac{12 \times 2.4}{4^2} \times \frac{2.0}{2+2.0} = 0.9$$

DG 柱

$$K = \frac{3.6}{1.8} = 2.0 \quad D_\mathrm{DG} = \frac{12 \times 1.8}{5^2} \times \frac{0.5+2.0}{2+2.0} = 0.54$$

EH 柱 $K=\dfrac{3.6+6}{4}=2.4$ $D_{\mathrm{EH}}=\dfrac{12\times4}{5^2}\times\dfrac{0.5+2.4}{2+2.4}=2.32$

FI 柱 $K=\dfrac{6}{4}=1.5$ $D_{\mathrm{FI}}=\dfrac{12\times4}{5^2}\times\dfrac{0.5+1.5}{2+1.5}=1.1$

（2）以 D_{ij} 代替式（4-53）中的 d_{ij} 计算各柱剪力

上层柱 $\sum D_{ij}=0.48+1.15+0.9=2.53$，$V_{\mathrm{AD}}=0.48\times72/2.53=13.66\mathrm{kN}$

$\quad\quad\quad V_{\mathrm{BE}}=1.15\times72/2.53=32.73\mathrm{kN}$，$V_{\mathrm{CF}}=0.9\times72/2.53=25.61\mathrm{kN}$

底层柱 $\sum D_{ij}=0.54+2.32+1.1=3.96$，$V_{\mathrm{DG}}=0.54\times112/3.96=15.27\mathrm{kN}$

$\quad\quad\quad V_{\mathrm{EH}}=2.32\times112/3.96=65.62\mathrm{kN}$，$V_{\mathrm{FI}}=1.1\times112/3.96=31.11\mathrm{kN}$

（3）按公式（4-56）确定各柱端弯矩，对上层柱取 $\eta=0.45$，下层柱取 $\eta=2/3$

AD 柱 $M_{\mathrm{d}}=0.45\times4\times13.66=24.60\mathrm{kN\cdot m}$，

$\quad\quad\quad M_{\mathrm{u}}=(1-0.45)\times4\times13.66=30.05\mathrm{kN\cdot m}$

BE 柱 $M_{\mathrm{d}}=0.45\times4\times32.73=58.91\mathrm{kN\cdot m}$，

$\quad\quad\quad M_{\mathrm{u}}=(1-0.45)\times4\times32.73=72.00\mathrm{kN\cdot m}$

CF 柱 $M_{\mathrm{d}}=0.45\times4\times25.61=46.10\mathrm{kN\cdot m}$，

$\quad\quad\quad M_{\mathrm{u}}=(1-0.45)\times4\times25.61=56.34\mathrm{kN\cdot m}$

DG 柱 $M_{\mathrm{d}}=(2/3)\times5\times15.27=50.90\mathrm{kN\cdot m}$，

$\quad\quad\quad M_{\mathrm{u}}=(1-2/3)\times5\times15.27=25.45\mathrm{kN\cdot m}$

EH 柱 $M_{\mathrm{d}}=(2/3)\times5\times65.62=218.73\mathrm{kN\cdot m}$，

$\quad\quad\quad M_{\mathrm{u}}=(1-2/3)\times5\times65.62=109.37\mathrm{kN\cdot m}$

FI 柱 $M_{\mathrm{d}}=(2/3)\times5\times31.11=103.70\mathrm{kN\cdot m}$，

$\quad\quad\quad M_{\mathrm{u}}=(1-2/3)\times5\times31.11=51.85\mathrm{kN\cdot m}$

（4）各柱端弯矩确定（见图 4-50）

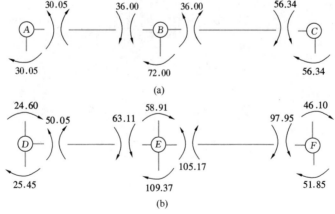

图 4-50 节点弯矩

（a）上层节点弯矩；（b）底层节点弯矩

由柱端弯矩不难绘制内力图。

下面按式(4-54)计算框架上层的层间位移。设 AD 柱的 I/h 为 30，则其余二柱的线刚度均为 $2.4 \times 30 = 72$，从而得

$$\Sigma \frac{I_j/h}{1+2/K_j} = \frac{30}{1+2/3.6} + \frac{72}{1+2/3.5} + \frac{72}{1+2/2.0} = 101.10$$

$$\frac{\delta}{h} = \frac{V_i}{\left(12E \Sigma \frac{I_j/h}{1+2/K_j}\right)\Big/h} = \frac{72}{12 \times 20600 \times 101.10/400} = \frac{1}{868}$$

小于容许值 1/400。

4.4.3　结构设计

4.4.3.1　荷载组合

地震作用不参与荷载组合时，多、高层建筑(主要用于办公室、公寓、饭店)的竖向荷载通常包括：永久荷载、楼面使用荷载及雪荷载，水平荷载只有风荷载(当然，如果建筑物上还有其他可变荷载，要按照荷载规范进行组合)。地震作用参与荷载组合时，可变荷载的组合值系数见表4-14。

组合值系数　　　　　　　　　　　表 4-14

可变荷载种类		组合值系数
雪荷载		0.5
屋面活荷载		不计入
按实际情况计算的楼面活荷载		1.0
按等效均布荷载计算的楼面活荷载	藏书库、档案库、库房	0.8
	其他民用建筑	0.5

有地震作用参与，第一阶段设计时按下式计算荷载效应组合：

$$S_d = \gamma_G S_{GE} + \gamma_{Eh} S_{Ehk} + \gamma_{Ev} S_{Evk} + \psi_w \gamma_w S_{wk}$$

式中　ψ_w——风荷载组合值系数，一般结构取0，风荷载起控制作用的高层建筑应取0.2；

γ_w——风荷载分项系数，取 $\gamma_w = 1.5$；

γ_{Eh}、γ_{Ev}——分别为水平、竖直地震作用分项系数；

S_{GE}——重力荷载代表值(永久荷载的标准值和可变荷载组合值之和)的效应，有吊车时，尚应包括悬吊物重力标准值的效应；

S_{Ehk}——水平地震作用标准值的效应，尚应乘以相应的增大系数或调整系数；

S_{Evk}——竖向地震作用标准值的效应，尚应乘以相应的增大系数或调整系数；

S_{wk}——风荷载标准值的效应。

上列各相应荷载或作用的分项系数取值见表4-15，应取各构件可能出现的最不利组合进行截面设计。

有地震作用组合时荷载和作用的分项系数 表 4-15

参与组合的荷载和作用	γ_G	γ_{Eh}	γ_{Ev}	γ_w	说　明
重力荷载及水平地震作用	1.3	1.4	—	—	抗震设计的高层民用建筑钢结构均应考虑
重力荷载及竖向地震作用	1.3	—	1.4	—	9 度抗震设计时考虑；水平长悬臂和大跨度结构 7 度（0.15g）、8 度、9 度抗震设计时考虑
重力荷载、水平地震作用及竖向地震作用	1.3	1.4	0.5	—	
重力荷载、水平地震作用及风荷载	1.3	1.4	—	1.5	60m 以上高层民用建筑钢结构考虑
重力荷载、水平地震作用、竖向地震作用及风荷载	1.3	1.4	0.5	1.5	60m 以上高层民用建筑钢结构，9 度抗震设计时考虑；水平长悬臂和大跨度结构 7 度（0.15g）、8 度、9 度抗震设计时考虑
	1.3	0.5	1.4	1.5	水平长悬臂和大跨度结构 7 度（0.15g）、8 度、9 度抗震设计时考虑

注：1. 在地震作用组合中，当重力荷载效应对构件承载力有利时，宜取 γ_G 为 1.0；

　　2. 对楼面结构，当活荷载标准值不小于 4kN/m² 时，其分项系数取 1.4。

第一阶段抗震设计中的结构侧移验算，应采用与构件承载力验算相同的组合，但各荷载或作用的分项系数应取 1.0。

第二阶段设计采用时程分析法验算时，竖向荷载宜取重力荷载代表值。因考虑受罕遇地震作用，故不考虑风荷载，且荷载和作用的分项系数也都取 1.0。因为结构处于弹塑性阶段，叠加原理已不适用，故应先将考虑的荷载和作用都施加到结构模型上，再进行分析。

4.4.3.2 构件验算

（1）一般要求

抗震设防的建筑可能全部或部分地受不考虑地震作用的效应组合控制，因此，非抗震设防的多高层建筑钢结构，以及抗震设防的多高层建筑钢结构在不计算地震作用的效应组合中，均应满足下列要求：

1）构件承载力应满足

$$\gamma_0 S \leqslant R \tag{4-55}$$

式中　γ_0——结构重要性系数，按结构构件安全等级确定；

　　　　S——荷载或作用效应组合设计值；

　　　　R——结构构件承载力设计值。

2）结构在风荷载或多遇地震标准值作用下，按弹性方法计算的楼层层间最大水平位移与层高之比不宜大于 1/250。

研究表明，增加纯框架体系的柱子线刚度远没有增加主梁线刚度更能显著地扼制水平位移,即增加所有主梁的线刚度,可显著减少水平位移。主梁的线刚度为支承自重所需刚度的 3 倍以上时,可减少约 50% 的相对水平位移。但是这种措施通常要综合考虑经济效果,一般认为,主梁的线刚度超出支承自重所需刚度的 1.5 倍时,费用就已经过高了,必须寻求其他提高水平刚度(如加支撑、抗剪构件等)的方法。

3)国外实例和一些研究表明,在超高层建筑特别是超高层钢结构建筑中,必须考虑人体的舒适度,通常不能简单地通过水平位移控制来解决,而是要控制加速度。

现行《高层民用建筑钢结构技术规程》JGJ 99 要求,房屋高度不小于 150m 的高层民用建筑钢结构应满足风振舒适要求。在现行《建筑结构荷载规范》GB 50009 规定的 10 年一遇的风荷载标准值作用下,结构顶点的顺风向和横风向振动最大加速度计算值 a_w(或 a_{tr})不应大于式(4-56a)和式(4-56b)的限值:

住宅、公寓 $\qquad a_w$(或 a_{tr})$\leqslant 0.20 \mathrm{m/s^2}$ (4-56a)

办公、旅馆 $\qquad a_w$(或 a_{tr})$\leqslant 0.28 \mathrm{m/s^2}$ (4-56b)

结构顶点的顺风向和横风向振动最大加速度,可按现行《建筑结构荷载规范》GB 50009 的规定计算,亦可通过风洞试验确定。计算时钢结构阻尼比宜取 0.01~0.015。

实际上,楼盖结构的动力性能亦与居住舒适度有关。一般情况下,楼盖结构的竖向振动频率不宜小于 3Hz,否则应验算其竖向振动加速度,以满足居住舒适要求。现行《高层民用建筑钢结构技术规程》JGJ 99 要求楼盖结构竖向振动加速度峰值不应超过表 4-16 的限值。楼盖结构竖向振动加速度可按现行《高层建筑混凝土结构技术规程》JGJ 3 的有关规定计算。

楼盖竖向振动加速度限值 表 4-16

人员活动环境	峰值加速度限值(m/s²)	
	竖向频率不大于 2Hz	竖向频率不小于 4Hz
住宅、办公	0.07	0.05
商场及室内连廊	0.22	0.15

注:楼盖结构竖向频率为 2~4Hz 时,峰值加速度限值可按线性插值选取。

圆筒形高层建筑有时会发生横风向的涡流共振现象,此种振动较为显著,但设计是不允许出现横风向共振的,应予避免。一般情况下,设计中用高层建筑顶部风速来控制:

$$v_n = 40(\mu_z w_0)^{1/2} < v_{cr}$$ (4-57a)

$$v_{cr} = 5D/T_1$$ (4-57b)

式中 v_n——圆筒形高层民用建筑顶部风速(m/s);

v_{cr}——临界风速(m/s);

D——圆筒形建筑的直径(m);

T_1——圆筒形建筑的基本自振周期(s);

μ_z——风压高度变化系数；

w_0——基本风压（kN/m）。

如果不能满足这一条件，一般可采用增加结构刚度使自振周期减小来提高临界风速，或者进行横风向涡流脱落共振验算。

（2）抗震设计

1）在高层建筑钢结构的第一阶段抗震设计中，结构构件承载力应满足：

$$S_d \leqslant R/\gamma_{RE} \tag{4-58}$$

式中 S_d——地震作用效应组合设计值；

R——结构构件承载力设计值；

γ_{RE}——结构构件承载力的抗震调整系数，按表4-17的规定选用。当仅考虑竖向效应组合时，抗震调整系数均取1.0。

构件承载力的抗震调整系数　　　　　　　　　　表 4-17

构件名称	梁	柱		支撑		节点	节点螺栓	节点焊缝
γ_{RE}	0.75	强度	0.75	强度	0.75	0.75	0.75	0.75
		稳定	0.80	稳定	0.80			

需要特别注意，在具体进行构件承载力校核时，承载力设计值通常表达为材料的强度值，因此在进行第一阶段抗震设计中，这些强度值都要除以表4-17的抗震调整系数采用。

2）高层建筑钢结构的第二阶段抗震设计，要求满足：结构薄弱层（部位）弹塑性层间侧移不得超过层高的1/50。

3）钢结构抗震的性能设计

多层和高层建筑钢结构一般都具有良好的延性。这种结构在强震作用下部分构件出现塑性区，可使结构刚度下降，导致自振周期增大。结构增大的周期可使之避开地震波强度最大时段的特征周期，减小了地震对结构的实际作用。为了适应钢结构这一特点，现行《钢结构设计标准》GB 50017提出一种新的抗震设计方法，即性能化设计。此法仍按现行《建筑抗震设计规范》GB 50011进行多遇地震作用的验算，但具体计算构件的承载力时采用下式：

$$S_{GE} + \Omega_i S_{Enk2} + 0.4 S_{Evk2} \leqslant R_k \tag{4-59}$$

式中 S_{Enk2}——按弹性或等效弹性计算的构件水平设防地震作用标准值效应；

S_{Evk2}——按弹性或等效弹性计算的构件竖向设防地震作用标准值效应，只用于设防烈度为8度且高度大于50m时；

Ω_i——第i层构件的性能系数，随构件是否含有塑性耗能区和塑性耗能区的等级而不同。对于多层和高层钢结构，Ω_i总是小于1.0，性能等级越高，此系数越小；

R_k——按屈服强度计算的构件实际截面承载力标准值。

由于使用经验不足，现行《钢结构设计标准》GB 50017 建议此法只用于设防烈度不高于 8 度（$0.20g$），且结构高度不超过 100m 的纯框架结构、柱-撑体系和框-撑体系。

思考题

4.1　多高层房屋结构的受力特点及常见的结构类型有哪些？
4.2　剪力滞后对框筒结构受力有何影响，如何加以改善？
4.3　多高层结构设置地下室有哪些意义？
4.4　组合梁、组合楼板的主要组成有哪些？其主要计算内容有何特点？
4.5　多高层结构中梁与梁、梁与柱的连接分类有哪些？具体如何构造？
4.6　高层结构抗震设计中为何要求强柱弱梁？什么条件下可以不做这方面计算？为什么？
4.7　多高层结构中采用改进的梁柱节点的构造方法、意义是什么？
4.8　框-支撑体系中，中心支撑和偏心支撑的主要区别是什么？各有何受力特点？
4.9　高层结构设计中设置多道抗震防线的意义何在？方法有哪些？

习题

4.1　某多层钢结构框架，采用等截面梁与柱连接如图 4-51 所示，建筑高度 35m，所在地区抗震设防烈度为 8 度。框架柱承受轴向压力 4000kN，柱子采用 Q355B 钢，梁采用 Q235B 钢，试计算此节点是否满足抗震构造要求？

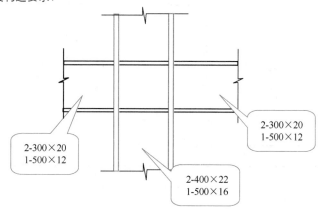

图 4-51　框架梁柱节点（习题 4.1）

4.2　某框架-支撑结构体系，采用门架式偏心支撑，钢梁采用焊接工字形等截面形式，截面尺寸同上题，材料为 Q235B 钢，已知耗能梁段的弯矩 500kN·m；剪力 300kN；轴力 800kN。
　　（1）试按剪切屈服型设计耗能梁段的长度；
　　（2）试对耗能梁段进行强度验算。
4.3　某高层建筑的平面由互呈 120° 的 3 个 30m×8m 的矩形构成，如图 4-52 所示，外表面编号及其在图示风向时的体型系数标识于图上，要求：

228

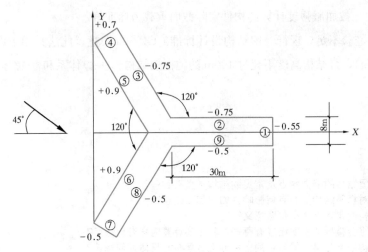

图 4-52 习题 4.3

（1）计算风荷载合力作用点的平面位置。（建议：作表格运算）

（2）根据计算结果，描述该高层建筑在图示风向时的受力特征。

4.4 某四层刚接钢框架如图 4-53 所示，间距 8m，与基础刚性连接，各构件截面几何及力学特性见表 4-18，柱和梁分别采用 Q355B 和 Q235B 钢材。所在建筑场地为Ⅲ类场地土，8 度设防，特征周期取 0.55s。楼层（包括屋面）自重 5.0kN/m²，外墙自重 1.5kN/m²，内墙自重 1.0kN/m²；楼层活荷载 5.0kN/m²，屋面活荷载 1.5kN/m²；基本雪压 0.2kN/m²。

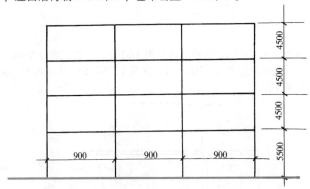

图 4-53 习题 4.4

构件截面几何及力学特性   表 4-18

构件	截面	A（cm²）	I_x（cm⁴）	W_x（cm³）	自重（kN/m）
1、2 层柱	1400×500×20×12	215.2	101946.9	4077.9	1.689
3、4 层柱	1400×500×16×12	184.16	85239.5	3409.6	1.446
梁	1300×650×16×10	157.8	116159	3574.1	1.239

要求：

（1）内力分析（荷载标准值）。（一、二、三、四层 η 系数分别取为 0.65、0.45、0.40、0.35）；

（2）各层水平地震作用计算（第一周期取 1.2s，可用底部剪力法）。

第 5 章

装配式钢结构建筑

5.1　概述

5.1.1　装配式钢结构建筑的定义

国家标准《装配式钢结构建筑技术标准》GB/T 51232—2016 中关于装配式建筑的定义：装配式建筑（assembled building）指结构系统、外围护系统、设备与管线系统、内装系统的主要部分采用预制部品部件集成的建筑。关于装配式钢结构建筑的定义：装配式钢结构建筑（assembled building with steel-structure）指建筑的结构系统由钢部（构）件构成的装配式建筑。

因此，可以这样理解，装配式钢结构建筑是指：标准化设计、工业化生产、装配化施工、一体化装修、信息化管理、智能化应用，支持标准化部品部件的钢结构建筑。

发展装配式钢结构建筑是建造方式的重大变革，是推进供给侧结构性改革和新型城镇化发展的重要举措，有利于节约资源、减少施工污染、提升劳动生产效率和质量安全水平，有利于促进建筑业与信息化工业化深度融合、培育新产业新动能、推动化解过剩产能。

5.1.2　装配式钢结构建筑的特征

从装配式钢结构建筑的定义来看，"标准化设计、工业化生产、装配化施工、一体化装修、信息化管理和智能化应用"的"六化"，即为其特征。

（1）标准化设计

标准化是工业化的基础，也是生产自动化和部品商品化的基础。装配式建筑标准化设计的基本原则就是要坚持"建筑、结构、机电、内装"一体化和"设计、加工、装配"一体化，即从"模数统一，模块协同""少规格，多组合"以及各专业一体化考虑。要实现平面标准化、立面标准化、构件标准化和部品标准化。通过建筑平面元素，例如在标准化模数和规则下的标准化户型、模块、通用接口等的不同组合，实现建筑平面和户型功能化空间的丰富效果，满足用户使用需求和节约用地，形成以有限模块实现无限生长的设计效果。通过装配式建筑外围护结构，如标准化的幕墙、外墙板、门窗、阳台及色彩单元的模块化集成技术，来实现建筑立面的多样化和个性化。标准化设计应以构件的少规格、多组合和建筑部品的模块化和精细化为标准化设计的落脚点。

（2）工业化生产

生产方式工业化是指将建筑产品形成过程中需要的中间产品（包括各种构配件等）生产由施工现场转入工厂化制造，用工业产品的方式控制建筑产品的建造，实现以最短的工期、最小的资源消耗，保证建筑最好的品质。以日本为例，日本住宅工业化的生产方式主要有两种：一种是平面分解，即将住宅的墙和楼板等分解为平面构件，在工厂进行生产，结构形式包括钢筋混凝土结构住宅、钢结构住宅、木结构住宅等。有的在工厂直接将门窗安装好，甚至有的将外装修、内装修、保温层等全集成为一体，最大限度的减少现场安装。另一种方式是将住宅分解为立体空间单元，每一个单元体在工厂的流水线上生产，出厂时将单元体的墙、楼板、设备、装修等所有构件和部品都已安装完毕，运送到现场进行组装，然后对室内连线和连接部处理。通过工业化的生产，可以极大地促使技术进步，提高劳动生产率，保证建筑品质，同时也促进了其他相关产业加盟建筑相关产业。

（3）装配化施工

装配化施工就是把通过工业化方法在工厂制造的工业产品（构件、配件、部件），在工程现场通过机械化、信息化等工程技术手段，按不同要求进行组合和安装，建成特定建筑产品的一种建造方式。需要指出的是，建筑装配化的"装配化"绝非单一结构构件装配的简单要求，而是对整体的构配件生产的配套体系和现场装配化程度综合要求，包含整合设计、生产、施工等产业链，形成"一体化"的装配式建造能力。

推进建筑装配化，应加强技术创新和管理创新，重点围绕设计制造和施工一体化的管理体制，创建装配式结构体系、外围护体系、部品部件体系、楼宇设备设施体系、高性能材料体系、构部件制造的自动化流水线体系及高效运输安装的机械化体系等。同时，需进一步强化结构构件、建筑部件、配件和设备管道设施自身的模数及其模数协同的标准化研究，以及工作状态下多因素耦合作用的综合技术研究，以便有力推进建筑装配化实施。

（4）一体化装修

装配式住宅实现建筑装修一体化，就是在标准化设计的原则下，装修设计和建筑设计同步进行，统一模数体系，提高装修部品的通用化率，并且装修所需的材料、部品、构配件全部工业化生产，最后整体安装。即室内外装修从设计之初就采用工厂化的方式生产，实施装配化施工，减少二次装修带来的浪费和污染。一体化装修需要全专业密切配合以及系统集成，通过机电、装修的标准化接口设计，主体结构与管线、内装分离，实现机电管线、内装部品、集成厨卫的集成化干法装配。

以高层住宅为例，为了实现新建高层住宅全装修交付的目标，需要做到以下方面：模块化组合实现装修空间和风格的个性化，结合户型提供多种装修标准，实现菜单式设计、定制式装修，为住户提供更多的高品质住宅产品。装修设计与建筑设计高度同步，做到精细化和集成化，所有设施及点位均精确定位。人性化设计，提供尽量多的储物空间、灵活分隔空间，水电设施布置充分考虑使用便利性。与信息化技术结合，提高施工精准度。考虑引入SI 体系，管线埋设为后期维修改造预留充分的可能。

（5）信息化管理

近年来，BIM 信息技术快速发展，对建筑业科技进步产生了重大影响，已成为建筑业实现技术升级、生产方式转变和管理模式变革的有效手段。但是随着信息互联技术的深入发展，仅仅基于 BIM 信息模型技术已经不能完全适应建筑业信息化发展要求，建设行业的企业信息化程度已经远远落后于整个社会的信息化水平，BIM 仅仅是整个信息化中的一个系统，而不是建筑信息化的全部。今天发展装配式建筑，我们要将目标定位在"工业生产4.0"的高度，全面吸收信息化和"互联网＋"的先进技术。通过融合设计、采购、生产、施工混合使用的全过程，突破传统的点对点、单方向的信息传递方式，实现全方位、交互式的信息传递。打造数字信息的载体，支撑设计、商务、生产、施工以及运维全过程信息的传递和交互。由于在建筑的设计、生产、施工和运营维护过程中会产生大量的信息，涉及大量建筑体系、系统，包含众多参与方，因此必须保证信息完整、准确、前后一致、易于共享。通过采用一体化协同技术的智慧建造平台贯穿于装配式建筑的设计、深化、生产、物流运输、现场施工以及物业管理等全生命周期，实现全过程协同，优化资源配置。

（6）智能化应用

装配式建筑的智能化应用，就需要应用相关的智能技术，从而实现感知、传输、计算、记忆、分析等功能。这些智能技术，感知有物联网技术、实时定位技术，传输有互联网技术、云计算技术，可视化技术，记忆有 BIM 模型、GIS 数据等。另外，大数据、人工智能、3D 扫描、机器人等一些实现智慧建造所必须具备的技术。例如在管理过程中，通过大数据和人工智能的系统取代人，至少是部分取代人，包含代替人去决策，或者辅助人的决策，另一方面，在管理工厂和现场的作业时，会用到的数据包括 BIM 数据、生产数据以及管理数据等。通过采用最优化的设计方案、作业计划以及运输计划，力求达到资源的最佳配置，从而实现智慧化应用。

5.1.3　装配式建筑系统构成与分类

按照系统工程理论，装配式建筑需要进行全方位、全过程、全专业的系统化研究和实践，应该把装配式建筑看作一个由若干子系统"集成"的复杂"系统"。

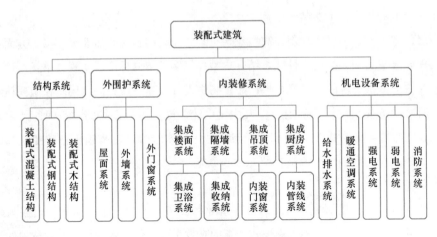

图 5-1　装配式建筑系统构成

装配式建筑系统构成主要包括：主体结构系统、外围护系统、内装系统、机电设备系统四大系统，如图 5-1 所示。其中：

（1）主体结构系统按照材料不同分为混凝土结构、钢结构、木结构和各种组合结构；

（2）外围护系统分为屋面子系统、外墙子系统、外门窗子系统和外装饰子系统等组成。外墙子系统按照材料与构造的不同，也可分为幕墙类、外墙挂板类、组合钢（木）骨架类和三明治外墙类等多种装配式外墙系统；

（3）内装系统主要由集成楼地面子系统、隔墙子系统、吊顶子系统、厨房子系统、卫生间子系统、收纳子系统、门窗子系统和内装管线子系统 8 个子系统组成；

（4）机电设备系统包括给排水子系统、暖通空调子系统、强电子系统、弱电子系统、消防子系统和其他子系统等。按照装配式的发展思路，机电设备系统的装配化应着重发展模块化的集成设备系统和装配式管线系统。

装配式建筑涉及规划设计、生产制造、施工安装、运营维护等各个阶段，需要全面统筹设计方法、技术手段、经济选型。

5.1.4　装配式钢结构建筑的优点及局限性

装配式钢结构建筑除具有钢结构建筑的优点和局限性外，还具有以下优点和局限性。

（1）优点

① 标准化设计有利于保证结构安全性，更好地实现建筑功能和降低成本。

② 钢结构构件的集成化可以减少现场焊接。

③ 外围护系统的集成化可以提高质量，简化施工，缩短工期。

④ 设备管线系统和内装系统的集成化以及集成化预制部件的采用，可以更好地提升功能，提高质量及降低成本。

（2）局限性

① 对建设规模依赖度较高。建设规模小，工厂开工不足，很难维持生存。而没有构件工厂，装配式就是空话。

② 要求高。对设计、制造、施工的技术水平及管理水平有更高的要求。

5.2　传统类装配式钢结构体系

传统类装配式钢结构体系以传统钢结构形式为基础，开发新型围护体系，改进建筑体系。主要结构形式包括钢框架结构体系、钢框架-支撑结构体系、钢框架-剪力墙结构体系等。

设计阶段摒弃"重结构、轻建筑、无内装"的错误概念，实行结构、围护和内装三大系统协同设计。以建筑功能为核心，主体以框架为单元展开，尽量统一柱网尺寸，户型设计及功能布局与抗侧力构件协同设置；以结构布置为基础，在满足建筑功能的前提下优化钢结构布置，满足工业化内装所提倡的大空间布置要求，同时严格控制造价，降低施工难度；以工业化围护和内装部品为支撑，通过内装设计隐藏室内的梁、柱、支撑，保证安全、耐久、防火、保温和隔声等性能要求。

该类装配式钢结构体系以建筑构件为基本元件，具有构件装配化、围护一体化、户型模数化、生产工厂化等特点。梁、柱、墙面、楼板及屋面均实现螺栓连接，操作简单便捷，有效缩短施工工期；构件尺度小，对于交通不便利的地区和现场缺乏施工设备的场地有良好的适应性；主结构和围护墙板及水暖电管线等均为一体化设计，在工厂加工时将部分管线埋入整体墙面内，钢梁预先留管线孔，现场安装时只需穿管线连接接头，无需因管线问题进行二次改造；户型均为模数化设计，可依照客户需要调节建筑尺寸，室内使用功能灵活多变，为客户提供更多的选择。

5.3　模块类装配式钢结构体系

5.3.1　全模块化钢结构体系

全模块化建筑结构体系全部由模块单元装配而成，模块单元可以采用墙体承重模块单元或角柱承重模块单元（包括框架剪力墙模块单元和框架支撑模块单元），一般适用于低、多层建筑房屋，且适用于平面布置较为规则的建筑，如宿舍、小型旅馆等。例如，位于英国伦敦希思罗机场的客之家宾馆共四层，由 4 间双人卧室和 4 间单人卧室以及楼梯模块单元组成。模块之间的连接为螺栓连接或焊接，如图 5-2 所示。图 5-3 为雄安新区市民服务中心企业办公组团部分的模块化办公楼，模块之间的连接为螺栓连接加注胶的方式。

图 5-2　英国伦敦希思罗机场的客之家宾馆　　　　　图 5-3　雄安新区市民服务中心

5.3.1.1　模块单元的形式

模块单元有不同形式，国内外学者对其进行了分类，根据荷载传递方式，将模块单元分为三类：墙体承重模块、角柱支承模块和非承重模块。

介绍三类模块单元并分别阐述其受力特点和适用范围。

（1）墙体承重模块

墙体承重模块由承重墙体、楼板、天花板组成。重力荷载可通过每一片纵墙直接传至下面的模块最后传至基础。横向荷载由支撑、蒙皮承受，或单独的抗侧力系统，如框架或核心筒等承受。该结构体系的优点是避免了四个角柱传递重力荷载，使上下模块单元的角柱连接方式较为简单，但应保证由于整体抗弯引起的承重墙体的抗拉和抗压承载力要求和整体稳定性。各纵向承重墙通常采用密排柱，用于低层建筑时，承重墙体的竖向龙骨可以采用 C 型钢，用于多层和高层建筑时宜采用矩形钢管。横向填充墙一般开有较大门窗洞口，由带有支撑的托梁或墙体立柱组成。楼面板和天花板一般放置在 C 型钢托梁上，托梁的跨度方向平行于模块单元的短边。角柱一般由热轧角钢或方钢管组成，作用是提供吊点和提高结构稳定性。为使建筑内部模块布局更加灵活，可通过合并多个模块单元来实现大的内部空间。此时需对墙体承重模块的侧向墙体进行局部开孔设计，并对开孔附近设置附加边梁或支柱进行补强。图 5-4 为完全的墙体承重模块，图 5-5 为局部开孔的墙体承重模块。该种模块单元应用于宾馆、学生宿舍和社会保障住房十分理想，这些房屋通常是由大量的小房间组成。

（2）角柱承重模块

角柱承重模块类似于传统的框架结构，由四根角柱和角柱间的纵向边梁组成。模块梁柱构件一般为热轧钢构件，如方钢管截面角柱和槽钢边梁。角柱支承模块的优点在于可做成开敞式。组合形成较大的内部空间。由于模块间连接节点一般较弱，为了提高模块单元的抗侧能力，可以在模块内部增加支撑或钢板剪力墙，根据结构的不同形式和功能需求，形成框架支撑、框架-剪力墙模块单元。支撑和剪力墙大大增加了模块单元的抗侧刚度。典型的角柱支撑模块单元如图5-6所示，框架-剪力墙模块如图5-7所示。

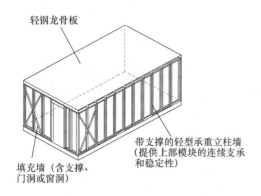

图 5-4 墙承重模块单元

图 5-5 部分开放式墙承重模块

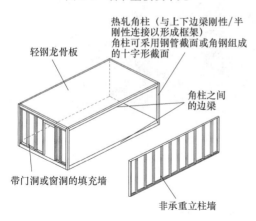

图 5-6 角柱支撑模块

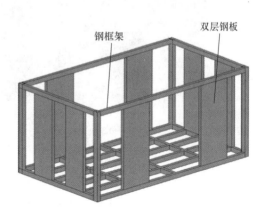

图 5-7 框架-剪力墙模块

（3）非承重模块

非承重模块一般用于具有特定建筑功能的房间，例如厕所（图5-8）、浴室（图5-9）、厨房、阳台和设备室等，模块本身只承受自重，不承担其他荷载，需要依靠其他结构构件的支撑，如嵌入其他承重结构中或置于楼板构件上等。厕所、厨房和浴室在送到现场时是配备齐全的，包括水暖、电气、配套家具和装饰。这些模块单元主要用于办公楼、旅馆、学生公寓以及酒店等的建造和扩建中。

此外，还有一些特殊模块单元，如电梯、楼梯模块等。电梯模块为上下表面开敞，四面由刚度较大的墙板组成，如图5-10所示。楼梯模块也为上下表面开敞的模块单元，包括楼梯梯段和中间休息平台和楼层平台。它们一般与常规公寓模块（卧室、客厅等）一起使用组成模块化住宅公寓楼。平台都由纵向墙体支承，并根据需要设置额外的支撑构件，如图 5-11 所示，这种结构形式一般用于全模块化建筑中。

图 5-8　厕所单元

图 5-9　浴室单元

图 5-10　电梯单元

图 5-11　楼梯单元

5.3.1.2　模块单元间的连接

模块单元间的连接按不同连接做法可分为盖板螺栓连接、平板插销连接、模块预应力连接三类节点构造。

对于模块化轻型钢结构体系建筑而言，其建造过程可以分为两个阶段：工厂预制阶段和现场拼装阶段。在不同阶段下，节点设计的侧重点是不一样的。在保证安全的前提下，工厂预制阶段完成的模块单元内节点应主要考虑方便批量生产并降低成本；而现场拼装阶段组装完成的模块单元间节点则需要考虑方便现场安装并可以消除安装误差。

因此，根据模块单元内梁柱间节点采用的截面不同，可以采取以下不同的连接形式：

（1）采用实腹式薄柔截面的模块单元，其受力梁柱构件之间一般通过焊接的形式进行连接，主梁和柱之间的节点类型为刚接，次梁和主梁之间的连接可以采用铰接的形式。

（2）采用冷弯薄壁截面的模块单元，其结构构件之间采用自攻螺钉、射钉或电阻点焊的形式进行连接。

采用螺钉连接时，螺钉至少应有 3 圈螺纹穿过连接构件，螺钉的中心距和端距不得小于螺钉的直径的 3 倍，边距不得小于螺钉直径的 2 倍。主要受力连接中的螺钉连接数量不得少于两个。用于钢板之间的连接时，钉头宜靠近较薄的构件一侧。

对于箱体角部节点、竖向构件连接节点等受力较大的位置，可以采用热轧钢材对节点进行加固，或者制作专门的连接件来完成连接，保证必要的强度和刚度。

对于模块单元之间的节点，宜采用螺栓连接的形式，以方便现场施工。特殊情况下，也可以采用焊接的形式完成模块之间的连接。连接节点应采用摩擦型高强度螺栓，并通过连接节点的构造措施保证节点具有一定的位置调整余量，以消除多高层建筑中模块堆叠导致的安装误差累积。

部分模块间的螺栓连接节点形式如图 5-12 所示。

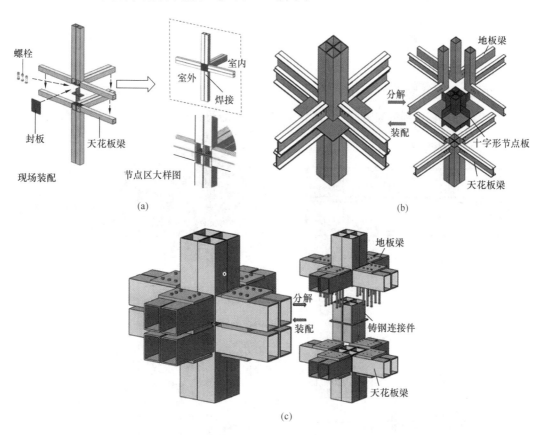

图 5-12　部分模块间的螺栓连接节点形式

(a) 螺栓-封板节点构造示意；(b) 铸头-十字板连接；(c) "梁-梁" 连接

5.3.2　复合模块化钢结构体系

为了提高模块化结构体系的抗侧能力并增加结构平面布置的灵活性，可以在模块化结构中引入不同的抗侧构件，形成模块-框架结构、模块-剪力墙结构、模块-核心筒结构等复合模块化结构体系。

5.3.2.1 模块-框架结构体系

模块-框架结构体系将模块与框架结构配合使用，有如下几种方式：

（1）底层为传统框架，上层放置模块单元，以满足底层大跨度的要求，形成底层商业或者地下停车场，如图 5-13 所示。例如，位于英国伦敦的公民 M 旅馆下部由框架组成，上部由开放式模块单元组成，该建筑共 6 层，如图 5-14 所示。

（2）传统框架侧向布置模块，如图 5-15 所示，一方面提高了结构整体的抗侧能力，另一方面满足建筑功能要求，为建筑某一区域提供大开间，平面布置更加灵活。例如，伦敦某社会住房项目采用该种结构形式，该建筑共 6 层，上面 5 层为模块单元，放置于底层混凝土平台上，建筑一侧的楼梯与电梯间为钢框架支撑结构，如图 5-16 所示。

（3）以传统框架体系为骨架，将非承重模块单元置于框架内部，既能发挥传统框架建筑的优势，满足承载力要求，又能利用模块化单元快速建造的优势，如图 5-17 所示。例如，位于韩国的 12 层公寓建筑，如图 5-18 所示。该建筑以混凝土框架结构为骨架，将三种类型的预制模块单元嵌入到框架结构中，组合形成不同功能的房间。

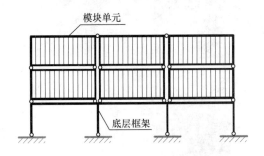

图 5-13　底部框架-模块复合结构体系

图 5-14　英国伦敦的公民 M 旅馆

图 5-15　支撑框架箱框结构体系

图 5-16　伦敦某社会住房

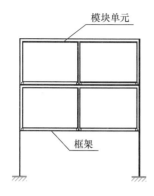
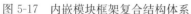

图 5-17 内嵌模块框架复合结构体系

图 5-18 韩国 12 层公寓建筑

5.3.2.2 模块-剪力墙结构体系

除了可以将框架作为主要的抗侧力系统，也可以将模块堆叠形成一个核心，并在周围布置剪力墙，形成电梯、楼梯或走廊区域，作为主要的抗侧力系统；或者布置预制承重墙和楼板从而在建筑内部形成较为灵活的公共区域，用作卧室、客厅等。建筑物的模块

图 5-19 塔塔钢铁示范楼及其建造

单元一般用于具有大量设施的服务区域，如厨房、浴室和楼梯间等，同时增加结构的整体性。这种结构是住宅的理想选择，塔塔钢铁示范楼采用的就是这种结构体系，如图 5-19所示。

5.3.2.3 模块-核心筒结构体系

对于高层模块化建筑，将楼梯、电梯间采用混凝土核心筒形式，并在其周围布置模块单元，可以大大提高模块化结构的抗侧能力。图 5-20 为 2009 年竣工的英国伍尔弗汉普顿学生公寓，其中最高的建筑 A 座为与混凝土核心筒复合，抗侧力由混凝土核心筒提供，如图 5-21所示。

图 5-20 英国伍尔弗汉普顿学生公寓

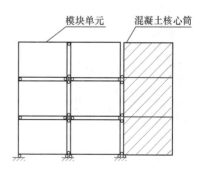

图 5-21 模块与混凝土核心筒混合结构

5.4 其他新型装配式钢结构体系

5.4.1 装配式钢管束结构体系

该体系由标准化、模数化的钢管部件并排连接在一起形成钢管束，内部浇筑混凝土形成钢管束组合结构构件，作为主要承重构件和抗侧力构件，如图 5-22 所示。

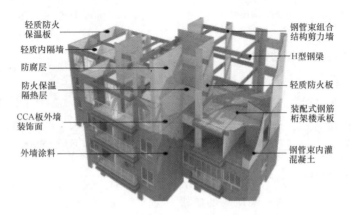

图 5-22　钢管束组合结构体系

钢管束结构体系采用了剪力墙的思路，由钢管束混凝土剪力墙＋钢梁组成。钢管束由若干个 U 型钢或 U 型钢与方形钢管、钢板拼装组成的具有多个竖向空腔的结构单元，形式有一字形、L 形、T 形、工字形、十字形等，钢管束内部浇筑混凝土而形成钢管束混凝土剪力墙，是主要的承受竖向作用和水平作用的构件，如图 5-23 和图 5-24 所示。

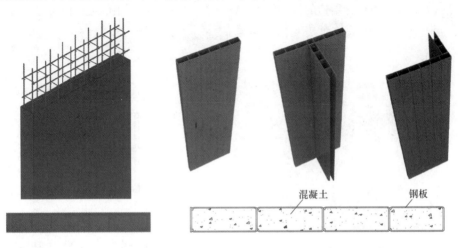

图 5-23　传统混凝土剪力墙　　　　　图 5-24　钢管束混凝土剪力墙

钢梁采用 H 型钢梁或箱形梁；节点连接方式主要有：柱与梁的连接均采用栓-焊节点形式，梁的上、下翼缘与钢柱连接板的上、下翼缘采用坡口对接熔透焊；梁腹板与钢柱连接板的腹板采用高强度螺栓连接；主梁与次梁的连接方式有刚接与铰接两种。

采用该体系的优点是不存在房间内凸柱情况，空间布局更灵活。

5.4.2　装配式斜支撑钢框架结构体系

装配式斜支撑钢框架结构主要由楼板和斜撑柱两种模块组成，其中模块内部各构件在工厂采用焊接连接，施工现场采用高强螺栓实现不同模块间的连接，如图 5-25 所示。

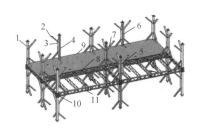

图3.1.1 装配式斜支撑节点钢框架结构

1—角柱；2—斜支撑；3—立柱加劲肋；4—单撑柱；5—三撑柱；
6—双撑柱；7—四撑柱；8—吊盒；9—主板；10—柱座；11—主板桁架

图 5-25　装配式斜支撑钢框架结构体系及其构成

楼板模块由柱座、压型钢板混凝土楼板、桁架梁组成，完全在工厂预制。其中柱子采用轧制方钢管，梁采用桁架梁，梁柱节点区周围布置斜支撑，桁架梁由槽钢、角钢及钢板焊接而成，其格构形式便于设备管线的预敷设。主板模块在出厂前已完成所有楼板面装饰层、吊顶以及水、暖、电管线的铺设工作，并留有模块间连接接口，如图 5-26 所示。

斜撑柱模块由立柱和斜撑焊接组成，斜撑一端与柱相连，另一端与桁架梁相连，参与整个框架的共同工作。其立柱采用方钢管柱，四面均可布置斜撑，形式灵活，根据平面布局位置不同，有单撑柱、双撑柱、三撑柱、四撑柱等多种形式，也可不设斜撑即为普通钢柱。工厂加工制作的主板和斜撑柱模块，在工地采用高强度螺栓通过方钢管柱和柱座两端的法兰盘进行连接，如图 5-27 所示。

图 5-26　楼板模块　　　　　　　　　　　　图 5-27　斜撑柱模块

该结构系统首次提出预制楼层梁单元、预制梁板复合楼盖的概念，完善了装配式钢结构的结构系统概念，即除钢梁、钢柱、钢支撑等钢构件采用工厂预制现场拼接的方式以外，楼层梁单元及梁板复合楼盖也采用整体预制、现场拼装的方式进行设计施工。为了配合设备与管线系统、实现机电管线的高度集成，楼层梁均采用桁架梁，梁高为800mm，在此高度内，集中了水、暖、电等管线，一方面增大了结构建筑使用高度，另一方面实现了装配式钢结构的设备与管线系统的集成。通过采用合理的结构构件，做到以结构系统为基础，以工业化围护、内装、设备管线部品为支撑，实现结构系统、围护系统、设备管线系统、内装系统的协同和集成，提高了建筑的建设速度。

5.4.3 箱形钢板剪力墙结构体系

针对传统钢结构体系难以适应复杂平面户型、露梁露柱和造价偏高的问题，提出了箱形钢板剪力墙结构体系，如图5-28所示。该系统以组合箱形钢板剪力墙替代钢框架和钢支撑，布局方便，可满足各种复杂户型平面与立面需要；箱形钢板剪力墙与墙体厚度相同，解决钢结构露梁露柱问题；箱形钢板与腔内混凝土共同受力，承载力高，有效降低用钢量。

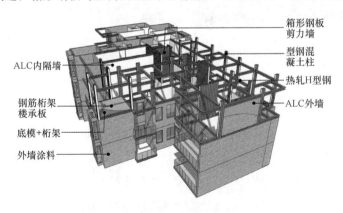

图5-28　箱形钢板剪力墙结构体系

5.4.4 装配式壁柱钢结构体系

壁式钢管混凝土柱是一种新型的构件截面，相对常规钢管混凝土柱增加了内部隔板，且截面宽度较小，常规梁柱连接节点已无法满足此截面形式。针对壁式柱的截面形式和受力特点，西安建筑科技大学钢结构研究团队提出了一种适用于钢结构住宅的新型壁式钢管混凝土柱（Wall-Type Concrete Filled Steel Tube Column，以下简称壁式柱），其典型的柱截面如图5-29所示。为减小截面长边钢板宽厚比，并对混凝土形成有效约束，在焊接矩形钢管腔内增加纵向分隔钢板，或在热轧矩形钢管间焊接钢板，形成两腔或壁式钢管混凝土柱。

针对壁式柱的截面形式和受力特点，研究团队提出了双侧板（Double Side Plate，DSP）

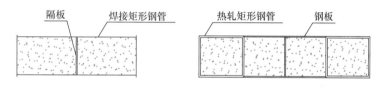

图 5-29　壁式钢管混凝土柱截面

梁柱连接节点，如图 5-30 所示。该节点使用双侧板连接梁端与钢柱，梁端与钢柱完全分离。双侧板迫使塑性铰由节点区域外移，并增加了节点核心区的刚度，消除了传统梁柱节点转动能力对柱节点区的依赖。梁柱之间的物理隔离，消除了梁翼缘与柱翼缘处焊缝脆性破坏的可能性。

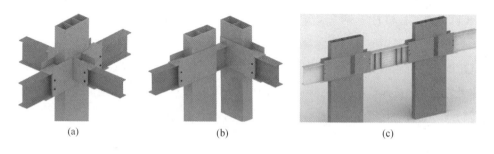

图 5-30　双侧板梁柱连接节点

（a）梁柱抗弯连接节点；（b）组合异形柱；（c）钢连梁抗剪连接节点

壁式框架结构由壁式钢管混凝土柱结合矩形钢管混凝土柱和 H 型钢梁组成，壁式钢管混凝土柱解决了传统框架结构室内框架柱凸出墙体，影响建筑使用功能的难题；高层抗侧力体系包括模块化钢板剪力墙、模块化组合钢板剪力墙和围护支撑一体化支撑体系，抗侧效率高，用钢量经济，与建筑围护体系具有较好的相容性。其中，模块化组合钢板墙可结合钢连梁形成高效的抗侧力核心筒，适用于公共办公建筑和公寓等，核心筒还可采用预制混凝土剪力墙核心筒；楼板是协调各抗侧力构件传力的关键构件，必须具有足够的整体性并具有工业化施工的特点，可采用钢筋桁架模板和钢筋桁架叠合板，也可采用标准化工业化的挂梁支模体系。

该体系分为高层住宅建筑和高层办公建筑两大体系。其中，WCFTS 高层住宅建筑体系（图 5-31）为壁式钢管混凝土-支撑结构体系或组合壁式钢管混凝土异形柱-支撑结构体系；WCFTS 高层办公建筑体系（图 5-32）为壁式柱核心筒-钢管混凝土框架结构体系。

WCFTS 壁式钢管混凝土-支撑和组合壁式钢管混凝土异形柱-支撑结构体系采用协同设计理念及流程。首先，在不影响建筑功能品质的前提下，以标准柱网为单位设计户型；其次，结构与建筑协同划分抗侧力单元；最后，形成合理的建筑功能布置和有效的传力体系。

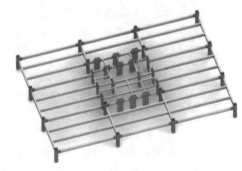

图 5-31　WCFTS 住宅建筑体系　　　　图 5-32　WCFTS 高层办公建筑体系

　　WCFTS 壁式柱核心筒-钢管混凝土框架体系采用壁式柱和高跨比为 1 的耗能钢连梁形成组合核心筒，外围采用传统钢管混凝土框架。WCFTS 公共建筑体系具有以下特点：①大截面高宽比壁式柱抗侧刚度大，材料利用率高；②大高跨比钢连梁使壁式柱协同受力，形成空间筒体受力体系，抗侧效率大大提高；③罕遇地震作用下，钢连梁首先剪切屈服，形成第一道抗震防线，能有效耗散地震能量，保证整体结构安全。

5.5　外围护系统

　　外围护系统包括外墙系统、屋面系统、外门窗系统。

5.5.1　外墙系统

　　围护墙体近几年快速发展，在性能、工业化程度、耐久性、建筑功能上有很大提高，但每种墙体都有自身的优点和缺点，一种墙体很难解决全部问题。将各种墙体材料混合应用，同时构造做法互相借鉴融合是围护系统发展的新趋势。

　　保温装饰一体板借鉴幕墙做法，由粘结层、保温装饰成品板、锚固件、密封材料等组成，如图 5-33 所示。适用于新建筑的外墙保温与装饰，旧建筑的节能和装饰改造；也适用于各类公共、住宅建筑的外墙外保温；北方寒冷地区和南方炎热地区

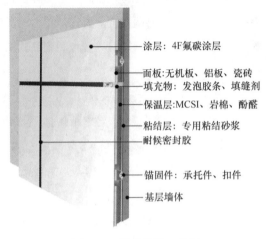

　　　　涂层：4F氟碳涂层
　　　　面板：无机板、铝板、瓷砖
　　　　填充物：发泡胶条、填缝剂
　　　　保温层：MCSI、岩棉、酚醛
　　　　粘结层：专用粘结砂浆
　　　　耐候密封胶
　　　　锚固件：承托件、扣件
　　　　基层墙体

图 5-33　保温装饰一体板

建筑都具有较好的适应性。保温装饰一体化板采用系统设计，全自动化生产，全装配式安装，同时比传统节能保温的施工做法有着更优的保温隔热功能。

　　轻钢龙骨保温装饰一体板采用镀锌轻钢龙骨作为承重体系，并融合保温装饰一体板技术一次成型，可以广泛应用于外墙围护和内墙隔断。该墙体具有用钢量低，结构自重轻，有利于抗震；工厂化程度高，运输方便，现场易于装配；干法作业，环保节能，如图5-34所示。

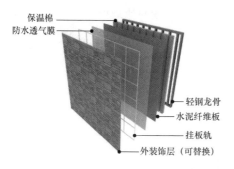

图 5-34　轻钢龙骨保温装饰一体板

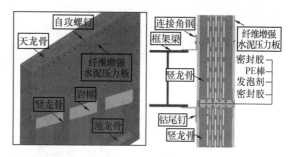

图 5-35　保温龙骨外围护墙体

　　为了改善轻钢龙骨在外墙体中的热桥效应，加拿大学者提出在龙骨腹板通长开设多排细长孔洞以增加传热路径，该种龙骨被称为保温龙骨，如图5-35所示。外围护墙体受力较小，对龙骨力学性能的要求不高，因而可增加腹板的开孔排数，从而提高墙体保温性能。对于钢结构主体框架，通过钻尾钉、长螺栓等保温龙骨外围护墙体外挂式连接方案，以实现墙体的整片吊装。

5.5.2　屋面系统

屋面分为混凝土屋面和金属屋面。

（1）混凝土屋面

混凝土屋面推荐采用倒置式屋面系统（图5-36）。混凝土平屋面或坡屋面推荐采用混凝土现浇屋面，保证其防水性能；相关节点请参见相关图集。

（2）金属屋面

金属屋面可采用直立锁边咬合式点支撑金属屋面，这种屋面适合大跨度的钢结构体系。

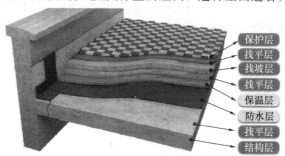

图 5-36　倒置式屋面系统

屋面板块的连接办法是采用铝合金固定支座，板块与板块的直立锁边咬合形成密合的连接，咬合边与支座形成的连接办法可解决因热胀冷缩所产生的板块应力，从而保证屋面板不变形。

5.5.3 外门窗系统

外门窗系统应根据项目所在地的气候及地域特点及建筑性能要求进行设计选型，门窗系统按材料选型来分类，包括铝合金、铝塑共挤门窗、铝包木等门窗材质选型，连接节点一般分预装法和后装法，如图 5-37、图 5-38 所示。

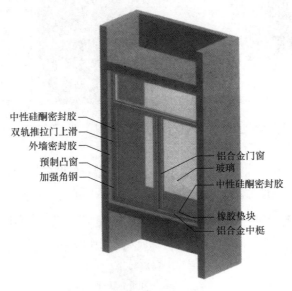

中性硅酮密封胶
双轨推拉门上滑
外墙密封胶
预制凸窗
加强角钢

铝合金门窗
玻璃
中性硅酮密封胶
橡胶垫块
铝合金中梃

图 5-37　外窗预装节点

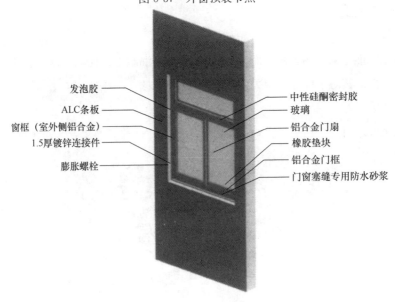

发泡胶
ALC 条板
窗框（室外侧铝合金）
1.5 厚镀锌连接件
膨胀螺栓

中性硅酮密封胶
玻璃
铝合金门扇
橡胶垫块
铝合金门框
门窗塞缝专用防水砂浆

图 5-38　外窗后装节点

5.6　内装修系统

内装修系统可以分为两类技术体系：SI 技术体系和装配式内装部品技术体系。

5.6.1　SI 技术体系

SI 技术体系是以保证住宅全寿命期内质量性能的稳定为基础，通过支撑体（Skeleton）和填充体（Infill）的分离来提高住宅的居住适应性和全寿命期内的综合价值。采用 SI 技术体系的住宅可针对不同的家庭结构以及使用需求的变化，对住宅内部空间进行自由分割。支撑体由住宅的躯体、共用设备空间所组成，且有高耐久性，是住宅长寿化的基础。填充体由各住户的内部空间和设备管线所组成，通过与支撑体分离，实现其灵活性、可变性。

（1）支撑体与填充体分离技术体系（图 5-39）

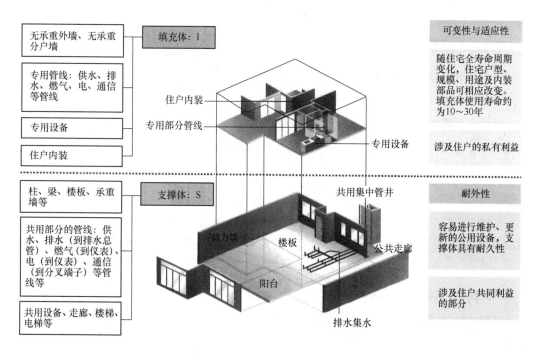

图 5-39　支撑体与填充体分离技术体系

1）耐久性支撑体 S——主体

主体结构部分应具有高耐久性，在住宅设计、建造及使用等各个环节均可采取一定的措施来提高主体结构的耐久性，如增加混凝土保护层厚度、提高混凝土强度等级等。

2）可变性支撑体 I——内装

应保证主体结构作为不可变部分布置为大空间形式，通过设置轻质隔断以便内部空间灵活布置。居住者可以根据自己的喜好或者家庭需求的变化自由划分。

（2）填充体整体技术解决方案

1）分隔式内装整体技术

本解决方案主要包括以正六面体分离技术为核心的架空地板、架空吊顶、架空墙体和轻质隔墙，其各部分形成的架空层内可以布置管线等设备，是实现 SI 住宅管线分离的载体。

2）分离式管线设备整体技术

包括给水排水系统、暖通系统、电气系统三大系统的分离。采用分集水器技术、同层排水技术实现给水排水管线的分离；采用干式地暖技术、烟气直排技术实现暖通管线的分离；采用带式电缆技术、架空层配线技术实现电气管线的分离。

3）模块化部品整体技术

本解决方案包括整体厨房、整体卫浴、整体收纳三大模块化部品技术。部品采用一体化设计、工厂标准化制造、现场装配的方式实现住宅产品的高品质、高效率装修。

5.6.2　装配式内装部品技术体系

（1）模块化部品技术体系

1）整体厨房部品技术体系

整体厨房部品是由工厂生产的具有炊事活动功能空间的，包含整体橱柜、炊事灶具、吸油烟机等设备和管线组装成独立功能单元的内装部品模块。整体厨房有装配效率高、环保节能、质量易控等优点（图 5-40）。

2）整体卫浴部品技术体系

整体卫浴部品是以防水底盘、墙板、顶盖构成整体框架，配上各种功能洁具形成的独立卫生单元部品模块，具有洗浴、洗漱、如厕三项基本功能或其功能之间的任意组合(图 5-41)。

3）整体收纳部品技术体系

整体收纳部品是由工厂生产、现场装配的满足不同套内功能空间分类储藏要求的基本单元化部品模块（图 5-42）。

（2）集成化部品技术体系

1）架空地板部品技术体系

架空地板部品技术体系是指地板下面采用树脂或金属地脚螺栓支撑。架空空间内可以敷设给水排水等设备管线。在管线接头处安装分水器的地板，设置方便管道检查的检修口（图 5-43、图 5-44）。

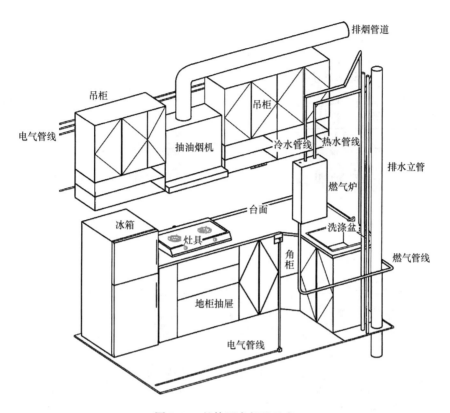

图 5-40　整体厨房部品示意

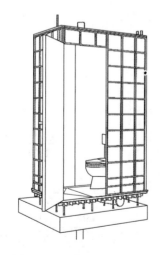

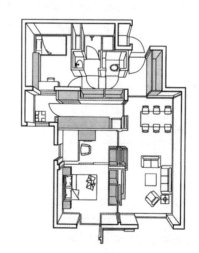

图 5-41　整体卫浴部品示意　　　　图 5-42　整体收纳部品示意

2）架空吊顶部品技术体系

架空吊顶部品技术体系可采用轻钢龙骨吊顶等多种吊顶板形式。吊顶内部架空空间可以布置给水管、电线管、通风管道等（图 5-45）。

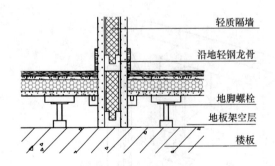

图 5-43　一般架空地板构造示意

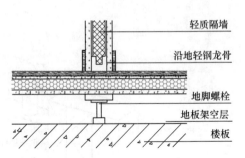

图 5-44　SI 住宅体系地面优先施工构造示意

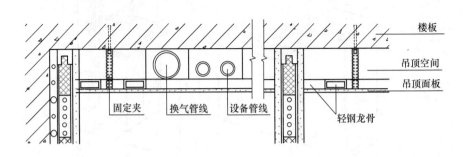

图 5-45　架空吊顶部品技术体系示意

3）架空墙体部品技术体系

架空墙体部品技术体系是指墙体表层采用粘贴树脂螺栓或固定轻钢龙骨，外贴石膏板，实现贴面墙。通过粘贴石膏板材进行找平，裂痕率较低，且壁纸粘贴方便快捷（图 5-46）。

4）轻质隔墙部品技术体系

轻质隔墙部品技术体系可灵活分隔空间，龙骨架空层内可敷设管线及设备等（图 5-47）。

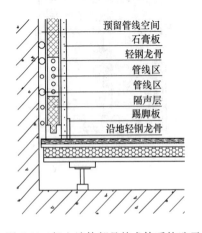

图 5-46　架空墙体部品技术体系构造示意

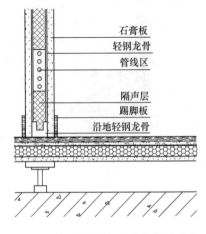

图 5-47　轻质隔墙部品技术体系示意

5.7　机电设备系统

　　装配式钢结构建筑的设备系统包括给水排水系统、供暖与通风空调系统、供配电系统，这三大设备系统设计的主要内容及要求与传统结构形式建筑的设备系统设置要求在大多数方面是相同的，均应符合国家和地方相关标准规范规定。除此之外，装配式钢结构建筑还应执行装配式建筑各项技术规范的规定。装配式钢结构建筑因具建筑结构方面的特性使得设备管线系统与传统结构形式建筑的设备管线系统又有一些不同之处，需要在设计时予以注意，其主要设计要点如下：

　　（1）装配式钢结构建筑的设备与管线宜采用集成化技术、标准化设计，各种设备管线的预埋管宜定型、定长、定位，以便预制。

　　（2）不应在预制构件安装后凿剔沟槽、开孔、开洞。机电设备的布置应与主体结构、外围护系统、内装系统相协调，做好预留预埋。

　　（3）除预埋管线外，其余设备管线宜在架空层或吊顶内设置，排水管道宜采用同层排水技术。采用集成式卫生间或采用同层排水架空地板时，不宜采用地板辐射供暖系统。

　　（4）应做好各设备管线的综合设计工作，减少管线交叉，有条件时宜采用建筑信息模型（BIM）技术，与结构系统、外围护系统等进行一体化设计。

　　（5）管道与管线穿过钢梁、钢柱时，应与钢梁、钢柱上的预留孔留有空隙，或空隙处采用柔性材料填充；当穿越防火墙或楼板时，应设置不燃型的套管，管道与套管之间的空隙应采用不燃、柔性材料填封。

　　（6）防雷引下线和共用接地装置应充分利用钢结构自身作为防雷接地装置。构件连接部位应有永久性明显标记其预留防雷装置的端头应可靠连接。

　　（7）钢结构基础应作为自然接地体，当接地电阻不满足要求时，应设人工接地体。

　　（8）接地端子应与建筑物本身的钢结构金属物连接。

5.8　基于系统思维的装配式建筑设计

5.8.1　系统设计理念

　　系统工程理论是装配式建筑设计的基本理论。在装配式建筑设计过程中，必须建立整体性设计的方法，采用系统集成的设计理念与工作模式。系统设计应遵循以下原则：

（1）要建立一体化、工业化的系统方法。设计伊始，首先要进行总体技术策划，要先决定整体技术方案，然后进入具体设计，即先进行建筑系统的总体设计，然后再进行各子系统和具体分部设计。

（2）要把建筑当作完整的工业化成品进行设计。装配式建筑设计应实现各专业系统之间在不同阶段的协同、融合、集成、创新、实现建筑、结构、机电、内装、智能化、造价等各专业的一体化集成设计。

（3）要以实现工程项目的整体最佳效果为目标进行设计。通过综合各专业的系统，进行分析优化，采用信息化手段来构建系统模型，优化系统结构和功能质量，使之达到整体效率、效益最大化。

（4）要采用标准化设计方法，遵循"少规格、多组合"的原则进行设计。需要建立建筑部品和单元的标准化模数模块、统一的技术接口和规则，实际平面标准化、立面标准化、构件标准化和部品标准化。

（5）要充分考虑生产、施工的可行性和经济性。设计要充分考虑构件部品生产和施工的可行性因素，通过整体的技术优化，进而保证建筑设计、生产运输、施工装配、运营维护等各环节实现一体化建造。

5.8.2 系统设计方法

（1）标准化设计

标准化设计是装配式建筑工作中的核心部分。标准化设计是提高装配式建筑的质量、效率、效益的重要手段；是建筑设计、生产、施工、管理之间技术协同的桥梁；是装配式建筑在生产活动中能够高效率运行的保障。因此，发展装配式建筑必须以标准化设计为基础。

（2）一体化设计

一体化设计，也称作系统集成设计，是指以设计的房屋建筑为完整的建筑产品对象，通过建筑、结构、机电、内装、幕墙、经济等各专业实现一体化协同设计，并统筹建筑设计、部品生产、施工建造、运营维护等各个阶段，充分考虑建筑全寿命周期的问题。

（3）系列化设计

系列化设计是标准化设计的延展。通过分析同类建筑的规律，分析其功能、需求、构成要素和技术经济指标，归纳总结出结构基本型式、空间组合关系、立面构成逻辑、机电设备选型和内装部品组合，并做出合理的选择、定型、归类和规划，这一过程即为系列化设计。系列化设计包括模数协调系列、建筑标准系列以及系列设计等内容。

（4）多样化设计

纵观建筑发展史，建筑多样化是人类的不同种群在多样化的自然环境中发展演变而形成。建筑创作需要更加关注地域性、历史性、民族性、人文性的元素，在全球化浪潮中保持建筑的本土性和多样化。

（5）"多样化"与"标准化"的对立统一

在装配式建筑发展中，"多样化"与"标准化"是对立统一的矛盾体，既要坚持建筑标准化，又要做到建筑多样化，的确不易。

在建筑创作中，标准化就像七个音符和各种音调，多样化就像用这些音符和音调谱成的乐章，既有标准和规律，又能做到千变万化。建筑标准化包括建筑功能多样化、空间多样化、风格多样化、平面多样化、组合多样化和布局多样化等（图5-48、图5-49）。

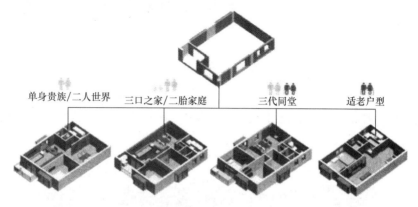

图 5-48　功能多样化和空间多样化示意图

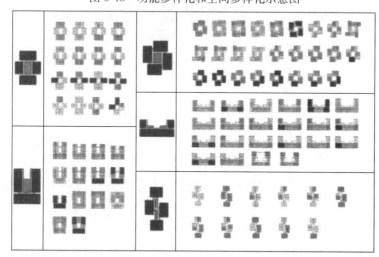

图 5-49　平面组合多样化示意图

5.8.3　基于系统思维的装配式建筑设计

（1）一般建筑设计流程

一般建筑的设计流程可以分为三个阶段——前期阶段、设计阶段和服务配合阶段。前期阶段主要是确认设计任务，一般以签订设计合同为标志，是本阶段的结束，同时也是设计阶段的开始。设计阶段一般分为方案设计、初步设计（或扩大初步设计）、施工图设计三个阶段，这个阶段以交付完成的施工图纸为标志。服务配合阶段一般指交付正式的施工图纸到竣工验收之间，配合工程招标、技术交底、确定样板、分部分项验收，直至竣工验收等一系列的设计延伸服务工作。因此，一般设计项目的流程可以以下简图表示（图 5-50）。

图 5-50　一般设计项目的流程简图

在实际工作中，许多建筑项目被切割成多个不同的段落（图 5-51），不同的设计单位负责不同的任务。如果项目的管理者有很强的组织和统筹能力，这样的建筑项目往往能够取得不错的结果。但是，很多项目的统筹管理并不理想，结果管理的"碎片化"导致大量的冲突，重复工作、大量变更的情况比比皆是，项目超支、质量低下的情况也是普遍现象。

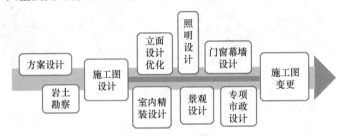

图 5-51　建筑项目的"切割段落"

（2）装配式建筑设计流程

装配式建筑与一般建筑相比，在设计流程上多了两个环节——建筑技术策划和部品部件深化与加工设计（图 5-52）。

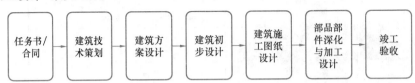

图 5-52　装配式建筑设计流程图

（3）协同设计工作流程

与一般建筑的设计相比，装配式建筑设计涉及的专业更多，除了建筑、结构、给水排水、暖通、电气五个专业外，还需要增加室内、幕墙、部品部件和造价四个专业，进行同步协同设计（图 5-53）。

装配式建筑的设计应按照项目管理的理论，采用项目管理的工具和方法进行组织和协调。由于装配式建筑的部品部件主要在工厂生产，这就要求在生产之前部品部件的设计必须

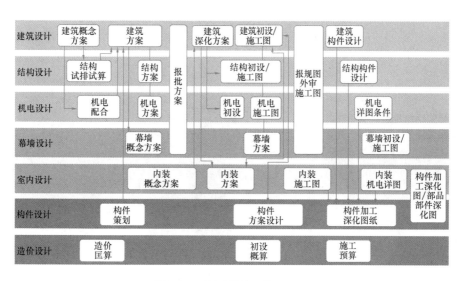

图 5-53　协同设计工作流程图

完成。而一旦启动了生产，临时的变更就会因为代价高昂而不具备可行性。因此，部品部件的设计成为生产之前最重要的一个制约因素。相反，一般的现浇建筑，只要还没有施工，更改就有可能。装配式建筑的不能随意更改的特点，恰恰是工业化生产的基本要求。因此，设计工作必须协同进行。

（4）协同管理工作流程

装配式建筑设计组织可以利用专门的项目管理软件，将9个专业的工作流程进行协同管理。重点需要关注的是专业之间的互提条件接口，控制好这些关键点，装配式建筑的设计就会比较顺畅，反之，工作就很容易陷入"打乱仗"的状态（图 5-54）。

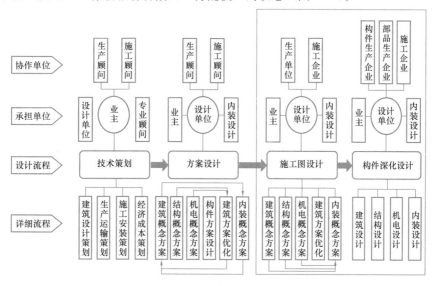

图 5-54　协同管理工作流程图

思考题

5.1 装配式钢结构建筑有哪些特征?
5.2 装配式建筑的设计与一般建筑的设计相比，有哪些区别?

第6章

轻型住宅钢结构

6.1 概述

6.1.1 轻型钢结构住宅的组成

轻型钢结构住宅是指由轻质材料组成的、可工厂化生产的、现场组装的轻型房屋建筑,

如图 6-1 所示。该结构体系适用于不超过 6 层檐口、高度不大于 20m 的建筑(现行《轻型钢结构住宅技术规程》JGJ 209 称不超过 3 层的钢结构住宅为低层钢结构住宅,4~6 层的钢结构住宅则称为多层钢结构住宅),抗震设防烈度为 8 度及其以下的地区,并具有设计施工一体化的特点。轻质材料包括承重结构体系所需的轻型钢结构和建筑围护体系所需的轻型板材。所谓轻型钢结构是指采用冷弯薄壁型钢和其他轻型

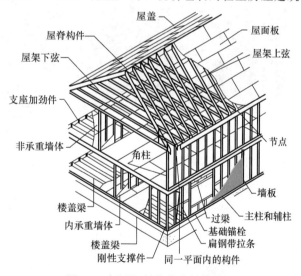

图 6-1 轻型钢结构住宅的构造图

钢构件,使结构用钢量较少;而轻型板材是指与传统的钢筋混凝土相比干密度小一半以上的板材。轻型钢结构住宅是一种新的建筑体系,涉及材料是新型建筑材料,设计方法是"建筑、结构、设备与装修一体化"的新方法,是住宅建筑产业化的一种形式。

从结构功能上来说,轻型钢结构住宅可分为主结构和围护结构两大部分。

轻钢住宅主结构大多采用冷弯薄壁 U 形、C 形和方管作为承重体系,构件之间采用螺栓或自攻螺钉连接,无须焊接,所有构件均可工厂加工,然后运至现场进行拼装。多层住宅

的主结构也可采用轻型 H 型钢和组合 L 形截面等种类。相关研究表明：位于乡村、城市、港口以及工业区等不同地区的钢结构房屋采用热镀锌钢构件时其结构镀锌层每三年的腐蚀量均小于 0.1μm。可以看出轻型钢结构住宅具有很好的防腐能力和耐久性。随着我国钢产量的不断提升，国内的冷弯型钢生产能力也得到了长足的发展，轻型钢结构住宅的所有主结构均可实现国产化，且目前正在向高强、耐候方向发展，这无疑给轻型钢结构住宅的发展提供了坚强的后盾。同时，轻型钢结构住宅施工作业受天气或季节影响较小。

　　围护结构主要分为结构性板材、防水材料、保温材料和外墙挂板。其中，结构性板材主要有定向刨花板（简称 OSB）和稻草板（Straw-Board）。OSB 是 20 世纪 70 年代在欧美迅速发展起来的一种新型高强度木质刨花板，它是以小径材、间伐材、木芯等为原料，通过专用设备加工成长条刨花，再将长条刨花经干燥、施胶、并成纵横交叉状态进行铺装、热压成型的一种结构人造板。由于该板是由许多木片层层交叉叠压在一起，所以具有较高的强度。稻草板是以植物秸秆（如稻草或麦草等）作原料，不添加胶粘剂，不需切割粉碎，直接在成型机内以加热挤压的方式形成密实的板坯，并在表面粘上一层各种材质的"护面纸"而制成的

图 6-2　屋面防水工程

新型环保建材。该板具有质轻、较高强度和良好的隔声保温性能，对它可进行锯、钉、胶和表面油漆施工，比其他墙板更具有广阔的发展前景。轻型钢结构住宅的屋面、墙面均须做防水处理，防水材料有防水纸、防水卷材以及防水涂料等。图 6-2 为正在进行屋面防水工程施工的轻钢住宅。保温材料可分为保温板和保温棉两大类。这两种材料在轻型钢结构住宅中均有应用，保温板主要用于外墙面（如图 6-3 所示），保温棉主要用于屋面、楼面和内隔墙保温、隔声。外墙挂板主要起到最外层围护及美观的作用，主要分 PVC 和钢质挂板（如图 6-4 所示），外墙挂板是外墙油漆或涂料的理想替代材料，其中 PVC 挂板采用经过独特工艺处理的聚氯乙烯制成，具有优越的耐候性能，可以抗御各种恶劣气候。

图 6-3　墙面保温板施工

图 6-4　外墙挂板

从结构体系来说,轻型钢结构住宅可采用轻型钢框架或框架-墙板体系。即由冷弯薄壁型钢、小截面的热轧 H 型钢、高频焊接 H 型钢、普通焊接 H 型钢或异形截面型钢、冷轧或热轧成型的钢管等构件构成的纯框架作为承重结构,并以墙板和屋面板代替一般结构的支撑,把框架连成空间整体。框架还可以用密排的简易构架代替。住宅结构的设计使用年限不应少于 50 年,其安全等级不应低于二级。轻型钢结构住宅是永久性建筑。

6.1.2 轻型钢结构住宅的特点

与传统结构体系相比,轻型钢结构住宅具有以下特点:

(1) 自重轻,可降低基础工程造价。轻钢住宅的自重约为传统砖混结构的 1/4,钢筋混凝土结构的 1/3。重力荷载值的减小使得相应地震作用数值也大大减小,基础荷载也大为减轻,基础技术处理的难度以及基础工程造价等均可得到很大降低。此外,由于钢结构的柱截面小,墙体厚度也较薄,此类结构的空间开阔,建筑面积能够合理分隔,使用灵活,可满足住宅大开间的需要,使用面积比钢筋混凝土住宅增加 10%~15%,经济效益较好。

(2) 抗震性能好。能充分发挥钢材的强度高、延性好、塑性变形能力强等优点。间距较密的构架或框架与外围护结构性板材结合,产生应力蒙皮效应,形成类似于剪力墙的抗侧力墙体,从而具有更强的抗震、抗风能力,增加了住宅的可靠性。

(3) 工业化程度高,施工速度快。轻钢住宅的钢构件在工厂制作,然后现场拼装,不需要大量支模和绑扎钢筋,施工周期约为传统结构的 1/3。且施工作业受天气或季节影响较小,符合文明环保的建筑施工要求。

(4) 环保性能好。轻钢住宅所用材料主要是绿色可回收或可降解的材料,且施工现场湿作业少,噪声、粉尘和建筑垃圾少,属环保型建筑。

(5) 可实现住宅建筑技术的集成化和产业化。轻钢住宅的构件制作工厂化、机械化、商品化程度高,质量稳定,资金利用率高,有利于降低成本,实现住宅建筑技术的集成化和产业化。

(6) 良好的隔声、保温性能。采用与钢结构体系配套的轻质墙板、复合楼板等新型材料,具有良好的隔声、保温性能,符合建筑节能的要求。轻钢住宅墙体及屋面大多采用玻璃棉为保温隔热材料,而用在外墙的保温板,能有效地避免墙体的"热桥"现象,进一步改善房屋的保温隔热性能。

(7) 维修方便。轻钢住宅的施工简便,人工成本低,房屋构件更换、维修方便。

(8) 方便安装各种管线。轻钢结构墙体是中空的,在墙体完工前就可以方便快捷地在其中安装各种管线,从而解决了中国传统公寓和别墅中的一个大问题—裸露在室内的管线影响房屋内部美观。

综上可以看出,轻型钢结构住宅的综合优势是明显的,它不仅功能齐全(水、暖、电配套），整洁美观，而且绿色环保，可以实现住宅建筑技术的集成化和产业化。图 6-5 给出了一些轻型钢结构住宅的实际效果。

图 6-5　轻型钢结构房屋实景

6.1.3　轻型钢结构住宅的应用情况

国外利用镀锌轻钢构件作为承重结构建造住宅已有近 30 年的历史。在美国普通的低层民用住宅中，采用冷弯薄壁型钢作为结构承重体系的房屋所占比例从 20 世纪 90 年代初的 5% 已发展到目前的 25% 左右，而且应用技术更加成熟、完善。在地震多发的日本，从 20 世纪 60 年代开始低层轻型钢结构住宅逐渐发展为工业化预制装配式住宅的主体，新建的 1~4 层建筑中 80% 采用了冷弯薄壁型钢结构。在加拿大，有 30% 的民居采用冷弯薄壁型钢结构体系。在澳大利亚，冷弯薄壁型钢结构住宅市场占有率达到 15%，且每年均有增长趋势。

轻型钢结构住宅在我国的应用大约始于 20 世纪 90 年代中期，近 20 多年来，特别是中华人民共和国住房和城乡建设部编制的《轻型钢结构住宅技术规程》JGJ 209、《冷弯薄壁型钢多层住宅技术标准》JGJ/T 421 颁布实施后，其应用得到了迅速的发展，主要用于低层民用住宅、宿舍、别墅、农舍、营房、小型医院、小型商业建筑、大型建筑的屋面和楼面等。此外，现行《冷弯薄壁型钢-石膏基砂浆复合墙体技术规程》DBJ61/T 99 将一种复合砂浆（主要由灰浆组合料、聚苯乙烯颗粒和矿物黏合剂组成）喷涂在冷弯薄壁型钢骨架表面，也为低多层村镇宜居建筑提供了新的思路和方法。轻型钢结构住宅符合"节能减排，建设节约型社会"要求，成为近年来钢结构领域发展的重要方向之一。

6.2　材料

轻钢住宅采用的材料应为轻质材料。结构体系的钢材可采用冷弯薄壁型钢、高频焊接 H 型钢、截面尺寸在 200mm 左右的焊接或热轧 H 型钢等。楼板应采用密肋轻质面板组合结构体系。建筑围护体系的材料不仅是轻质的，而且应能满足建筑物理功能、安全和耐久性能。

6.2.1 结构材料

6.2.1.1 钢材

轻钢住宅承重结构采用的钢材宜为 Q235B 钢或 Q355B 钢。轻钢住宅的承重构件，应优先选用冷弯 U 型钢和 C 型钢、热轧或冷加工成型的方（矩）形钢管、H 型钢（热轧或高频焊接），不宜选用热轧工字钢或热轧槽钢。冷弯型钢不应采用强度超过 Q355 的钢材，当计算全截面有效时，可采用考虑冷弯后的强度设计值，但经退火、焊接和热镀锌等处理的冷弯薄壁型钢构件不得采用冷弯效应的强度设计值。钢材的强度设计值和物理性能指标应按现行国家标准《钢结构设计标准》GB 50017 和《冷弯薄壁型钢结构技术规范》GB 50018 的有关规定采用。构件钢材质量和连接材料的质量均应符合现行《轻型钢结构住宅技术规程》JGJ 209 的要求。

6.2.1.2 楼板材料

轻质楼板材料是轻型钢结构住宅的一项重要技术，轻质楼板不仅可减少主体结构用钢量，还有利于抗震。目前采用的轻质楼板体系是密肋龙骨与轻质板材（水泥加气发泡类板材、钢丝网水泥板、定向刨花板）组合体系。水泥加气发泡类板材属于新型建材，具有轻质高强的特点，适用于预制装配式施工；钢丝网水泥板的板面尺寸在 $1m^2$ 左右，厚度为 $25\sim30mm$，用自攻螺钉固定在密肋钢梁上，组成轻质楼板结构体系；定向刨花板在 6.1.1 节中已有所介绍。

楼板用水泥加气发泡类材料的立方体抗压强度标准值不应低于 6.0MPa。水泥加气发泡类板材中配置的钢筋（或钢构件或钢丝网）应经有效的防腐处理，且钢筋的粘结强度不应小于 1.0MPa。轻质楼板中的配筋可采用冷轧带肋钢筋，其性能应符合国家现行标准《冷轧带肋钢筋》GB/T 13788 以及《钢筋焊接网混凝土结构技术规程》JGJ 114 的规定。楼板用钢丝网应进行镀锌处理，其规格应采用直径不小于 0.9mm、网格尺寸不大于 20mm×20mm 的冷拔低碳钢丝编织网。钢丝的抗拉强度标准值不应低于 450MPa。楼板用定向刨花板不应低于 2 级，甲醛释放限量应为 1 级，且应符合现行国家标准《定向刨花板》GB/T 41715 的规定。

6.2.2 围护材料

围护材料是指墙板和屋面板。外维护材料（外墙板和屋面板）决定建筑功能的实现。同时钢结构住宅的轻型化，围护材料也是关键之一，这就要求它们"质量轻、强度高、保温隔热性能好、安全、耐久、经济适用"。

为了减小建筑生产对自然资源生态系统的破坏，轻质围护材料应采用节地、节能、利废、环保的原材料。此外，轻质围护新材料及其应用技术，在使用前必须经相关程序核准，使用单位应对材料进行复检和技术资料审核。一方面使其满足住宅建筑规定的物理性能、热工性能、耐久性能和结构要求的力学性能；另一方面，保证轻质围护材料符合现行国家标准《民用建筑工程室内环境污染控制规范》GB 50325 和《建筑材料放射性核素限量》GB 6566 的规定。现行《轻型钢结构住宅技术规程》JGJ 209 给出了结构性能的一般要求：预制的轻质外墙板和屋面板应按等效荷载设计值进行承载力检验，受弯承载力检验系数不应小于1.35，连接承载力检验系数不应小于 1.50，在荷载效应的标准组合作用下，板受弯挠度最大值不应超过板跨度的 1/200，且不应出现裂缝。轻质墙体的单点吊挂力不应低于 1.0kN，抗冲击试验不得小于 5 次。

轻型钢结构住宅的轻质围护材料宜采用水泥基的复合型多功能轻质材料，也可以采用水泥加气发泡类材料、轻质混凝土空心材料、轻钢龙骨复合墙体材料等。围护材料产品的干密度不宜超过 800kg/m^3。水泥基板材是指以普通水泥为基本材料，有的经加气发泡技术做成轻质板材，有的掺加工业废料或聚苯颗粒制成轻质板材，还有用保温材料夹心制成符合保温板等。轻钢龙骨复合墙板是用冷弯薄壁型钢作为龙骨，两侧由薄板蒙皮、保温材料以及建筑面板组成，在现场用自攻自钻螺钉拼装成一道墙体，有的既当围护结构又当承重结构，有的仅作为围护结构。

6.2.3 保温材料

用于轻型钢结构住宅的保温隔热材料应具有满足设计要求的热工性能指标、力学性能指标和耐久性能指标。轻型钢结构住宅的保温隔热材料可采用模塑聚苯乙烯泡沫板（EPS 板）、挤塑聚苯乙烯泡沫板（XPS 板）、硬质聚氨酯板（PU 板）、岩棉、玻璃棉等。它们的性能指标见表 6-1。

保温隔热材料性能指标　　　　　　　　　　表 6-1

检验项目	EPS 板	XPS 板	PU 板	岩棉	玻璃棉
表观密度（kg/m³）	≥20	≥35	≥25	40～120	≥10
导热系数[W/(m·K)]	≤0.041	≤0.033	≤0.026	≤0.042	≤0.050
水蒸气渗透系数[ng/(Pa·m·s)]	≤4.5	≤3.5	≤6.5	—	—
压缩强度（MPa，形变 10%）	≥0.10	≥0.20	≥0.08		
体积吸水率（%）	≤4	≤2	≤4	≤5	≤4

当使用 EPS 板、XPS 板、PU 板等有机泡沫塑料作为轻型钢结构住宅的保温隔热材料时，保温隔热系统整体应具有合理的防火构造措施。

6.3 建筑设计

与传统的建筑结构相比，轻型钢结构住宅的建筑设计是以集成化住宅建筑为目标，以配套的建筑体系和产品为基础，按照模数协调的原则进行建筑、结构、设备和装修一体化的综合设计，最终实现构配件标准化、设备产品定型化。此外，轻型钢结构住宅的建筑设计还应符合国家标准对当地气候区的建筑节能设计规定，有条件的地区应采用太阳能或风能等可再生能源。

6.3.1 建筑模数

轻型钢结构住宅的建筑设计应充分考虑构、配件的模数化和标准化，应以通用化的构配件和设备进行模数协调。模数协调是设计尺寸协调和生产活动协调，它既能使设计者的建筑、结构、设备、电气等专业技术文件相互协调，又能使设计者、制造业、经销商和业主等人员之间的生产活动相互协调一致。

轻型钢结构住宅设计中的结构网格应以模数网格线定位。模数网格线应为基本设计模数的倍数，宜采用优先参数为6M（1M＝100mm）的模数系列。装修网格应由内部部件的重复量和大小决定，宜采用优先参数为3M。预制装配式轻质墙板应按模数协调要求确定墙板中基本板、洞口板、转角板和调整板等类型板的规格、截面尺寸和公差。当体系中的部分构件难于符合模数化要求时，可在保证主要构件的模数化和标准化的条件下，通过插入非模数化部件适调间距。

通过模数协调，可以实现轻型钢结构住宅部件的通用性和互换性，达到通用性和互换性就可以使住宅部件进行社会化大规模生产，有利于稳定和提高产品质量，降低产品成本，实现轻型钢结构住宅的产业化。

6.3.2 平面设计

6.3.2.1 平面布置

轻型钢结构住宅的建筑平面设计除了应符合模数外，还应与结构体系相协调，否则不仅使结构设计繁琐，还可能会增加结构用材和造价，甚至造成结构受力不合理。因此，轻型钢结构住宅的建筑平面设计应符合下列要求：

（1）平面几何形状宜规则，其凹凸变化及长宽比例应满足结构对质量、刚度均匀的要求，平面刚度中心与质心宜接近或重合。

（2）空间布局应有利于结构抗侧力体系的设置及优化。

（3）应充分兼顾钢框架结构的特点，房间分隔应有利于柱网设置。

（4）为了建筑美观，可采用异形柱、扁柱、扁梁或偏轴线布置墙柱等方式，避免室内露柱或露梁。图 6-6 为用窄翼缘 H 型钢拼成的钢异形柱，墙柱的位置关系如图 6-7 所示。

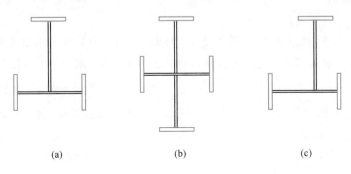

(a)　　　　　　　　(b)　　　　　　　　(c)

图 6-6　钢异形柱

（a）T 形截面；（b）十字形截面；（c）L 形截面

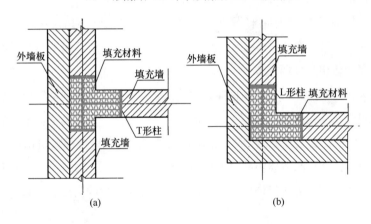

(a)　　　　　　　　　　　　(b)

图 6-7　墙柱位置关系

（a）T 形截面柱与墙；（b）L 形截面柱与墙

（5）由于采用钢结构，平面设计宜采用大开间。

6.3.2.2　轻质楼板

轻质楼板采用 6.2.1.2 所述楼板材料，建筑面层宜采用轻质找平层。吊顶时宜在密肋钢梁间填充玻璃棉或岩棉等措施满足埋设管线和建筑隔声的要求。多孔吸声材料（如玻璃棉、岩棉矿棉、植物纤维喷涂等）的吸声机理是材料内部有大量微小的孔隙，声波沿着这些孔隙可以深入材料内部，与材料发生摩擦作用将声能转化为热能。对压型钢板现浇钢筋混凝土楼板，应设计吊顶。

6.3.3　轻质墙体与屋面设计

外墙和屋面属于建筑外围护体系，是轻型钢结构住宅建筑设计的重点之一。轻质围护材料应根据保温或隔热的要求进行选择。外墙保温板应采用整体外包钢结构的安装方式，当采用填充钢框架式外墙时，外露钢结构部位应做外保温隔热处理。

对于轻质墙体和屋面，应有防裂、防潮和防雨措施，并应有保持保温隔热材料干燥的措施。当采用室内吊顶保温隔热屋面系统时，屋面与吊顶之间应有通风措施。外墙的挑出构件，如阳台、雨篷、空调室外板等均应作保温隔热处理。对墙体的预留洞口或开槽处应有补强措施，对隔声和保温隔热功能应有弥补措施。非上人屋面不宜设女儿墙，否则，应有可靠的防风或防积雪的构造措施。

轻质墙体和屋面材料已经在 6.2.2 节有所介绍，下面介绍采用这些墙板的构造措施。

6.3.3.1 水泥基轻质墙体和屋面

当采用水泥基轻质墙板墙体时，外墙体宜采用双层中空形式，内层镶嵌在钢框架内，与柱内皮平齐，外层包裹悬挂在钢结构外侧，如图 6-8 所示。这种双层外墙体热导率比单层小，容易满足较高的节能标准要求，而且不宜形成热桥。在这种双层墙体中，内外墙板错缝排列，从根本上消除了板缝开裂漏雨水的可能性。内外墙板间的空气层既可布置管线，又能通风换气，有利于保温隔热，是钢结构住宅墙板墙体的首选做法。此外，外墙也可以采用单层墙体，比较常用的有外挂式单层外墙体（如图 6-9 所示）和镶嵌式单层外墙体（如图 6-10 所示）。

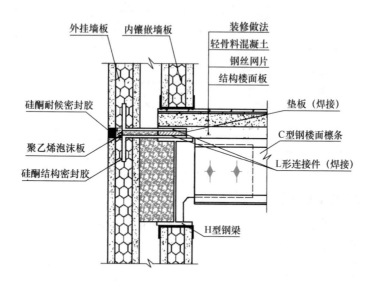

图 6-8　双层外墙的构造

屋面板宜采用水泥基的预制复合保温板，具体做法是将保温板铺设在钢檩条上，板边带企口拼缝，用自攻螺钉固定，再做防水层即可。防水层采用油毡瓦或陶瓦，按产品使用说明或标准图集施工。需要强调的是，檩条宜与屋架上表面平齐，这样可使屋面板与屋架和檩条紧密接触而不漏缝隙。另外，外墙保温板与屋面保温板在檐口处应紧密接触，形成连续的外保温系统。

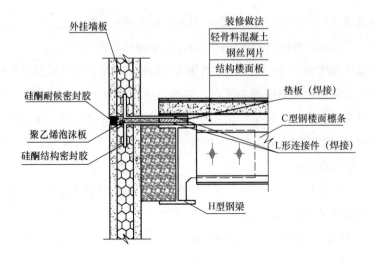

图 6-9　外挂式的单层外墙体

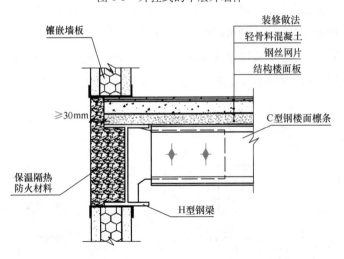

图 6-10　镶嵌式的单层外墙体

6.3.3.2　轻钢龙骨复合墙体

当采用轻钢龙骨复合墙体时，用于外墙的轻钢龙骨宜采用小方钢管桁架结构。若采用冷弯薄壁 C 型钢龙骨时，应双排交错布置形成断桥。此外，外墙体的龙骨宜与主体钢框架外侧平齐，外墙保温材料应外包覆盖主体钢结构，而且还应对轻钢龙骨复合墙体进行结露验算。

6.3.3.3　轻质砌块墙体

当采用轻质砌块墙体时，外墙砌体应外包钢结构砌筑并与钢结构拉结，否则，应对钢结构做保温隔热处理。

6.4 结构设计

6.4.1 结构体系

6.4.1.1 框架-墙板体系

现行《轻型钢结构住宅技术规程》JGJ 209 推荐的轻型框架结构体系是由填充的墙体对结构提供侧向刚度，即以墙体代替轻型门式刚架结构的柱间支撑，同时也以屋面板代替屋盖支撑。图 6-11 给出一座 60m² 农舍框架简图和节点构造。框架边柱及中柱均为 80mm×80mm×5mm 方钢管，屋架上弦和下弦分别为 80mm×80mm×5mm 方钢管和 75mm×75mm×3mm 角钢，檩条为 180mm×70mm×20mm×3mm C 型钢，都是冷成型钢材，钢材为 Q235 钢。屋架的支座节点（图 6-11b）采用平齐式端板螺栓连接，一般认为是半刚性连接。屋脊节点（图 6-11c）斜杆和竖杆直接焊接相连，也未必达到刚接的要求，同时，柱脚为平板式，也不属于刚接。因此，这类轻型钢框架并不是具有较高侧向刚度的结构。

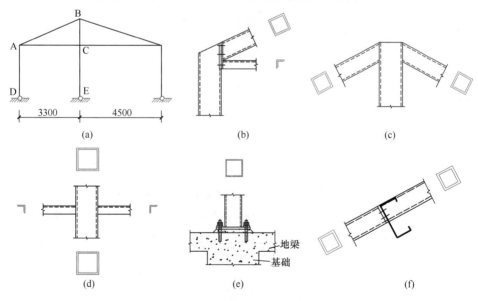

图 6-11 框架简图及节点连接

（a）框架简图；（b）节点 A；（c）节点 B；（d）节点 C；（e）柱脚；（f）檩条和斜梁连接

嵌入框架的端墙及 4.5m 跨的内墙都需要承担提供侧向刚度的任务。方向和框架垂直的墙体开有门窗，更是需要墙体和框架柱及门窗框紧密相连，形成整体刚度。

墙体的实际侧向刚度，应通过试验来测定。当钢框架层间相对侧移角满足下列指标者，认为合格：

当侧移角达到 1/300 时，墙体不出现任何开裂破坏；

当侧移角达到 1/200 时，墙体在接缝处可出现可修补的裂缝；

当侧移角达到 1/50 时，墙体不应出现断裂或脱落。

为了进行框架-墙板组合体的内力分析，还需要把墙板换算为等效的交叉支撑。图6-12给出层间墙板和交叉支撑的计算简图。当顶部承受水平力 V 时，二者的层间侧移 Δ 可近视取为：

墙板
$$\Delta = \frac{Vh^3}{3E_wI_w}\left(1+\frac{3\mu E_wI_w}{G_wA_{ew}h^2}\right) = \frac{Vh}{E_wh_{ew}b^3}(4h^2+3b^2) \tag{6-1}$$

交叉支撑
$$\Delta = \frac{Vl}{2EA_s\cos^2\theta} \tag{6-2}$$

式中　E_w、G_w ——墙板材料的弹性模量和剪变模量，取 $G_w = 0.4E_w$；

　　　　μ ——剪力不均匀系数，矩形截面 $\mu = 1.2$；

　　　　I_w ——墙板截面惯性矩，$I_w = b^3h_{ew}/12$；

　　　　A_{ew} ——墙板的有效截面，$A_{ew} = bh_{ew}$；

　　　　h_{ew} ——墙板的有效厚度；

　　　　l ——支撑长度，$l = b/\cos\theta$；

　　　　b、h ——柱间距和层高；

　　　　A_s ——等效支撑杆的截面积。

令以上二式相等，得到：

$$A_s = \frac{E_wh_{ew}b^3l}{2Eh(3b^2+4h^2)\cos^3\theta} \tag{6-3}$$

在分析内力时，可以认为桁架杆件与柱铰接（图 6-13），上下弦均为两端简支的压弯构件。但是按照图 6-11（b）所示 A 节点的构造，桁架上、下弦轴线交点不在柱轴线上，并且偏离较大。因此在计算重力荷载效应时，边柱柱顶承受偏心力矩 M_e（图 6-13a）。此项弯矩和上、下弦杆端部可能出现的弯矩方向相反，故后者可以不必考虑。但 M_e 不宜小于 0.1

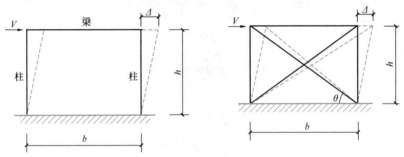

图 6-12　墙板和等效支撑的侧移

$(M_{os}+M_{ox})$，M_{os} 和 M_{ox} 分别为上、下弦杆在重力荷载作用下的简支梁最大弯矩。

　　框架的构件根据其受力性质及截面类型分别按现行《钢结构设计标准》GB 50017 和《冷弯薄壁型钢结构技术规范》GB 50018 的规定进行截面选择。

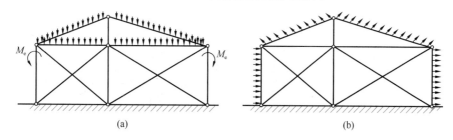

图 6-13　框架墙板体系的内力分析

（a）重力荷载；（b）风荷载

6.4.1.2　简易构架

　　美国一、二层住宅的轻型钢结构采用密排的冷弯薄壁型钢构架，其间距为 407mm（16吋）或 610mm（24吋）。具体方案如图 6-1 所示。这种简易构架脱胎于传统的木结构建筑，是以钢代木的结果，并非正规的钢结构设计。其主要构件采用冷弯槽钢（U 型钢）或卷边槽钢（C 型钢），壁厚仅为 0.84~2.46mm。屋脊处设有通长的屋脊构件，由于左右屋面荷载不等，会导致此杆受扭，因此采用槽钢和卷边槽钢组合而成的闭合箱形截面（图 6-14a）。构件和构件之间多采用自攻螺钉相连，如图 6-14 所示。三角形屋架并无腹杆，因此，屋架上下弦杆实际上是斜梁和横梁。

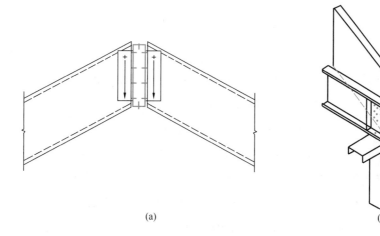

图 6-14　简易构件节点

（a）屋脊；（b）檐口

　　简易构架的整体性和侧向刚度主要依靠墙板和屋面板，同时也适当设置支撑构件。图 6-15（a）为带有两侧墙板的立柱。图 6-15（b）表示在两根相邻楼面梁之间能有一段 C 型钢或 U 型钢作为刚性支撑，其他楼面梁之间设扁钢拉条。

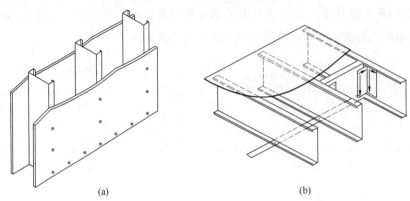

图 6-15　带墙板的立柱和带刚性支撑的楼面梁

(a) 带墙板的立柱；(b) 带刚性支撑的楼面梁

设计这类简易构架的轻钢结构，只需根据房屋的平面尺寸和风雪荷载值从现成的表格确定各类构件尺寸，无需进行力学计算。

6.4.2　荷载与作用

依据现行《建筑结构荷载规范》GB 50009 和《建筑抗震设计规范》GB 50011，结合轻型钢结构住宅的特点，现行《轻型钢结构住宅技术规程》JGJ 209 中给出了荷载效应组合的具体表达式和相关系数。这些公式和系数与其他类型的建筑钢结构相同，这里不作介绍。

6.4.3　构造要求

6.4.3.1　构件长细比

框架柱长细比应符合：①低层轻钢住宅或非抗震设防的多层轻型钢结构住宅的框架柱长细比不应大于 $150\varepsilon_k$；②需要进行抗震验算的多层轻型钢结构住宅的框架柱长细比不应大于 $120\varepsilon_k$（按照现行《建筑抗震设计规范》GB 50011 的规定执行）。对于低层轻型钢结构住宅，考虑低层建筑的层数可能建到 3 层，框架柱长细比取值有所从严，即无论有没有抗震设防要求，都按照现行国家标准《钢结构设计标准》GB 50017 的规定取值，而不按照现行《门式刚架轻型房屋钢结构技术规范》GB 51022 的规定取柱的长细比为 $180\varepsilon_k$。

支撑构件的长细比按现行国家标准《钢结构设计标准》GB 50017 的规定取值，中心支撑的长细比应符合下列要求：

（1）低层轻钢住宅或非抗震设防的多层轻型钢结构住宅的支撑构件长细比，按受压设计时不宜大于 $180\varepsilon_k$；

（2）需要进行抗震验算的多层轻型钢结构住宅的支撑构件长细比，按受压设计时不宜大

于 $150\varepsilon_k$；

（3）当采用拉杆时，其长细比不宜大于 $250\varepsilon_k$，但对张紧拉杆可不受此限制。

6.4.3.2　板件宽厚比

（1）低层轻型钢结构住宅或非抗震设防的多层轻型钢结构住宅的框架柱和框架梁，其板件宽厚比限值应按现行国家标准《钢结构设计标准》GB 50017 有关规定确定。

（2）需要进行抗震验算的多层轻型钢结构住宅中的 H 型截面框架柱和框架梁，其板件宽厚比限值可按下列公式计算确定，但不应大于现行国家标准《钢结构设计标准》GB 50017 规定的限值。

（a）当 $0 \leqslant \mu_N < 0.2$ 时：

$$\frac{b/t_f}{15\sqrt{235/f_{yf}}} + \frac{h_w/t_w}{650\sqrt{235/f_{yw}}} \leqslant 1，且 \frac{h_w/t_w}{\sqrt{235/f_{yw}}} \leqslant 130 \tag{6-4}$$

（b）当 $0.2 \leqslant \mu_N < 0.4$ 且 $\dfrac{h_w/t_w}{\sqrt{235/f_{yw}}} \leqslant 90$ 时：

当 $\dfrac{h_w/t_w}{\sqrt{235/f_{yw}}} \leqslant 70$ 时：

$$\frac{b/t_f}{13\sqrt{235/f_{yf}}} + \frac{h_w/t_w}{910\sqrt{235/f_{yw}}} \leqslant 1 \tag{6-5}$$

当 $70 < \dfrac{h_w/t_w}{\sqrt{235/f_{yw}}} \leqslant 90$ 时：

$$\frac{b/t_f}{19\sqrt{235/f_{yf}}} + \frac{h_w/t_w}{190\sqrt{235/f_{yw}}} \leqslant 1 \tag{6-6}$$

式中　μ_N ——框架柱轴压比，柱轴压比为考虑地震作用组合的轴向压力设计值与柱截面面积和钢材强度设计值之积的比值；

b、t_f ——翼缘板自由外伸宽度和板厚；

h_w、t_w ——腹板净高和厚度；

f_{yf} ——翼缘板屈服强度；

f_{yw} ——腹板屈服强度。

（c）当 $\mu_N \geqslant 0.4$ 时，应按现行国家标准《建筑抗震设计规范》GB 50011 的规定执行。

式（6-4）～式（6-6）把翼缘宽厚比和腹板宽厚比的限制联系在一起，体现两者的相关关系，比采用嵌固系数更为细致、合理。

（3）需要进行抗震验算的多层轻型钢结构住宅中的非 H 型截面框架柱和框架梁，其板件宽厚比限值应按现行国家标准《建筑抗震设计规范》GB 50011 的规定执行。

6.4.4　结构构件设计

轻钢住宅构件和连接的承载力应按现行国家标准《冷弯薄壁型钢结构技术规范》GB 50018 和《钢结构设计标准》GB 50017 的有关规定计算，需要进行抗震验算的还应按现行国家标准《建筑抗震设计规范》GB 50011 的有关规定执行。

一般构件的计算并无特殊之处，但 L 形截面没有对称轴，其承载力计算有以下特点：

（1）强度计算

由于没有对称轴，截面主轴 ox 和 oy 是倾斜的（图 6-16），从而在垂直于墙体的横向力作用下呈双轴弯曲。同时，截面剪心偏离形心，又使杆件产生扭转。因此，L 形截面柱的应力由 4 项组成，截面强度的验算公式是：

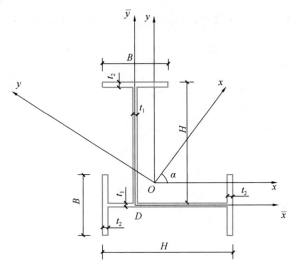

图 6-16　L 形截面

$$\sigma = \frac{N}{A} \pm \frac{M_x}{I_x}y \pm \frac{M_y}{I_y}x \pm \frac{B_\omega}{I_\omega}\omega_s \leqslant f \tag{6-7}$$

和

$$\tau = \frac{V_x S_y}{I_y t} + \frac{V_y S_x}{I_x t} + \frac{M_\omega S_\omega}{I_\omega t} + \frac{M_k t}{I_t} \leqslant f_v \tag{6-8}$$

式中　　N ——柱轴向力；

M_x、M_y ——绕柱截面形心主轴 x、y 的弯矩；

V_x、V_y ——柱截面形心主轴 x、y 方向的剪力；

B_ω ——弯曲扭转双力矩；

M_k、M_ω ——扭矩的自由扭转部分和约束扭转部分；

S_x、S_y ——截面静矩；

I_x、I_y ——截面主惯性矩；

I_ω ——扇性惯性矩；

I_t ——抗扭惯性矩；

S_ω ——扇性静矩；

ω_s ——扇性坐标。

（2）稳定计算

L形截面柱压弯稳定性应符合下式要求：

$$\frac{N}{\varphi A}+\frac{\beta_{tx}M_x}{\varphi_{bx}W_x}+\frac{\beta_{ty}M_y}{\varphi_{by}W_y}-\frac{2(\beta_y M_x+\beta_x M_y)}{i_0^2\varphi A}\leqslant f \tag{6-9}$$

$$i_0^2=\frac{I_x+I_y}{A}+x_0^2+y_0^2 \tag{6-10}$$

$$\beta_x=\frac{\int_A x(x_0^2+y_0^2)dA}{2I_y}-x_0 \tag{6-11}$$

$$\beta_y=\frac{\int_A y(x_0^2+y_0^2)dA}{2I_x}-y_0 \tag{6-12}$$

式中　　i_0——剪心为准的极回转半径；

　　β_x、β_y——截面不对称常数；

　　φ_{bx}、φ_{by}——分别为绕 x、y 轴受弯的稳定系数，对弹性杆由以下公式计算：

$$\varphi_{bx}=\frac{\pi^2 EI_y}{W_x f_y(\mu_y l)^2}\left[\beta_y+\sqrt{\beta_y^2+\frac{I_\omega}{I_y}+\frac{GI_t}{\pi^2 EI_y}(\mu_y l)^2}\right] \tag{6-13}$$

$$\varphi_{by}=\frac{\pi^2 EI_x}{W_y f_y(\mu_x l)^2}\left[\beta_x+\sqrt{\beta_x^2+\frac{I_\omega}{I_x}+\frac{GI_t}{\pi^2 EI_x}(\mu_x l)^2}\right] \tag{6-14}$$

此公式算出的数值大于 0.6 时，应按照现行《钢结构设计标准》GB 50017 的规定进行折减；

　　β_{tx}、β_{ty}——等效弯矩系数，按现行《钢结构设计标准》GB 50017 的规定取值；

　　μ_x、μ_y——分别为 x、y 方向的计算长度系数，按表 6-2 取值。

计算长度系数

表 6-2

约束条件	μ_x	μ_y	μ_ω
两端简支	1.0	1.0	1.0
两端固定	0.5	0.5	0.5
一端固定，一端简支	0.7	0.7	0.7
一端固定，一端自由	2.0	2.0	2.0

式（6-9）是现行《轻型钢结构住宅技术规程》JGJ 209 给出的公式，为了简化计算，可以偏于安全的略去公式第 4 项。规程附录中有常用 L 形截面几何性质表，可供设计时查用。

需要注意的是，式（6-9）第一项中的稳定系数 φ 必须按照无对称轴截面受压屈曲时伴随扭转的特点，采用下列换算长细比确定：

$$\lambda=\frac{1}{\sqrt{0.44\alpha-0.62\sqrt{\alpha^2-2.27(\lambda_x^2+\lambda_y^2+\lambda_\omega^2)/(\lambda_x\lambda_y\lambda_\omega)^2}}} \tag{6-15}$$

$$\alpha=\frac{1}{\lambda_x^2}(1-y_0^2/i_0^2)+\frac{1}{\lambda_y^2}(1-x_0^2/i_0^2)+\frac{1}{\lambda_\omega^2} \tag{6-16}$$

$$\lambda_{x} = \frac{\mu_{x}l}{\sqrt{I_{x}/A}} \tag{6-17}$$

$$\lambda_{y} = \frac{\mu_{y}l}{\sqrt{I_{y}/A}} \tag{6-18}$$

$$\lambda_{\omega} = \frac{\mu_{\omega}l}{\sqrt{\dfrac{I_{\omega}}{Ai_{0}^{2}} + \dfrac{(\mu_{\omega}l)^{2}GI_{k}}{\pi^{2}EAi_{0}^{2}}}} = \sqrt{Ai_{0}^{2}\left[\frac{(\mu_{\omega}l)^{2}}{I_{\omega}} + \frac{25.7}{I_{k}}\right]} \tag{6-19}$$

式中　　λ_{x}、λ_{y}、λ_{ω}——分别为 x、y 轴长细比和扭转屈曲换算长细比；

　　　　μ_{ω}——扭转屈曲的计算长度系数。

6.4.5 节点设计

为了满足装配化的施工特点，钢构件的工地连接尽量不用或少用焊接，图 6-11 所示的单层框架节点 B 是工厂连接，全部采用焊缝。节点 C 的工厂连接部分采用焊缝，其下端焊有法兰式端板，在工地用螺栓和下部柱连接。屋架和柱的连接节点 A 采用工地螺栓连接，

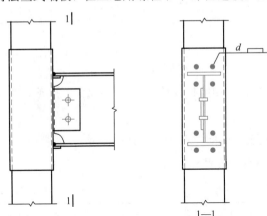

图 6-17　套筒式梁柱节点

檩条和斜梁的连接也相同。除节点 A 剪力较大，可考虑采用高强度螺栓外，其他节点都可采用普通螺栓。图 6-14 和图 6-15所示的简易构架节点，则全部采用自攻螺栓，施工更为简便。

多层的框架墙板体系，梁柱连接节点可能需要焊接和高强螺栓配合使用，图 6-17 就是一例。此图所示 H 型钢和方钢管柱的连接是多层轻型框架较常用的形式。方钢管截面宽度不大，在节点连接处无法设置内隔板。为了防止方钢管壁板在梁受弯时变形，在节点范围加设套管。套管厚度大于柱壁，并在二者之间加以塞焊，从而使节点变形大为减小。其构造应满足下列要求：

(1) 套筒的壁厚应大于钢管柱壁厚与梁翼缘板厚最大值的 1.2 倍；

(2) 套筒的高度应高出梁上、下翼缘外 60～100mm；

(3) 除套筒上、下端与柱焊接外，还应在梁翼缘上下附近对套筒进行塞焊，塞孔直径 d 不宜小于 20mm。

宽度较大的方钢管柱，当内部能够设置横隔时，可以采用图 6-18 的节点连接。这一方案的特点是把短梁段在工厂和柱相焊接。梁的工地拼接或是采用图示的栓焊混合连接，或是

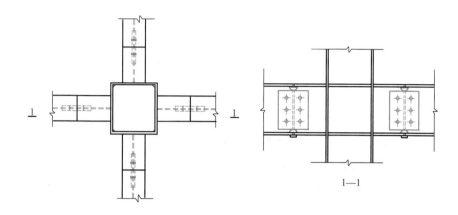

图 6-18　柱带悬臂梁段式连接

加设翼缘拼接板，全部采用螺栓连接。

　　管柱的内隔板也可以用外隔板来代替，图 6-19 就是一例。贯通的外隔板要求柱在节点范围内断开，加工的工作量比较大。

　　节点连接的计算和构造应符合现行《钢结构设计标准》GB 50017 的规定。

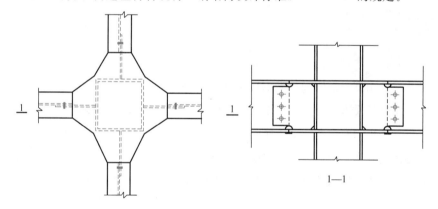

图 6-19　隔板贯通式节点

6.4.6　柱脚与基础设计

6.4.6.1　柱脚设计

　　为了施工方便，钢柱脚可采用预埋锚栓与柱脚板连接的外露式做法，也可采用预埋钢板与钢柱现场焊接，并应符合下列要求：

　　(1) 柱脚板厚度不应小于柱翼缘厚度的 1.5 倍；

　　(2) 预埋锚栓的长度不应小于锚栓直径的 25 倍；

　　(3) 柱脚钢板与基础混凝土表面的摩擦极限承载力可按下式计算：

$$V = 0.4(N + T)$$

　　　　　　　　　　　　　　　　　　　　　　　　　　　　　　　　　(6-20)

式中　　N——柱轴力设计值；

　　　　T——受拉锚栓的总拉力，当柱底剪力大于摩擦力时应设抗剪件。

（4）柱脚与底板间应设置加劲肋；

（5）柱脚板与基础混凝土间产生的最大压应力标准值不应超过混凝土轴向抗压强度标准值的 2/3；

（6）对预埋锚栓的外露式柱脚，在柱脚底板与基础表面之间应留 50～80mm 的间隙，并应采用灌浆料或细石混凝土填实间隙；

（7）钢柱脚在室内平面以下部分应采用钢丝网混凝土包裹。

图 6-1 所示的密排立柱，不需要每根柱单独设置底板和锚栓。可以用一根通长的开口向上的冷弯槽钢和各柱相连，再把这根槽钢锚固于基础。

6.4.6.2　基础设计

地基基础的变形和承载力计算应按现行国家标准《建筑地基基础设计规范》GB 50007 的规定进行。轻型钢结构住宅的基础形式应根据住宅层数、地质状况、地域特点等因素进行选择，可采用柱下独立基础或条形基础，当有地下室时，可采用筏板基础或独立柱基加防水板的做法，必要时也可采用桩基础。

6.4.7　钢结构防护

在钢结构设计文件中应明确规定钢材除锈等级、除锈方法、防腐涂料（或镀层）名称及涂（或镀）层厚度等要求。除锈应采用喷砂或抛丸方法，除锈等级应达到 Sa2.5，不得在现场带锈涂装或除锈不彻底涂装。除防锈外，轻型钢结构住宅主体钢结构还应有相应的耐火等级要求：低层住宅应为四级，多层住宅应为三级。此外，不同金属不应直接相接触，建筑防雷和接地系统应利用钢结构体系实施，设备或电气管线应有塑料绝缘套管保护。

习题

6.1　钢结构住宅的结构设计如何做到轻型化？

6.2　轻型钢结构住宅如何实现装配化？

第 7 章

钢结构检测、 鉴定及加固设计

7.1 概述

当钢结构存在严重缺陷、损伤或使用条件发生改变，经检查、验算结构的强度（包括连接）、刚度或稳定性等不满足设计要求时，应对钢结构进行加固。

如出现以下情况，则需要进行加固：

（1）由于设计或施工原因造成钢结构缺陷，使得结构或其局部的承载能力达不到设计要求，如焊缝长度不足、杆件中切口过长、截面削弱过多等。

（2）结构经长期使用，存在不同程度锈蚀、磨损，结构或节点受到削弱，使得结构或其局部的承载能力达不到原来的设计要求。

（3）由于使用条件发生变化，结构上荷载增加，原有结构不能适应。

（4）使用的钢材质量不符合要求。

（5）意外自然灾害对结构损伤严重。

（6）由于地基基础下沉，引起结构变形和损伤。

（7）有时出现结构损伤事故，需要修复。如果损伤是由于荷载超过设计值或者材料质量低劣，或者是构造处理不恰当，那么修复工作也带有加固的性质。

7.1.1 引起建筑结构功能退化的主要原因

根据现行《建筑结构可靠性设计统一标准》GB 50068 的规定，结构在规定的设计使用年限内应满足下列功能要求：在正常施工和使用时，能承受可能出现的各种作用；在正常使用时，应具有良好的工作性能；在正常维护条件下，应具有足够的耐久性能；在设计规定的偶然事件（如地震、爆炸、撞击等）发生时及发生后，结构仍能保持整体稳定性。上述 4 点统称为结构的预定功能，当结构出现功能退化而不能满足预定功能要求时，就可能引起工程事故。功能退化程度较轻者可能影响建筑物的使用性能和耐久性，严重者会导致结构构件破坏，甚至引起结构倒塌，造成人员伤亡和财产损失。

引起建筑结构功能退化的原因很多，根据大量的工程经验分析，可归纳为以下几方面：

（1）设计有误

设计人员对结构概念理解不透彻和计算错误是结构设计中常见的两类错误。例如，设计者在桁架结构设计中，对桁架的受力特点概念不清，荷载没有作用在节点上而是作用在节点间，从而引起设计错误，这属于第一类错误。再如，计算时漏掉了结构所必须承受的主要荷载，采用公式适用条件与实际情况不相符合的计算公式，或者计算参数的选用有误等均属于第二类错误。

（2）施工质量差

施工质量对于确保结构满足预定功能十分重要，不合格的施工会加速结构的功能退化。

（3）使用不当

改变结构的使用用途或建筑的使用维护不及时导致使用荷载增大，是典型的结构使用不当。例如，住宅建筑改变为办公用房，增大了结构的使用荷载；工业建筑的屋面积灰没有及时清理导致荷载增大等，均会引起结构提前损伤破坏。

（4）长期在恶劣环境下使用，材料的性能恶化

在长期恶劣的外部环境及使用环境条件下，结构材料每时每刻都受到外部介质的侵蚀，导致材料性能恶化。外部环境对工程结构材料的侵蚀主要有三类，化学作用侵蚀，如化工车间的酸、碱气体或液体对钢结构、混凝土结构的侵蚀；物理作用侵蚀，例如，高温、高湿、冻融循环、昼夜温差变化等，使混凝土结构、砌体结构产生裂缝等；生物作用侵蚀，如微生物、细菌使木材逐渐腐朽等。

（5）结构使用要求的变化

随着科学技术的不断发展，我国工业生产正在进行大规模的结构调整和技术改造，新的生产工艺不断涌现。为了满足这些新变化的要求，部分既有建筑需要适当增加高度或改造以提高建筑结构的整体功能。例如，吊车的更新变换，生产设备的更换，相应的吊车梁、设备的基础以及结构整体均应进行必要的增强加固。结构的功能退化是客观存在的，只要能科学分析原因，减缓结构的退化速度，通过科学的检测、鉴定和加固，就可以延长建筑物使用年限。

7.1.2 检测技术发展

（1）检测的定义

为评定建筑结构工程的质量或鉴定既有建筑结构的性能等所实施的检测工作，称为建筑结构检测（以下简称"检测"）。对结构进行检测所得到的数据不但是评定新建结构工程质量等级的原始依据，也是鉴定已有结构性能指标的依据。

我国现行《建筑结构检测技术标准》GB/T 50344 规定，建筑结构的检测可分为结构材料性能、连接、构件的尺寸与偏差、变形与损伤、构造、基础沉降以及涂装等工作，必要时，可进行结构或构件性能的实荷检验或结构的动力测试。

（2）检测技术的发展

检测是评定建筑结构可靠性的重要手段。我国建筑结构的检测技术自 20 世纪 70 年代以来得到快速发展，其使用工程对象已从老旧房屋建筑检测发展到各类型现代化建筑工程检测，新的检测方法、技术不断涌现。

在钢结构检测方面：20 世纪 70 年代，我国主要以钢材力学性能检测（拉伸、弯曲、冲击、硬度）、钢材金相检测分析、钢材化学成分分析为主。目前，钢结构的检测方法有：超声波无损检测、渗透检测、射线检测、涡流检测、磁粉检测、锈蚀检测及涂层厚度检测等。

（3）检测的意义

建筑物的施工质量需要进行评定时，或建筑物由于某种原因不能满足某项功能要求或对满足某项功能的要求产生怀疑时，就需要对建筑整体结构、结构的某一部分或某些构件进行检测。当判定被检结构存在安全隐患时，就应该对其进行加固处理，或者拆除。

7.1.3　鉴定技术发展

（1）鉴定的定义

根据现场调查和检测结果，并考虑缺陷的影响，依据相应规范或标准的要求，对建筑结构的可靠性进行评估的工作，称为可靠性鉴定（以下简称"鉴定"）。

建筑结构鉴定与设计时的主要差别在于，结构鉴定应根据结构实际受力状况和构件实际尺寸确定承载能力，结构承受荷载通过实地调查结果取值，构件截面采用扣除损伤后的有效面积，材料强度通过现场检测确定；而结构设计时所用参数均为规范规定或设计所给定的设计值。

（2）鉴定的发展

鉴定经历了从传统经验法到实用鉴定法再到概率鉴定法的过程。

1）传统经验法。由有经验的专家通过现场观察和简单的计算分析，以原设计规范为依据。根据个人专业知识和工程经验直接对建筑物的可靠性做出评价。该法鉴定程序简单，但由于受检测技术和计算工具的制约，鉴定人员难以获得较准确和完备的数据和资料，也难以对结构的性能和状态做出全面的分析，因此评判过程缺乏系统性，对建筑物可靠性水平的判断带有较大的主观性，鉴定结论往往因人而异，而工程处理方案多数偏于保守，造成浪费。

2）实用鉴定法。应用各种检测手段对建筑物及其环境进行周密的调查、检查和测试，应用计算机技术以及其他相关技术和方法分析建筑物的性能和状态，全面分析建筑物所存在问题的原因，以现行标准规范为基准，按照统一的鉴定程序和标准，从安全性、适用性多个方面综合评定建筑物的可靠性水平。与传统经验法相比，该法鉴定程序科学，对建筑物可靠性水平的判定较准确，能够为建筑物维修、加固、改造方案的决策提供可靠的技术依据。

3）概率鉴定法。在实用鉴定法的基础上，进一步利用统计推断方法分析影响特定建筑物可靠性的不确定因素，更直接地利用可靠性理论评定建筑物的可靠性水平。概率鉴定法是针对具体的已有建筑物，通过对建筑物和环境信息的采集和分析，评定建筑物的可靠性水平，评定结论更符合特定建筑物的实际情况。

（3）鉴定的意义

建筑物在使用过程中，不仅需要经常性的管理与维护，而且随着时间的推移，还需要及时修缮才能全面完成设计所赋予的功能。与此同时，还有为数不少的房屋建筑，或因设计、施工、使用不当，或因用途变更需要改造，或因使用环境发生变化，或因各类事故及灾害结构产生损伤，或需要延长结构使用寿命等，都需要对结构进行处理。要做好这些工作，就必须对建筑物在安全性、适用性和耐久性方面存在的问题有全面地了解，才能做出安全、合理、经济、可行的方案，而建筑物可靠性鉴定就是对这些问题的正确评价。

建筑结构鉴定的目的是根据检测结果，对结构进行验算、分析，找出薄弱环节，评价其安全性和耐久性，为工程改造或加固维修提供依据。在工程鉴定中可靠性是以某个等级指标（例如 A、B、C、D）来反映服役结构的可靠度水平。在民用建筑可靠性鉴定中，根据结构功能的极限状态，分为两类鉴定：安全性鉴定和使用性鉴定。具体实施时是进行安全性鉴定，还是进行正常使用性鉴定或是两者均需进行（即可靠性鉴定），应根据鉴定的目的和要求进行选择。

7.1.4 加固技术发展

（1）加固的定义

当结构的可靠性不满足要求时，对已有建筑结构进行加强，提高其安全性（承载能力）、耐久性和满足使用要求的工作，称为加固。

结构加固技术分类方法有以下几种：①按加固范围分为局部性能加固、整体性能加固；②按既有建筑物的结构形式分为钢结构加固、钢筋混凝土结构加固、砌体结构加固、木结构加固等；③按加固构件或局部结构名称分为梁加固、柱加固、屋盖结构加固、基础加固、地基加固等；④按加固目标对应功能分为承载力（强度）加固、刚度加固、延性加固、稳定性加固、耐久性加固。

结构加固前应充分研究现存结构的受力特点、损伤情况和使用要求，尽量保留和利用现存结构，避免不必要的拆除。同时，根据结构实际受力状况和构件实际尺寸确定承载能力，结构承受荷载通过实地调查取值，构件截面采用扣除损伤后的有效面积，材料强度通过现场测试确定。加固部分属二次受力构件，新旧结构不能同时达到应力峰值，结构承载力验算应考虑新增部分应力滞后现象。

（2）加固技术的发展

从加固技术的出现顺序，可以发现工程结构加固技术发展大体分为 3 个阶段。

第 1 阶段：低水平维修加固阶段。这一阶段的技术包括结构或构件局部损伤的简单修复、设置临时支撑加固、扩大截面法加固、裂缝的表面修补等。

第 2 阶段：预应力技术和结构胶、压力注浆技术出现后的阶段。这一阶段基于 2 种新的技术手段发展了一些新型加固方法，如预应力加固法、粘钢法、粘贴纤维布（板）法，裂缝压力注胶法、地基压浆法等。

第 3 阶段：结构性能、功能提升改造技术阶段。这一阶段的技术是随着人民对居住生活环境要求日益提高，提出了新的功能需求而产生的，如结构的增层、结构整体移位、地下空间开发、局部结构置换等技术。

（3）加固的意义

建筑结构加固的目的在于恢复或提高建筑结构在使用过程中由于设计或者施工问题及用途的改变等导致建筑结构丧失或降低原有的可靠性。建筑物都有规定的使用年限，通常在 50 年左右，一旦超过正常使用年限，建筑物满足不了安全居住的要求，这时通常需要采取相应的加固措施，保证建筑物能正常使用。据统计，我国现有一大批 20 世纪五六十年代建造的房屋因超过了设计基准期而有待加固，且城市的住宅建筑逐渐进入老龄化，需要加固维修。同时，随着抗震要求，设防标准的提高和改变，许多地区现有房屋不能满足新设防的抗震要求，从而需要抗震加固。

建筑物进行加固不仅可以实现建筑物的可持续发展，也有利于减少建筑垃圾的产生和环境污染，并且对已建建筑物进行加固相比拆除重建更具有耗时短、利用率大、改造成本低和社会效益大等优点。

7.2 钢结构检测技术

在建钢结构工程检测可参考的国家现行标准主要包括：《钢结构现场检测技术标准》GB/T 50621、《金属熔化焊焊接接头射线照相》GB 3323、《焊缝无损检测 超声检测 技术、检测等级和评定》GB 11345、《钢的成品化学成分允许偏差》GB/T 222、《钢结构焊接规范》GB 50661、《建筑结构检测技术标准》GB/T 50344、《钢结构工程施工质量验收标准》GB 50205 以及一些建筑钢材产品标准和检测方法标准等。

既有钢结构工程检测可参考的国家现行标准主要包括：《钢结构现场检测技术标准》GB/T 50621、《金属熔化焊焊接接头射线照相》GB 3323、《焊缝无损检测磁粉检测》GB/T

26951、《焊缝无损检测 焊缝磁粉检测 验收等级》GB/T 26953、《焊缝无损检测超声检测 技术、检测等级和评定》GB 11345、《钢的成品化学成分允许偏差》GB/T 222、《钢结构焊接规范》GB 50661、《建筑结构检测技术标准》GB/T 50344、《钢结构工程施质量验收标准》GB 50205、《高耸与复杂钢结构检测与鉴定标准》GB 51008、《民用建筑可靠性鉴定标准》GB 50292、《工业建筑可靠性鉴定标准》GB 50144、《建筑抗震鉴定标准》GB 50023、《构筑物抗震鉴定标准》GB 50117、《钢结构检测评定及加固技术规程》YB 9257、《危险房屋鉴定标准》JGJ 125 以及《钢结构检测与鉴定技术规程》DG/TJ 08 等。既有钢结构工程检测内容不同，检测时参照或依据的标准也不同。

7.2.1 钢结构构件检测

构件的表面缺陷可用目测或 10 倍放大镜检查，如怀疑有裂缝等缺陷，可用磁粉渗透等无损检测技术进行检测。

（1）磁粉检测

磁粉检测原理及方法：借助外加磁场将待测工件（只能是铁磁性材料）进行磁化，被磁化后的工件上若不存在缺陷，则其各部位的磁特性基本一致且呈现较高的磁导率；而存在裂纹、气孔或非金属物夹渣等缺陷时，由于它们会在工件上造成气隙或不导磁的间隙，它们的磁导率远远小于无缺陷部位的磁导率，致使缺陷部位的磁阻大大增加，磁导率在此产生突变，工件内磁力线的正常传播遭到阻隔，根据磁连续性原理，这时磁化场的磁力线就被迫改变路径而逸出工件，并在工件表面形成漏磁场，如图 7-1 所示。

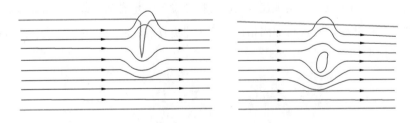

图 7-1 漏磁场的形成

漏磁场的强度主要取决于磁化场的强度和缺陷对于磁化场垂直截面的影响程度。利用磁粉或其他磁敏感元件，就可以将漏磁场显示或测量出来，从而分析判断出缺陷的存在与否及其位置和大小。

将铁磁性材料的粉末撒在工件上，在有漏磁场的位置磁粉就被吸附，从而形成显示缺陷形状的磁痕，能比较直观地检出缺陷。这种方法是应用最早，最广的一种无损检测方法。磁粉一般用工业纯铁或氧化铁制作，通常用四氧化三铁（Fe_3O_4）制成细微颗粒的粉末作为磁粉。磁粉可分为荧光磁粉和非荧光磁粉两大类。荧光磁粉是在普通磁粉的颗粒外表面涂上了一些荧光物质，使它在紫外线的照射下能发出荧光，主要作用是提高对比度，便于观察。

磁粉检测又分干法和湿法两种：

① 干法：将磁粉直接撒在被测工件表面，便于磁粉颗粒向漏磁场滚动。通常干法检测所用的磁粉颗粒较大，所以检测灵敏度较低。但是在被测工件不允许采用湿法接触时，如温度较高的试件，则只能采用干法检测。

② 湿法：将磁粉悬浮于载液（水或煤油等）之中形成磁悬液，并喷洒于被测工件表面，由于液体流动性较好，磁粉能够比较容易地向微弱的漏磁场移动，同时由于湿法流动性好，可以采用比干法更细的磁粉，使磁粉更易于被微小的漏磁场吸附，因此湿法比干法的检测灵敏度高。

磁粉检测方法简单、实用，能适应各种形状和大小以及不同工艺加工制造的铁磁性金属材料的表面缺陷检测，但不能确定缺陷的深度，由于磁粉检测主要是通过人的肉眼进行观察，所以主要以手动和半自动方式工作，难以实现全自动化。

（2）渗透检测

渗透检测原理及方法：将一根内径很细的毛细管插入液体中，液体对管子内壁的润湿性不同，使得管内液面的高低不同，当液体的润湿性强时，液面在管内上升高度较大，如图 7-2 所示，这就是液体的毛细现象。

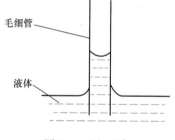

图 7-2　毛细现象

液体对固体的润湿能力和毛细现象是渗透检测的基础。图 7-2 中的毛细管恰似暴露于试件表面的开口型缺陷。实际检测时，首先将具有良好渗透力的渗透液涂在被测工件表面，由于润湿和毛细作用，渗透液便渗入工件上开口型的缺陷当中，然后对工件表面进行净化处理，将多余的渗透液清洗掉，再涂上一层显像剂，将渗入并滞留在缺陷中的渗透液吸出来，就能得到被放大了的缺陷，从而达到检测缺陷的目的。渗透检测法的检测原理如图 7-3 所示。渗透检测可同时检出不同方向的各类表面缺陷，但是不能检出非表面缺陷，不能用于多孔材料检测。

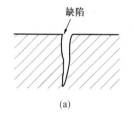 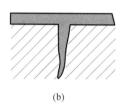 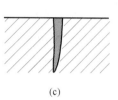 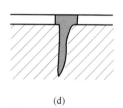

(a) (b) (c) (d)

图 7-3　渗透检测原理

(a) 渗透前；(b) 渗透后；(c) 清洗前；(d) 清洗后

渗透检测的效果主要与各种试剂的性能、工件表面光洁度、缺陷的种类、检测温度以及各工序操作经验、水平有关。

1）方法分类

渗透检测方法主要分为着色渗透检测和荧光渗透检测两大类。这两类方法的原理和操作过程相同，只是渗透和显示方法有所区别。

着色渗透检测是在渗透液中掺入少量染料（一般为红色），形成带有颜色的浸透剂，经显像后最终在工件表面形成以白色显像剂为背衬，由缺陷的颜色条纹所组成的彩色图案，在日光下就可以直接观察到缺陷的形状和位置。

荧光渗透检测是使用含有荧光物质的渗透液，最终在暗室中通过紫外光的照射，在工件上有缺陷的位置发出黄绿色的荧光，显示出缺陷的位置形状。

由于荧光渗透检测比着色渗透检测对于缺陷具有更高的色彩对比度，人的视觉对于缺陷的显示痕迹更为敏感，所以，一般认为荧光法比着色法对细微缺陷检测灵敏度高。

2）基本操作步骤

① 清洗和烘干：使用机械的方式（如打磨）或使用清洗剂（如机溶剂）以及酸洗碱洗等方式将被测工件表面的氧化皮、油污等除掉；再将工件烘干，使缺陷内的清洗残留物挥发干净，这是非常重要的检测前提。

② 渗透：将渗透液涂敷在试件上，可以喷撒、涂刷等，也可以将整个工件浸入渗透液中，要保证待检测面完全润湿。检测温度通常为 $5\sim50℃$，为了使渗透液能尽量充满缺陷，必须保证有足够的渗透时间。要根据渗透液的性能、检测温度、试件的材质和待检测的缺陷种类来设定恰当的渗透时间，一般要大于 10min。

③ 中间清洗：去除多余渗透液，完成渗透过程后，需除去试件表面所剩下的渗透液，并使已渗入缺陷的渗透液保存下来。清洗方式为：对于水洗型渗透液可以用缓慢流动的水冲洗，时间不要过长，否则容易将缺陷中的浸透液也冲洗掉；对于不溶于水的浸透液，则需要先涂上一层乳化剂进行乳化处理，然后才能用水清洗，乳化时间的长短，以恰好能将多余渗透液冲洗掉为宜；着色法最常用的渗透液要用有机溶剂来清洗。清洗完毕后应使工件尽快干燥。

④ 显像：对完成上一工序的试件表面立刻涂敷一层薄而均匀的显像剂（或干粉显像材料），显像处理的时间一般与渗透时间相同。

⑤ 观察：着色检测，用眼目视即可。荧光检测时要在暗室中借助紫外光源的照射，才能使荧光物质发出人眼可见的荧光。

3）检测中的注意事项

① 要注意清洗一定要干净，渗透时间要足够，乳化时间和中间清洗时间不能过长，显像涂层要薄而均匀且及时，否则可能降低检测灵敏度。

② 检测温度高有利于改善渗透性能，提高渗透度；检测温度低时要适当延长渗透时间，才能保证渗透效果。

③ 渗透液的黏度要适中，当黏度过高时，渗透速度慢，但是有利于渗透液在缺陷中的保存，不易被冲洗掉；而黏度过低时的情况则恰恰相反。因此，操作时应根据浸透液的性能来检测。

④ 由于某种原因造成显示结果不清晰，不足以作为检测结果的判定依据时，就必须进行重复检测，须将工件彻底清理干净再重复整个检测过程。

⑤ 渗透检测用的各种试剂多含有易挥发且易燃的有机溶剂，应注意采取防火以及适当通风、戴橡皮手套、避免紫外线光源直接照射眼睛等防护措施。

7.2.2　钢结构连接检测

（1）焊缝检测

焊接连接目前应用最广，也容易发生事故，应检查其缺陷。焊缝的缺陷种类较多，如图 7-4所示，有裂纹、气孔、夹渣、未熔透、虚焊、咬边、弧坑等。检查焊缝缺陷时，可采用超声波探伤仪或射线探测仪检测。

1）超声波探伤检测法

超声波是由高频电振荡激励压电晶体产生的一种频率超过 20kHz 的机械波。超声波检测法的基本原理是基于超声波在介质中传播时遇到异质界面，将产生反射、折射、绕射和衰减等现象，从而传播的声时、振幅、波形、频率等发生相应变化，测定这些规律的变化，便可得到材料某些性质与内部构造情况。

钢结构超声波检测与混凝土不同，它主要用于检测钢材内部缺陷和焊缝质量。由于钢的密度较大，故所用超声波频率较高，通常为 0.5～75MHz。

超声波探伤仪（图 7-5）具有设备简单、操作简便、探测速度快、成本低且对人体无损伤的优点，便于现场使用，可自动化检测。由于仪器的灵敏度、测点表面情况、缺陷形状和探测方向、结构内部构造等因素，会对测试结果产生一定的误差，评定结果受探伤人员的经验和技术熟练程度的影响较大，而且不够直观，至今仍难以达到精确评定的要求，所以可将超声波检测法与其他检测方法综合应用，互补优缺，抵消误差，以提高检测结果的精度与可靠度。

2）射线探伤检测

射线探伤指 X 射线、γ 射线和高能射线探伤，目前应用较多的是 X 射线探伤，有的也叫 X 光照像。射线探伤是检查焊缝内部缺陷的一种既准确而又可靠的方法。它可以无损地显示出焊缝内部缺陷的形状、大小和所在位置。射线探伤仪如图 7-6 所示。

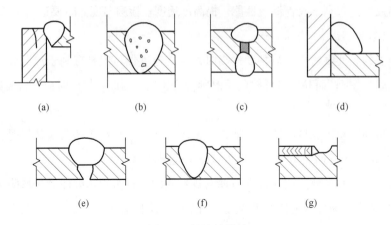

图 7-4　焊缝的缺陷

（a）裂纹；（b）气孔；（c）夹渣；（d）虚焊；（e）未焊透；（f）咬边；（g）弧坑

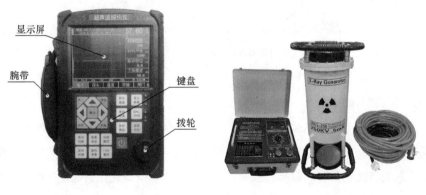

图 7-5　超声波探伤仪　　　　　　图 7-6　射线探伤仪

　　射线探伤有 X 射线探伤和 γ 射线探伤两种。X 射线和 γ 射线都是波长很短的电磁波，具有很强的穿透非透明物质的能力，并能被物质所吸收。物质吸收射线的程度，与物质本身的密实程度相关。材料越密实，吸收能力越强，射线越易衰减，通过材料后的射线越弱。当材料内部有松孔、夹渣、裂缝时，则射线通过这些部位的衰减程度较小，因而透过试件的射线较强。根据透过试件的射线强弱，即可判断材料内部的缺陷。

　　进行 X 射线检验时，将 X 射线管对正焊缝，将装有感光底片的塑料袋放置在焊缝背面，如图 7-7 所示。

　　X 射线透照时间短、速度快、灵敏度高；但设备重复杂、费用大、穿透能力小，一般透照 40mm 以下的焊缝。

　　γ 射线的穿透能力很大，可检查厚度达 300mm 的焊缝。通过 γ 射线的透视，即可发现缺陷。γ 射线检验原理如图 7-8 所示。

γ射线设备轻便，操作容易，透视时不需要电源，放射性元素使用寿命长，适合野外工作；但底片感光时间较长，透视小于 50mm 的焊缝时，灵敏度低，若防护不好，射线对人体危害较大。

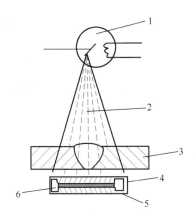
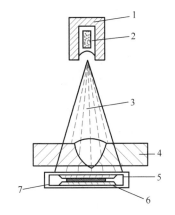

图 7-7　X 射线检验原理图　　　　　　　图 7-8　γ 射线检验原理

1—X 射线管；2—X 射线；3—焊件；　　　　1—铅盒；2—放射性元素；3—γ 射线；

4—塑料管；5—感光软片；6—铅屏　　　　4—焊件；5—塑料袋；6—感光软片；7—铅屏

(2) 螺栓检测

螺栓连接检测，需用扳手测试（对于高强度螺栓要用特殊显示扳手），反复仔细检查扳手力矩，判断螺栓是否松动或断裂。紧固件检查判断需一定经验，故对重要结构，应采取不同人员检查二次的方法，做出详细记录及正确判断。由于连接接头处应力分布复杂，连接构造不当会造成局部应力高峰（应力集中），而产生张拉裂纹。连接接头处被连接件的损伤检测，需用 10 倍以上放大镜观察并记录被连接件及拼接板是否有张拉裂纹，以及裂纹的位置、尺寸，孔壁剪切及挤压损伤。

7.2.3　钢结构锈蚀检测

钢结构在潮湿、存水和酸碱盐腐蚀性环境中容易生锈，锈蚀导致钢材截面削弱，承载能力下降，钢材的锈蚀程度可由其截面厚度的变化来反映。检测钢材厚度（必须先除锈）的仪器有超声波测厚仪（图 7-9）（声速设定、耦合剂）和游标卡尺，超声波测厚仪采用脉冲反射波法测量厚度。

脉冲反射波法的原理就是超声波从一种均匀介质向另一介质传播时，在界面会发生反射，测厚仪可测出探头自发出超声波至收到界面反射回波的时间。超声波在各种钢材中的传播速度已

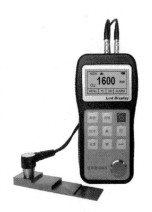

图 7-9　超声波测厚仪

知，通过实测确定，由波速和传播时间测算出钢材的厚度，对于数字超声波测厚仪，厚度值会直接显示在显示屏上。

检测锈蚀前，应先清除构件表面积灰、油污、锈皮等。对需要量测的部位，应采用钢丝刷、砂轮等工具进行清理，直至露出金属光泽。测量锈蚀损伤构件厚度时，应沿其长度方向至少选取3个锈蚀较严重的区段，每个区段选取8～10个测点，采用测厚仪测量构件厚度。锈蚀严重时，测点数应适当增加。取各区段算术平均量测厚度的最小值作为构件实际厚度。测量受锈蚀构件厚度，可采用测厚仪直接测量法或超声波测厚法等测量构件的实际厚度，较大范围检测时，可采用漏磁扫描检测仪。

锈蚀损伤量为初始厚度减去实际厚度。初始厚度为构件未锈蚀部分实测厚度。初始厚度取下列两个计算值的较大者：

① 所有区段全部测点的算术平均值加上3倍标准差。

② 公称厚度减去允许负公差的绝对值。

7.2.4 钢结构防火涂层的检测

涂层常见缺陷有：显刷纹、流挂、皱纹、失光、不沾、颜色不匀、光泽不良、回色、针孔、起泡、粉化、龟裂及不盖底等。

检测内容主要有：①核定涂层设计是否合理。涂层设计包括：钢材表面处理、除锈方法的选用、除锈等级的确定、涂料品种的选择、涂层结构及厚度设计，以及涂装设计要求。②检查涂装施工记录，核定涂装工艺过程是否正确合理。如涂装时的温度、湿度、每道涂层工艺的间隔时间（包括除锈后至第一道涂膜的时间间隔）、涂料质量等。检查涂装施工记录，核定涂层结构是否符合设计要求。测定涂膜厚度是否达到设计要求。涂膜干膜厚度可用漆膜测厚仪测定。

（1）涂层外观检测

构件表面不应脱皮和返锈，涂层应均匀，无明显皱皮、气泡等。

检查方法：观察检查。薄涂型防火涂料涂层表面裂纹宽度不应大于0.5mm，厚涂型防火涂料涂层表面裂纹宽度不应大于1mm。

检验方法：观察和用量尺检查。

（2）涂层附着力检测

当钢结构有腐蚀时，应进行涂层附着力测试，在检测范围内，当涂层完整程度达到70%以上时，涂层附着力达到合格质量标准的要求。

检验方法：按照现行国家标准《漆膜划圈试验》GB 1720 或《色漆和清漆 划格试验》GB/T 9286 执行。

（3）涂层厚度检测

一般涂层干漆膜总厚度：室外应为 $150\mu m$，室内应为 $125\mu m$，其允许偏差为 $-25\mu m$。每层涂层干膜厚度的允许偏差为 $-5\mu m$。

检验方法：采用干膜测厚仪检测。每个构件检测 5 处，每处的数值为 3 个相距 50mm 测点涂层干膜厚度的平均值。检测按照现行《色漆和清漆 漆膜厚度的测定》GB/T 13452.2 或《钢结构现场检测技术标准》GB/T 50621 执行。

7.3 建筑结构鉴定

建筑物的鉴定是通过调查、检测、试验及计算分析，按照现行设计规范和相关鉴定标准进行的综合评估。根据钢结构鉴定目的的不同参考的规范有所不同，主要分类如下。

在建钢结构工程质量鉴定可参考的国家现行标准主要包括：《钢结构工程施工质量验收标准》GB 50205、《钢结构设计标准》GB 50017、《冷弯薄壁型钢技术规范》GB 50018、《建筑结构荷载规范》GB 50009、《建筑抗震设计规范》GB 50011、《构筑物抗震设计规范》GB 50191、《高层民用建筑钢结构技术规程》JGJ 99、《高耸结构设计标准》GB 50135、《空间网格结构技术规程》JGJ 7 以及《索结构技术规程》JGJ 257 等。

既有钢结构可靠性鉴定可参考的国家现行标准主要包括：《既有建筑鉴定与加固通用规范》GB 55021、《民用建筑可靠性鉴定标准》GB 50292、《工业建筑可靠性鉴定标准》GB 50144、《钢与复杂钢结构检测与鉴定标准》GB 51008、《钢结构检测评定及加固技术规程》YB 9257、《危险房屋鉴定标准》JGJ 125 以及《钢结构检测与鉴定技术规程》DG/TJ 08 等。

既有钢结构抗震性能鉴定可参考的国家现行标准主要包括《建筑抗震鉴定标准》GB 50023、《构筑物抗震鉴定标准》GB 50117、《钢与复杂钢结构检测与鉴定标准》GB 51008 以及《钢结构检测与鉴定技术规程》DG/TJ 08 等。

7.3.1 鉴定分类

民用建筑可靠性鉴定可分为可靠性鉴定、安全性鉴定、使用性鉴定及专项鉴定四大类，分别适用于不同状况的建筑物。

（1）可靠性鉴定

① 建筑物大修前；

② 建筑物改造或增容、改建或扩建前；

③ 建筑物改变用途或使用环境前；

④ 建筑物达到设计使用年限拟继续使用时；

⑤ 遭受灾害或事故时；

⑥ 存在较严重的质量缺陷或出现较严重的腐蚀、损伤、变形时。

（2）安全性鉴定

① 各种应急鉴定；

② 国家法规规定的房屋安全性统一检查；

③ 临时性房屋需延长使用期限；

④ 使用性鉴定中发现安全问题。

（3）使用性鉴定

① 建筑物使用维护的常规检查；

② 建筑物有较高舒适度要求。

（4）专项鉴定

① 结构的维修改造有专门要求时；

② 结构存在耐久性损伤影响其耐久年限时；

③ 结构存在明显的振动影响时；

④ 结构需进行长期监测时。

7.3.2 鉴定程序及工作内容

鉴定程序包括初步调查、详细调查、补充调查、检测、试验、理论计算等多个环节，民用建筑可靠性鉴定，应按规定的程序进行鉴定（图 7-10）。民用建筑可靠性鉴定的目的、范围和内容，应根据委托方提出的鉴定原因和要求，经初步调查后确定。

（1）初步调查

① 查阅图纸资料，包括岩土工程勘察报告、设计计算书、设计变更记录、施工图、施工及变更记录、竣工图、竣工质检及验收文件（包括隐蔽工程验收记录）、定点观测记录、事故处理报告、维修记录、历次加固改造图纸等。

② 查询建筑物历史，如原始施工、历次修缮、加固、改造、用途变更、使用条件改变以及受灾等情况。

③ 考察现场。按资料核对实物现状：调查建筑物实际使用条件和内外环境，查看已发现的问题，听取有关人员的意见等。

④ 填写初步调查表。

⑤ 制定详细调查计划及检测、试验工作大纲，并提出需由委托方完成的准备工作。

（2）详细调查

① 结构体系基本情况勘查；

② 结构使用条件调查核实；

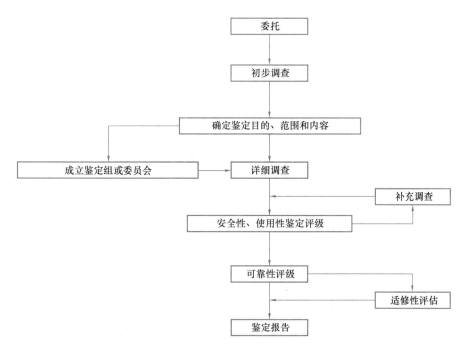

图 7-10　鉴定程序

③ 地基基础，包括桩基础的调查与检测；

④ 材料性能检测分析；

⑤ 承重结构检查；

⑥ 围护系统的安全状况和使用功能调查；

⑦ 易受结构位移、变形影响的管道系统调查。

（3）民用建筑可靠性鉴定

调查与检测民用建筑可靠性鉴定，应对建筑物使用条件、使用环境和结构现状进行调查与检测；调查的内容、范围和技术要求应满足结构鉴定的需要，且不论鉴定范围大小，均应包括对结构整体牢固性现状的调查。

① 使用条件和环境的调查检测。

使用条件和环境的调查与检测应包括结构上的作用、建筑所处环境与使用历史情况等。

结构上作用的调查项目：永久作用、可变作用、灾害作用。

建筑物的使用环境调查：气象环境、地质环境、建筑结构工作环境、灾害环境。

民用建筑环境调查：一般大气环境、冻融环境、近海环境等。

建筑物使用历史的调查，包括建筑物设计与施工、用途和使用年限、历次检测、维修与加固、用途变更与改扩建、使用荷载与动荷载作用以及遭受灾害和事故情况。

② 建筑物现状的调查与检测。

建筑物现状的调查与检测，应包括地基基础、上部结构和围护结构三个部分。

7.4 钢结构的加固设计

钢结构在使用环境和自然环境的长期双重作用下，功能逐渐削弱，这是一个不可逆的过程，要科学的评估和采取有效的加固措施，延长结构使用年限，钢结构的加固设计应综合考虑其经济效益，应不损伤原结构，避免不必要的拆除或更换。主要参照现行《既有建筑鉴定与加固通用规范》GB 55021、《钢结构通用规范》GB 55006、《钢结构设计标准》GB 50017、《建筑抗震加固技术规程》JGJ 116、《钢结构加固设计标准》GB 51367 等相应规范的要求对钢结构加固。

钢结构加固的主要方法有：减轻荷载、改变计算图形、加大原结构构件截面和连接强度、阻止裂纹扩展等，当有成熟经验时，也可采用其他的加固方法。

根据钢结构加固构件的类型，钢结构加固的方法可分为钢柱加固、钢梁加固、钢屋架（托架）加固、连接和节点加固等。

根据损害范围，钢结构加固方法可分为局部加固法和全面加固法。

局部加固法是指对承载能力不足的杆件或连接节点处进行加固的方法，有增加杆件截面法、减小杆件自由长度法和连接节点加固法。

全面加固法是指对整体结构进行加固的方法，有不改变结构静力计算图形加固法和改变结构静力计算图形加固法两类。

根据是否改变钢结构构件截面，钢结构加固方法可分为直接加固法和间接加固法。直接加固法包括加大构件截面加固法、增加加劲肋加固法和加大连接强度加固法等；间接加固法包括减轻荷载加固法和改变结构计算图形加固法等。

根据施工方法，钢结构加固方法有负荷加固法、卸荷加固法和对从原结构上拆下的部件进行加固。在实际工程中，应根据用户要求和结构实际受力状态，在保证安全的前提下，由设计人员和施工单位共同协商确定加固施工方法。

钢结构加固一般宜采用焊缝连接、摩擦型高强度螺栓连接，有依据时也可采用焊缝和摩擦型高强度螺栓的混合连接。当采用焊缝连接时，应采用经评定认可的焊接工艺及连接材料。

钢结构加固材料的选择，应按《钢结构设计标准》GB 50017—2017 和《钢结构通用规范》GB 55006—2021 的规定并在保证设计意图的前提下，便于施工，使新老截面、构件或结构能共同工作，并应注意新老材料之间的强度、塑性、韧性及焊接性能匹配，以利于充分发挥材料的潜能。

加固施工方法应根据用户要求、结构实际受力状态，在确保质量和安全的前提下，由设计人员和施工单位协商确定。钢结构加固施工，当需要拆除构件或卸荷时，必须保证措施合理、传力明确，确保安全。

7.4.1 改变结构体系加固设计

（1）结构

对结构可采用下列增加结构刚度或构件刚度的方法进行加固。

① 增加支撑形成空间结构并按空间结构进行验算，如图 7-11 所示。

② 加设支撑增加结构刚度或调整结构的自振频率等以提高结构承载力和改善结构动力特性，如图 7-12 所示（图中虚线圈出部分为加设的支撑）。

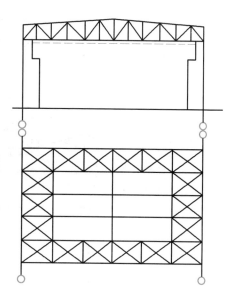

图 7-11 增加支撑

③ 增设支撑或辅助杆件使构件的长细比减少以提高其稳定性，如图 7-13 所示。

④ 在排架结构中重点加强某一列柱的刚度，使之承受大部分水平力，以减轻其他柱列负荷，如图 7-14 所示。

⑤ 在塔架等结构中设置拉杆或适度张紧的拉索以加强结构的刚度，如图 7-15 所示。

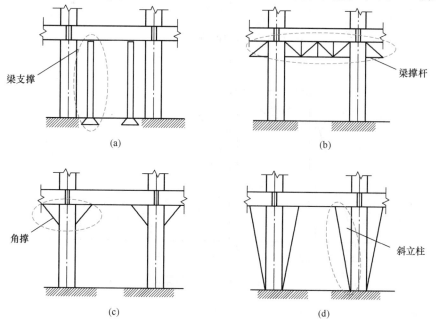

图 7-12 增加不同的支撑方式

（a）增设梁支柱；（b）增设梁撑杆；（c）梁下加角撑；（d）梁下加斜立柱

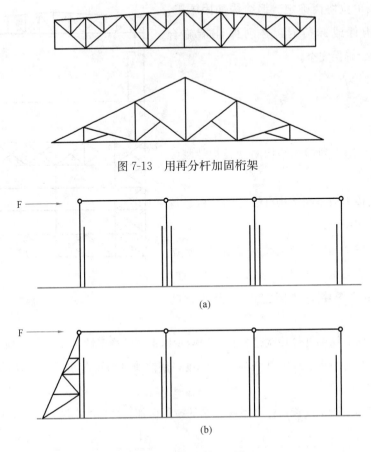

图 7-13　用再分杆加固桁架

(a)

(b)

图 7-14　加强某一列柱

（a）加固前；（b）加固后

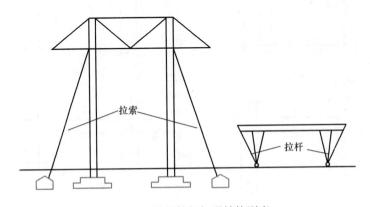

图 7-15　设置拉杆加强结构刚度

（2）受弯构件

对于受弯构件可采用下列改变其截面内力的方法进行加固。

① 改变荷载的分布，例如将一个集中荷载转化为多个集中荷载。

② 改变端部支承情况，例如变铰接为刚接，如图 7-16 所示。

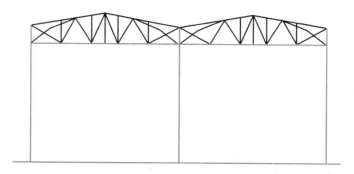

图 7-16　屋架支座处由铰接改变为刚接

③ 增加中间支座或将简支结构端部连接成为连续结构，如图 7-17 所示。

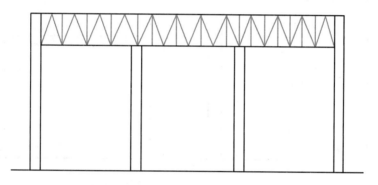

图 7-17　托架增加中间支座

④ 调整连续结构的支座位置。

⑤ 将构件变为撑杆式结构，如图 7-18 所示。

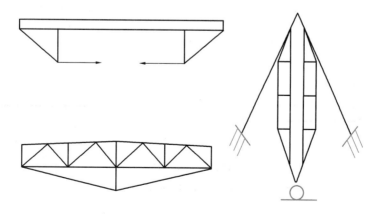

图 7-18　构件变为撑杆式结构

⑥ 板梁施加预应力加固，如图 7-19 所示。

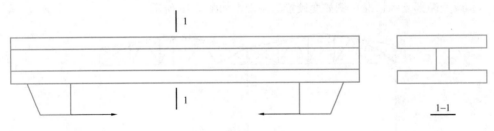

图 7-19 板梁施加预应力加固

（3）桁架

对桁架可采用下列改变其内部杆件的方法进行加固。

① 增设撑杆变桁架为撑杆式构架，如图 7-20 所示。

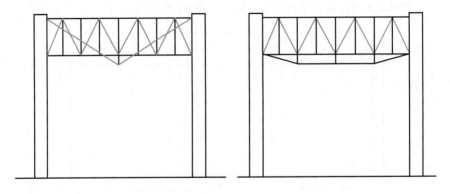

图 7-20 增设撑杆变桁架为撑杆式构架

② 在桁架中加设预应力拉杆，如图 7-21 所示。

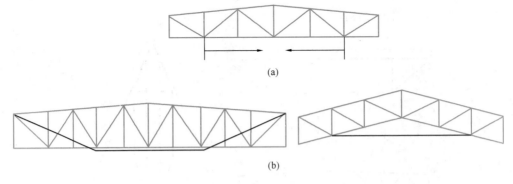

（a）

（b）

图 7-21 在桁架中加设预应力拉杆

（a）桁架下加直线预应力；（b）桁架下加折线预应力

必要时可采取措施使加固构件与其他构件共同工作或形成组合结构，例如使钢屋架与天窗架共同工作，如图 7-22 所示；又如在钢平台梁上增设剪力键使其与混凝土铺板形成组合结构等。

在空间网架结构中,可通过改变网络结构形式提高刚度和承载力;亦可在网架周边加设托梁,或增加网架周边支撑点改善网架受力性能。

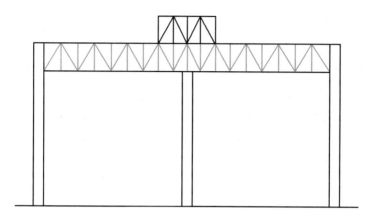

图 7-22　天窗架与屋架连成整体共同工作

7.4.2　构件截面加固设计

加大构件截面加固法是指通过增大结构和构件的截面几何参数,以使其恢复承载能力而满足正常使用要求的方法。由于钢构件截面的多样性,加大构件截面加固法有多种,但最终结果都会使构件截面面积和惯性矩等参数增加。对于钢结构建筑,该方法设计计算简单,尤其在满足一定前提的条件下,还可在负荷状态下加固,但施工较为复杂。

(1) 加大构件截面加固法的一般原则

① 采用加大构件截面加固法加固钢构件时,加固件应有明确、合理的传力途径,并应考虑构件受力情况及存在的缺陷、损伤状况,所选的增加截面形式应适应原有构件的几何状态,以便于施工,并应使新旧截面能够有效连接,以保证加固构件与被加固构件能够可靠地共同工作,并采取措施保证截面的不变形和板件的稳定性。

② 加固时加固件的布置不宜采用导致截面形心偏移的构造方式,应尽量保持被加固构件截面的形心轴位置不变,减小偏心引起的弯矩;此外,需注意加固时的净空限制,使新加固的构件不与其他杆件发生冲突。

③ 加固件的切断位置,应以最大限度减小应力集中为原则,并应保证未被加固处的截面在设计荷载作用下仍处于弹性工作阶段。

④ 当原有结构钢材的可焊性较好时,应根据具体情况尽量考虑焊接加固,并尽量减小焊接工作量,进而减小焊接应力的影响,避免焊接变形,还应避免仰焊。

⑤ 加固后的截面在构造上要考虑防腐的要求,避免形成易积灰的坑槽而引起锈蚀。

⑥ 对轴心受力、偏心受力构件和非简支受弯构件,其加固件应与原构件支座或节点有可靠的连接和锚固。

（2）截面加固形式

采用加大构件截面加固法加固钢构件时，应考虑构件的受力情况及存在的缺陷，所选的截面形式应满足加固技术要求，选取的截面加固形式应便于施工，且保证连接可靠。

根据构件类型进行加固，钢梁截面加固可采用图 7-23 所示的形式，表 7-1 为其适用情况；钢柱截面加固形式和适用范围分别如图 7-24 和表 7-2 所示；桁架杆件截面加固形式和适用范围分别如图 7-25 和表 7-3 所示。

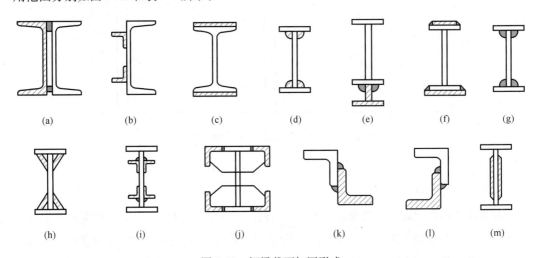

（a）　　　　（b）　　　　（c）　　　　（d）　　　　（e）　　　　（f）　　　　（g）

（h）　　　　（i）　　　　（j）　　　　（k）　　　　（l）　　　　（m）

图 7-23　钢梁截面加固形式

钢梁截面加固形式及其适用情况　　　　　　　　表 7-1

截面加固形式	适用情况
图 7-23（a）	提高构件抗弯及抗剪能力
图 7-23（b）	提高翼缘承载能力
图 7-23（c）、(f)、(g)、(h)、(i)、(j)	焊接组合梁和型钢梁都可采用在翼缘板上加焊水平板、斜板或型钢进行加固
图 7-23（e）	对铺板上翼缘加固困难，仅对下翼缘补强
图 7-23（m）	提高腹板抗剪强度或腹板稳定性
图 7-23（d）、(g)、(h)、(i)	可以不增加梁的高度，但图 7-23（g）、(h) 将翼缘变成封闭截面，对有横向加劲肋和翼缘上需要用螺栓连接的梁来说，构造复杂，施工麻烦；图 7-23（i）可在原位置施工，但加固效果较差，且对原有横向加劲肋梁需加设短加劲肋来代替
图 7-23（k）、(l)	加固简支梁弯矩较大的区段，加固件不伸到支座

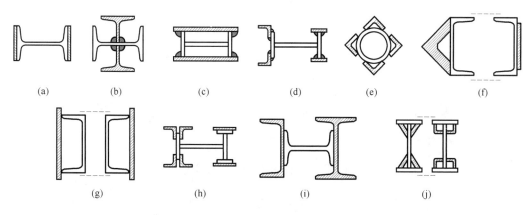

图 7-24 钢柱截面加固形式

钢柱截面加固形式及其适用情况 表 7-2

截面加固形式	适用情况
图 7-24 (a)	提高钢柱翼缘承载能力
图 7-24 (b)、(c)、(e)	提高钢柱轴心受力或弯矩承载能力
图 7-24 (d)、(h)、(i)、(j)	提高弯矩作用平面内外承载能力
图 7-24 (d)、(f)、(h)、(i)、(j)	用于左、右两方向作用弯矩不等的压弯柱，也可在原截面两侧采用相同的加固构件，用于两方向作用弯矩相等或相差不大的压弯柱

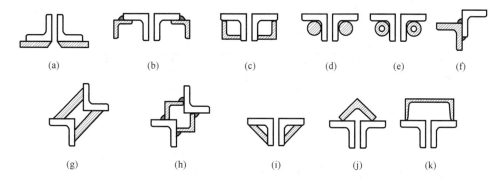

图 7-25 桁架杆件截面加固形式

桁架杆件截面加固形式及其适用范围 表 7-3

截面加固形式	适用情况
图 7-25 (a)	提高钢柱翼缘承载能力
图 7-25 (b)、(g)、(h)	提高钢柱轴心受力或弯矩承载能力
图 7-25 (c)、(d)	提高弯矩作用平面内外承载能力
图 7-25 (f)	用于左、右两方向作用弯矩不等的压弯柱，也可在原截面两侧采用相同的加固构件，用于两方向作用弯矩相等或相差不大的压弯柱
图 7-25 (j)、(k)	下弦截面加固

根据受力工况进行分类，受拉构件、受压构件、受弯构件及偏心受力构件可分别采用图 7-26～图 7-29 所示的截面形式进行加固。

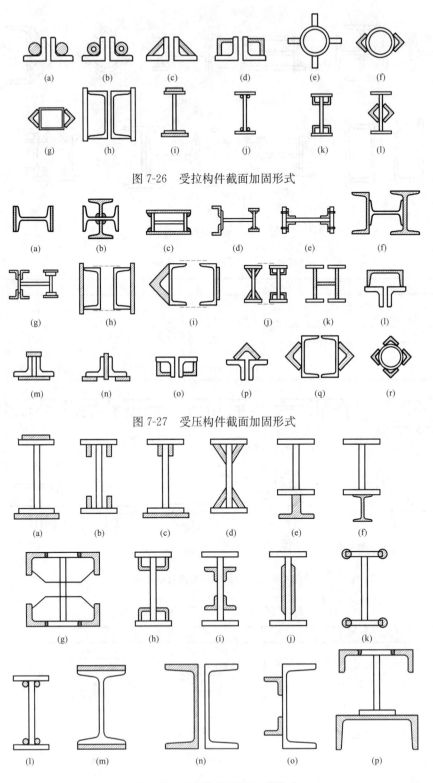

图 7-26　受拉构件截面加固形式

图 7-27　受压构件截面加固形式

图 7-28　受弯构件截面加固形式

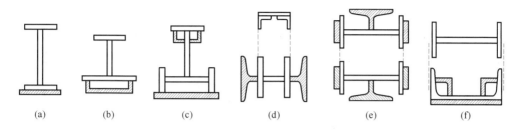

$$(a) \qquad (b) \qquad (c) \qquad (d) \qquad (e) \qquad (f)$$

图 7-29 偏心受力构件截面加固形式

以上构件截面增大都是采用增补钢材的方法，除此以外，还可对原构件外包混凝土进行加固，如在钢柱周围外包混凝土形成劲性混凝土柱，可大幅度提高柱的承载能力，同时混凝土对钢材可以起到保护作用，当然混凝土中应配置纵向钢筋和箍筋。

7.4.3 连接加固设计

加固中的连接问题有两种情况，一是对连接节点进行的加固，二是加固构件与原有构件的连接。加固连接方式必须满足不破坏原结构功能及参与加固后受力工作的要求。

钢结构连接加固法应根据加固的原因、目的、受力状态、构造和施工条件，并考虑原结构的连接方法而确定。鉴于目前钢结构发展的趋势，铆接连接由于施工复杂已逐渐被淘汰，焊接连接、高强度螺栓连接及焊接连接与高强度螺栓混合连接的方法越来越普遍。其中，与高强度螺栓连接相比，焊接连接刚度较大、整体性相对较好，且不需要钻孔等工序，故被优先选用，但焊接连接对钢材材性要求相对较高，用焊接加固必须取样复验，以保证可焊性。

钢结构连接加固法的一般原则有以下几点。

① 根据结构需要加固的原因、目的、受力状态、构造及施工条件，并考虑结构原有的连接方法，确定钢结构连接加固方法，即对焊缝、铆钉、普通螺栓和高强度螺栓连接方法的选择。一般采用与原有结构一致的连接方法，即当原有结构为铆钉连接时，可采用摩擦型高强度螺栓连接加固；当原有结构为焊接连接时，应采用焊接连接，而不宜采用螺栓连接等其他连接方式。

② 在同一受力部位连接加固时，不宜采用刚度相差较大的连接方式，如焊缝与铆钉或普通螺栓共同受力的混合连接方法，但仅考虑其中刚度较大的连接（如焊缝）承受全部作用力时除外。连接刚度从大到小依次是焊接连接、摩擦型高强度螺栓连接和普通螺栓连接，一般采用刚度大的连接加固原构件刚度小的连接，在受力简单明确时可采用焊缝和摩擦型高强度螺栓共同受力的混合连接。

③ 加固连接材料应与结构钢材和原有连接材料的性质相匹配，即加固连接材料应与原结构及其连接材料相容、协调一致，加固后彼此能够共同受力工作，具有较好的强度、韧性和塑性变形能力；此外，加固连接材料的技术指标和强度设计值应符合《钢结构设计标准》

GB 50017—2017 中的相关规定。

④ 负荷下连接的加固，尤其是采用端焊缝或螺栓的加固，其需要拆除原有连接和扩大、增加钉孔，常常会导致原有构件承载能力急剧下降。因此，必须采取合理的施工工艺和安全措施，并进行核算以保证加固负荷状态下结构具有足够的承载能力。

第8章

钢结构设计与施工

　　钢结构施工必须满足两个条件：一是竣工后结构的几何形态与设计位形之间的偏差在允许的范围内；二是竣工后结构的内力和变形在允许的范围内，使结构满足承载能力和正常使用的要求。因此，钢结构设计人员不仅需要掌握钢结构设计原理，还需要清楚钢结构的建造过程和方法及其对结构的影响。对施工方案进行合理建议，对施工过程进行受力分析，确保钢结构在使用阶段的安全性和适用性及施工阶段的安全性和可实现性。钢结构施工要求参考现行《钢结构工程施工规范》GB 50755。

8.1　钢结构的施工

　　钢结构的设计可以定义为这样一个过程，即确定所设计的钢结构这一产品的组建方式以满足其功能要求。因此钢结构的设计与其施工密不可分，只有把施工与功能、结构等要求综合考虑才能得到最佳设计。钢结构的施工一般分为工厂的加工制作和工地的安装两个步骤。工厂加工制作需要绘制加工详图，一般由加工制作单位依据设计图来完成。设计图由设计单位完成，它应提供有关结构的几何尺寸、构件的尺寸以及连接的受力（轴力、剪力和弯矩）等信息。大型复杂结构的设计一般由专门设计单位完成，而加工详图由加工制作单位完成；简单结构的这两部分工作可由加工制作单位一并完成。钢结构的施工包含下面的程序：

　　（1）绘制加工详图；

　　（2）准备材料；

　　（3）加工制作；

　　（4）运输；

　　（5）现场安装。

　　加工制作一般分为：切割（剪切、锯割、焰割、等离子切割和激光切割等）、制孔（冲孔、钻孔）、边缘加工（铣边、刨边、铲边、端面加工等）、弯制和矫正、组装（焊接、栓接）、防护（除锈、涂漆）等工序。

现场安装一般分为：拼装、吊装、调整位置和最后固定等工序。

设计和施工之间的关系是双向的。设计工作要顾及施工条件，注意避免复杂性高的结构形式和施工难度大的构件和连接。施工工作要做到完成的结构符合设计意图，质量合格，不存在隐患。

8.2　设计工作照顾施工条件

设计工作照顾施工条件的原则是方便施工，尽量避免技术要求高而难度大的工作。施工方便，一是可以降低成本，二是容易保证质量。便于施工，体现在多个方面：材料和连接方式选用适当，减少杆件类别和零件数量，少用精度要求高的加工方式，保证施工操作的必要空间，合理划分运送单元，为容易安装就位提供条件等。具体措施包括：

1. 减少施工难度

钢结构的材料选择除要满足结构功能要求外，还要考虑施工的因素。钢材强度越高、厚度越大，则焊接工艺要求越高，施工难度越大，造价也越高。另外，材料批量采购，相对价钱要低，因此，设计应尽量使钢材、构件种类最少。例如在桁架和网格结构中，常常要求构件的种类不宜过多。焊接结构还要考虑不同种类、级别钢材及焊缝形式对焊接施工的影响。钢材种类、级别及板件厚度的选择，需考虑焊接预热温度、焊条及焊缝质量检查方法及要求等因素。

施工图中应明确规定结构构件使用钢材和焊接材料的类型和焊缝质量等级，有特殊要求时，应标明无损探伤的类别和抽查百分比；应标明钢材和焊接材料的品种及相应的现行国家标准，并应对焊接方法、焊缝坡口形式和尺寸、焊后热处理要求等做出明确规定。对于重型、大型钢结构，应明确规定工厂制作单元和工地拼装焊接的位置，标注工厂制作或工地安装焊缝符号。特殊结构或采用屈服强度等级超过390MPa的钢材、新钢种、特厚材料及焊接新工艺的钢结构工程应进行制作与安装的焊接工艺评定。国家体育场屋盖钢结构中Q460E-Z35厚板的焊接及其与其他钢材、铸钢节点等的焊接，就是通过一系列试验研究和工艺评定，总结出可行的焊接方法。

高效的制作和安装要求设计者充分了解加工制作工艺、安装方法及其设备的性能。简单的加工制作，其费用与材料成本相当，而复杂的加工制作，其费用远远超过材料成本。一般来说，简支、单层、型钢结构的造价要比刚接、多层、焊接结构造价低。结构越复杂、焊接量越大、构件越特殊，则结构造价越高，尤其是加工制作费用增加很多。因此，设计者在选择结构、连接形式时应充分考虑施工难易及其成本的影响。

全熔透焊缝较其他焊缝更难于加工，而且更易产生焊缝缺陷，焊接畸变（变形）更难于控制，质量检查更严格，因此它仅应用于真正需要的地方，如连接要考虑疲劳时等。好的焊缝设计就要根据需要，选择合适的焊缝形式。

高强度螺栓摩擦型连接的承载力与构件表面的处理方式（抗滑移系数）有直接关系。表面的处理方式及其要求直接影响施工的难易和造价。同样，采用精制螺栓来减少滑移提高刚度是不经济的，也难于施工，这种情况应采用高强度螺栓摩擦型连接。

螺栓的抗剪连接，选择螺栓直径也应考虑施工的因素，一个 M30 螺栓的抗剪承载力是一个 M20 螺栓的抗剪承载力 2 倍多，但是要拧紧一个 M30 螺栓取得必要的预拉力，要比拧紧一个 M20 螺栓费劲 3.5 倍。一个 M20 螺栓很容易用普通工具拧紧，而 M30 螺栓则不然，特别是安装常常在高处且作业条件较差，因此两个或多个 M20 螺栓比一个 M30 螺栓更便于安装施工。

结构或构件补涂油漆（如预留高强度螺栓连接、现场焊接处等）一方面增加施工难度，另一方面也会产生额外费用。

钢结构的施工需要一定的操作空间，否则无法施工或质量难于保证，下面的几个例子可以说明。

图 8-1 （a）所示的双面角焊缝无法实施，图 8-1 （b）的内部焊缝（空间太小）也无法实施。图 8-1 （a）须改成单面角焊缝或部分（全）熔透焊缝，图 8-1 （b）的加劲板焊缝还须采取其他措施，如电渣焊等。

图 8-2 管结构搭接节点对加工精度要求较高，被搭接支管和弦管间的隐蔽焊缝在完工后不易进行质量检查。改用间隙节点可以解决这样的问题。

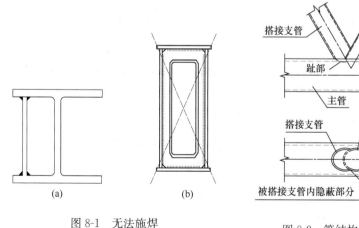

图 8-1　无法施焊

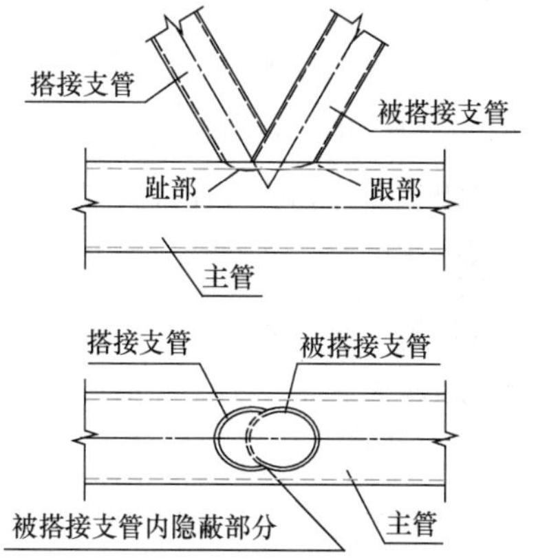

图 8-2　管结构的搭接节点

构造上的窄细间隙、尖角以及可以使湿气、灰尘等侵入之处应避免，因为这些构造除不宜施工外，还不便维护。如承受动力荷载的钢梁的横向支承加劲肋与受拉翼缘的连接常常采用的端面刨平顶紧的处理方法，除了施工困难外（刨边是很费工的工序，生产效率低、成本高；顶紧很难把握），维护也是个大问题。同时，减少加劲肋的设置，可简化施工、减少加工费用（图 8-3）。

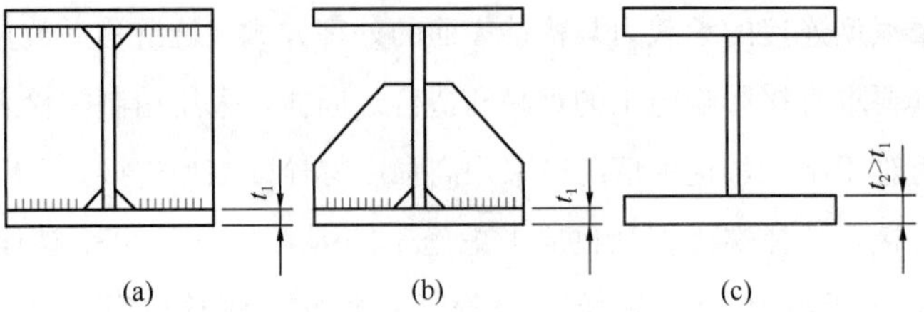

图 8-3　减少加劲肋

手工焊接时，构件的一些极限构造尺寸如表 8-1 所示。

手工焊接时构件的一些极限构造尺寸（mm）　　表 8-1

<table>
<tr><td rowspan="6">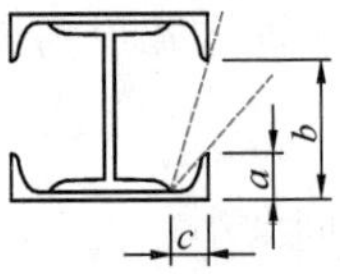
$c \geqslant 0.7a$
$b \geqslant 2a$</td><td rowspan="6">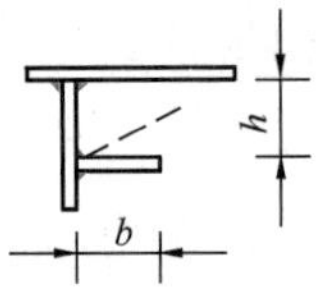
当 $h \geqslant 250$ 时，
有可能焊</td><td rowspan="6">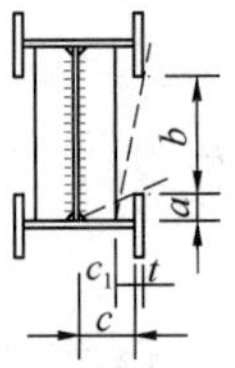
1. 当焊接加劲肋时，
$c \geqslant a$；
2. 焊不到的区段，
$c_1 = at/b + 10$</td><td colspan="3">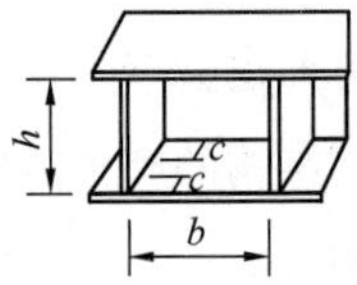</td></tr>
<tr><td>b</td><td>h</td><td>c</td></tr>
<tr><td rowspan="2">>400</td><td>250～400</td><td>$\leqslant 800$</td></tr>
<tr><td><250</td><td>$=h$</td></tr>
<tr><td rowspan="2">$\leqslant 400$</td><td>$\geqslant 250$</td><td>$=0.63b$</td></tr>
<tr><td><250</td><td>$=bh/400$</td></tr>
</table>

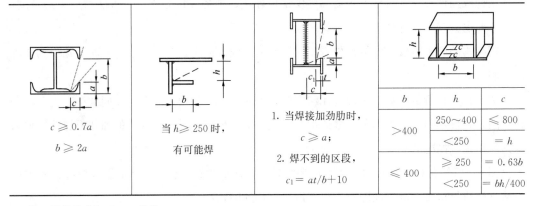

注：焊条长度按 450mm 考虑。

箱形柱的内隔板，采用电渣焊接工艺时，柱壁板厚度不宜小于 16mm。

同样，螺栓连接，除满足线距、端距及边距等要求外，还应考虑可操作性。传递弯矩的刚接，常常需设置加劲肋或加腋，螺栓一般都采用高强度螺栓，设计时要充分考虑到拧紧螺栓的施工空间。

安装普通螺栓时，普通扳手要求的净空极限尺寸如图 8-4 和表 8-2 所示。显然，这与扳手的形式也有很大关系，采用套筒扳手时的净空极限尺寸有所不同。

安装普通螺栓时，扳手要求的净空极限尺寸（mm）　　表 8-2

螺栓直径 d	扳手口径 s	a	$e=k$	m	u	L	L_1	D	a_1
12	19	38	16	22	20	68	50	36	30
14	22	45	18	25	22	76	55	40	32
16	24	48	18	28	25	80	60	45	36
18	27	52	20	32	28	90	65	48	40
20	30	58	28	34	30	100	75	52	45

续表

螺栓直径 d	扳手口径 s	a	$e=k$	m	u	L	L_1	D	a_1
22	32	62	25	36	32	110	85	56	48
24	36	68	25	40	35	120	95	62	52
27	41	80	30	45	38	140	105	68	58
30	46	90	32	50	42	150	115	75	65
36	55	105	40	60	48	180	140	92	78

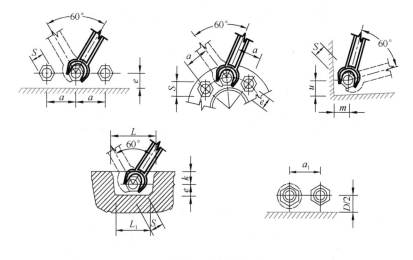

图 8-4　表 8-2 附图

2. 避免附加应力

焊接 T 形、十字形、角接接头，在设计时应注意避免焊缝收缩受到约束而产生厚度方向应力的细部构造。在难于避免时，对产生这类应力的板件应采用抗层状撕裂的钢板。钢材的厚度方向性能级别应根据工程的结构类型、节点形式及板厚和受力状态的不同情况选择。

弯制、矫正无论采用什么样的方法，常常导致构件中的残余应力（大小和分布）发生变化形成新的残余应力，甚至还会在构件局部引起材料力学性能的劣化。

螺栓群的拧紧应采用错开、逐步的方式完成，避免相互影响，降低预拉力。另外，高强度螺栓连接受热会使其预拉力丧失，进而使连接失效，因此高强度螺栓连接附近的任何热加工（焊接、焰割）必须在高强度螺栓施工前完成。

施工应满足要求的精度，一方面便于安装就位，另一方面容易达到（实现）结构的设计位形，同时结构或构件内部不会因为施工精度不足而产生很大的安装内（应）力，影响结构的正常承载，因为钢结构常常为多次超静定结构。

3. 简化构造细部

构造细节对结构、构件的受力特别是对构件疲劳强度和抗脆断能力的影响已众所周知，同时构造细节对钢结构施工的影响也尤为显著。钢结构设计和细部构造对安装顺序、方法等有很大影响。设计中要充分认识到这一点，以充分发挥钢结构的优越性。

图 8-5 (a) 所示柱脚，有超过 11 个部件（板件），而且焊缝众多，因此施工困难。图 8-5 (b) 的柱脚，采用两个槽钢，只有 6 个部件，施工大大简化了，而且柱的翼缘与两底板内侧相焊，省去了该处的加劲肋。

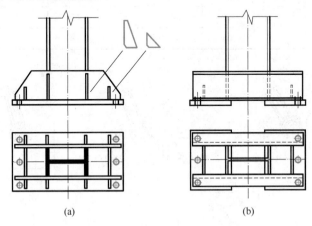

图 8-5　柱脚

图 8-6 的多层柱变截面拼接，需要填板（多层板或机加工）以满足不同厚度板件的拼接，虽然钢材节省了，但拼接的费用增加已经超过了节省的钢材费用，当钢材总用量较小时，不同规格材料的价格也较大，费用还会增加。同时，柱截面高度的改变，导致支撑的长度及倾角也发生变化。因此，此处的柱截面变化并不经济。

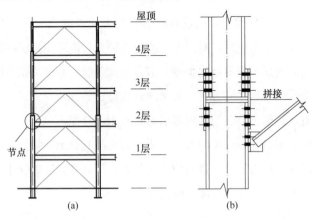

图 8-6　多层柱变截面拼接

（a）钢框架立面图；（b）节点详图

图 8-7 所示腹杆为单角钢的桁架，如果采用螺栓连接，则需要不同形状的较多的节点板，而且要成孔、安装螺栓；若采用焊接，则相比螺栓连接施工简化了一些，但仍然繁琐

（由于节点板、焊缝条数较多）；如果弦杆采用 T 型钢，则施工简化了很多，但腹杆对弦杆的偏心作用增大了些。而且弦杆采用双角钢时，角钢的内侧不易涂漆，所以组装前需单个进行涂漆，这样就费时费工。虽然采用 T 型钢材料可能增加 20%，但只要桁架跨度不是很小，还是较双角钢经济且容易施工。如果腹杆为双角钢组成的 T 形构件，则图 8-7（c）的节点处杆件不能交汇于一点，弦杆上将会有附加弯矩。

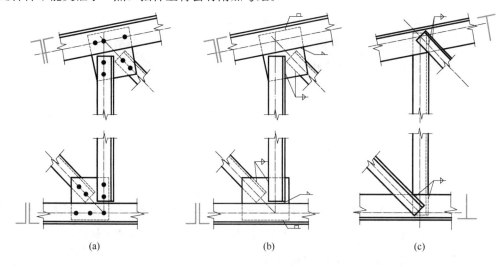

图 8-7　桁架节点

（a）双角钢弦杆螺栓连接；（b）双角钢弦杆焊接连接；（c）T 型钢弦杆焊接连接

4. 合理划分施工单元

大型结构或部件的运输，特别是超大、超高或超重的结构或部件也会增加运输费用。从结构受力来讲，断开或施工缝越少越好，而从运输和安装来说，部件越小、越轻越好，所以必须综合考虑。

现场安装应减少高空焊接而采用螺栓连接，现场拼接不宜过多，现场拼接应易于施工，子结构的尺寸、重量除考虑加工工厂和现场的施工能力外，还应考虑运输条件和现场条件（施工空间等）。设计者应清楚安装程序、方法，并在设计中予以考虑。现场的吊环、吊耳等应在设计中充分考虑并应在工厂加工制作于构件上，而不是现场临时补做。

8.3　保证竣工工程的质量，防止施工产生不利的后果

钢结构施工必须满足规定的施工精度，达到规定的质量要求。规定的施工精度和质量要求也是安全设计的前提条件。钢结构设计规范制订轴压柱的稳定系数时考虑施工误差等因素，取柱长 1/1000 为初始几何缺陷，现行《钢结构工程施工质量验收标准》GB 50205 规定

的允许误差为 1/1500～1/1000。

钢结构的疲劳验算中，疲劳容许应力幅是根据不同构造细节（部）通过试验得到的，疲劳容许应力幅必须满足规定的加工质量与要求。如果不满足规定的加工质量与要求，则即使构造细节（部）相同，疲劳容许应力幅也是不同的。现行《钢结构设计标准》GB 50017 疲劳计算的构件和连接分类中，同样的母材采用两边为轧制边或刨边为 Z1 类，采用两侧为自动、半自动切割边（切割质量标准应符合现行国家标准《钢结构工程施工质量验收标准》GB 50205）则为 Z2 类，二者的疲劳容许应力幅分别为 176MPa 和 144MPa，差别很大。对焊接细部更是与加工质量与要求密切相关，有无起弧、灭弧、有无垫板、手工焊和自动焊、焊缝质量等都对疲劳容许应力幅有显著影响。

对接焊缝的设计强度与施焊方法和质量等级有密切联系。如 Q235 钢材，E43 型焊条，厚度不超过 16mm，一、二级焊缝抗拉强度设计值为 215MPa，而三级焊缝抗拉强度设计值为 185MPa。

钢结构的施工也会产生一些不利后果，设计中应对下面一些问题予以考虑：

（1）局部变脆。冲孔、剪切都会使构件局部区域材料变脆，焊接也产生淬硬倾向。重要结构、承受动力荷载的结构和塑性设计的结构，当构件采用手工气割或剪切机切割时，应将剪切边缘刨平，并采用钻成孔或先冲后扩钻孔。

冲孔虽然较钻孔来说效率高、成本低，但一方面受到板厚度的限制，另一方面也只适用于承受静力荷载的结构或次要构件，除非进行扩钻处理或采用高强度螺栓摩擦型连接。使用焰割的方法来扩孔是不允许的，因为它将导致质量低劣的连接，破坏构件的保护涂层。

（2）非预期的应力。如前所述，强行组装等会导致约束应力，焊接会产生残余应力、应力集中，孔边、角部、截面变化处易产生应力集中和三向应力等。另外，一些施工工序还会导致预应力损失，如前述的热加工、不合理的紧固顺序等，这些都应避免。

（3）过大变形，尤其对一些敏感结构应予以避免。如薄板结构（箱形梁、带肋板等）、薄壳结构、网壳结构和一些柔性结构等，构件或结构的面外变形需严格控制。

（4）焊缝质量。除前述焊缝设计强度、疲劳寿命等直接取决于焊缝质量外，焊接缺陷也是引发脆性断裂的主要原因。因此，应严格控制焊缝质量，遵守现行《钢结构焊接规范》GB 50661 的规定，大型重要结构采用新材料、新接头形式等需要事先进行焊接工艺评定。

8.4 施工阶段受力分析

钢结构安装过程中，结构尚未达到最终状态，其受力、变形以及整体稳定性都在不断变化，设计都必须加以考虑，即必须进行施工阶段受力分析。分析目的有二：（1）保证结构施工安全，避免构件超载事故。（2）通过施工过程分析了解竣工后结构的实际受力状态。此外，还可以通过受力分析的比较选用合理的施工程序，以达到节约钢材的目的。

（1）避免超载事故

传统的施工阶段的设计，是为保证结构或构件在施工条件（荷载、支承）下不发生破坏、倾覆。以某体育馆跨度58m平面桁架的整体吊装为例，如图8-8所示，采取设置足够多的吊点，保证桁架在吊装过程中的强度、刚度和稳定性要求。因吊装过程中的荷载、支承等条件与实际桁架就位后的不同，因此要对桁架吊装过程进行设计验算。否则桁架在吊装过程中可能会因丧失平面外稳定性等发生破坏。

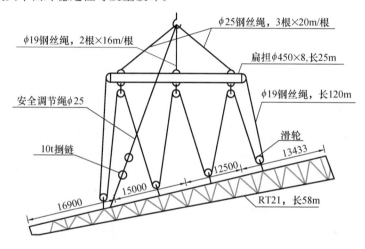

图 8-8　某58m长平面桁架的整体吊装

当采用其他施工方案时，也各有其受力分析的必要性。

（2）了解结构的实际受力状态

一般而言，结构在施工过程中整个结构的几何形态、刚度、荷载和边界条件均是按照一定次序先后形成，是一个动态过程，呈现出结构时变和边界等时变的特性。钢结构的施工实际是一个连续变化的过程，结构的受力状态也是一个连续变化的过程，前一阶段的结构内力和位移必然会对后一阶段的内力和位移产生影响。整个施工过程需经历一系列准结构状态才能达到竣工（设计）状态，结构每一施工阶段都伴随着边界约束、结构形状、荷载及环境条件（如温度）等变化，需要对每个阶段的内力和位移进行跟踪计算，才能准确计算结构内力、位移的累计效应。

例如，结构的自重等恒载是在施工过程中逐步施加在结构上的，竣工时恒载作用下所产生的内力和变形由各施工步的效应累积而成，其大小和分布规律与施工过程路径和时间效应密切相关。不考虑施工过程影响的结构分析所得到的结果与实际情况存在一定的差别。对一些大型复杂结构，这一影响不容忽略。

高层建筑中，内外（边）柱的截面尺寸考虑到侧向荷载作用而常常取为相同，这样在自重荷载作用下，内外柱由于受力大小不同（外柱约为内柱的一半，角柱约为内柱的四分之一，但竣工后在水平荷载作用下外柱压力比内柱大）会产生不均匀压缩。而且，不均匀压缩还会引起自重作用下梁、柱的附加弯矩和剪力。按常规的计算方法，此不均匀压缩会随着层数的增加不断累积，在顶部几层会最大。然而，实际施工中每层柱顶面都要调整达到同一标高使楼板保持水平，从而使柱间不均匀压缩以及由此引起的附加内力产生改变。如果不考虑这一因素，常常导致不均匀压缩和内力的过大计算，使顶部几层自重作用内力计算过于保守。

一般来说，高层结构是一层一层（或几层一起）像积木一样垒积起来的。在第 i 层时施工前，第 $i-1$ 层的各柱顶面标高都要调整达到设计要求，第 $i-1$ 层及以下自重的压缩已经完成，实际上已无不均匀压缩。因此，施工层第 i 层的不均匀压缩仅由该层的自重和其以上楼层自重引起，而其下楼层自重并无贡献。这样的计算模型如图 8-9 所示。如果在计算模型中不考虑施工过程的实际情况，将荷载一次性同时施加在完成的结构上，像目前传统（常规）的设计计算那样，必然会过大地计算内外柱的不均匀压缩，进而过大计算梁、柱中由于此压缩差引起的弯矩。

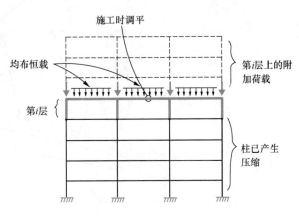

图 8-9　考虑施工过程的分析模型

图 8-10 为 60 层的钢结构建筑，图中给出了其平面图及典型框架，同时给出了它的跨度、层高和重力荷载。

图 8-11 给出了两种分析方法所得到的柱子不均匀压缩及其引起的梁中弯矩。图中左侧为不考虑施工过程的传统分析方法的结果；右侧为考虑施工过程（图 8-9）的分析结果。不考虑施工过程的传统分析得到的顶层梁的最大弯矩 129.1kN·m，几乎是重力荷载下两端固定梁端弯矩 67.1kN·m 的两倍，约为梁塑性弯矩 209kN·m 的 62%。而实际结构中，由于重力荷载产生的弯矩很小，如图中右侧所示，约为 50kN·m，仅约为传统分析的 39%。

图 8-12 为上述两种方法所得到的柱子不均匀压缩的比较。可见，考虑施工过程与否对高层建筑底部几层的柱子不均匀压缩影响较小，随着层数增加，影响越来越大，达到顶层时，影响最大，误差约达 5-0.4=4.6mm，虽然量值不大，但约达实际的 11.5 倍。

上例高层钢结构建筑标准层自重约为 2.4kN/m²，根据我国现行《建筑结构荷载规范》GB 50009，办公楼的楼面活载为 2~2.5kN/m²，则自重约占楼面总荷载的一半，这一比例应

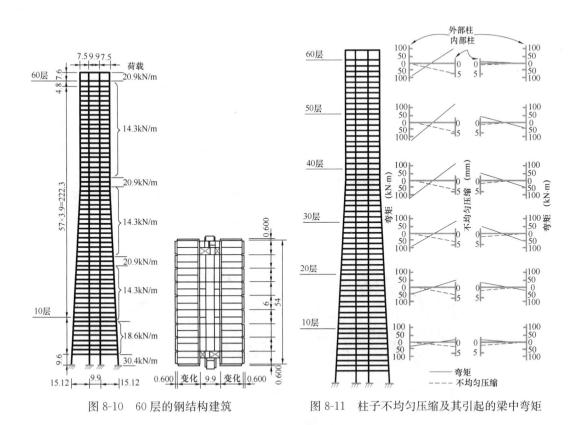

图 8-10　60 层的钢结构建筑　　　　　　　　　图 8-11　柱子不均匀压缩及其引起的梁中弯矩

该具有代表性。在一些特殊层自重的比例达 60% 左右。因此，高层建筑中，施工过程和柱子不均匀压缩的影响在设计分析中不容忽略，忽略这一影响将导致过分偏安全的分析结果，特别是对高层建筑的上部边跨，影响尤为严重，梁、柱弯矩过高计算最大分别约达实际的 2.6 倍和 3.5 倍。

（3）选用合理的施工程序

先举一个简单的例子以便说明问题。图 8-13 所示带斜撑的多层单跨框架的底层，斜撑主要用于承受水平荷载。如果在安装每层柱和梁后立即安装该层的斜撑，则在以上各层安装后斜撑将分担柱的重力荷载。改用另

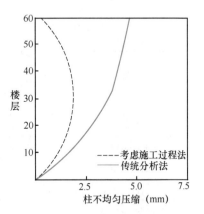

图 8-12　施工过程对柱子不均匀
压缩的影响

一施工程序，在各层框架及楼板施工完毕后再安装斜撑，则后者只承担水平荷载的效应，截面可以相应减小。

再看实际的例子。复杂大跨空间钢结构，构件自重产生的内力所占比例较大，其施工过程对结构在重力荷载作用下的内力具有明显影响。国家体育场屋盖钢结构的主结构由 24 根

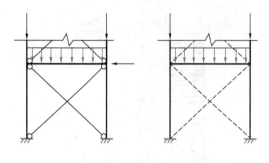

图 8-13 带支撑的多层单跨框架

巨型三肢格构柱和 24 榀主桁架组成。主桁架间距较大，其间由次结构补充（图 8-14）。安装时屋盖结构由 78 座临时支架支持。在安装过程中，如果屋盖次结构（图 8-14b）和主结构（图 8-14a）同时安装，在拆除支架后次结构构件将产生一定的内力，导致其截面增大。反之，在拆除支架后再安装这部分次结构，则其构件只承担后续荷载，截面相对减小。表 8-3 给出了国家体育场屋盖钢结构顶面次结构安装顺序对主要结构构件用钢量的影响。

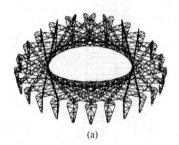
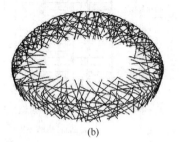

(a)　　　　　　　　　　　(b)

图 8-14　国家体育场屋盖钢结构

(a) 主结构；(b) 次结构

国家体育场屋盖钢结构顶面次结构安装顺序对用钢量的影响　　　　　　表 8-3

结构部位	用　钢　量　（t）		节省用钢量
	同时安装主、次结构	拆除支架后安装次结构	（t）
桁架柱	11695	11387	208
主桁架	13124	12844	233
立面次结构	5982	5882	100
顶面次结构	5860	5198	662
合计	36661	35311	1350

　　由此可见，虽然跨度较小或者高度较低的简单结构，其施工完毕状态和常规设计状态的受力没有多大差异，但大跨度复杂空间结构和高层、超高层结构，施工过程的掌控会影响结构的受力状态。不考虑施工方法和施工过程对结构性能的影响，对大跨度复杂空间结构和高层、超高层结构就很不合适了。还需要补充的是，拆除主结构的临时支架的过程也需要计算确定。

　　（4）施工环境的影响

　　钢结构安装施工常常是在户外进行的，还应考虑现场环境因素在施工过程中对结构的影响。

　　图 8-15 所示的钢箱桥采用悬臂施工法从两端施工在跨中合龙。合龙是在炎热的夏季白天完成的，其受温度影响变形如图 8-15（a）。到了晚上，桥上温度趋于均匀，桥梁变直，下部受压，导致板件发生失稳如图 8-15（b），庆幸的是板件的失稳及时得到处理，未造成垮桥和太大的损失。如果事先考虑温差的影响，采用适当措施，施工会顺利得多。

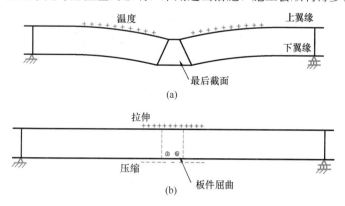

图 8-15　施工现场温度对结构的影响

（a）不均匀温度作用下合龙；（b）均匀温度作用时

（5）施工受力分析缺位造成的严重事故

　　施工方法（安装方法）对结构各阶段的受力及变形都有显著影响，不进行细致分析，就会造成事故。

　　图 8-16（a）所示箱桥断面，受施工条件限制，将一整跨纵向沿中线分割为两部分进行安装，分别在桥墩两侧组装，然后吊装并滑移到位采用高强度螺栓进行整体拼接。由于两部分均为非对称截面，自重作用下竖向、水平向均出现挠曲变形。虽然理论上两部分的竖向挠度应该没有差别，但实际上并非如此，现场实测跨中最大相差约114mm。另外，沿纵向中线分割后上翼缘悬伸自由边非常易于失稳，十分不妥。事实上，在先行施工的一跨中，地面组装起吊前，上翼缘板在自重下已发生屈曲，屈曲半波的最大幅值达380mm，但并未得到及时处理，而是高空就位后临时拆除了一部分横向高强度螺栓摩擦型连接再行处理的（图8-16b）。在事故桥跨中，为了解决竖向挠度无法保持一致，在挠度较小一侧桥面上进行堆载，这样克服了竖向挠度不一致的问题，但由于荷载增加，导致虽已加强的上翼缘悬伸自由边屈曲。为此，又在跨中的屈曲半波处临时拆除了一部分横向摩擦型高强度螺栓，当拆除了30多个螺栓时，横向相邻的翼板也发生屈曲，同时内腹板的上部也伴随屈曲。50分钟后，箱桥垮塌。虽然事故调查报告指出了多方面的原因，但前述施工方法是事故的直接诱因和主要原因之一。该桥施工中的技术失误可归纳为：

　　1）沿纵轴分割的施工方案本身欠仔细考虑，且未能正确地进行施工阶段的内力分析，

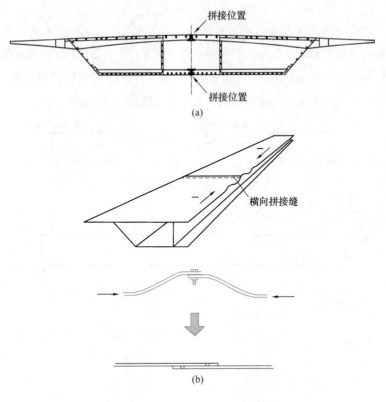

图 8-16　施工方法对结构的影响

（a）箱桥截面；（b）上翼缘板屈曲及消除方法

否则不会起吊前就出现板件屈曲，出现板件屈曲后又未能引起足够重视；

2）两半桥挠度出现不等，没有仔细检查分析其原因，然后决定对策，而是盲目地在挠度小的一侧堆载取得一致，不是合理的办法；

3）拆除横向拼接处的高强度螺栓来消除上翼缘的屈曲变形更是重大失误。

（6）结构的预变形

如前述，施工阶段的分析，除受力外，变形也是必须考虑的因素。为了弥补施工误差和自重下的变形，使结构满足设计位形要求，施工中常常采取预变形的办法来补偿。钢结构施工预变形包括构件的加工预变形和安装预变形。构件的加工预变形等于构件的实际加工长度与设计长度的差值，用来补偿施工过程中构件的变形。构件的安装预变形等于构件节点的实际安装坐标与设计坐标的差值，用来补偿施工过程中构件节点所产生的位移，二者常常相互影响，不能孤立考虑。

预变形的设置与结构的形式及其施工方法、工艺息息相关。常见的预变形即为梁式结构胎架施工法中的起拱。对于轴力构件，施工过程中在重力荷载作用下会产生轴向变形，为了使成型结构的位形满足设计要求，轴力构件的加工长度必须大于或小于设计长度。对于压

（拉）弯构件，既要考虑轴向变形也要考虑弯曲变形。由于施工方法不同，导致预变形值及施工过程中结构内力也不同，需针对不同的情况进行施工阶段分析计算加以确定。

（7）设计与施工密切结合

对简单的结构或常规的施工方法，施工阶段的受力分析一般不需进行或者不需要设计者考虑而由施工单位进行考虑。但对类似前述的大型复杂结构或特殊结构，施工阶段受力分析已是设计工作的一个不可或缺的内容。其实，对一些结构和一些行业，如桥梁、张拉（张弦、预应力）、隧道等结构，施工阶段受力分析甚至施工方案的确定一直就是设计内容的重要组成，充分体现了设计与施工的相互联系与影响。随着房屋钢结构的大型、复杂、多样化和新型结构形式的不断应用，设计与施工的双向关系尤显突出和重要，施工因素越来越成为设计必须考虑的问题。

8.5　钢结构设计、施工与 BIM 技术

BIM（Building Information Modeling，建筑信息模型）是指创建并利用数字模型对项目进行设计、建造及运营管理的过程。美国国家 BIM 标准化（National Building Information Modeling Standard）对 BIM 技术的定义，可以理解为两层含义：（1）利用数字化技术建立建筑的虚拟三维模型，该模型形成的数据库可以供建筑全生命周期所用；（2）BIM 可以通过相关各方共享的三维建筑模型平台，简化互相之间沟通的方式，提高建筑的全生命周期效率和效益。

BIM 技术的核心是一个由计算机三维模型所形成的数据库，实现各专业的协同工作。BIM 信息模型涵盖了各专业设计数据信息，实现了建筑模型和信息模型数据的标准化，例如统一建筑构件、材料选择、配件尺寸、构造连接等。BIM 信息模型不仅包含了建筑师的设计信息，而且可容纳从设计到建成使用，甚至包含使用周期终结的全过程信息，并且各种信息始终是建立在一个建筑三维模型数据库中，可以持续、即时地提供项目设计范围、进度及成本信息，这些信息完整可靠并且完全协调。

钢结构是典型的工业化建筑，符合国家低碳、绿色发展趋势。工业化建筑需要协同设计，保证设计、施工质量。传统建筑设计流程一般包括方案设计、初步设计、施工图设计，而工业化建筑设计流程一般包括前期策划、方案设计、初步设计、施工图设计、构件加工图深化设计。由于工业化建筑设计有其特殊性，设计是否合理对钢构件的生产、运输、施工等环节的造价和经济性将产生很大的影响，所以在设计阶段要综合各阶段的影响因素，各专业间互为条件、相互制约，必须建立一体化 3D 协同设计的理念，通过相互配合与协同达到最优化方案。工业化建筑设计不是单纯的传统施工图纸设计，而是在统筹设计功能要求、加工

设备条件、现场施工环境等信息和资料的基础上组织设计工作，增加了前期策划和构件深化设计两个环节，也增加了设计环节的工作量和难度。在组织设计过程中要注重各种信息在BIM 模型中的体现，借助 BIM 模型的 3D 可视化功能实时沟通涉及的各责任主体，及时补充和完善相应的信息，形成基于 BIM 技术的工业化建筑 3D 协同设计组织架构，如图 8-17 所示，实现信息的有效共享。

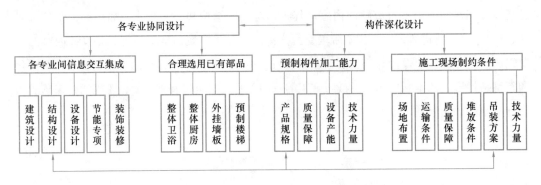

图 8-17　基于 BIM 技术的工业化建筑 3D 协同设计组织架构

　　BIM 技术在工业化钢结构建筑中的应用，意味着一种全新的设计模式。利用 BIM 技术对工业化钢结构建筑构件系统进行设计优化、碰撞检测以及力学性能分析等操作，可以使设计师在设计阶段实时了解项目的构件种类、构件数量以及各专业之间的设计冲突，从而大大降低设计的错误率，提高生产与建造的效率。如图 8-18 所示，从整体 BIM 设计流程可以看出，BIM 技术的应用涵盖了项目的整个设计过程，包括：方案设计阶段、初步设计阶段、深化设计阶段。

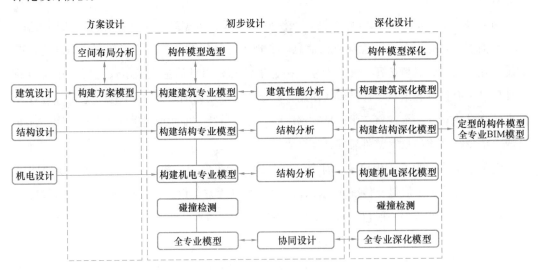

图 8-18　整体 BIM 设计流程图

　　在生产阶段，利用 BIM 技术可以实现建筑模型与设计图纸的信息关联，将信息存储在三维模型中，输入参数自动核实，可视化的三维模型也能清晰地看见构件的开洞，确保工作效率和构件制作的精度。因此，钢结构建筑体系不仅需要考虑设计信息，同时还要考虑生产、加工以及施工过程中的大量信息。通过 BIM 模型对建筑构件的信息化表达，构件可以实现加工级别的精度，同时帮助工人更好地理解设计意图，实现与工厂生产的紧密协同和对接，有助于提高工厂生产的精度和效率。BIM 技术在构件生产阶段的应用流程如图 8-19 所示。

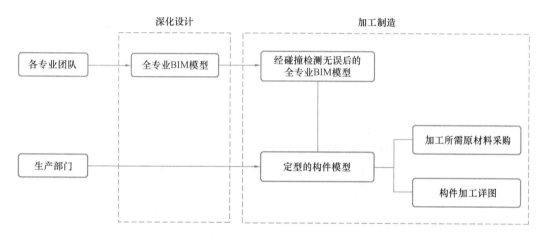

图 8-19　BIM 技术在构件生产阶段的应用流程

　　这种利用 BIM 技术的新型生产模式方便快捷，既能够实现建筑构件的生产与安装过程的信息共享，又可以改善传统仅由图纸传递信息的工作方式存在的问题。该模式以项目进度为主线，以 BIM 模型信息为载体，提前模拟施工现场装配，做到进一步强化各专业协同、交互优化。建筑师采用 BIM 进行数字化设计并建立建筑模型，结构工程师配合其模型进行结构设计，同时将结构模型拆分成构件，工厂根据模型中构件的信息进行生产，最后构件送往现场拼接安装。相比于传统的生产模式，这种通过数字化的设计，将设计成果集成到数字化的建筑信息模型中，通过 BIM 向采购、生产、施工阶段传递数字化信息的方式，使整个建造过程精细化、低碳化和智能化。

　　钢结构建筑体系采用装配式施工方式，由于构件系统复杂且数量庞大，容易造成构件的运输与安装工作效率低，施工团队在装配过程中错误率高等问题。在施工阶段，运用 BIM 技术进行施工图深化、管线综合，同时利用 BIM 技术平台对全专业建筑信息模型进行施工过程模拟，提前找出现施工中可能存在的难点，方便制定切实可行的施工方案，避免因施工安装出现错误而造成的返工。具体应用流程如图 8-20 所示。

　　此外，相比于传统建筑，钢结构建筑增加了施工工序和技术难度，同时带来了一些新的技术问题，如构件或设备的位置碰撞冲突、工序的冲突等。在数字化建造的大背景下，各专

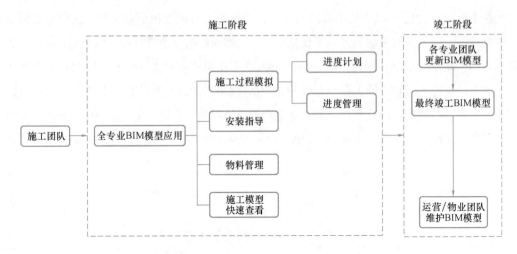

图 8-20　BIM 技术在施工阶段的应用流程

业的协同设计成为行业的发展趋势，各个专业之间，如结构与水暖电等专业之间的碰撞是传统二维设计无法准确预测的，通常都是在具体施工的时候才会发现各种问题，像管线碰撞、施工空间不足等，这时就需要将已经做好的工作返工，不但浪费时间，而且会增加成本。采用 BIM 技术可以将整个施工过程直观地呈现出来。

在 BIM 可视化技术的影响下，能够对每一个流水段的情况有十分详尽的了解，包括具体的设计图纸、进度时间、劳动量等，结合 BIM 技术了解到相关内容，将各项工作安排得更加详尽，确保在实际工作展开中更加规范、合理。

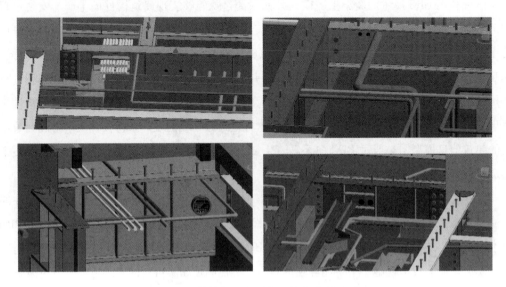

图 8-21　结构与机电设备一体化高效连接

BIM 技术可实现多专业施工方案在同一模型中模拟，这个模拟过程是以三维模式进行的，并可对节点进行优化，以防止连接节点出现一些不可预见的碰撞问题，如图 8-21 所示。

以三维 BIM 信息模型代替二维的图纸，解决传统的二维审图中难想象、易遗漏及效率低的问题，将设计图纸之中存在的不足进行第一时间处理，避免施工中的返工，从而节约成本、缩短工期、保证建筑质量，同时减少建筑材料、水、电等资源的消耗及带来的环境问题。BIM 技术突出信息之间的交互与集成，契合钢结构建筑发展的整体需要，因此基于 BIM 技术的协同设计与管理方法对钢结构建筑的建造过程具有重要的现实意义。整合建筑全产业链，实现全过程、全方位的信息化协同，将是钢结构建筑发展的方向。

附录

内卷边槽钢（CN）

附表 1-1

尺寸 (mm)				截面面积 (cm²)	每米长质量 (kg/m)	x₀ (cm)	x—x			y—y				y₁—y₁	e₀ (cm)	I_t (cm⁴)	I_ω (cm⁶)	k (cm⁻¹)	W_ω1 (cm⁴)	W_ω2 (cm⁴)
h	b	a	t			x_0	I_x (cm⁴)	i_x (cm)	W_x (cm³)	I_y (cm⁴)	i_y (cm)	$W_{y\,max}$ (cm³)	$W_{y\,min}$ (cm³)	I_{y1} (cm⁴)						
80	40	15	2.0	3.47	2.72	1.452	34.16	3.14	8.54	7.79	1.50	5.36	3.06	15.10	3.36	0.0462	112.9	0.0126	16.03	15.74
100	50	15	2.5	5.23	4.11	1.706	81.34	3.94	16.27	17.19	1.81	10.08	5.22	32.41	3.94	0.1090	352.8	0.0109	34.47	29.41
120	50	20	2.5	5.98	4.70	1.706	129.40	4.65	21.57	20.96	1.87	12.28	6.36	38.36	4.03	0.1246	660.9	0.0085	51.04	48.36
120	60	20	3.0	7.65	6.01	2.106	170.68	4.72	28.45	37.36	2.21	17.74	9.59	71.31	4.87	0.2296	1153.2	0.0087	75.68	68.84
140	50	20	2.0	5.27	4.14	1.590	154.03	5.41	22.00	18.56	1.88	11.68	5.44	31.86	3.87	0.0703	794.79	0.0058	51.44	52.22
140	50	20	2.2	5.76	4.52	1.590	167.40	5.39	23.91	20.03	1.88	12.62	5.87	34.53	3.84	0.0929	852.46	0.0065	55.98	56.84
140	50	20	2.5	6.48	5.09	1.580	186.78	5.39	26.68	22.11	1.85	13.96	6.47	38.38	3.80	0.1351	931.89	0.0075	62.56	63.56
140	60	20	3.0	8.25	6.48	1.964	245.42	5.45	35.06	39.49	2.19	20.11	9.79	71.33	4.61	0.2476	1589.8	0.0078	92.69	79.00
160	60	20	2.0	6.07	4.76	1.850	236.59	6.24	29.57	29.99	2.22	16.19	7.23	50.83	4.52	0.0809	1596.28	0.0044	76.92	71.30
160	60	20	2.2	6.64	5.21	1.850	257.57	6.23	32.20	32.45	2.21	17.53	7.82	55.19	4.50	0.1071	1717.82	0.0049	83.82	77.55
160	60	20	2.5	7.48	5.87	1.850	288.13	6.21	36.02	35.96	2.19	19.47	8.66	61.49	4.45	0.1559	1887.71	0.0056	93.87	86.63
160	70	20	3.0	9.45	7.42	2.224	373.64	6.29	46.71	60.42	2.53	27.17	12.65	107.20	5.25	0.2836	3070.5	0.0060	135.49	109.92
180	70	20	2.0	6.87	5.39	2.110	343.93	7.08	38.21	45.18	2.57	21.37	9.25	75.87	5.17	0.0916	2934.34	0.0035	109.50	95.22
180	70	20	2.2	7.52	5.90	2.110	374.90	7.06	41.66	48.97	2.55	23.19	10.02	82.49	5.14	0.1213	3165.62	0.0038	119.44	103.58
180	70	20	2.5	8.48	6.66	2.110	420.00	7.04	46.69	54.42	2.53	25.82	11.12	92.08	5.10	0.1767	3492.15	0.0044	133.99	115.73
200	70	20	2.0	7.27	5.71	2.000	440.04	7.78	44.00	46.71	2.54	23.32	9.35	82.33	4.96	0.0969	3672.33	0.0032	126.74	106.15
200	70	20	2.2	7.96	6.25	2.000	479.87	7.77	47.99	50.64	2.52	25.31	10.13	82.49	4.93	0.1284	3963.82	0.0035	138.26	115.74
200	70	20	2.5	8.98	7.05	2.000	538.21	7.74	53.82	56.27	2.50	28.18	11.25	92.09	4.89	0.1871	4376.18	0.0041	155.14	129.75
220	75	20	2.0	7.87	6.18	2.080	574.45	8.54	52.22	56.88	2.69	27.35	10.50	90.93	5.18	0.1049	5313.52	0.0028	158.43	127.32
220	75	20	2.2	8.62	6.77	2.080	626.85	8.53	56.99	61.71	2.68	29.70	11.38	98.91	5.15	0.1391	5742.07	0.0031	172.92	138.93
220	75	20	2.5	9.73	7.64	2.070	703.76	8.50	63.98	68.66	2.66	33.11	12.65	110.51	5.11	0.2028	6351.05	0.0035	194.18	155.94

注：更多规格请参见《通用冷弯开口型钢》GB/T 6723—2017，后同。

附表 1-2

卷边 Z 形钢（ZJ）

尺寸 (mm)				截面面积 (cm²)	每米长质量 (kg/m)	θ	x₁—x₁			y₁—y₁			x—x				y—y				$I_{x \cdot y1}$ (cm⁴)	I_t (cm⁴)	I_ω (cm⁶)	k (cm⁻¹)	$W_{\omega1}$ (cm³)	$W_{\omega2}$ (cm³)
h	b	a	t				I_{x1} (cm⁴)	i_{x1} (cm)	W_{x1} (cm³)	I_{y1} (cm⁴)	i_{y1} (cm)	W_{y1} (cm³)	I_x (cm⁴)	i_x (cm)	W_{x1} (cm³)	W_{x2} (cm³)	I_y (cm⁴)	i_y (cm)	W_{y1} (cm³)	W_{y2} (cm³)						
100	40	20	2.0	4.07	3.19	24°1′	60.04	3.84	12.01	17.02	2.05	4.36	70.70	4.17	15.93	11.94	6.36	1.25	3.36	4.42	23.93	0.0542	325.0	0.0081	49.97	29.16
100	40	20	2.5	4.98	3.91	23°46′	72.10	3.80	14.42	20.02	2.00	5.17	84.63	4.12	19.18	14.47	7.49	1.23	4.07	5.28	28.45	0.1038	381.9	0.0102	62.25	35.03
120	50	20	2.0	4.87	3.82	24°3′	106.97	4.69	17.83	30.23	2.49	6.17	126.06	5.09	23.55	17.40	11.14	1.51	4.83	5.74	42.77	0.0649	785.2	0.0057	84.05	43.96
120	50	20	2.5	5.98	4.70	23°50′	129.39	4.65	21.57	35.91	2.45	7.37	152.05	5.04	28.55	21.21	13.25	1.49	5.89	6.89	51.30	0.1246	930.9	0.0072	104.68	52.94
120	50	20	3.0	7.05	5.54	23°36′	150.14	4.61	25.02	40.88	2.41	8.43	175.92	4.99	33.18	24.80	15.11	1.46	6.89	7.92	58.99	0.2116	1058.9	0.0087	125.37	61.22
140	50	20	2.5	6.48	5.09	19°25′	186.77	5.37	26.68	35.91	2.35	7.37	209.19	5.67	32.55	26.34	14.48	1.49	6.69	6.78	60.75	0.1350	1289.0	0.0064	137.04	60.03
140	50	20	3.0	7.65	6.01	19°12′	217.26	5.33	31.04	40.83	2.31	8.43	241.62	5.62	37.76	30.70	16.52	1.47	7.84	7.81	69.93	0.2296	1468.2	0.0077	164.94	69.51
160	60	20	2.5	7.48	5.87	19°59′	288.12	6.21	36.01	58.15	2.79	9.90	323.13	6.57	44.00	34.95	23.14	1.76	9.00	8.71	96.32	0.1559	2634.3	0.0048	205.98	86.28
160	60	20	3.0	8.85	6.95	19°47′	336.66	6.17	42.08	66.66	2.74	11.39	376.76	6.52	51.48	41.08	26.56	1.73	10.58	10.07	111.51	0.2656	3019.4	0.0058	247.41	100.15
160	70	20	2.5	7.98	6.27	23°46′	319.13	6.32	39.89	87.74	3.32	12.76	374.76	6.85	52.35	38.23	32.11	2.01	10.53	10.86	126.37	0.1663	3793.3	0.0041	238.87	106.91
160	70	20	3.0	9.45	7.42	23°34′	373.64	6.29	46.71	101.10	3.27	14.76	437.72	6.80	61.33	45.01	37.03	1.98	12.39	12.58	146.86	0.2836	4365.0	0.0050	285.78	124.26
180	70	20	2.5	8.48	6.66	20°22′	420.18	7.04	46.69	87.74	3.22	12.76	473.34	7.47	57.27	44.88	34.58	2.02	11.66	10.86	143.18	0.1767	4907.9	0.0037	294.53	119.41
180	70	20	3.0	10.05	7.89	20°11′	492.61	7.00	54.73	101.11	3.17	14.76	553.83	7.42	67.22	52.89	39.89	1.99	13.72	12.59	166.47	0.3016	5652.2	0.0045	353.32	138.92

附表 1-3

斜卷边 Z 形钢

h (mm)	b (mm)	a (mm)	t (mm)	截面面积 (cm²)	每米长质量 (kg/m)	θ (°)	x_1—x_1 I_{x1} (cm⁴)	i_{x1} (cm)	W_{x1} (cm³)	y_1—y_1 I_{y1} (cm⁴)	W_{y1} (cm³)	i_{y1} (cm)	x—x I_x (cm⁴)	i_x (cm)	W_{x1} (cm³)	W_{x2} (cm³)	y—y I_y (cm⁴)	i_y (cm)	W_{y1} (cm³)	W_{ye} (cm³)	I_{xhyt} (cm³)	I_t (cm⁴)	I_ω (cm⁶)	k (cm⁻¹)	$W_{\omega a1}$ (cm⁴)	$W_{\omega a2}$ (cm³)
140	50	20	2.0	5.392	4.233	21.986	162.065	5.482	23.152	39.363	6.234	2.702	185.962	5.872	22.470	30.377	15.466	1.694	6.107	8.067	59.189	0.0719	1298.621	0.0046	118.28	59.185
140	50	20	2.2	5.909	4.638	21.998	176.813	5.470	25.259	42.928	6.809	2.695	202.926	5.860	24.544	33.352	16.814	1.687	6.659	8.823	64.638	0.0953	1407.575	0.0051	130.014	64.382
140	50	20	2.5	6.676	5.240	22.018	198.446	5.452	28.349	48.154	7.657	2.686	227.828	5.842	27.598	37.792	18.771	1.667	7.468	9.941	72.659	0.1391	1563.520	0.0058	147.558	71.926
160	60	20	2.0	6.192	4.861	22.104	246.830	6.313	30.854	60.271	8.240	3.120	283.680	6.768	29.603	40.271	23.422	1.945	8.018	9.554	90.733	0.0826	2559.036	0.0035	175.940	82.223
160	60	20	2.2	6.789	5.329	22.113	269.592	6.302	33.699	65.802	9.009	3.113	309.891	6.756	32.367	44.225	25.503	1.938	8.753	10.450	99.179	0.1095	2779.796	0.0039	193.430	89.569
160	60	20	2.5	7.676	6.025	22.128	303.090	6.284	37.886	73.935	10.143	3.104	348.487	6.738	36.445	50.123	28.537	1.928	9.834	11.775	111.642	0.1599	3098.400	0.0044	219.605	100.26
180	70	20	2.0	6.992	5.489	22.185	356.620	7.141	39.624	87.417	10.514	3.536	410.315	7.660	37.679	51.502	33.722	2.196	10.191	11.289	131.674	0.0932	4643.994	0.0028	249.609	111.10
180	70	20	2.2	7.669	6.020	22.193	389.835	7.130	43.315	95.518	11.502	3.529	448.592	7.648	41.226	56.570	36.761	2.189	11.136	12.351	144.034	0.1237	5052.769	0.0031	274.455	121.13
180	70	20	2.5	8.676	6.810	22.205	438.835	7.112	48.759	107.460	12.964	3.519	505.087	7.630	46.471	64.143	41.208	2.179	12.528	13.923	162.307	0.1807	5654.157	0.0035	311.661	135.81
200	70	20	2.0	7.392	5.803	19.305	455.430	7.849	45.543	87.418	10.514	3.439	506.903	8.281	43.435	56.094	35.944	2.205	11.109	11.339	146.944	0.0986	5882.294	0.0025	302.430	123.44
200	70	20	2.2	8.109	6.365	19.309	498.023	7.837	49.802	95.520	11.503	3.432	554.346	8.268	47.533	61.618	39.197	2.200	12.138	12.419	160.756	0.1308	6403.010	0.0028	332.826	134.66
200	70	20	2.5	9.176	7.203	19.314	560.921	7.819	56.092	107.462	12.964	3.422	624.421	8.249	53.596	69.876	43.962	2.189	13.654	14.021	181.182	0.1912	7160.113	0.0032	378.452	151.08
220	75	20	2.0	7.992	6.274	18.300	592.787	8.612	53.890	103.580	11.751	3.600	652.866	9.038	56.085	65.051	43.500	2.333	12.829	13.524	181.661	0.1066	8483.845	0.0022	383.110	148.38
220	75	20	2.2	8.769	6.884	18.302	648.520	8.600	58.956	113.220	12.860	3.593	714.276	9.025	61.501	71.501	47.465	2.327	14.023	15.278	198.803	0.1415	9242.136	0.0024	421.750	161.95
220	75	20	2.5	9.926	7.792	18.305	730.926	8.581	66.448	127.443	14.500	3.583	805.086	9.006	69.876	81.096	53.283	2.317	15.783	17.210	224.175	0.2068	10347.65	0.0028	479.804	181.87
250	75	20	2.0	8.592	6.745	15.389	799.640	9.647	63.791	103.580	11.752	3.472	856.690	9.985	71.976	61.841	46.532	2.327	14.553	12.090	207.280	0.1146	11298.92	0.0020	485.919	169.98
250	75	20	2.2	9.429	7.402	15.387	875.145	9.634	70.012	113.223	12.860	3.465	937.579	9.972	78.870	67.773	50.789	2.321	15.946	14.211	226.864	0.1521	12314.34	0.0022	535.491	184.53
250	75	20	2.5	10.676	8.380	15.385	986.898	9.615	78.952	127.447	14.500	3.455	1057.30	9.952	89.108	76.584	57.044	2.312	18.014	16.169	255.870	0.2224	13797.02	0.0025	610.188	207.38

附图　梯形桁架施工图

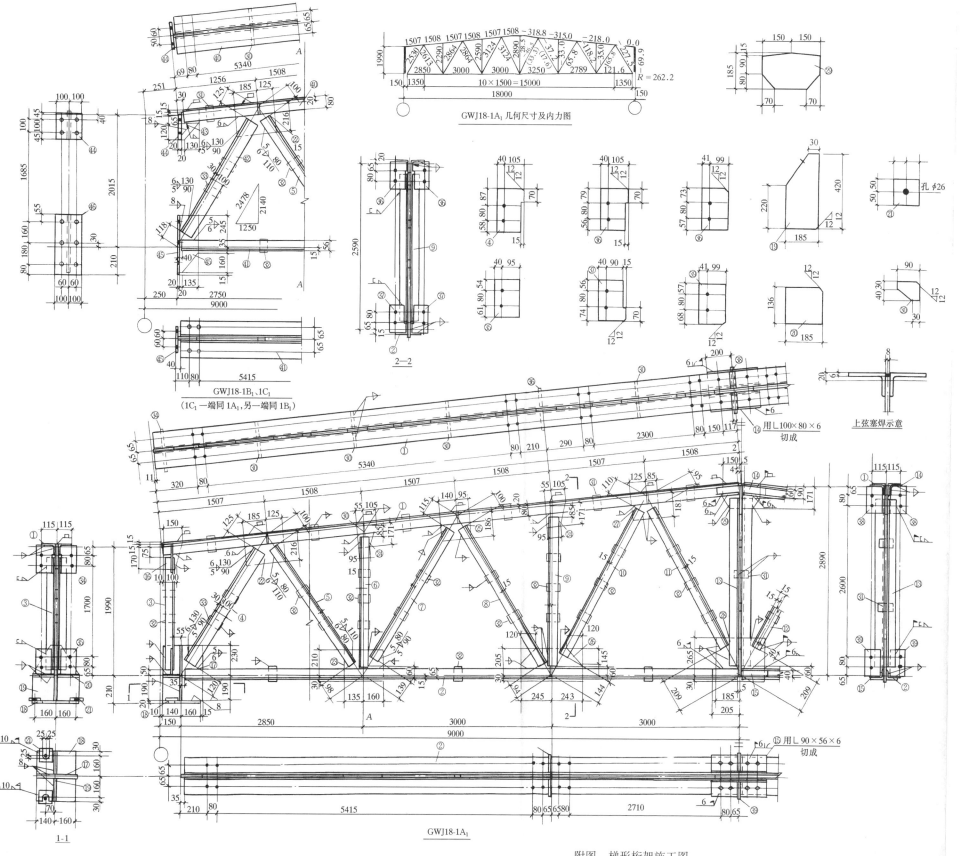

材料表

构件编号零件号		断面	长度	数量		重量(kg)		
				正	反	每个	共计	合计
GWJ18-1A₁	1	L100×80×6	9030	2	2	75.4	302	1209
	2	L90×56×6	8810	2	2	59.2	237	
	3	L63×5	1865	4		9.0	38	
	4	L100×63×6	2285	4		17.3	69	
	5	L50×5	2415	4		9.1	36	
	6	L50×5	2145	4		8.1	32	
	7	L70×5	2610	4		14.1	56	
	8	L50×5	2670	4		10.1	40	
	9	L50×5	2445	4		9.2	37	
	10	L56×5	2870	4		12.2	49	
	11	L63×5	2820	2		13.6	27	
	12	L63×5	2820	1	1	13.6	27	
	13	L63×5	2740	2		13.2	26	
	14	L100×80×6	400	2		3.3	7	
	15	L90×56×6	410	2		2.8	6	
	16	−150×8	200	2		1.9	4	
	17	−315×10	420	2		10.4	21	
	18	−300×20	380	2		17.9	36	
	19	−185×8	420	4		4.9	20	
	20	−135×8	185	4		1.6	6	
	21	−100×20	100	4		1.6	6	
	22	−230×8	310	2		4.5	9	
	23	−240×8	295	2		4.4	9	
	24	−160×8	185	4		1.9	8	
	25	−200×8	235	2		3.0	5	
	26	−235×8	490	2		7.2	14	
	27	−195×8	210	2		2.6	5	
	28	−295×8	370	1		6.9	7	
	29	−185×8	300	1		3.5	4	
	30	−70×8	90	15		0.4	6	
	31	−60×8	100	15		0.4	5	
	32	−60×8	85	46		0.3	14	
	33	−60×8	120	4		0.5	2	
	34	−145×8	225	4		2.0	8	
	35	−135×8	195	4		1.7	7	
	36	−145×8	215	4		2.0	8	
	37	−145×8	210	4		1.9	8	
	38	−140×8	210	2		1.8	4	
	39	−140×8	205	2		1.8	4	
GWJ18-1B₁	5~15、22~31、33、36~39同GWJ18-1A₁						443	1108
	32	−60×8	85	42		0.3	13	
	40	L100×80×6	8760	2	2	73.1	292	
	41	L90×56×6	8705	2	2	58.5	234	
	42	L100×63×6	2235	4		16.9	68	
	43	−150×8	215	2		2.0	4	
	44	−190×20	200	2		6.0	12	
	45	−155×10	440	2		5.4	11	
	46	−200×20	455	2		14.3	29	
GWJ18-1C₁	1~4、16~21、34、35同GWJ18-1A,数量减半						376	1157
	5~15、22~31、33、36~39同GWJ18-1A₁						443	
	32	−60×8	85	44		0.3	13	
	40~46同GWJ18-18t数量减半						325	

附注:

1. 未注明的角焊缝焊脚尺寸为 5mm,
但在仅一侧注有焊脚尺寸 *h* 的双面角焊
缝符号中,另一侧未注明的焊脚尺寸则
与 *h* 相同(参见"总说明"图例表)。

2. 未注明长度的焊缝一律满焊。

3. 未注明螺栓为 M20,孔为 φ21.5。

附图　梯形桁架施工图

参 考 文 献

[1]　中华人民共和国住房和城乡建设部. 工程结构通用规范：GB 55001—2021[S]. 北京：中国建筑工业出版社，2021.

[2]　中华人民共和国住房和城乡建设部. 建筑与市政工程抗震通用规范：GB 55002—2021[S]. 北京：中国建筑工业出版社，2021.

[3]　中华人民共和国住房和城乡建设部. 钢结构通用规范：GB 55006—2021[S]. 北京：中国建筑工业出版社，2021.

[4]　中华人民共和国住房和城乡建设部. 钢结构设计标准：GB 50017—2017[S]. 北京：中国建筑工业出版社，2017.

[5]　中华人民共和国住房和城乡建设部. 建筑结构荷载规范：GB 50009—2012[S]. 北京：中国建筑工业出版社，2012.

[6]　中华人民共和国住房和城乡建设部. 建筑抗震设计规范(2016 年版)：GB 50011—2010[S]. 北京：中国建筑工业出版社，2016.

[7]　中华人民共和国建设部. 冷弯薄壁型钢结构技术规范：GB 50018—2002[S]. 北京：中国标准出版社，2002.

[8]　中华人民共和国住房和城乡建设部. 门式刚架轻型房屋钢结构技术规程：GB 51022—2015[S]. 北京：中国建筑工业出版社，2015.

[9]　中华人民共和国住房和城乡建设部. 高层民用建筑钢结构技术规程：JGJ 99—2015[S]. 北京：中国建筑工业出版社，2015.

[10]　中华人民共和国住房和城乡建设部. 空间网格结构技术规程：JGJ 7—2010[S]. 北京：中国建筑工业出版社，2010.

[11]　中华人民共和国住房和城乡建设部. 索结构技术规程：JGJ 257—2012[S]. 北京：中国建筑工业出版社，2012.

[12]　国家市场监督管理总局. 桥梁缆索用热镀锌或锌铝合金钢丝：GB/T 17101—2019[S]. 北京：中国标准出版社，2019.

[13]　赵熙元. 建筑钢结构设计手册[M]. 北京：冶金工业出版社，1995.

[14]　沈祖炎，陈扬骥. 网架与网壳[M]. 上海：同济大学出版社，1997.

[15]　陈富生，邱国桦，范重. 高层建筑钢结构设计[M]. 北京：中国建筑工业出版社，2000.

[16]　陈绍蕃. 门式刚架轻型化的技术措施[J]. 建筑结构，1998(2).

[17]　蔡益燕等. 关于 CECS 102：98 规程的说明文章六篇[J]. 建筑结构，1998(8).

[18]　陈绍蕃. 门式刚架端板螺栓连接的强度与刚度[J]. 钢结构，2000(1).

[19]　北京交通大学勘察设计研究院，中国建筑标准设计研究院. 梯形钢屋架 05G511[S]. 北京：中国建筑标准设计研究院，2005.

[20]　包头钢铁设计研究总院. 钢结构设计与计算[M]. 2 版. 北京：机械工业出版社，2006.

[21]　沈世钊，徐崇宝，赵臣，武岳. 悬索结构设计[M]. 北京：中国建筑工业出版社，2006.

[22]　杨庆山，姜忆南. 张拉索—膜结构分析与设计[M]. 北京：科学出版社，2004.

[23]　Krishna，Prem. Cable-Suspended Roofs[M]. New York：McGraw-Hill Book Company，1978.

[24]　钟善桐，沈世钊. 大跨房屋钢结构[M]. 北京：中国建筑工业出版社，1993.

［25］ 陈绍蕃，苏明周. 冷弯型钢檩条的有效截面［J］. 建筑结构学报，2003(6).

［26］ 刘大海，杨翠如. 高楼钢结构设计［M］. 北京：中国建筑工业出版社，2003.

［27］ 陈绍蕃. 桁架受压腹杆的平面外稳定和支撑体系［J］. 工程力学，1999(1).

［28］ 中华人民共和国建设部. 门式刚架轻型房屋钢结构：02SG518-1［S］. 北京：中国计划出版社，2002.

［29］ 沈祖炎，陈以一，陈扬骥. 房屋钢结构设计［M］. 2版. 北京：中国建筑工业出版社，2020.

［30］ 全国钢标准化技术委员会. 高强度低松弛预应力热镀锌钢绞线：YB/T 152—1999［S］. 北京：中国标准出版社，1999.

［31］ 中国工程建设标准化协会. 膜结构技术规程：CECS 158—2015［S］. 北京：中国计划出版社，2015.

［32］ 王明贵，储德文. 轻型钢结构住宅［M］. 北京：中国建筑工业出版社，2011.

［33］ 中华人民共和国住房和城乡建设部. 轻型钢结构住宅技术规程：JGJ 209—2010［S］. 北京：中国建筑工业出版社，2010.

［34］ 魏潮文，弓晓芸，陈友泉. 轻型房屋钢结构应用技术手册［M］. 北京：中国建筑工业出版社，2005.

［35］ 郝际平. 钢板剪力墙结构的原理和性能［M］. 北京：科学出版社，2019.

［36］ 郝际平，吴博睿，于金光，于海升，杜一鹏. 钢板剪力墙震后型钢斜劲修复结构的抗震性能研究［J］. 建筑结构学报，2020，41(5)：43-52.

［37］ 郝际平，郭宏超，解崎，虎奇，周琦. 半刚性连接钢框架—钢板剪力墙结构抗震性能试验研究［J］. 建筑结构学报，2011，32(2)：33-40.

［38］ 郝际平，薛强. 装配式钢结构建筑研究与进展［M］. 北京：中国建筑工业出版社，2022.

［39］ 郝际平，孙晓岭，薛强，樊春雷. 绿色装配式钢结构建筑体系研究与应用［J］. 工程力学，2017，34(1)：1-13.

［40］ 郝际平，薛强，黄育琪，刘瀚超. 装配式建筑的系统论研究［J］. 西安建筑科技大学学报(自然科学版)，2019，51(1)：14-20，26.

跋

在下册第 1 章最后一节的小结中，我们总结出钢结构设计的三点普遍原则：(1)整体性；(2)力的传递效应；(3)计算和构造的一致性。这三点同样适用于其他类型的结构。

从整体性来说，在结构布置方面，中、重型厂房对支撑的要求比轻型者更高、更严格。大跨度屋盖结构则从另一个角度来解决整体性问题，那就是结构的空间化。

分析外力的效应，也要有整体观念。多层房屋可以有一部分柱设计成不参与抵抗侧力，从而也就不具备抗侧移的能力。因此，这些柱的 P-Δ 效应就需要由与梁刚接的框架柱来承担。分析外力效应还要有缺陷观念和变形观念。由于存在几何缺陷和受力后的变形，有些框架需要作二阶分析。支撑构件需要承受支撑力，也和这两个因素有关。

结构和构件内力的大小、分布和构造息息相关。网架的温度应力就和支座的构造和布局以及下部结构的刚度有十分密切的关系。

除了上述三项原则外，需要补充一点，就是计算和结构布置的一致性。屋架下弦平面的支撑布置，决定下弦杆的出平面刚度。如果刚度不足，对屋架受压腹杆下端不能提供足够的出平面位移约束，计算腹杆稳定时就不能以几何长度作为计算长度。

设计结构除了遵守普遍原则外，还应了解各类结构的不同特点。同样是单层房屋，配置繁重工作制吊车的重型厂房和没有吊车的轻型房屋有很大区别。吊车荷载引起的疲劳、振动，从选用钢材和确定结构形式到各项计算要求都有明显不同。民用大跨度房屋结构由于两个方向平面尺寸相差不多，宜做成空间结构，跨度大又使预应力技术很有利。多、高层房屋区别于单层房屋的特点是水平荷载和侧向位移占统治地位，风和地震成为主导的外在作用，结构方案随高度不同而有很大变化。

结构设计是一项综合性很强的工作。设计者对选用材料，确定结构方案，根据场地环境确定荷载和地基性能，进行内力分析、构件计算和连接与构造设计等各个环节的内在联系必须十分清楚。教材，尤其是下册，只能提纲挈领地给出主要内容。深入掌握设计知识还需要多读一些有关资料。编者希望这两本教材能够引起读者对钢结构的兴趣，成为今后从事钢结构工程的一个有益的起点。

本书虽已是第五版，但仍然存在不尽人意之处。希望能够听到读者的改进意见。

高等学校土木工程专业指导委员会规划推荐教材（经典精品系列教材）

征订号	书名	定价	作者	备注
V40063	土木工程施工（第四版）（赠送课件）	98.00	重庆大学　同济大学 哈尔滨工业大学	教育部普通高等 教育精品教材
V36140	岩土工程测试与监测技术（第二版）	48.00	宰金珉　王旭东　等	
V40077	建筑结构抗震设计（第五版）（赠送课件）	48.00	李国强　等	
V38988	土木工程制图（第六版）（赠送课件）	68.00	卢传贤　等	
V38989	土木工程制图习题集（第六版）	28.00	卢传贤　等	
V36383	岩石力学（第四版）（赠送课件）	48.00	许　明　张永兴	
V32626	钢结构基本原理（第三版）（赠送课件）	49.00	沈祖炎　等	国家教材奖一等奖
V35922	房屋钢结构设计（第二版）（赠送课件）	98.00	沈祖炎　陈以一　等	教育部普通高等 教育精品教材
V24535	路基工程（第二版）	38.00	刘建坤　曾巧玲　等	
V36809	建筑工程事故分析与处理（第四版）（赠送课件）	75.00	王元清　江见鲸　等	教育部普通高等 教育精品教材
V35377	特种基础工程（第二版）（赠送课件）	38.00	谢新宇　俞建霖	
V37947	工程结构荷载与可靠度设计原理（第五版）（赠送课件）	48.00	李国强　等	
V37408	地下建筑结构（第三版）（赠送课件）	68.00	朱合华　等	教育部普通高等 教育精品教材
V28269	房屋建筑学（第五版）（含光盘）	59.00	同济大学 西安建筑科技大学 东南大学　重庆大学	教育部普通高等 教育精品教材
V40020	流体力学（第四版）	59.00	刘鹤年　刘　京	
V30846	桥梁施工（第二版）（赠送课件）	37.00	卢文良　季文玉　许克宾	
V40955	工程结构抗震设计（第四版）（赠送课件）	46.00	李爱群　等	
V35925	建筑结构试验（第五版）（赠送课件）	49.00	易伟建　张望喜	
V36141	地基处理（第二版）（赠送课件）	39.00	龚晓南　陶燕丽	国家教材奖二等奖
V29713	轨道工程（第二版）（赠送课件）	53.00	陈秀方　娄　平	
V36796	爆破工程（第二版）（赠送课件）	48.00	东兆星　等	
V36913	岩土工程勘察（第二版）	54.00	王奎华	
V20764	钢-混凝土组合结构	33.00	聂建国　等	
V36410	土力学（第五版）（赠送课件）	58.00	东南大学　浙江大学 湖南大学　苏州大学	
V33980	基础工程（第四版）（赠送课件）	58.00	华南理工大学　等	

注：本套教材均被评为《"十二五"普通高等教育本科国家级规划教材》和《住房和城乡建设部"十四五"规划教材》。

高等学校土木工程专业指导委员会规划推荐教材（经典精品系列教材）

征订号	书　名	定价	作　者	备　注
V34853	混凝土结构（上册）——混凝土结构设计原理（第七版）（赠送课件）	58.00	东南大学　天津大学 同济大学	教育部普通高等教育精品教材
V34854	混凝土结构（中册）——混凝土结构与砌体结构设计（第七版）（赠送课件）	68.00	东南大学　同济大学 天津大学	教育部普通高等教育精品教材
V34855	混凝土结构（下册）——混凝土桥梁设计（第七版）（赠送课件）	68.00	东南大学　同济大学 天津大学	教育部普通高等教育精品教材
V25453	混凝土结构（上册）（第二版）（含光盘）	58.00	叶列平	
V23080	混凝土结构（下册）	48.00	叶列平	
V11404	混凝土结构及砌体结构（上）	42.00	滕智明　等	
V11439	混凝土结构及砌体结构（下）	39.00	罗福午　等	
V41162	钢结构（上册）——钢结构基础（第五版）（赠送课件）	68.00	陈绍蕃　郝际平　顾　强	
V41163	钢结构（下册）——房屋建筑钢结构设计（第五版）（赠送课件）	52.00	陈绍蕃　郝际平	
V22020	混凝土结构基本原理（第二版）	48.00	张　誉　等	
V25093	混凝土及砌体结构（上册）（第二版）	45.00	哈尔滨工业大学 大连理工大学等	
V26027	混凝土及砌体结构（下册）（第二版）	29.00	哈尔滨工业大学 大连理工大学等	
V20495	土木工程材料（第二版）	38.00	湖南大学　天津大学 同济大学　东南大学	
V36126	土木工程概论（第二版）	36.00	沈祖炎	
V19590	土木工程概论（第二版）（赠送课件）	42.00	丁大钧　等	教育部普通高等教育精品教材
V30759	工程地质学（第三版）（赠送课件）	45.00	石振明　黄　雨	
V20916	水文学	25.00	雒文生	
V36806	高层建筑结构设计（第三版）（赠送课件）	68.00	钱稼茹　赵作周 纪晓东　叶列平	
V32969	桥梁工程（第三版）（赠送课件）	49.00	房贞政　陈宝春　上官萍	
V40268	砌体结构（第五版）（赠送课件）	48.00	东南大学　同济大学 郑州大学	教育部普通高等教育精品教材
V34812	土木工程信息化（赠送课件）	48.00	李晓军	

注：本套教材均被评为《"十二五"普通高等教育本科国家级规划教材》和《住房和城乡建设部"十四五"规划教材》。